甘肃省馆藏祁连山与黄河历史生态环境档案叙录

丛书主编 / 张秀丽　张景平

● 渭河卷
WEIHEJUAN

主编 / 刘永明
　　　 冯丽莉
　　　 李艳萍
　　　 何忠兰

兰州大学出版社
LANZHOU UNIVERSITY PRESS

图书在版编目（CIP）数据

甘肃省馆藏祁连山与黄河历史生态环境档案叙录. 渭河卷 / 张秀丽, 张景平丛书主编 ; 刘永明等主编. -- 兰州 : 兰州大学出版社, 2024. 12. -- ISBN 978-7-311-06780-9

Ⅰ.X321.242

中国国家版本馆CIP数据核字第2024CH7633号

| 责任编辑 | 熊　芳　张国梁　冯宜梅　武素珍 |
| 封面设计 | 汪如祥 |

书　　名	甘肃省馆藏祁连山与黄河历史生态环境档案叙录 渭　河　卷
作　　者	刘永明　冯丽莉　李艳萍　何忠兰　主编
出版发行	兰州大学出版社　（地址:兰州市天水南路222号　730000）
电　　话	0931-8912613(总编办公室)　0931-8617156(营销中心)
网　　址	http://press.lzu.edu.cn
电子信箱	press@lzu.edu.cn
印　　刷	陕西龙山海天艺术印务有限公司
开　　本	880 mm×1230 mm　1/16
成品尺寸	210 mm×285 mm
印　　张	23(插页8)
字　　数	562千
版　　次	2024年12月第1版
印　　次	2024年12月第1次印刷
书　　号	ISBN 978-7-311-06780-9
定　　价	260.00元

（图书若有破损、缺页、掉页,可随时与本社联系）

《甘肃省馆藏祁连山与黄河历史生态环境档案叙录》

编纂委员会

名誉主任	卢琼华
主　　任	张秀丽　张景平
委　　员	白　静　马保福　李海洋　李永新　陈乐道
	寇　雷　刘永明　王杰元　孟晓婕　赵玉梅
	强德雄　李艳萍　何忠兰　杜　刚　仇　红
	杨红星　王敏丽　冯丽莉　张　琼　梁　鹰
	郭潇月　陈志刚　储竞争　王兴振

参与编纂单位

牵头单位	甘肃省档案馆	兰州大学
合作单位	酒泉市档案馆	张掖市档案馆
	武威市档案馆	白银市档案馆
	定西市档案馆	天水市档案馆
	平凉市档案馆	临夏回族自治州档案馆
	庆阳市档案馆	甘南藏族自治州档案馆

依托课题

本丛书系国家重点档案保护与开发项目成果

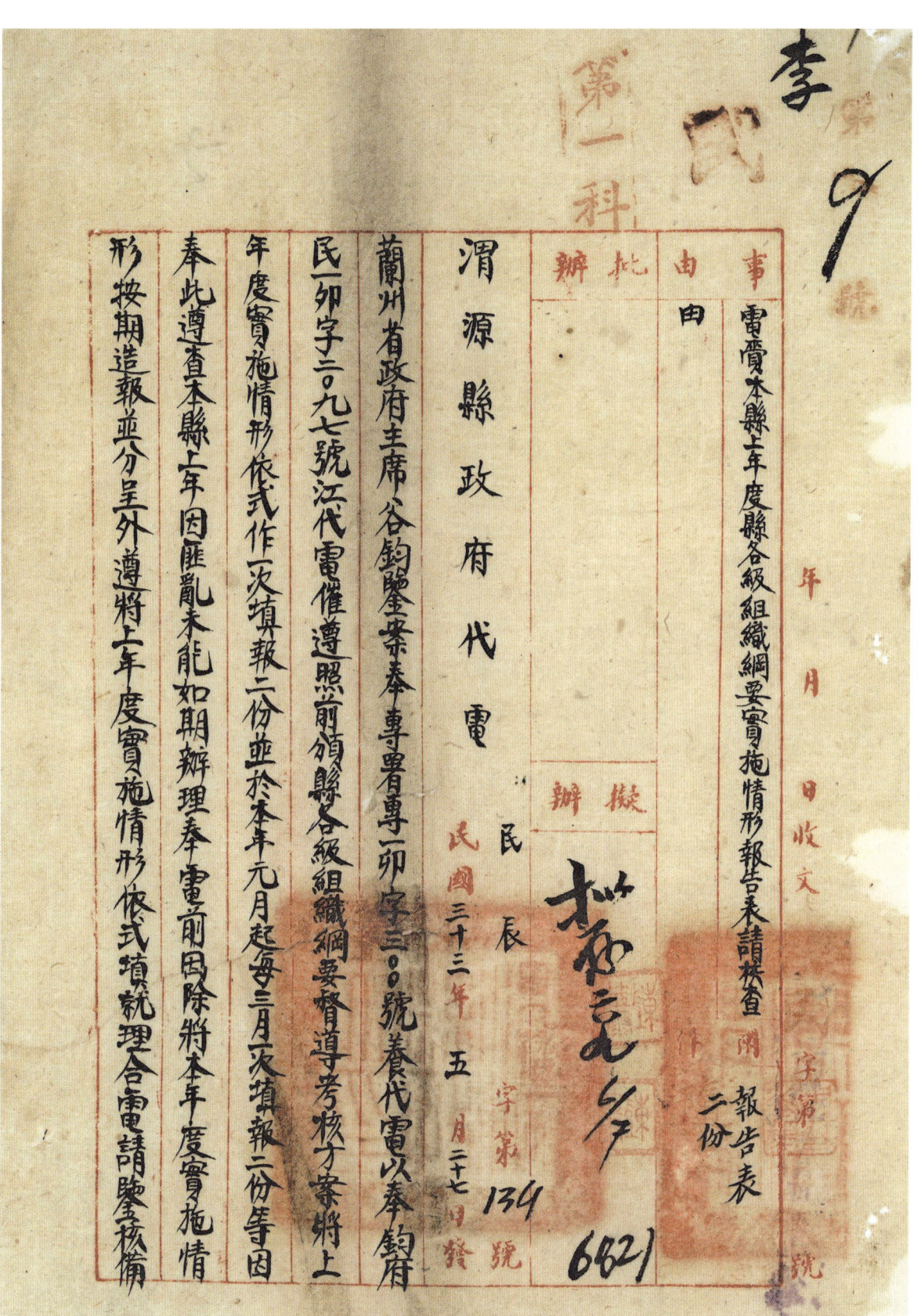

▲《甘肃省政府、建设厅、民政厅关于渭源县报送各级组织纲要实施情况月报表的呈文训令公函》
［004-001-0396-（0001-0014），甘肃省档案馆藏］

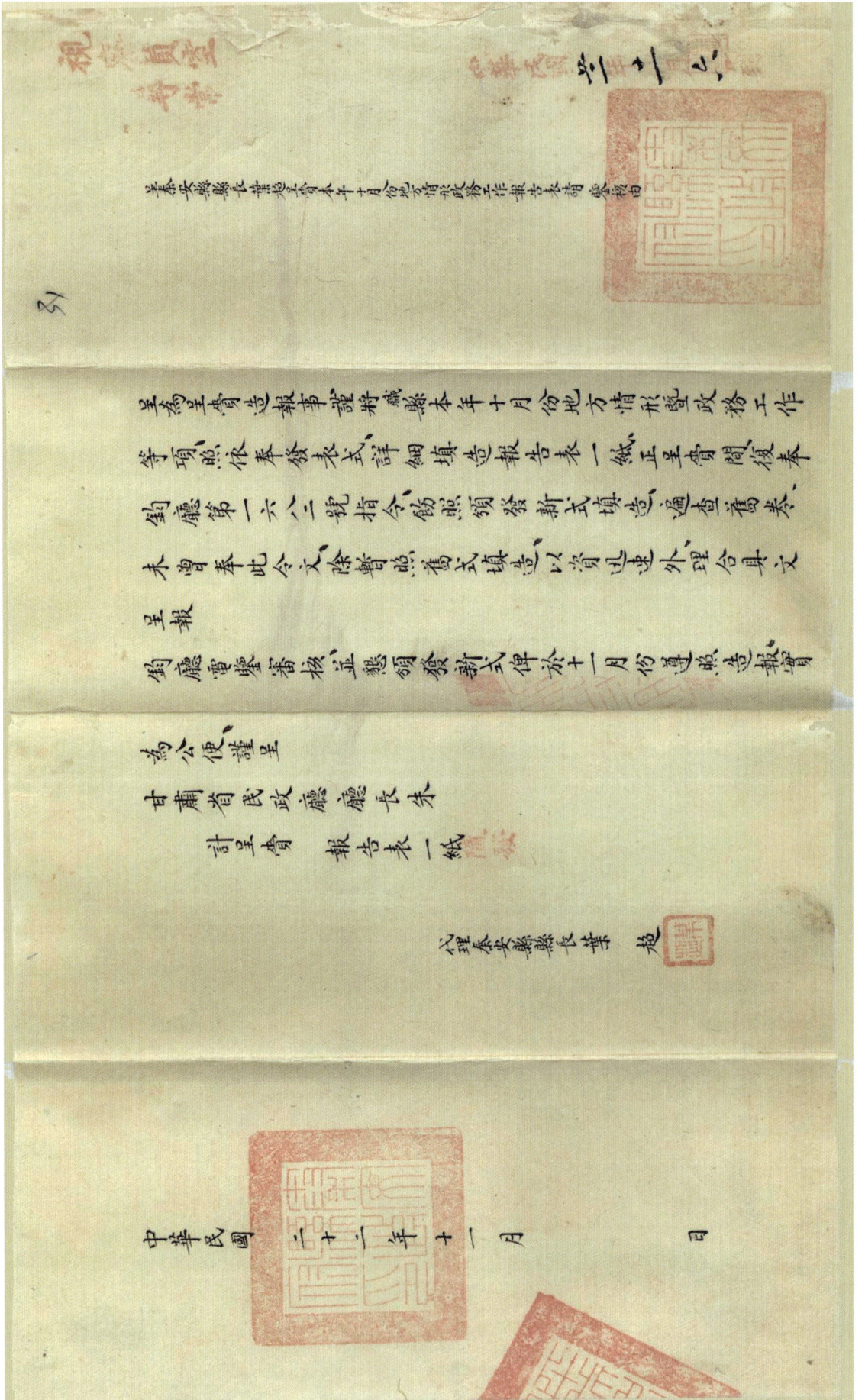

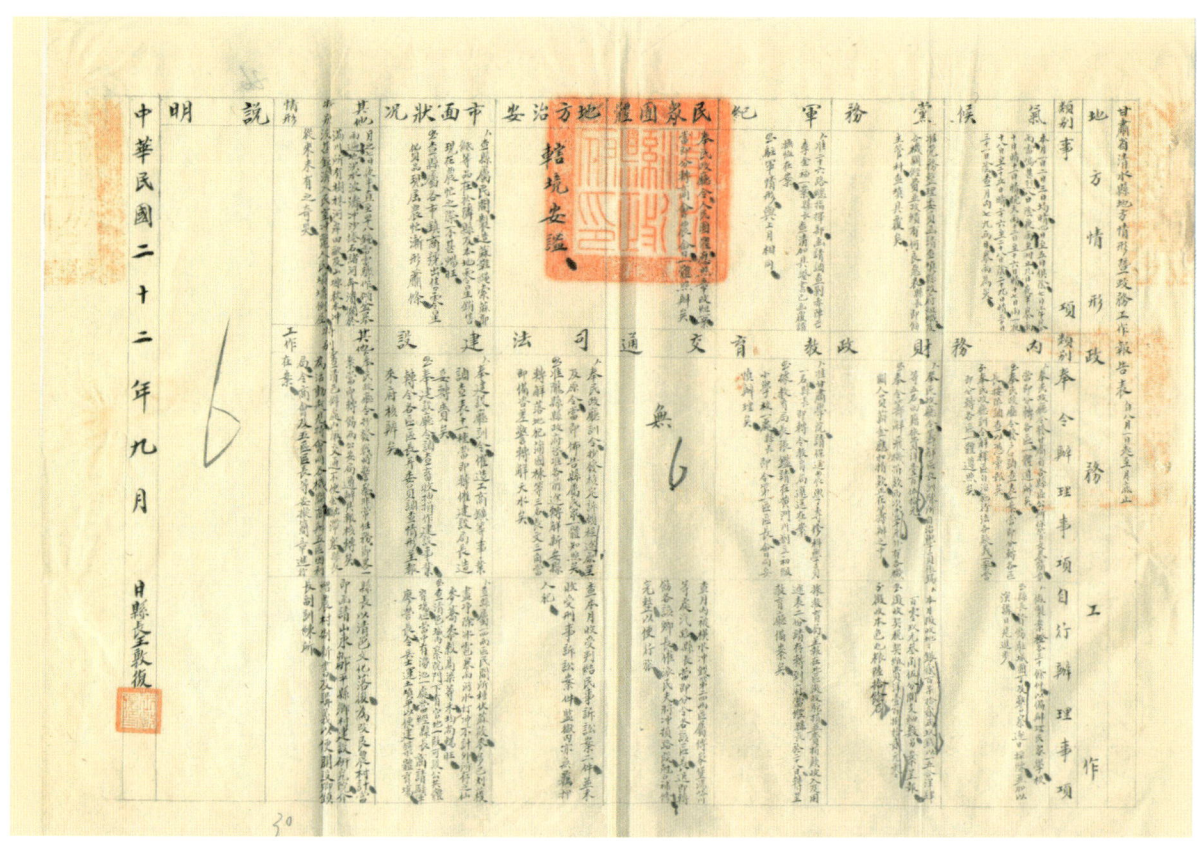

▲《甘肃省清水县报送民国二十二年(1933)8月份地方情况及政务工作报告表致甘肃省民政厅的呈》(004-008-0199-0015,甘肃省档案馆藏)

▼《甘肃省甘谷县政府报送民国二十二年(1933)1月份地方情况政务及工作报告表致甘肃省民政厅的呈》(004-008-0214-0001,甘肃省档案馆藏)

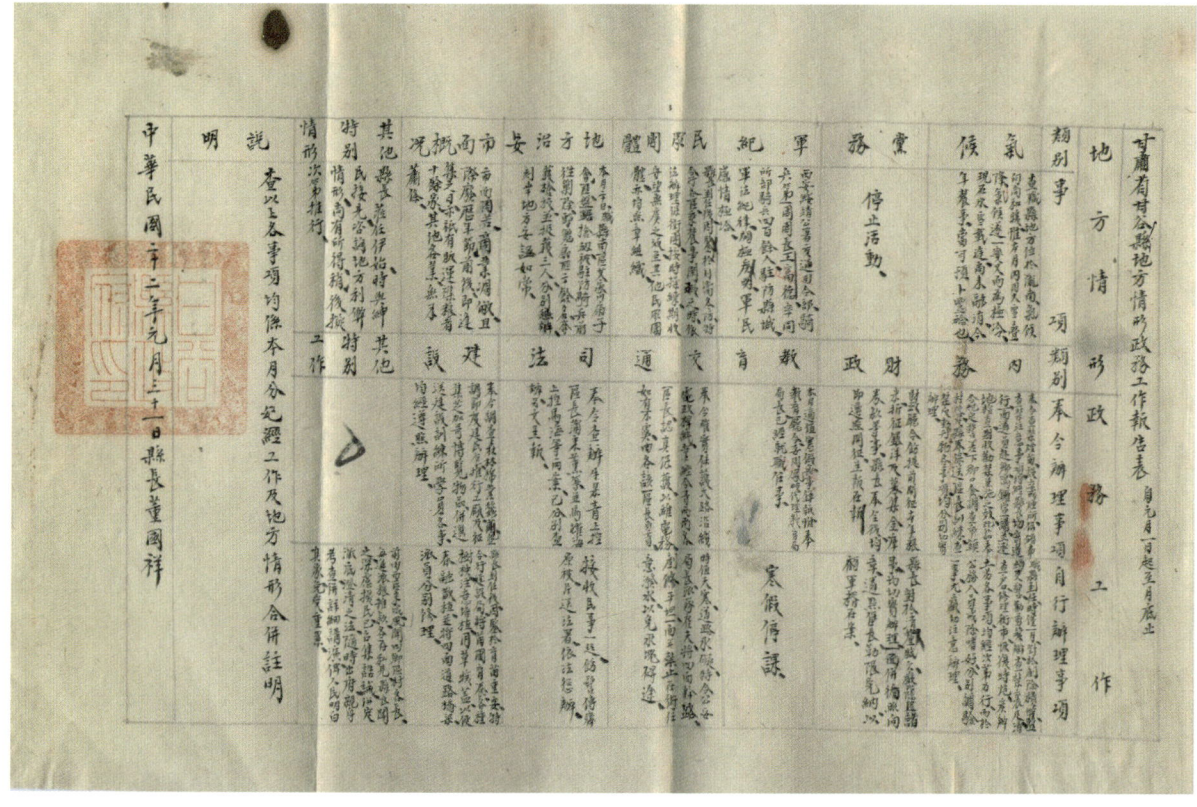

黄河水利委員會林墾設計委員會第二次工作報告

(一)本會籌備實驗區情形

a. 水土保持實驗區之查勘

關於水土保持實驗區之查勘在第一次工作報告中業已述及本會
任緒鈐於三月間由重慶出發四月在西安查勘終南山北該山溢
伐缺無在山口七八里鄰岸坡地俱已墾種農作物惟坡斜度多在五
分之四以上下將來必受衝刷又查太峪口及台溢口之水源皆匯歸橘河
現河槽日寬山洪暴發泥溢各建議修理兩山設置實驗區雄往武
功由武功再赴技風縣之金陵河流域調查該河為渭河支流東西寬
三十里南北長七十里面積約二千方里歐這合水土保技實驗區之

標準範圍應設區實驗再赴渭沙南部勘動查城南齊家寨有
梅惠渠城東槐芽鎮所設有林場齊家寨水利勘低重安宣設
水土保持揚及禾苑灣往洴水流域查勘洴水流域早經洴水利局勘
測定勞洴惠渠水利工程的擬與本會前合作擬議與本洴山水利
呈候行政院核下辦理成立洴山實驗區加擬實林局在隴固關
堰成立隴山林區管理實驗最大大絲林區管養農家林
及水土保持上均勘重安坂六列為主要勘查區海田周堵前往
隴山海及火小黑海調查均見現有極嚴重之衝刷情形坡斜度
皆住四十五度關山海夫麥米下土皆肥沃后民每焼山墾種逐兩衝
刷又修塾他處不計下游水災之痛苦自設關山管理區設共風

▲《黄河水利委員會林墾設計委員會第二次工作報告》[009-011-006(全案卷),天水市檔案館藏]

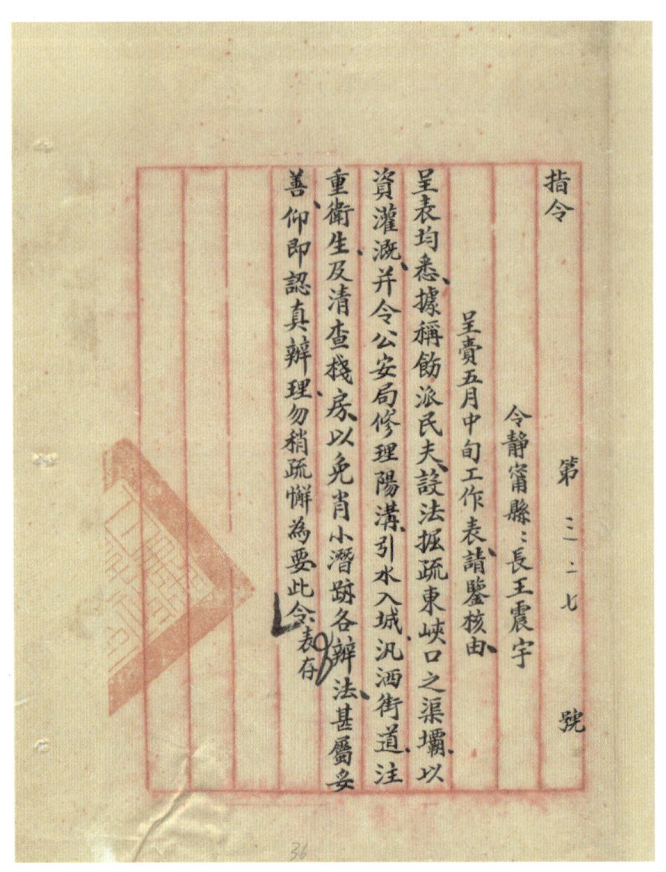

◀《甘肅省政府、建設廳、民政廳關於渭源縣報送各級組織綱要實施情況月報表的呈文訓令公函》[004-001-0396-(0001-0014),甘肅省檔案館藏]

前　言

党的十八大以来，生态文明建设被纳入中国特色社会主义事业"五位一体"总体布局，融入经济、政治、文化、社会建设的各方面和全过程。在习近平生态文明思想指引下，我国生态环境事业取得历史性成就，美丽中国日益从蓝图成为现实，中华民族永续发展得到了更好的保障。甘肃地处中国西北，是全国生态文明建设的重要区域，森林草原保护、水源涵养、荒漠化防治、水土流失治理方面的任务十分繁重。习近平总书记对甘肃生态环境保护工作始终高度关注，多次对祁连山治理作出重要批示，强调要筑牢生态安全屏障，推动祁连山生态环境保护由乱到治；两次亲临黄河兰州段视察，擘画并推动了黄河流域生态保护和高质量发展战略的全面展开。从"黄河之滨也很美"的寄语到"黄河很美，将来会更美"的期待，习近平总书记的关怀与嘱托，为甘肃省生态环境事业指明了方向。

党的二十届三中全会明确指出，必须完善生态文明制度体系，协同推进降碳、减污、扩绿、增长，积极应对气候变化，加快完善落实绿水青山就是金山银山理念的体制机制。注重从历史中挖掘精神价值、总结经验教训，并为现实与未来提供借鉴，是中华文化的突出特点。历史档案作为珍贵的第一手文献，对研究区域生态环境的长时段演化规律以及特定时空范围内人与自然互动机制有着独特而不可替代的价值和作用。面对时代的召唤，档案界与史学界应主动作为，积极回应国家关切、面向现实需求，努力为生态文明建设做出自己应有的贡献。

甘肃省档案馆与兰州大学在历史档案开发编研方面有着长时间的合作历史，双方致力于历史档案中生态环境资料的联合挖掘与共同研究。在实践中我们意识到，有必要提出"历史生态环境档案"这一概念，将记录历史时期"山水林田湖草沙"等生态要素客观状况以及人类的认识开发活动的档案文献视为一个整体，围绕当前生态文明建设的实际需求，以多学科协作、系统化推进的方式加以整理研究。

甘肃省各级档案部门收藏的历史生态环境档案以民国档案为主，数量丰富、来源明晰、谱系完整。但这些珍贵文献散布于篇帙浩瀚的档案海洋中，分属不同全宗、没有专门标签，不利于全面有效检索，更遑论系统开发利用。为此，我们借鉴了古籍整理与历史文献学经典工作方式，将撰写"叙录"作为甘肃馆藏历史生态环境档案整理研究的第一突破口，开启了"甘肃省馆藏祁连山与黄河历史生态环境档案叙录"丛书的编写工作。"叙录"是古代目录学体系中的重要载体，是历史文献学研究的必备工具，具有勾勒源流、略观大意的指示功能，与档案系统熟悉的各类档案馆指南存在明显的亲缘关系。我们首次将"叙录"编写引入历史档案编研工作中，旨在通过对甘肃省各级馆藏档案的深入调查，探索大批量专题历史档案的信息提取汇集，提升历史档案检索与体系化运用的效率。

"甘肃省馆藏祁连山与黄河历史生态环境档案叙录"丛书共分为7卷，分别为《总叙卷》《黄河干流卷》《洮河大夏河卷》《渭河卷》《泾河卷》《祁连山河西走廊西部卷》和《祁连山河西走廊东部卷》。本套丛书按祁连山-河西走廊与黄河流域甘肃境内主要水系为原则进行分卷，原因有三：其一，甘肃省地域面积广大，涉及档案数量众多，以地域与流域为标准的划分，有助于读者更为精准地检索相关信息；其二，甘肃省内部各区域生态环境禀赋差异极大，涉及的经济、社会、文化问题差异极大，以地域与流域为标准分卷，有助于展现各区域生态环境演化史的内在规律、增强文献获取的针对性；其三，此种以地域与流域为单位的整理思路渊源有自，承袭自中国治水文献整理方法与地理学著作修纂原则，展现出对文化传统的继承。在丛书各卷之下，我们兼顾当前生态环境工作所涉及的主要方面与历史档案的内容特点进行分类，有助于有关单位及学术工作者全面、准确、方便检索档案文献，为相关档案的全面整理、系统刊布与深入研究打下坚实基础，也将为全国历史生态环境类档案的编研工作提供某些有益的借鉴。

"甘肃省馆藏祁连山与黄河历史生态环境档案叙录"丛书的正式谋划开启于2019年9月，获得了国家档案局与甘肃省档案局的大力支持，被列入国家重点档案保护与开发项目，于2021年初正式开展有关工作。甘肃省档案馆与兰州大学派出精兵强将组成联合课题组，将档案部门的馆藏资源优势与高等院校的智力资源优势充分结合起来，克服各种困难、跋涉上万公里，于2024年全面完成甘肃省各级档案馆藏祁连山与黄河历史生态环境档案的调查与叙录编写任务，相关成果获得了验收专家的高度肯定。在调查与编写工作中，甘肃省各市州档案馆领导及一线工作人员对我们的工作给予全力支持，来自省内外各领域、各行业的专家学者为我们的工作厘清思路、把脉问诊，提出了诸多提纲挈领的建设性意见。在此，我们谨向参与、关心、支持"甘肃省馆藏祁连山与黄河历史生态环境档案叙录"丛书编写工作的社会各界人士，表示由衷的感谢。

"甘肃省馆藏祁连山与黄河历史生态环境档案叙录"丛书的编写工作无先例可循，于档案部门还是历史学界，都是一次全新的尝试。限于学力与水平，本套丛书在体例设计等方面还存在诸多不足；各档案收藏单位的著录与开放情况不尽相同，加之任务繁重、工期紧迫，内容搜罗难免有所遗漏，我们诚恳接受方家与读者的批评。我们期待丛书出版能够抛砖引玉，为推动中国历史生态环境档案的整理研究工作做出甘肃贡献。

张秀丽　张景平
2024年11月20日

《渭河卷》叙记

一、甘肃渭河流域自然概况

渭河是黄河最大的支流,发源于甘肃省定西市渭源县鸟鼠山,东北流经渭源县(清源镇)折向东偏南流,经陇西、武山、甘谷等地,于天水市麦积区东岔乡牛背里村东流入陕西省境,再经宝鸡、咸阳、西安、临潼、渭南、华阴等市县,于潼关的港口汇入黄河(三门峡水库区)。《山海经》记载:"渭水出鸟鼠同穴山,东注河,入华阴北。"[1]北魏郦道元《水经注》详细记载了渭河发源的情况:"渭水出首阳县首阳山渭首亭南谷,山在鸟鼠山西北。此县有高城岭,岭上有城,号渭源城,渭水出焉。"[2]

渭河源远流长,干流全长818公里,其中天水市麦积区三岔镇北峪村以上属甘肃省,长313公里。北峪村到宝鸡县四方头村为甘肃、陕西两省界河,长64公里。四方头村以下属陕西省,长441公里。干流宝鸡峡林家村(太寅水文站)以上为上游,长430公里,河道狭窄,河谷川峡相间,水流湍急。林家村至咸阳为中游,河长177公里,河道较宽,多沙洲,水流分散。咸阳至潼关为下游,河长211公里,比降较小,水流较缓,河道泥沙淤积。渭河流域面积134766平方公里,不包括泾河和北洛河则为62440平方公里,其中甘肃省25600平方公里,占41%,共有水土流失面积44214平方公里,占流域面积的70.8%,甘肃省20993平方公里。[3]本项目所涉及的渭河流域即渭河上游甘肃段,指渭河的源头至甘肃和陕西交界之间的区域。

渭河甘肃段位于甘肃省中东部,地域范围是东经104°~106°,北纬34°12′~34°43′,东西长约270公里,南北宽约165公里。流域北与祖厉河、宁夏清水河流域相邻;西与洮河分水岭接壤;南以西秦岭和西汉水、白龙江流域相隔;东北与泾河流域毗邻;东侧接陕西省境。东、南、西三面为陇山、西秦岭、关山、六盘山等山脉所环绕。渭河两岸支流众多,属不对称水系,呈扇状分布。渭河甘肃境内面积50平方公里以上的河流有174条,面积500平方公里以上的有20

---

[1] 袁珂校注:《山海经校注》,上海古籍出版社,1980,第333页。
[2] 郦道元注,王先谦校:《合校水经注》,中华书局,2009,第269页。
[3] 学界关于渭河的干流长度、流域面积,以及各省所占比重有不同意见,此处以黄河水利委员会勘测规划设计院编写的《黄河志·黄河规划志》所载数据为准(河南人民出版社,2017,第383页)。

条，流域面积大于1000平方公里的有咸河、漳河、榜沙河、散渡河、葫芦河、耤河与牛头河。其左岸支流发源于黄土高原和丘陵区，河道长，流域面积大，水量不丰，而泥沙含量大，如秦祁河、咸河、散渡河、葫芦河等；而右岸支流发源于西秦岭山地，流程较短，坡度较大，水量较丰，泥沙含量较小，如榜沙河、大南河、耤河等。①右岸主要流经土石山区，河流比降大，水流湍急，流域植被覆盖率高，是主要的产流区。

渭河上游甘肃段主要处于干旱半干旱区，属于温带季风与大陆性气候的过渡地带。西部和东部有差异，西部气温低、干旱，东部气温略高、略显湿润。年平均气温自西向东5.7℃～10.9℃，年平均降水量440～607毫米，并集中在夏季，多暴雨。多年平均水面蒸发量1660～1270毫米，日照时数2030～2420小时，无霜期138～206天。流域气候适合于农作物生长。渭河甘肃省出境处多年平均年径流量18.76亿立方米，多年平均流量59.5立方米/秒，多年平均年输沙量14100万吨。径流量年际变化悬殊，最大与最小相差4.9倍，年内分配亦极不适农时，5、6月只占全年水量的15%。②

考古资料证明，新石器时期这一区域林木丛生，植被良好。如大地湾考古发现"据今七、八千年前的渭水流域和西汉水流域采集业是非常发达的，说明渭水支流的耤河流域和清水河河谷地带森林茂密、草木丛生"。③秦汉时期两岸森林密布，《汉书·地理志》载"天水、陇西，山多林木，民以板为室屋"④，可见，该地区森林茂密，否则难有"板屋"。隋唐时期，渭水上游地区的植被较为良好，森林丰茂，水草丰美，畜牧业发达，大片地区被设为牧地。伴随着生产力的发展和人口的增加，唐代以后，农耕逐渐代替畜牧业，农业用地逐渐侵占林地，森林草原遭到破坏，水土流失加剧。北宋时，政府对秦陇林业的开发由东到西不断深入，渭水两岸的森林砍伐从秦州的夕阳镇扩展到武山洛门镇，同时也刺激了民间私伐林木，官府对秦州木材的砍伐，获利丰厚，刺激了官吏和民间私人的开采。上自达官贵人，下至平民走卒，无不冒禁采购木料，私贩牟利，渭水两岸的森林植被遭到极大破坏。因此，宋代时渭水流域的森林已由成片分布缩小为点状分布，生态环境已然遭受到相当程度的破坏。⑤

据竺可桢先生的研究，从14世纪的元末开始到20世纪初的清末，我国的气候进入了一个很长的寒冷期，历时500余年，这对渭河上游地区的自然环境产生了重要影响。频繁的霜冻、干旱等自然灾害对当地的森林、草原植被造成严重损害。即使如此，在明清时期，该地域的地方志中仍然可以看到关于森林植被的记载，说明明代至清代前期，还有森林存在，而且个别地方还有原始林存在。沿渭源、通渭以南一线，生长着针叶林和乔木。清初，渭水上游地区的秦州、静宁、通渭、陇西等地在交通不太便利的山区，植被依然良好，如天水的柏林山、麦积山、小陇山、石门山、仙岭、金门山等，秦安县的九龙山、神仙岭、青龙山等，清水县的大石山、柳林山、八狼谷，武山县的老君山、紫燕山，甘谷县的天门山，通渭县的马骡山、泰仙山、笔架山，渭源县的五竹山、秀峰山、木耳山，陇西县的布云山、莲峰山、翠屏山、华林山、药铺山、

---

① 杨成有、刘进琪：《甘肃江河地理名录》，甘肃人民出版社，2014，第11页。
② 杨成有、刘进琪：《甘肃江河地理名录》，甘肃人民出版社，2014，第11-12页。
③ 刘长江、朗树德：《大地湾遗址农业植物遗存与人类生存的环境探讨》，《中原文物》2004年第2期，第26-30页。
④《汉书》卷28下《地理志下》，中华书局，1962，第1644页。
⑤ 关于渭河上游森林植被的变迁，可参考史念海：《历史时期黄河中游的森林》，《河山集》二集，生活·读书·新知三联书店，1981，第232-313页。

翠峰山、麻太山、铁木山，漳县的露骨山、青雾山、贵清山、黑虎林，静宁县的兴龙山、凤凰山、宋家山，庄浪县的杏花岗、游龙山等。清代以来，由于人口增长速度加快，山区被大力开发，大批的森林草地被开垦为农田，破坏的程度远超历代。道光、咸丰年间，本区的森林更是遭到大面积的破坏，当时"向之富有森林者，望之如牛山之濯濯也"。①人为的过度开采，加上自然灾害和战争的因素，导致清末时除了在交通不便的山区还有天然林存在外，渭河两岸的川道中已经没有森林。至民国时期，该区域的森林面积已不复从前，但在交通不便的山区仍有少量的森林存在，如天水的画屏山、八盘山、碎石山，甘谷和武山南的大象山、朱雀山、碧云山、李家山，渭源的首阳山、五竹山等。

综上，宋代以来，渭河流域甘肃段的森林资源得到大力开发，尤其是明清时期，该地区人口逐渐增多，导致了掠夺式的人地关系。盆地、河谷地带的农业耕作无法满足日益增长的人口需要，历代政府不断鼓励垦荒，由此引发了大规模的开荒，耕植由川原平地扩展到坡地，大批林地、草原被破坏。渭水上游甘肃段沟壑纵横，区内主要以黄土沟壑地貌为主，降水量少而蒸发量大，降雨时段又极不平衡，主要集中在早夏和秋两季。因此，每值雨季，遭受过度开垦的区域经流水冲刷，水土极易流失。森林植被的破坏与自然环境的恶化引起了一系列严峻的生态环境问题，清中期尤其是清末以来，干旱加剧、水资源短缺、水灾频发、水土流失严重成为该区域所面临的客观现实。

二、甘肃渭河流域历史概况

渭河上游地区北接宁夏平原，与蒙古高原相通，东以陇山为界与关中毗邻，南跨北秦岭山地，顺长江支流嘉陵江而下可达四川盆地，西倚青藏高原，西北望黄河，为西入洮湟流域、河西走廊和新疆地区的重要通道，是历史上文明交流的通道，更是西北民族角逐和贸易的场所。先秦时是游牧民族与华夏族活动的舞台、"汉匈之争"的场所，三国时蜀汉的主要战场，魏晋南北朝时期是民族融合的地方，后成为隋唐王朝与吐蕃战争、宋夏战争、宋金对峙、明代防蒙古、清代经营西北的前沿阵地。

从行政区划上来看，渭河上游甘肃段流域主要涉及定西、天水、平凉三市以及白银市的少部分区域，具体包括定西市的渭源、漳县、陇西、通渭，天水市的秦州区、麦积区、清水、秦安、甘谷、武山、张家川回族自治县，平凉市的静宁、庄浪，白银市会宁县的部分区域。历史上，该区域行政建置沿革繁复多变。元代，这一区域基本属于陕西行省巩昌路便宜都总帅府（治今陇西县），处于军功世家汪氏家族的节制之下。明代，除渭源县属陕西省临洮府，静宁、庄浪属陕西省平凉府之外，陇西、漳县、通渭、秦州区、麦积区、清水、秦安、甘谷、武山、张家川回族自治县等区域均属陕西省巩昌府管辖。清代，渭源县早期仍属临洮府，乾隆三年（1738）改属兰州府；陇西、漳县（道光九年并入陇西县，民国二年恢复县制）、通渭、甘谷、武山等地属巩昌府；天水则置秦州直隶州，并辖清水、秦安以及张家川部分区域；静宁、庄浪则仍属平凉府管辖。

民国二年（1913），废府设道，实行省、道、县三级制。渭源、漳县、陇西属兰山道，天水、秦安、甘谷、武山、清水、通渭属渭川道，静宁、庄浪属泾原道。民国十六年（1927）废

---

① 慕寿祺：《甘青宁史略》，《中国西北文献丛书·西北史地文献》第21卷，兰州古籍书店，1990，第58页。

道，改设行政区，全省共分为6个行政区，渭源、漳县、陇西、静宁等地直属省政府，天水、清水、秦安、甘谷、武山、通渭等县属渭川行政区，庄浪则属泾原行政区。民国十七年（1928），撤销行政区公署，实行省、县二级制。民国二十五年（1936）5月，甘肃全省划为7个行政督察区，设立行政督察专员公署。渭源县、漳县、陇西县属第一行政督察区，督察专员公署驻临洮县（民国二十七年迁岷县）。庄浪县、静宁县属第二行政督察区，督察专员公署驻平凉县。天水县、甘谷县、武山县、秦安县、清水县、通渭县则属于第四行政督察区，督察专员公署驻天水县。民国三十三年（1944），增设第九行政督察区，各行政督察区辖县略有变动。陇西县、漳县仍属第一行政督察区；庄浪县、静宁县仍属第二行政督察区；天水县、甘谷县、武山县、秦安县、通渭县、清水县仍属第四行政督察区；渭源则改属第九行政督察区。

在历史的长河中，渭河区域中上演了一幕幕重大的历史事件，对该地区的社会发展与自然环境产生了深远的影响。《宋史·高防传》载，太祖建隆二年（961），"（高防）知秦州，……州西北夕阳镇，连山谷多大木，夏人利之。防议建采造务，辟地数百里，筑堡要地。自渭而北，夏人有之；自渭而南，秦州有之。募卒三百，岁获木万章"。[1]《宋史·吴廷祚传》载："秦州夕阳镇西北接大薮，多材植，古伏羌县之地。高防知州日，建议就置采造务，调军卒分番取其材以给京师。"[2]这些记载说明，宋初天水地区拥有大量的原始森林，多良材巨木，地方官员建议设置采造务开采森林以供京师之用。又据《宋史·温仲舒传》记载，羌之两马家等部自"唐末以来，居于河之南。大洛、小洛门寨，多产良木，为其所据。岁调卒采伐给京师，必以赀假道于羌户[3]。"从宋初开始，渭河上游的植被因大肆采木破坏严重。

战争对于自然环境的破坏是毫无疑问的，尤其对森林植被的破坏往往是毁灭性的。从明至清，该区域战事频仍，森林植被破坏极大。明末李自成起义，从陇西、宁远、甘谷到西和、礼县，林木无不被焚。同治兵燹，对当地的生态环境同样造成了极其严重的破坏。面对日益恶化的生态环境，有识之士开始提出保护措施。如乾隆二十六年（1761），通渭知县何大璋发布《劝民种树令》称："盖树木所以佐五谷之不足，供梁栋之用，资爨薪之需，制器物，荫行路，皆吾民之取益也……今时值春融，正当种植之候，凡尔士民择其地所宜树木，无论桑柘榆柳，以及桃柳枣杏，实繁易成者于河旁池畔，并道左、地角悉行栽植，或五尺一株，或一丈一株，不使地有空闲。"[4]同治兵燹结束后，左宗棠在甘肃大力整顿，修建桥梁道路，广植树木，所植之树人称"左公柳"，其中定西境种活10.6万多株，有些一直保存到20世纪50年代。[5]

光绪年间，陶模在甘肃秦州一带率民种树，时"秦州东南水齧城埤，筑堤三百五十丈，隙地之洼者浚为池，植芙蕖，蓄鳞介，取其利以资岁。修其坦夷者，栽树十余万。夏秋密荫蔽日，州人以为游憩所目，曰陶公堤"。[6]据《甘宁青史略》记载："民国九年，地大震，东西路桥梁遂多毁坏，县知事伐官树以补之，以公办公，尚无不可，惟此端一开，绅民效尤，已伐去三分之

---

[1] 《宋史》卷270《高防传》，中华书局，1977，第9261页。
[2] 《宋史》卷257《吴廷祚传》，中华书局，1977，第8948页。
[3] 《宋史》卷266《温仲舒传》，中华书局，1977，第9182页。
[4] 高蔚霞等纂：(光绪)《重修通渭县新志》，《中国地方志集成·甘肃府县志辑》第9册，凤凰出版社，2008，第246-247页。
[5] 黄河水利委员会《黄河志》总编辑室编：《黄河志》卷11《黄河人文志》，河南人民出版社，2017，第339页。
[6] 钱仪吉等纂：《清代碑传全集》，上海古籍出版社，1987，第963页。

二。省政府耳有所闻，通令……平凉、静宁、会宁、定西、通渭、榆中、皋兰等县，将官树编列号数，责成各地方头目认真保护。"[1]

渭河流域是开展水利建设较早的地区之一。随着流域内农业生产的发展，明代开渠凿井等农事活动已较为普遍。明景泰元年（1450），甘谷县拓修县城，开通济渠（今通广渠）、陆田渠（今渭济渠）和中渠、南渠；武山县有红峪沟、乐善河、脱篆川、盘古川等20条渠。明万历四十年（1612），甘谷新开广济、分波、永济、永利等渠，灌田5000余亩。清代开渠的数量和规模均超过前代。乾隆年间，武山城东有引灌渠13条，其中东川官渠自城东引渭水入渠，经庙峪河滩、陈家门至高家铺，渠长20里，灌田数百顷。甘谷开恒泽渠、黄家渠、蒋家渠。秦州三阳川先后开中渠、磨渠、陈家渠、中镇渠、善济渠、惠济渠等10条渠。民国时期，渭水及各大支流均有水利工程，水浇地面积不断扩大，灌田1000亩以上的灌区有武山东顺渠，甘谷通济渠、中渠、广济渠、黄家渠、南渠、永济渠、永利渠、普济渠，天水新阳通惠渠、三阳川渠、马跑泉公渠。民国三十三年（1944），天水电厂在城西修渠引水，建成甘肃省第一座水力发电厂——王家磨水电站。[2]

三、甘肃省馆藏渭河历史生态环境档案提要

渭河上游甘肃段所涉及的区域保存着数量较多的民国时期的历史生态环境档案，这些档案主要集中保存在甘肃省档案馆、定西市档案馆、天水市档案馆、麦积区档案馆、平凉市档案馆，其产生时间大多集中在1930—1948年。整体来看，基本可以归为四大类，其下又可分为若干小类，即生态环境调查类档案（综合调查类、地质矿产类、土地资源类、水资源类、林草动物类）、自然灾害与赈济类档案（旱灾类、水灾类、其他灾害与复合灾害类、综合赈务类）、自然资源开发与生态保护类档案（综合开发与保护类、矿产资源开发类、土地资源开发类、水资源开发管理类、林草动物资源开发与保护类、生态环境相关的政区调整类、水土保持类）、资源环境纠纷与诉讼类档案（土地纠纷与诉讼类、水利纠纷与诉讼类、林草纠纷与诉讼类）。

（一）生态环境调查类档案

该类档案主要记载该区域植树造林的成效、森林的分布位置及其面积；河流的分布、起止地段、流向，以及相关水利设施（渠道）的位置及其灌溉面积，历年的维修情况；矿产资源的勘测、分布及开采情况；各县各区荒地的分布及其面积。如1933年《渭源县县政视察表》记载：有渭河一道，系渭水发源；东乡、锹甲铺等地新造水渠二道，灌田二千余亩；1934年《甘谷县县政视察表》记载：旧有水渠五道，灌溉九千余亩，新开五道灌溉一万八千余亩，苗圃已成林五十余亩，树五千余，拟在天门山、塔山等处造风景林；1934年《武山县县政视察表》记载：旧有渠四道，灌田五千余亩，新开北顺渠一道灌溉百余亩，成林百亩，拟在红峪河堤旁植树造林；1938年静宁、庄浪、武山、天水、甘谷、漳县、陇西各县所辖各区荒地调查表；1940年《通渭县高山镇（黄家窑）蒋家山探矿地区略图》；1941年经济部第十水利测量队绘制甘肃省渭河流域平面图；1941年陇西县制矿产、牧畜、森林、集市交易状况调查表；1943年庄浪县政府报送近三年修建水利、道路、隙地种树及荒山造林统计表；1947年《秦安县金刚咀王家峡杨家峡煤田调查报告》《武山县大山、

---

[1] 慕寿祺：《甘青宁史略》，《中国西北文献丛书·西北史地文献》第22卷，兰州古籍书店，1990，第303页。
[2] 杨成有、刘进琪：《甘肃江河地理名录》，甘肃人民出版社，2014，第19-20页。

崔家山、漆家河煤田调查报告》《武山县崔家山煤矿矿区草图》。

1932年清水县县长王敦复报告称：该县河流大者为樊河，发源于小河峪，自北区南流至中区，合牛头河，西流经天水界，入渭河。次者为汤浴河，发源于关山，经东南两区至中区，亦与牛头河合流。1941年陇西县渭河水道调查表（含起点、止点、里程、河底、四季河宽、四季河深、四季流速、四季河滩深度宽度、适用船舶、上行下行船舟所需动力、备考、附记等）。民国三十二年（1943）《甘肃省渭河流域水利勘察报告》，包括渭河河源、水文状况、流域状况，各灌区灌溉情形，渭源蓄水库、渭河、清源河、锹峪河、鸳鸯渠、东泉渠的地势水文资料。1943年《查勘隆德及静宁县水利工程报告》，附有《陇河、长源河水渠工程价款概算表》《静宁县城附近西南两河灌溉区平面略图》《隆德静宁两县灌溉渠踏勘报告书》《隆德静宁两县灌溉区域平面》。

（二）自然灾害与赈济类档案

该类档案包括与各类自然灾害和政府救济相关的档案，主要是围绕旱灾、水灾、冰雹、霜冻以及病虫灾害等原因造成农作物减产而形成的文件，对于了解民国时期渭河上游甘肃段的旱涝情况以及极端恶劣的气象，提供了丰富的原始资料。如民国二十一年（1932）5月，静宁县东硖口之渠坝修筑竣工之际，忽天降猛雨河水陡涨，修出之坝突被暴水冲淹，以致前功尽弃。民国二十二年（1933）静宁县自入夏以来，雨雹为灾，数月以还，几逼全境。本县西河暨界石铺以南河沟各应建筑、汽车桥梁、县东渠坝暨南北各支渠，因天雨连绵，屡次被水冲坏；驻军给养取自灾黎，其负担之重远甚年纳之正款数倍，影响于一切公款之征收甚大，望能取消代办军粮之事。

民国二十二年（1933）5月，秦安县雹如大豆，数十村庄夏秋禾苗、烟苗等备受摧残，县内3000户受雹灾，被水淹没地亩甚多，请求赈恤；8月，葫芦河水势大涨，为数十年未有之奇灾，沿河居民吹没房屋与禾苗不计其数，下流一带其势尤烈。同年5月，通渭县二、三、六区连降冰雹，田禾均被打坏，间有打死牲畜者，需要拨款赈济；8月7日，暴雨，遍地洪水，树株、田亩及秋禾冲没甚巨，冲入民室，房屋坍塌，人民死亡，未有之奇灾。同年8月6日，甘谷县暴雨，渭河泛涨，两岸田地、房屋均被冲坏，居民溺毙者甚多，正会同各界紧急维修救灾。1946年，天水县小麦有黄锈病，扁豆有蚜虫；1949年，小麦等农作物病虫害频发，天水县农业推广所、甘肃省农业改进所等单位颁布甘肃省小麦黑穗病调查办法，并造表登记相关农作物的病虫灾害。

1948年，会天公路渭河桥被水冲毁，省政府报送西北军政长官《整修会天路渭河桥工程计划概算书》，附《陇西渭河大桥地形图》《甘谷渭河大桥地形图》《会天公路甘谷渭河大桥概算书》《会天公路甘谷渭河大桥概算书（正式）》《会天公路甘谷渭河大桥（石台土面）概算书》《会天公路陇西、甘谷渭河大桥冬季临时便桥每座概算书》。

（三）自然资源开发与生态环境保护类档案

自然资源开发与生态环境保护类档案，主要包括该区域水力资源开发、利用如修坝、开渠、水磨、建造蓄水池等，以及关于生态环境保护方面如植树造林、禁烟等。另有开展各类实验、挑选优良农作物品种、开垦荒地等相关资料。其中，最为重要的当属天水市档案馆所藏"民国农林部天水水土保持实验区档案"。

综合开发与保护类档案方面，如1932年漳县、陇西、通渭、清水、武山、甘谷、秦安、静宁、天水等县大力推行禁烟、植树造林活动；1947年《甘肃省庄浪县农林建设工作计划》包括督导农民厉行拨穗小麦混合选种、小麦黑穗病识别、辅导农民推广优良品种、倡导蔬菜栽培、荒山水平沟模范造林、督导人民普遍植树、天然林及散生林之保护；1948年《天水县建设统计表》记载，当年植树303万株，上年122万株，保苗圃450亩150处，上年保苗圃756亩252处。

土地资源开发档案方面，主要是各县积极开垦各类荒地，如1942年第四区行政督察专员公署关于报送军垦实施计划，包括试验面积，成荒情形及面积，军垦人数、建筑原则与计划垦殖组织管理系统、配备设施及军费，附《非常时期难民务垦规则》《农林部甘肃岷县垦区管理局天水试验区垦区范围及初步试验地点》地图；又有1947年第四区行政督察专员公署《甘肃省渭白流域棉产事业促进委员会章程》《甘肃省渭白流域棉产推广计划书》。

水资源开发管理档案方面，主要为开渠、挖井、修堤、修建水磨，如1932年天水县挖井、兴办水利；1933年甘谷县派员监督由上及下次第均分水利浇灌以免争端；1935年第二区行政督察专员公署建议兴修水利以凿井；1942年武山县组织东顺下渠水利合作社；1945年陇西县参议员提议陇西大举水利，修筑小型蓄水库、水闸，并开水井以利农业灌溉、生活饮用及山洪泛滥；1947年陇西县政府建议派员勘测三河蓄水库，但水利局技正施彭龄向水利局呈报陇西县此处不能修建水库；1947年天水县政府建议加速筹建南河川水电站；1949年天水县修筑南河堤坝修筑计划、拨款以工代赈、相关民工待遇及南河水力状况，附有《天水县以工代赈修筑南河堤实施办法》《天水南河川水力概况》。

林草动物资源开发与保护类档案，主要是关于植树造林以及保护森林的相关档案。如三十年代天水、清水、通渭、秦安等县每年于总理逝世纪念日开展植树造林活动；1938年省第二区行政督察专员兼保安司令公署调查情况报告称：该区自春奉令规定赏罚植树以来，计全区约植12000株活5100株；1943年《甘肃省渭源县育苗造林护林五年计划纲要》，庄浪、漳县、通渭、秦安、天水等县基本相同；1943年省第二区行政督察专署呈请省政府转告第八战区司令长官布告各部队协同地方政府共同保护林木，省政府就此事致电第八战区司令长官部，司令部回电称已令沿线驻军巡护查禁砍伐行道树；1944年《陇西县育苗造林护林五年计划》，包括育苗、县苗圃之整饬与设置、育苗工作之实施、植树造林、工作实施、苗木供给、林木业权之规定、林木保护、督导人才、奖惩、育苗、造林、护林，附《陇西县政府造具本年度植树数目及成活情形报告表》《陇西县政府造具本年县保苗圃出圃苗木数目报告表》；1943年甘肃省农业改进所报送《清理小陇山林地办法》（附《清理小陇山林地会订办法》），《小陇山林区勘察报告及初步管理办法》包括小陇山范围、地质土壤、地脉水系、交通、调查地点、林况概述、森林分布概况、林木生长及蓄积、小陇山区内社会情形、摧残森林之实况、产权地租情形、林区初步管理办法；1947年《小陇山林区管理处工作实施计划》、1948年《甘肃省政府小陇山林区管理处天水林地登记清册》。

自清代以来，该区域之间行政区划变化较为频繁复杂，尤其是民国时期各区县之间的地界进行过多次调整，生态环境相关的政区调整类档案即此类资料的汇合。如1930—1932年天水、秦安之间地界调整；1939年渭源县与临洮县地界调整；1940年查勘隆德、静宁、庄浪、固原、海原五县畸形插花地；1941年临洮县与渭源县、隆德县与静宁县地界、武山县与漳县插花地调整；1942年第四区专署审查该区各县插花飞地划拨意见等事宜；1946年第四区行政督察专员公署呈报调整天水、西和、礼县、徽县等县插花飞地办法两种及方案等事宜；1945—1948年，秦安、庄浪两县插花地进行过十数次讨论。

水土保持类相关档案，最重要的是现藏于天水市档案馆的民国农林部天水水土保持试验区档案，全宗401卷。该档案主要包括机构沿革、各类实验计划、工作报告、统计表、年度政绩比较表、会议记录、勘察测量表等方面的资料，以及与采购树种树苗、苗林繁殖、土地的租用与购置相关的文件。另有各小区内水土保持实验数据表、气象统计表、测绘地图、整理苗圃、播种牧草籽种、采集标本、采购树种草种等文件。该档案中还收录了一批具有重要价值的论著，如民国三十五年（1946）周治春编《三年来之天水水土保持实验区》，全书分为概况、专载、附录。概况部分为本区南山试验场地形图、三年来之天水水土保持实验区，专载部分为该区人员撰写文章，有罗德民《农林部渭河上游水土保持十年计划方案》、傅焕光《水土保持与水土保持事业》、蒋德麒《西北水土保持事业考察报告》、张德常与高继善《径流冲刷小区试验三年来之初步报告》、徐学训《土地沟状冲蚀之防制》、张绍钫与高继善《坡地耕作问题之研讨》、魏章根《梯田沟洫之设计与实施》、叶培忠《改进西北牧草之途径》等。

该批档案还保存有少量兰州地区的资料，如农林部水土保持华北区田间工作队民国三十六年（1947）7—11月份的工作报告，其中7月份主要为勘查中正山、北塔山、四墩坪、五泉山、红土崖、高澜山及五泉桦林山、中梁山、狗牙山等区域，并与甘肃省农业改进所合作，筹建狗牙山水土保持实验区，采集重要保土植物种子；土地调查分类，农田工程施工，保土植物采集及种植。8月份协助奠定兰站基地，调查狗牙山耕作方法及野生植物等，测绘地形图及开挖水平沟种植草本榠，测绘与摄制照片。9月份协助兰州站整理修葺房院掘挖水井建筑厨房等事宜、土地调查分类、农田工程施工、保土植物采集与种植、农田设计及施工。10月份调查红柳分布等事宜。11月份在狗牙山、华林山一带积极展开造林工作，鉴于某业务单位仍驻天水，故系于本卷。

天水水土保持试验区不仅是中国第一个专门性、系统性的水土保持试验基地，还锻造了第一支结构较为合理的科研人员队伍，对于我国水土保持事业发展的组织化、机构的制度化提供了有益的探索。它对中国水土保持的研究，提供了第一批系统的长时段的研究成果，为我国水土保持研究开创了独立的领域，奠定了理论基础；为研究黄河治理、渭河清源、黄土高原的防冲蚀、西北区域经济的可持续发展，以及天水地区乃至甘肃全省及西北地区民国时期的生态状况、农业生产改进、技术推广、病虫害防治、保土植物、农田水利、植树造林、山田农作试验及良种繁殖、渭河流域的气象和水文等均积累了难得的科学数据，并提供了不可或缺的理论支撑。[①]

（四）土地纠纷与诉讼类档案

该类档案主要是民众、机构之间因荒地、林木、渠道、水磨等进行争夺和冲突而形成的。如1940年静宁县政府鼓励开荒、种植树木、民众争垦荒地的档案。1941年静宁县、庄浪县荒地争夺数十个案件。天水市档案馆藏1941年天水县民众之间坡地争夺、挖掘水道，流冲土质、柳树砍伐、毁坏护渠埝、地价纠纷等档案；1943年陇西县荒地纠纷、民主自主开荒的相关档案。水利纠纷与诉讼类方面，如1939—1942年庄浪县与静宁县土地纠纷，强行修水磨并破坏案；1937年武山县民众霸占水利案、1947年甘谷县修复被天兰铁路所截断的水道案、1947—1948年

---

① 杨红伟：《1940年代的天水水土保持试验区述论》，《水土保持研究》2010年第6期，第277-282页。

漳县民众壅塞渠道案；平凉市档案馆所藏三四十年代静宁、庄浪各县水磨、水渠，灌溉用水纠纷案近百件。

林草纠纷与诉讼类方面，如甘肃省档案馆藏1943年甘肃省政府、岷县垦区管理局、甘肃水利林牧公司关于渭河林场收购事宜经济纠纷的案卷；1943年甘肃水利林牧公司汇报渭河林场在小陇山划定范围、保护管理办法以及相应的理由，附带小陇山地形略图1份；1947年清水县政府关于陕西省驻马鹿镇保安队越境砍伐树木案；定西市档案馆藏四十年代渭源、陇西各县民众之间关于林木砍伐的相关档案；平凉市档案馆藏数十件关于秦安、庄浪、静宁等县民众林木砍伐的档案；麦积区档案馆所藏1943年小陇山林地管理事宜相关档案，涉及小陇山成立时的人事状况、地界图、经费预算及清理小陇山林地事宜，该档案中关于处理小陇山荒地地权一事，涉及甘肃省政府、农林部、岷县垦区管理局、天水县政府、军政部荣誉军人第十三临时教养院等多个机构间的争讼。

四、本卷编写情况概述

在国家档案局与甘肃省档案局各位领导的亲切关怀与大力支持下，"甘肃省馆藏祁连山与黄河历史生态环境档案叙录"丛书编写工作于2021年2月正式启动。《渭河卷》所涉及历史档案主要收藏于甘肃省档案馆、天水市档案馆、定西市档案馆。兰州大学与甘肃省档案馆组成联合课题组，在各市档案馆同仁的大力支持下奔波于兰州、定西、天水等地，紧锣密鼓地开展系列工作，调研目录、翻阅案卷，分别类目、撰写提要，克服了许多无法预期的困难与不可抗力的干扰，付出了艰苦的努力。至2023年10月，档案分条目提要初稿撰写工作基本完成；2024年3月，分卷分类与初稿校订工作完成。

《渭河卷》编写过程中，四位分卷主编各司其职，积极开展有关工作。兰州大学历史文化学院教授刘永明负责指导技术工作，带领课题组成员与各地档案部门接洽合作事宜，确定本卷体例与档案搜集范围；甘肃省档案馆开发利用（编研）处副处长冯丽莉对甘肃档案馆藏有关本卷的档案目录进行了初步的整理，并为课题组前往甘肃省档案馆查阅档案提供了诸多帮助；定西市档案馆馆长李艳萍指导馆员对本馆相关档案进行了前期调查，并为课题组在本馆的工作提供了专业指导；天水市档案馆馆长何忠兰积极开放本馆馆藏目录，并协调有关工作，帮助课题组解决档案释读工作中的诸多难题。

曾经或正在兰州大学求学的众多学子是本卷工作的主力军，在丛书主编与分卷主编的带领下投入艰苦工作当中。民国时期的函电稿和政府公文，多为繁体行草或草书写就，不仅笔迹难以辨认，其间涉及的制度、事件、人物对多数青年学子而言都觉陌生。各位同学迎难而上，边学习边工作，虚心向各位前辈请教，很好完成了任务。他们是：中央民族大学历史文化学院博士研究生陈智威，云南大学历史与档案学院博士研究生王瑞雪，南开大学历史学院博士研究生王申元、硕士研究生王嘉宇，复旦大学中国历史地理研究中心博士研究生王稔知，中共香河县委组织部汪梦媛，北京大学医学人文学院硕士研究生何昕玥，北京师范大学历史学院硕士研究生李世财，华东师范大学历史系硕士研究生梁佳毅，厦门大学历史与文化遗产学院硕士研究生彭吉利，兰州市城关区教育局郑静怡，兰州大学历史文化学院博士研究生牛利利、吴华锋、黄小飞以及硕士研究生范雯晓、杨璐、张好、郭泰乐、陈言冰。在此，谨向他们表示诚挚的感谢。

凡 例

一、甘肃省馆藏祁连山与黄河历史生态环境档案，指记录今甘肃省辖境内祁连山-河西走廊以及黄河流域生态环境客观状况、人与自然互动关系的历史档案。这些档案涉及山、水、林、田、湖、草等多类型生态单元，涵盖历史上国家与社会认识、开发、保护生态环境的各种活动。这些档案成文于1949年9月30日前，现收藏于甘肃省各级档案馆，其中绝大多数档案为民国档案、少数为清代档案。近年来，甘肃省历史档案绝大多数已集中至市（州）以上档案馆收藏保管，故本叙录所涉及的祁连山与黄河历史生态环境档案主要收藏于省、市（州）两级档案馆。相关档案类型以官文书为主，包括各类调查报告、表册、会议记录、提案、函电、司法诉讼文书、红契等，兼涉少数收藏于档案系统的民间文书。

二、本叙录以案卷为单位介绍甘肃省馆藏祁连山与黄河历史生态环境档案收藏信息及主要内容，一案卷一叙录。每一则叙录包括叙录编号、题名、发文单位、收文单位、收藏单位、档案编号、成文时间、涉及地域、关键词、内容提要等信息。叙录编号记录该条目在相关分卷中的位置，系编写者添加。题名照录各收藏单位目录中的原题名；个别文件没有题名或题名不完整、不能揭示内容的，编写者则根据通行著录原则拟写题名。发文单位、收文单位皆尊重案卷原文。档案编号一般为四组数字（极个别档案依据其原始编目情况为三组），分别为全宗号、目录号、案卷号、卷内顺序号，各组数字间以连接号；一条叙录涉及多个卷内顺序号的，第三组数字后同时保留多个卷内顺序号（以顿号隔开、连续者间以连接号）并整体加括号，如001-003-221-（0001、0007-0009）。成文时间主要为文件的正式，清代档案以汉字书写之年号纪年、农历月日表示，民国档案按阿拉伯数字书写的公历"年-月-日"表示；部分档案无日或无月、日的，分别精确到月、年，年月日俱无的直接标明"不详"。涉及地域精确到县，对涉及地名及其政区性质一概遵循文本原貌，如导河县（今临夏县）、会川县（今已撤销并入渭源）、卓尼设治局（今卓尼县）等。内容提要力求以简练文字介绍案卷大意，对于部分题名详尽足以概括内容的案卷、或目录开放但内容尚待审核开放的案卷，内容提要简化为"如题"。《总叙卷》因其文献全部收藏于甘肃省档案馆，内容涉及全省或省内较大范围地区，为使结构紧凑，省略"收藏单位""涉及地域"两项信息。

三、为便于检索，同时体现甘肃省各区域生态环境事务的内在差异，本叙录以地域-流域原则划分各卷。各卷中将涉及的历史生态环境档案分为生态环境调查与监测、资源开发与建设、自然灾害与赈济、资源环境纠纷与诉讼等四大类，冠以一级标题壹、贰、叁……；每个大别又分为若干小类，冠以二级中文标题一、二、三……。每一小类下，各条叙录依据档案号顺序排列，并根据收藏单位相对集中。

四、本叙录中少数档案同时涉及多个分卷、多个分类内容的，为了不拆解原始文件，相关叙录在多个分卷与分类中一概并存。

五、本叙录为最大程度保留档案原始风貌，对文中所涉及的各类数字书写方法以及计量单位如公里、公尺、方、担等，皆未做统一。

六、本叙录各类信息中，原文件漫漶不清者，用□代替，一字一□。

目 录

壹 生态环境调查类档案 ·· 1

    一、综合调查类档案 ·· 3

    二、地质矿产类档案 ··· 13

    三、土地资源类档案 ··· 18

    四、水资源类档案 ·· 22

    五、林草动物类档案 ··· 26

贰 自然灾害与赈济类档案 ·· 31

    一、旱灾类档案 ·· 33

    二、水灾类档案 ·· 36

    三、其他灾害与复合灾害类档案 ·· 49

    四、综合赈务类档案 ··· 57

叁 自然资源开发与生态保护类档案 ·· 69

    一、综合开发与保护类档案 ·· 71

    二、矿产资源开发类档案 ··· 91

    三、土地资源开发类档案 ··· 91

    四、水资源开发管理类档案 ·· 105

    五、林草动物资源开发与保护类档案 ··· 122

六、生态环境相关的政区调整类档案 …………………………………………………… 183

　　七、水土保持类档案 …………………………………………………………………… 190

肆　资源环境纠纷与诉讼类档案 ……………………………………………………………… 323

　　一、土地纠纷与诉讼类档案 …………………………………………………………… 325

　　二、水利纠纷与诉讼类档案 …………………………………………………………… 331

　　三、林草纠纷与诉讼类档案 …………………………………………………………… 342

壹　生态环境调查类档案

一、综合调查类档案

【叙录编号】 0001
【档案题名】
甘肃省政府、建设厅、民政厅关于渭源县报送各级组织纲要实施情况月报表的呈文训令公函
【发文单位】 甘肃省政府；甘肃省建设厅；甘肃省民政厅等
【收文单位】 甘肃省政府
【档案编号】 004-001-0396-（0001-0014）
【成文时间】 1943-11-08—1944-05-27
【收藏单位】 甘肃省档案馆
【涉及地域】 渭源县
【关 键 词】 组织实施纲要；农业；水利
【内容提要】
包括《甘肃省渭源县民国三十二年（1943）1—6月份各级组织纲要实施情况报告表》2份，包括地方自治事业的推行、荒山荒地调查及乡镇造产事业兴办、土地调查测量、农林畜牧之改良保护、水利之疏浚与兴修、户数统计等内容。另有《甘肃省渭源县民国三十二年（1943）1—6月份关于地方自治事业之推行一览表》1份，财政厅、社会处、建设厅、甘肃省合作事业管理处转报此文件。

【叙录编号】 0002
【档案题名】
甘肃省陇西县第三区全区详图
【发文单位】 陇西县政府
【收文单位】 甘肃省政府
【档案编号】 004-001-0414-0016
【成文时间】 1938
【收藏单位】 甘肃省档案馆
【涉及地域】 陇西县
【关 键 词】 地图
【内容提要】
如题。

【叙录编号】 0003
【档案题名】
甘肃省永靖县、康县、定西县、山丹县、鼎新县、高台县、秦安县、崇信县、漳县等县政府关于报送本县近三年县路、牧区、隙地种树、利率等各项统计表致甘肃省政府的呈
【发文单位】 秦安县政府；漳县政府等
【收文单位】 甘肃省政府
【档案编号】
004-002-0235-（0005、0008-0015）
【成文时间】 1943-08-09—1943-10-18
【收藏单位】 甘肃省档案馆
【涉及地域】 漳县等地
【关 键 词】 种树；造林
【内容提要】
如题。

【叙录编号】 0004
【档案题名】
甘肃省庄浪县政府关于报送本县近三年修建水利、道路、隙地种树及荒山造林统计表致

甘肃省政府的呈
【发文单位】 庄浪县政府
【收文单位】 甘肃省政府
【档案编号】 004-002-0345-0003
【成文时间】 1943-10-06
【收藏单位】 甘肃省档案馆
【涉及地域】 庄浪县
【关 键 词】 水利；造林
【内容提要】
　　如题。

【叙录编号】 0005
【档案题名】
　　甘肃省漳县民国二十一年（1932）2月12日至二十二年（1933）1月地方情形及政务工作报告表
【发文单位】 甘肃省民政厅
【收文单位】 甘肃省政府
【档案编号】 004-008-0018-0002
【成文时间】 1932-12-31
【收藏单位】 甘肃省档案馆
【涉及地域】 漳县
【关 键 词】 植树；开垦河滩；开渠
【内容提要】
　　该表"实业"下记栽植树株、保护森林。"内务"项下记于盐井河滩开垦堤坝，禁种烟冬苗。"建设"下记调查城周灌溉水渠，不流通者饬民众修理，开发北渠。"其他特别情形"下记旱灾、雹灾。"其他特别工作"下记于河滩兴修水磨。

【叙录编号】 0006
【档案题名】
　　甘肃省清水县县长黄炘关于报送本人在张家川镇视察情况表致甘肃省民政厅的呈
【发文单位】 清水县政府
【收文单位】 甘肃省民政厅
【档案编号】 004-008-0100-0019
【成文时间】 1935-03-17
【收藏单位】 甘肃省档案馆
【涉及地域】 清水县
【关 键 词】 山地；土质贫瘠；旧法耕作
【内容提要】
　　该呈附《甘肃省清水县县长黄炘视察白驼乡表》《恭门乡表》两表。"山川形势及土地状况"下记两乡山脉绵延全（半）属坡地。"生产情形"记两乡全属山地，土质贫瘠。"工作情形"记两乡全赖人力、畜力。"农作情形"记两乡全用旧法耕作。

【叙录编号】 0007
【档案题名】
　　甘肃省清水县县长黄炘关于报送本人在第一区视察情况表致甘肃省民政厅的呈
【发文单位】 清水县政府
【收文单位】 甘肃省民政厅
【档案编号】 004-008-0100-0020
【成文时间】 1936-01-23
【收藏单位】 甘肃省档案馆
【涉及地域】 清水县
【关 键 词】 山地；大麻；旧法耕作
【内容提要】
　　该呈附《甘肃省清水县县长黄炘下乡视察第一区东二十里铺表》《第一区红土堡表》两表。"山川形势及土地状况"下记两乡多系山坡陡地。"生产情形"下记两乡以出产大麻为宗。"工作情形"下记两乡全赖人力、畜力。"农作情形"下记两乡系墨守旧法。

【叙录编号】 0008
【档案题名】
　　甘肃省清水县县长黄炘关于报送本人在第二、五区视察情况表致甘肃省民政厅的呈
【发文单位】 清水县政府

【收文单位】甘肃省民政厅
【档案编号】004-008-0100-0022
【成文时间】1935-06-05
【收藏单位】甘肃省档案馆
【涉及地域】清水县
【关 键 词】山地；旧法耕作；伐木
【内容提要】

该呈附《甘肃省清水县县长黄炘下乡视察第二区恭门镇表》《第五区张家川表》《第二区傅家堡表》《第二区阎家店表》。"山川形势及土地状况"下记恭门镇南北皆山，川甚窄小，河流其中，土地多山坡，砂地硗薄。张家川全境多山坡陡地。傅家堡东为依鹿山，南北小山，山麓及沿河平坦，为田地。阎家店南北皆山，东西川流，土地多山坡，带沙石。"农作情形"下记四乡多用旧法耕种。"工作情形"下记傅家堡农民冬日入山伐木，以备山外小贩销售。

【叙录编号】0009
【档案题名】
甘肃省清水县县长黄炘关于报送本人在第二区恭门镇、第五区张家川视察情况表致甘肃省民政厅的呈
【发文单位】清水县政府
【收文单位】甘肃省民政厅
【档案编号】004-008-0100-0024
【成文时间】1936-01-23
【收藏单位】甘肃省档案馆
【涉及地域】清水县
【关 键 词】山坡种植；土地贫瘠
【内容提要】

该呈附《甘肃省清水县县长黄炘下乡视察第二区恭门镇表》《第五区张家川表》。"山川形势及土地状况""农作情形"同上个档案内容。"生产情形"下记恭门镇田亩多山地，每年种植；张家川土质瘠薄，今春亢旱，但地近关山，时得偏雨。

【叙录编号】0010
【档案题名】
甘肃省渭源县县政视察表
【发文单位】甘肃省民政厅视察员方镇五
【收文单位】甘肃省政府
【档案编号】004-008-0408-0017
【成文时间】1933-09-25
【收藏单位】甘肃省档案馆
【涉及地域】渭源县
【关 键 词】水渠；植树
【内容提要】

"水利"下记有渭河1道，系渭水发源，东乡、锹甲铺等地新造水渠2道，灌田2000余亩。"造林"下记苗圃尚未植树，南乡五竹寺山有松林1处，又于城南河滩、老君山及各区公所植树，成活6万以上。

【叙录编号】0011
【档案题名】
甘肃省甘谷县县政视察表
【发文单位】甘肃省民政厅视察员胡鉴渊
【收文单位】甘肃省政府
【档案编号】004-008-0409-0004
【成文时间】1934-01-18
【收藏单位】甘肃省档案馆
【涉及地域】甘谷县
【关 键 词】新旧渠道；植树
【内容提要】

"水利"下记旧有水渠5道（黄家、汾波、中、南、广济），灌溉9000余亩，新开5道（陆田、通济、永利、永济、溥济），灌溉1.8万余亩。"造林"下记苗圃已成林50余亩，树5000余株，拟在天门山、塔山等处造风景林。

【叙录编号】 0012
【档案题名】
　　甘肃省通渭县县政视察表
【发文单位】 甘肃省民政厅视察员胡鉴渊
【收文单位】 甘肃省政府
【档案编号】 004-008-0409-0007
【成文时间】 1934-02-15
【收藏单位】 甘肃省档案馆
【涉及地域】 通渭县
【关 键 词】 无水利；无成林
【内容提要】
　　"水利"下记无水利。"造林"下记无成林。

【叙录编号】 0013
【档案题名】
　　甘肃省武山县县政视察表（二）
【发文单位】 甘肃省民政厅视察员胡鉴渊
【收文单位】 甘肃省政府
【档案编号】 004-008-0409-0012
【成文时间】 1934-01-31
【收藏单位】 甘肃省档案馆
【涉及地域】 武山县
【关 键 词】 开渠；造林
【内容提要】
　　"水利"下记旧有渠4道（东顺、永顺、北顺、西顺），灌田5000余亩。新开北顺渠1道，灌溉百余亩。"造林"下记成林百亩，拟在红峪河堤旁植树造林。

【叙录编号】 0014
【档案题名】
　　民国二十二年（1933）甘肃省天水县县政视察表（一）
【发文单位】 甘肃省民政厅视察员胡鉴渊
【收文单位】 甘肃省民政厅
【档案编号】 004-008-0410-0010
【成文时间】 1933-11-05
【收藏单位】 甘肃省档案馆
【涉及地域】 天水县
【关 键 词】 灌田水渠；水利设备；植树；荒旱
【内容提要】
　　"水利"部分记载，天水并无水利机关，旧有河工局1处，仅限于保护城垣，亦未顾及开渠灌田。唯渭水及耤河两岸居民多自引水灌田，其亩亦无确实统计，新式水利设备全无。"道路"部分记载，河水大发冲损桥梁3处，已派民夫按段修理完竣。"造林"部分记载，天水苗圃有南城外约10余亩，北城外约20余亩，东门外试验场1处约有10亩，在内种植各种树秧。此外，南门外河堤以南为中山林，植树甚多，面积约为30余亩，成活2万余株，以杨柳居多，榆槐次之。"灾情"部分记载连年荒旱，夏秋歉收。本年葫芦河暴涨，沿河两岸田园地亩全被冲压，房舍多被冲塌。东北乡冰雹为害亦烈。

【叙录编号】 0015
【档案题名】
　　民国二十二年（1933）甘肃省天水县农村经济视察表
【发文单位】 甘肃省民政厅视察员胡鉴渊
【收文单位】 甘肃省民政厅
【档案编号】 004-008-0410-0011
【成文时间】 1933-11-05
【收藏单位】 甘肃省档案馆
【涉及地域】 天水县
【关 键 词】 农作物；种植鸦片；冰雹
【内容提要】
　　"种类"部分记载，天水西南乡盛产苞谷，东北乡盛产高粱，洋芋则为全县普遍产物。荞麦、莜麦、燕麦、糜子、谷子等5种为次要产物，小麦虽全县皆产，但为数无几。天水副产物甚少，仅有北乡三阳川农民多织土布，东乡多产花椒、柿子，南乡产木柴、木炭，山中一带出产农器、山货。四乡鸦片烟亦多，危害最甚。"农村灾害概况"部分记载，沿河镇三阳川渭陇两河暴发洪水，淹至三岔，约200余里。东北乡本年迭遭冰雹，危害颇烈。

【叙录编号】 0016
【档案题名】
　　甘肃省秦安县县政视察表
【发文单位】 甘肃省民政厅视察员胡鉴渊
【收文单位】 甘肃省民政厅
【档案编号】 004-008-0410-0013
【成文时间】 1933-10-15
【收藏单位】 甘肃省档案馆
【涉及地域】 秦安县
【关 键 词】 凿井；修渠；植树；雹灾；阴雨连绵
【内容提要】
　　"水利"部分记载，今年奉令办理凿井灌田，当令各区村各负责人督饬人民办理，至于川原河流沿线人民皆自行利用自然水源掘渠灌田。两年以来，因河水暴涨，预计损伤桥梁四五座，已由建设局人员贷款督修。"造林"部分记载，秦安县无苗圃，只在东城壕隙地育有苗植秧。今年建设局于城外葫芦河两岸大城壕汽车路旁等处举行植树活动，以杨、柳、椿、榆等树为主，20余里，全年植树约4000株。因无专人保护灌溉，成活甚少。"灾情"部分记载，秦安县本年入夏以来，麦豆等禾苗被北风吹损，6—7月西北至西南一带所有烟苗、麦豆均被雹灾打伤；8月阴雨连绵，河水暴涨3里之宽，所过田园地亩全被冲压，至今尚不能耕种。

【叙录编号】 0017
【档案题名】
　　甘肃省秦安县农村经济视察表
【发文单位】 甘肃省民政厅视察员胡鉴渊
【收文单位】 甘肃省民政厅
【档案编号】 004-008-0410-0014
【成文时间】 1933-10-15
【收藏单位】 甘肃省档案馆
【涉及地域】 秦安县
【关 键 词】 农作物
【内容提要】
　　秋禾、高粱、糜谷3种为主要出产物，小麦、荞麦、莜麦及燕麦4种为次要出产物，织土布、毛褐为副产。

【叙录编号】 0018
【档案题名】
　　甘肃省静宁县县政视察表
【发文单位】 甘肃省民政厅视察员崔岚泉
【收文单位】 甘肃省民政厅
【档案编号】 004-008-0411-0004
【成文时间】 1933-10-06
【收藏单位】 甘肃省档案馆
【涉及地域】 静宁县
【关 键 词】 修渠；植树；雹灾
【内容提要】
　　"水利"部分记载，县东北10余里之北峡口地方可以开渠至八里铺以西一带，计有地5000亩，均能灌溉。"造林"部分记载，县内东南隅火神庙设苗圃1处，培植各种树秧。近三年，于县城外庙山河滩东关沿路东南城壕栽植榆、杨、柳、椿等树，其中已成林者约千余株，且柳树最多。"灾情"部分记载，本年雹雨为灾，冲淹春秋田禾，淹没房屋牲畜。

【叙录编号】 0019
【档案题名】
　　甘肃省静宁县农村经济视察表
【发文单位】 甘肃省民政厅视察员崔岚泉

【收文单位】 甘肃省民政厅
【档案编号】 004-008-0411-0005
【成文时间】 1933-10-06
【收藏单位】 甘肃省档案馆
【涉及地域】 静宁县
【关 键 词】 农作物
【内容提要】

该表记载，小麦、扁豆、莜麦、荞麦、谷子、糜子等为本县主要农产品；胡麻、高粱为次要产物；粉条、蜂蜜及清油为副产物。"灾害概况"部分记载，本年雹雨为灾，平地水深数尺，第二、五区受灾最重。

【叙录编号】 0020
【档案题名】

天水（原档题名如此，疑有误。）
【发文单位】 甘肃省民政厅；天水县政府
【收文单位】 甘肃省民政厅；天水县政府
【档案编号】 015-005-0080-（0008-0012）
【成文时间】 1933-01-18—1934-03-30
【收藏单位】 甘肃省档案馆
【涉及地域】 天水县
【关 键 词】 风土；民俗
【内容提要】

天水县政府呈本县风俗纲要1册，气候方面为本地多无甚祁寒酷暑、雨量不充，近年来迭遭旱荒。农产品各类丰富，罗列巨细。民政厅回文1册不敷存转，讹误甚多，令其改后补赍3份。天水县政府补赍，省民政厅准予存转。

【叙录编号】 0021
【档案题名】

漳县属地徐家沟划归岷县管辖的各类文件
【发文单位】 甘肃省民政厅；漳县政府；甘肃省财政厅等
【收文单位】 甘肃省民政厅；漳县政府；甘肃省财政厅等
【档案编号】 015-005-0198-（0001-0013）
【成文时间】 1934-11-02—1935-04-18
【收藏单位】 甘肃省档案馆
【涉及地域】 漳县；岷县
【关 键 词】 土地勘划；地图；插花地
【内容提要】

岷县政府呈文民政厅，请求将漳县属地徐家沟划给岷县管辖，民政厅训令漳县照办，绘图呈复。漳县政府将地方花名丁粮清册报民政厅，附《漳县全图》《漳县县长造赍辖境内徐家沟桦林沟插花地土应纳粮赋花名清册》各1份。民政厅咨财政厅赍核，回文漳县更造徐家沟地亩粮册再行会呈，附《漳县全图》1张。漳县政府查明后再报，附《漳县县长造赍辖境内徐家沟桦林沟插花地土应纳粮赋花名清册》4本，《漳县全图》5张。

【叙录编号】 0022
【档案题名】

天水、西固县政府上报民国二十四年（1935）气象及米粮草束银钱时估表的各类文件
【发文单位】 天水县政府；西固县政府
【收文单位】 甘肃省民政厅
【档案编号】 015-006-0028-（0003-0018）
【成文时间】 1934—1935
【收藏单位】 甘肃省档案馆
【涉及地域】 天水县；西固县
【关 键 词】 气象月报
【内容提要】

如题。天水县上报民国二十四年（1935）1—12月气象月报表及2—3月米粮草木银钱时估表；西固县上报7—12月气象及米粮草木银钱时估表。

【叙录编号】 0023

【档案题名】

通渭县政府赍民国二十三年（1934）米粮草束时估表及雨雪阴晴表乞鉴核的呈文

【发文单位】　通渭县政府
【收文单位】　甘肃省民政厅
【档案编号】　015-006-0032-0038
【成文时间】　1935-02-26
【收藏单位】　甘肃省档案馆
【涉及地域】　通渭县
【关 键 词】　雨雪阴晴数量表
【内容提要】
　　如题。

【叙录编号】　0024
【档案题名】

文县、康县、天水县、清水县等县政府关于呈报民国二十三年（1934）米粮草束时估表及雨雪阴晴表的各类文件

【发文单位】　文县政府；康县政府；清水县政府等
【收文单位】　甘肃省民政厅；天水县政府；清水县政府等
【档案编号】　015-006-0033-（0015-0038）；
　　　　　　　015-006-0034-（0001-0034）
【成文时间】　1934—1935
【收藏单位】　甘肃省档案馆
【涉及地域】　天水县；清水县等地
【关 键 词】　雨雪阴晴表；米粮草束时估表
【内容提要】

　　文县、康县、清水县奉甘肃省民政厅令呈报民国二十三年（1934）米粮草束及雨雪阴晴表请鉴核，省民政厅回文令缺漏月份的县政府补造再报，呈复天水县政府准予免造1月、6月份阴晴雨雪表。

【叙录编号】　0025
【档案题名】

清水等县关于报送民国二十三年（1934）、二十四年（1935）全国统计总报告请汇核汇转的各类文件

【发文单位】　清水县政府；甘肃省政府等
【收文单位】　清水县政府；甘肃省政府等
【档案编号】
　　015-006-0489-（0001-0002）；
　　015-006-0490-（0001-0031）
【成文时间】　1935
【收藏单位】　甘肃省档案馆
【涉及地域】　清水、武山、秦安、天水等12县
【关 键 词】　全国统计总报告；土地
【内容提要】

　　清水、武山、秦安、天水等县呈文甘肃省政府民国二十三年（1934）、二十四年（1935）年全国统计总报告应用表或就此事填造情况呈文省政府。其中，成县、武山县有详细表册，其余县仅存往来文书，无表。表册部分中，保卫：火灾情况；救济：灾害，施赈；土地：行政，土地所有面积，地价等内容。省政府对合格者回文准予备查，对不合格者令民政厅发还更造。

【叙录编号】　0026
【档案题名】

经济部第十水利测量队所绘甘肃省渭河流域平面图

【发文单位】　甘肃水利第二勘测队
【收文单位】　甘肃省建设厅
【档案编号】　027-004-0521-0012
【成文时间】　1941-07
【收藏单位】　甘肃省档案馆
【涉及地域】　渭河
【关 键 词】　渭河
【内容提要】
　　如题。

【叙录编号】 0027
【档案题名】
甘肃省第一区行政督察专员公署关于为凌道扬等考察提供便利事宜给陇西县政府的指令
【发文单位】 第一区行政督察专员公署
【收文单位】 陇西县政府
【档案编号】 170-2-418-3
【成文时间】 1939-10-19
【收藏单位】 定西市档案馆
【涉及地域】 陇西县
【关 键 词】 凌道扬
【内容提要】
　　凌道扬等人的考察分为东西两路：西路以土壤、畜牧为重，由都兰经柴达木盆地到达敦煌，转道甘州、凉州返兰。东路以水利、森林为重，主要经过甘肃省第一、二、三区，经夏河、临洮等处返兰。兹令各经过地方遇事关照，为调查人员提供便利与保护，对调查事项予以协助。

【叙录编号】 0028
【档案题名】
甘肃省政府关于填报农林垦渔牧各业报告表事宜给陇西县政府的训令
【发文单位】 甘肃省政府
【收文单位】 陇西县政府
【档案编号】 170-2-420-（002-003）
【成文时间】 1939-10-15
【收藏单位】 定西市档案馆
【涉及地域】 陇西县
【关 键 词】 农林垦渔牧
【内容提要】
　　农林垦渔牧等行业关系军需民生，地位重要，国民政府经济部兹制定农林垦渔牧各业报告表11种，请各省政府对其所属各县进行填报、汇总，特此训令。后附报告表11种，该案卷仅收录1种，为《甘肃省某某县畜牧概况调查表》。

【叙录编号】 0029
【档案题名】
甘肃省政府关于进行经济状况调查的训令及县政府关于金融、特殊物产、农工业、矿产、牧畜、森林、集市交易状况调查表
【发文单位】 甘肃省政府
【收文单位】 陇西县政府
【档案编号】 170-3-65-（0015-0017）
【成文时间】 1941
【收藏单位】 定西市档案馆
【涉及地域】 陇西县
【关 键 词】 经济调查表；森林调查表
【内容提要】
　　本卷档案为甘肃省政府为进行经济调查和陇西县政府之间的来往公文，其中陇西县共呈报表8份。分别为金融状况调查表；各种特产物品调查表（含物品名称、年产数量、运销情形、统制情形、价格、其他等项）；农业状况调查表（含农作物种类、生产数量、全县已耕亩数、全县未耕亩数、水利灌溉情形及全年雨量、荒地垦殖办法、农产物统制及外销情形、本县消费量、现市石或斤价格、其他等项）；工业状况调查表（含厂名、制造品及年出产量、资本及工人数目、运销情形、原料来源、销售价格、其他等项）；矿产调查表（含矿产种类、产地、储藏量、已开采情况、年产量、工人数目、运销情形、资本数目及出资人姓名、其他等项）；牧畜事业调查表（含牲畜种类、全县共有数目、年产皮毛量、其他副产品、皮毛外销运输及统制情形、可供牧畜之业地面积及其他等项）；森林调查表（含林木种类及其所在地、现有株数、经营情形、年产木材情形、其他等项）；集市交易品调查表（含交易品名称、年交易量、全交易量总值、交易品来源或销路、统制情形、其他等项）。

【叙录编号】 0030
【档案题名】
　　甘肃省政府、田赋粮食管理处、行政督察专员公署关于赋税、灾情及对勘察地理等相关工作给予协助的公文
【发文单位】 甘肃省政府等
【收文单位】 陇西县政府等
【档案编号】 170-3-230-（0001-0022）
【成文时间】 1942
【收藏单位】 定西市档案馆
【涉及地域】 陇西县
【关 键 词】 赋税；灾情
【内容提要】
　　甘肃省政府、田赋粮食管理处、行政督察专员公署关于针对勘报灾歉及灾情减负，对考察地质、史地、农垦、河流、经济组织给予协助的相关训令、报表、代电、公函等。

【叙录编号】 0031
【档案题名】
　　陇西县政府关于报送该县畜牧、水利、林木调查表致第一区行政督察专员公署的呈文
【发文单位】 陇西县政府
【收文单位】 第一区行政督察专员公署
【档案编号】 170-3-388-（0007-0017）
【成文时间】 1943-08-17
【收藏单位】 定西市档案馆
【涉及地域】 陇西县
【关 键 词】 水利灌溉；林业调查
【内容提要】
　　甘肃省第一区行政督察专员公署训令陇西县政府，请于文到后1周内，填报各项调查表10种，随令附发调查表样式10份。陇西县政府接令后依式填报，其第8、9、10种调查表分别为畜牧、水利灌溉、林业调查表。水利灌溉调查表主要内容为首阳、永济、仁寿三渠。林业调查表主要包括莲峰山林、桦林山林、模范造林场三个林区。

【叙录编号】 0032
【档案题名】
　　准行政院水利委员会电派员视察水土保持等工程
【发文单位】 甘肃省政府
【收文单位】 陇西县政府
【档案编号】 170-4-121-（0017-0018）
【成文时间】 1944-05
【收藏单位】 定西市档案馆
【涉及地域】 陇西县
【关 键 词】 水土保持
【内容提要】
　　行政院水利委员会将派员视察豫、陕、甘、青4省水土保持，陇西县将随时予以便利。

【叙录编号】 0033
【档案题名】
　　陇西县文峰镇镇民代表会会议记录中关于水利、赈灾的部分
【发文单位】 陇西县文峰镇镇民代表会议
【收文单位】 陇西县文峰镇政府
【档案编号】 170-4-304-（0002、0009）
【成文时间】 1945-04-07—1945-06-17
【收藏单位】 定西市档案馆
【涉及地域】 陇西县
【关 键 词】 水利灌溉；永济渠
【内容提要】
　　陇西县文峰镇镇民代表会第1次会议，有提案"振兴水利灌溉农田案""为保护树苗振兴林业案""为使保护渭河大桥案"。第3次会议，有提案"久旱成灾关于本镇受灾灾民应广布救济清公决案""本镇永济渠流域水地自首阳靛坪开凿他渠后致渭水河流半途截断以致本镇水地永无灌溉之便是应收田赋理则呈请减

低案"。

【叙录编号】 0034
【档案题名】
陇右师管区司令部关于做好军队复员转业工作请填写机关团体调查表给陇西县政府的代电
【发文单位】 陇右师管区司令部
【收文单位】 陇西县政府
【档案编号】 170-10-78-21
【成文时间】 1943-12-23
【收藏单位】 定西市档案馆
【涉及地域】 陇西县
【关 键 词】 机关团体
【内容提要】
陇右师管区司令部给陇西县政府的代电：为做好军队复员就业分配工作，请陇西县政府于当年12月内填报辖区内经济、交通、农业、水利、工矿等机关团体调查表，其后每3个月填报1次。随电附《○○师管区境内经济、农林、水利、交通、工矿等机关团体调查统计表》1份。

【叙录编号】 0035
【档案题名】
为函请搜集兵要地质材料希查照解理由
【发文单位】 陇西县政府
【收文单位】 陇西县邮局
【档案编号】 175-1-5-8
【成文时间】 1948-12
【收藏单位】 定西市档案馆
【涉及地域】 陇西县
【关 键 词】 兵要地质
【内容提要】
此档为陇西县政府关于搜集兵要地质材料的公函，主要内容为命令陇西邮局按照表格如实填写，在规定时间呈送。其兵要地质调查表主要包括：邮政、电政、无线电、有线电话四部分。邮政包括：邮局地点、支局地点、通邮之城市乡镇。电政包括：总局地点、线路经过地点、通报地点、支局地点。无线电包括：电台名称及地点、电台呼号及波长。有线电话包括：总局地点、通话邻县之县名、线路经过地点。

【叙录编号】 0036
【档案题名】
甘肃省粮食增产总督导团关于县长兼任总指导，行文粮食生产、增产考察、预防灾害、水土保持工作报告等的训令
【发文单位】 甘肃省粮食增产总督导团等
【收文单位】 农业部天水水土保持实验区等
【档案编号】 010-001-052
【成文时间】 1944-08—1944-09
【收藏单位】 天水市档案馆
【涉及地域】 天水县
【关 键 词】 水土保持；水利工程；造林
【内容提要】
农业部天水水土保持实验区民国三十三年（1944）1—8月份工作简表，包括甲、乙两部分。甲部包括1月份以来工作鸟瞰、法规执行与修订、与各方之联系、人事变动、经费等；乙部包括保土植物繁殖与实验、坡田蓄水保土试验、小区试验及小区试验水土流失统计表、河滩荒坡造林、测绘地图、气象记载等内容。民国三十三年（1944），甘肃省粮食增产总督导团训令，命令修建农田水利，制定大型水利经费之筹措办法等。

【叙录编号】 0037
【档案题名】
天水县政府、金花乡关于补造生活补助费、领支经费列表造册、植树造林实施计划、薪饷证明、规定编退自卫队兵选补充保安团遵

照由
【发文单位】 天水县政府；天水县金花乡
【收文单位】 天水县政府；天水县金花乡
【档案编号】 民国天水县金花乡509-142
【成文时间】 1946
【收藏单位】 麦积区档案馆
【涉及地域】 天水县
【关 键 词】 河流溪水调查；山脉调查

【内容提要】
　　本卷档案有金花乡各项统计表，包括金花乡面积调查表，山脉调查表（包括山系、山名、蜿蜒方向、长度、分支分布情况等），河流溪水调查表（包括水名、发源地、水流方向及长度、汇入水系名称、汇流处地名）等。另，本卷档案题名不确，未见植树造林实施计划。

二、地质矿产类档案

【叙录编号】 0038
【档案题名】
　　甘肃省李宝山、南化仁关于申请开采通渭县高山镇（黄家窑）蒋家山致甘肃省政府的呈文
【发文单位】 李宝山；南化仁
【收文单位】 甘肃省建设厅
【档案编号】 027-005-0613-（0001-0004）
【成文时间】 1940-10-02—1940-11-30
【收藏单位】 甘肃省档案馆
【涉及地域】 通渭县
【关 键 词】 蒋家山
【内容提要】
　　甘肃省李宝山、南化仁关于申请开采通渭县高山镇（黄家窑）蒋家山煤矿，附《通渭县高山镇（黄家窑）蒋家山探矿地区略图》。

【叙录编号】 0039
【档案题名】
　　甘肃省丁继光、张横波、王鹤天等13人关于申请开采通渭县大庄镇罗家峡煤炭致甘肃省建设厅的呈文，附矿区略图1张
【发文单位】 丁继光；张横波等
【收文单位】 甘肃省建设厅
【档案编号】 027-005-0613-（0005-0008）
【成文时间】 1943-05-06—1943-07-01
【收藏单位】 甘肃省档案馆
【涉及地域】 通渭县
【关 键 词】 罗家峡
【内容提要】
　　甘肃省丁继光、张横波、王鹤天等13人申请开采通渭县大庄镇罗家峡煤炭致甘肃省建设厅的呈文，附《炭山附近略图》1份，附四至说明。另附《通渭县白鹤镇炭山煤矿情形》《罗家峡煤矿情形》，各1份。

【叙录编号】 0040
【档案题名】
　　甘肃省王则懋关于报送通渭县陇山镇煤田调查报告表、矿区草图及开采计划给甘肃省建设厅的呈文

【发文单位】　王则懋
【收文单位】　甘肃省建设厅
【档案编号】　027-005-0614-（0001-0004）
【成文时间】　1947-02-04—1947-02-14
【收藏单位】　甘肃省档案馆
【涉及地域】　通渭县
【关 键 词】　陇山镇煤矿
【内容提要】

本档案内容主要为《开采煤矿矿区草图》《通渭县陇山镇煤田调查报告表》。民国二十七年（1938），山水冲出炭块，山人不识。经专业人士辨认，确为煤炭，位置位于通渭县北约30公里。地质为变质岩系，石灰纪。另有各类岩石表、煤炭煤量、地质构造、施工方式、试探经费及预算。

【叙录编号】　0041
【档案题名】

甘肃省政府、甘肃省建设厅关于陇西县松涛坡煤矿公司开采执照致建设厅的呈文及回令
【发文单位】　陇西县政府
【收文单位】　甘肃省建设厅
【档案编号】　027-005-0622-（0001-0008）
【成文时间】　1933-11-20—1944-02-19
【收藏单位】　甘肃省档案馆
【涉及地域】　陇西县
【关 键 词】　煤矿
【内容提要】

陇西县政府申请发给陇西县松涛坡煤矿公司开采执照，附绘制于民国二十二年（1933）12月11日的《开采煤矿矿区图》《陇西县松涛坡煤矿公司组织章程招股章程及认股书营业计划书》。

【叙录编号】　0042
【档案题名】

甘肃省建设厅关于报送本厅工程师王则懋测秦安、武山县煤田调查报告致建设厅的签呈，附调查报告、矿区草图各1份
【发文单位】　武山县政府；秦安县政府
【收文单位】　甘肃省建设厅
【档案编号】　027-005-0625-0005
【成文时间】　1947-03-27
【收藏单位】　甘肃省档案馆
【涉及地域】　武山县；秦安县
【关 键 词】　武山煤矿
【内容提要】

甘肃省建设厅关于报送本厅工程师王则懋的秦安、武山县煤田调查报告致建设厅的签呈，附《秦安县金刚咀、王家峡、杨家峡煤田调查报告》《武山县大山、崔家山、漆家河煤田调查报告》《武山县崔家山煤矿矿区草图》。

【叙录编号】　0043
【档案题名】

甘肃省政府关于发还更正天水县新军乡佳磁窑土矿给中兴窑厂的批示，附陶土矿矿产说明书
【发文单位】　天水县政府
【收文单位】　甘肃省建设厅
【档案编号】　027-005-0627-（0001-0004）
【成文时间】　1944-06-24—1944-10-13
【收藏单位】　甘肃省档案馆
【涉及地域】　天水县
【关 键 词】　武山煤矿
【内容提要】

如题，附《甘肃省天水县新军乡佳磁窑土矿矿产说明书》2份。

【叙录编号】　0044
【档案题名】

甘肃省同兴煤炭公司关于报送天水县元龙镇磨坡子沟采矿申请书、矿床说明书致甘肃省建设厅的呈文，附矿床说明书、公司章程

各1份
【发文单位】 甘肃省同兴煤炭公司
【收文单位】 甘肃省建设厅
【档案编号】 027-005-0629-（0001-0003）
【成文时间】 1948-09-07—1948-09-28
【收藏单位】 甘肃省档案馆
【涉及地域】 天水县
【关 键 词】 元龙镇磨坡子沟
【内容提要】

甘肃省同兴煤炭公司关于报送天水县元龙镇磨坡子沟采矿申请书，包括《采矿申请书》《推定代表人呈请书》《同兴煤炭公司章程》《天水元龙镇磨坡子沟等地煤矿报告》。

【叙录编号】 0045
【档案题名】

交通部陇海区铁路管理局关于补充本路西段煤炭供应拟在天水县境内开采煤矿致甘肃省建设厅的代电，附矿区图1张、矿床说明书2份
【发文单位】 交通部陇海区铁路管理局
【收文单位】 甘肃省建设厅
【档案编号】 027-005-0630-0001
【成文时间】 1948-07-30
【收藏单位】 甘肃省档案馆
【涉及地域】 天水县
【关 键 词】 元龙镇磨坡子沟
【内容提要】

交通部陇海区铁路管理局关于补充本路西段煤炭供应拟在天水县境内开采煤矿致甘肃省建设厅的代电，附绘制于民国三十七年（1948）7月的《开采煤矿矿区图》1份、《甘肃省天水县元龙镇磨坡子沟桃树坪等地煤矿矿床说明书》2份。

【叙录编号】 0046
【档案题名】

交通部陇海区铁路管理局关于报送天水县红崖地矿图及矿床说明书致甘肃省建设厅的代电，附矿区图1张、矿床说明书3份
【发文单位】 交通部陇海区铁路管理局
【收文单位】 甘肃省建设厅
【档案编号】 027-005-0631-0001
【成文时间】 不详
【收藏单位】 甘肃省档案馆
【涉及地域】 天水县
【关 键 词】 红崖地土桥子煤矿
【内容提要】

《甘肃省天水县新军乡红崖地土桥子煤矿矿床说明书》2份，甘肃省政府回文其地图不符。

【叙录编号】 0047
【档案题名】

甘肃省建设厅工程师王则懋关于报送陇西云田乡煤矿勘察报告致甘肃省建设厅的签呈
【发文单位】 王则懋
【收文单位】 甘肃省建设厅
【档案编号】 027-005-0652-0018
【成文时间】 1945-03-08
【收藏单位】 甘肃省档案馆
【涉及地域】 陇西县
【关 键 词】 云田乡煤田
【内容提要】

档案内有《陇西县云田乡高家山一带煤田调查报告》。王则懋查勘汇报，民国三十四年（1945）4月，当地居民偶然发现煤矿，位于县城西北30余里，地质皆为新生代物产第四纪洪积统黄土，树木枝叶甚多色，地质构造未经大变动。

【叙录编号】 0048
【档案题名】

甘肃省矿产勘测总队关于报送第一分队勘

察天水县所属三岔及娘娘坝矿产情况致甘肃省建设厅的呈文
【发文单位】 甘肃省矿产勘测总队
【收文单位】 甘肃省建设厅
【档案编号】 027-006-0497-0007
【成文时间】 1941-12-20
【收藏单位】 甘肃省档案馆
【涉及地域】 天水县
【关 键 词】 矿产勘测；煤矿
【内容提要】
　　如题。其中包括铁矿成色、利用价值、开采情况等。

【叙录编号】 0049
【档案题名】
　　甘肃省政府、甘肃省建设厅关于勘探乌鼠山煤矿的各类文件
【发文单位】 甘肃省政府；渭源县政府；第九区行政督察专员公署
【收文单位】 甘肃省政府；渭源县政府；第九区行政督察专员公署
【档案编号】 027-006-0721-（0013-0016）
【成文时间】 1947-10-16—1947-12-04
【收藏单位】 甘肃省档案馆
【涉及地域】 渭源县
【关 键 词】 乌鼠山；煤矿；炭样
【内容提要】
　　渭源县政府代电甘肃省政府称，经勘察，发现乌鼠山煤层质量甚佳，有开采价值，请化验乌鼠山炭样。甘肃省政府令其先试探乌鼠山煤层，待开采到原煤层再议政府扶持情况。省第九区行政督察专员公署电报省政府称，专业人员及技术不足，请派人勘探乌鼠山煤矿资源，甘肃省政府回文明年春天再行勘察。

【叙录编号】 0050

【档案题名】
　　张人鉴关于免予勘察静宁县煤矿的往来文件
【发文单位】 甘肃省建设厅；张人鉴
【收文单位】 甘肃省建设厅；张人鉴
【档案编号】 027-007-0126-（0001-0002）
【成文时间】 1930-01-31—1930-02-04
【收藏单位】 甘肃省档案馆
【涉及地域】 静宁县
【关 键 词】 白土岔煤矿
【内容提要】
　　特务员张人鉴呈文甘肃省建设厅称，静宁白土岔煤矿为前人传言，似无查勘必要。省建设厅回文准予免查。

【叙录编号】 0051
【档案题名】
　　甘肃省建设厅关于化验静宁县煤矿矿石、调查、兴办县内各煤矿的文件
【发文单位】 甘肃省建设厅；甘肃省化验所；静宁县政府
【收文单位】 甘肃省建设厅；甘肃省化验所；静宁县政府
【档案编号】 027-007-0126-（0010-0015）
【成文时间】 1929-05-09—1929-11-29
【收藏单位】 甘肃省档案馆
【涉及地域】 静宁县
【关 键 词】 煤矿；调查；煤炭开采
【内容提要】
　　甘肃省建设厅送静宁县煤矿矿石1包，致函省化验所调查，省化验所回函报表。静宁县政府呈请拨给经费1万元兴办煤矿。甘肃省建设厅令张人鉴调查石嘴庙一带煤矿情形。甘肃省建设厅令静宁县政府招商承办界石铺煤矿。

【叙录编号】 0052

【档案题名】
　　甘肃省矿业股份有限公司关于报送静宁罐子峡发现煤层情况呈文甘肃省政府的往来文件
【发文单位】　甘肃省矿业股份有限公司；甘肃省建设厅；甘肃省政府
【收文单位】　甘肃省矿业股份有限公司；甘肃省政府
【档案编号】　027-008-0101-（0010-0014）
【成文时间】　1943-04-02—1943-04-12
【收藏单位】　甘肃省档案馆
【涉及地域】　静宁县
【关　键　词】　罐子峡；煤层；钻探
【内容提要】
　　甘肃省矿业股份有限公司呈文省政府，静宁县罐子峡发现煤层两处，省建设厅亦将此事报送省政府。省政府回文准予备查，并令矿业公司将钻探情况随时报查。

【叙录编号】　0053
【档案题名】
　　甘肃徐时哉关于报送矿床说明书及矿区图的各类文件
【发文单位】　天水华铁厂；甘肃省建设厅；天水县政府
【收文单位】　天水华铁厂；甘肃省建设厅；天水县政府
【档案编号】　027-008-0303-（0001-0006）
【成文时间】　1939-10-12—1939-12-13
【收藏单位】　甘肃省档案馆
【涉及地域】　天水县
【关　键　词】　矿床说明书；矿区图
【内容提要】
　　天水华铁厂经理徐时哉呈文甘肃省建设厅关于矿区图床的说明书，并请示淘铁方法。省建设厅回文，令其更正补报矿区图。天水县政府呈文省建设厅请严令开矿，省建设厅回文，待矿区图呈报后再行核办。徐时哉呈请先行开矿，容俟补图。省建设厅回文与规定不合，碍难照准，令其补赍待办。

【叙录编号】　0054
【档案题名】
　　各县、各机构关于报送矿苗化验结果调查开采价值的各类文件
【发文单位】　天水电灯厂；梁勉；甘肃省政府等
【收文单位】　甘肃省建设厅；甘肃省政府等
【档案编号】
　　027-008-0507-（0001-0009）；
　　027-008-0509-（0004-0009）；
　　027-008-0528-（0011-0014）
【成文时间】　1935；1936；
　　　　　　　1938-03-03—1938-03-17
【收藏单位】　甘肃省档案馆
【涉及地域】　天水县；甘谷县等地
【关　键　词】　矿苗化验；开采
【内容提要】
　　本档案与各县上报矿苗化验结果，并请技士化验分析开采价值有关。其中有化平县、海原县、天水电灯厂等县政府或机构。省政府令技士梁勉对其进行化验，根据呈报结果，回文对化平县煤矿设法提倡开采，海原县煤矿质量低劣不能开采，抄发天水石煤化验表给天水电灯厂。甘谷县政府呈文省建设厅发现矿苗，梁勉对其分析呈报，省建设厅令甘谷县政府就产量、面积等情况报察。张掖县政府呈请化验北山仁宗口矿苗，梁勉呈文省建设厅煤质不佳，可以人力小规模开发，省建设厅令张掖县政府遵照战时领办煤矿办法申请开采。

【叙录编号】　0055
【档案题名】
　　天水县关于本县无开采铁矿窑主及炉户的各类文件

【发文单位】 天水县政府；甘肃省政府
【收文单位】 天水县政府；甘肃省政府
【档案编号】 027-008-0535-（0009-0010）
【成文时间】 1937-03-23—1937-03-24
【收藏单位】 甘肃省档案馆
【涉及地域】 天水县
【关 键 词】 铁矿开采
【内容提要】
　　如题，甘肃省政府回文知悉。

【叙录编号】 0056
【档案题名】
　　甘肃省渭源县兵要地质调查表
【发文单位】 渭源县政府
【收文单位】 不详
【档案编号】 157-3-290-（0002-0006）
【成文时间】 1949
【收藏单位】 定西市档案馆
【涉及地域】 渭源县
【关 键 词】 燃料；饮用水
【内容提要】
　　渭源县兵要地质调查表记录，该县燃料以木柴为主，且其人民多饮井水、河水及泉水。

【叙录编号】 0057
【档案题名】
　　民国二十四年（1935）甘肃省建设厅致县政府关于编制全国矿业统计调查表的训令
【发文单位】 甘肃省建设厅
【收文单位】 陇西县政府
【档案编号】 170-8-11-（0003-0009）
【成文时间】 1935
【收藏单位】 定西市档案馆
【涉及地域】 陇西县
【关 键 词】 煤矿调查
【内容提要】
　　本卷为民国二十四年（1935）甘肃省建设厅致陇西县政府的训令，主要内容是命令编制全国矿业统计表，后附矿场调查表、矿场概况表、矿场职员及工人状况表、矿场产销情形表、矿场工程设备、矿场运输设备成本等样表各1份。

三、土地资源类档案

【叙录编号】 0058
【档案题名】
　　甘肃省静宁县政府关于报送本县民国二十三年（1934）12月份地方情况报告表、自行办理政务工作报告表致甘肃省民政厅的呈
【发文单位】 静宁县政府
【收文单位】 甘肃省民政厅
【档案编号】 004-008-0052-0014
【成文时间】 1935-01-16
【收藏单位】 甘肃省档案馆
【涉及地域】 静宁县
【关 键 词】 耕地；造林
【内容提要】
　　本卷"内务"下记，查明全县面积及耕地概况；"建设"下记，奉建设厅令保护森林并提倡造林。

【叙录编号】 0059
【档案题名】
甘肃省静宁县政府第四区区署关于报送本区社会状况调查表致甘肃省民政厅的呈
【发文单位】 静宁县政府第四区区署
【收文单位】 甘肃省民政厅
【档案编号】 004-008-0562-0009
【成文时间】 1938-08-02
【收藏单位】 甘肃省档案馆
【涉及地域】 静宁县
【关 键 词】 荒地
【内容提要】
本卷有《静宁县第四区社会状况调查表》，"地形栏"下记，可垦殖荒地775亩，不可2325亩。

【叙录编号】 0060
【档案题名】
甘肃省静宁县政府第二区区署关于报送本区社会状况调查表
【发文单位】 静宁县政府第二区区署
【收文单位】 甘肃省民政厅
【档案编号】 004-008-0562-0010
【成文时间】 1938-07-20
【收藏单位】 甘肃省档案馆
【涉及地域】 静宁县
【关 键 词】 荒地
【内容提要】
该表"地形栏"下记，可垦殖荒地1000余亩，不可1.2万余亩。

【叙录编号】 0061
【档案题名】
甘肃省庄浪县政府第二区区署关于报送本区社会状况调查表致甘肃省民政厅的呈
【发文单位】 庄浪县政府第二区区署
【收文单位】 甘肃省民政厅
【档案编号】 004-008-0562-0011
【成文时间】 1938-07-21
【收藏单位】 甘肃省档案馆
【涉及地域】 庄浪县
【关 键 词】 荒地
【内容提要】
该表"地形栏"下记，可垦殖荒地123亩，不可356余亩。"备考"下记，本区山脉占本区9成以上，地形为插花飞地。

【叙录编号】 0062
【档案题名】
甘肃省庄浪县政府第三区区署关于报送本区社会状况调查表致甘肃省民政厅的呈
【发文单位】 庄浪县政府第三区区署
【收文单位】 甘肃省民政厅
【档案编号】 004-008-0562-0012
【成文时间】 1938-07-20
【收藏单位】 甘肃省档案馆
【涉及地域】 庄浪县
【关 键 词】 荒地；牧场
【内容提要】
该表"地形栏"下记，不可垦殖荒地有官荒3处，均为山坡，适为牧场。

【叙录编号】 0063
【档案题名】
甘肃省武山县政府第一至第四区区署关于报送本区社会状况调查表致甘肃省民政厅的呈
【发文单位】 武山县第一至第四区区署
【收文单位】 甘肃省民政厅
【档案编号】 004-008-0564-（0027-0029）
【成文时间】 1938-07-10—1938-08-14
【收藏单位】 甘肃省档案馆
【涉及地域】 武山县
【关 键 词】 荒地

【内容提要】

第二区可垦殖荒地300亩，不可垦殖地2000余亩。第三区可垦殖荒地为化林山400余亩、大林山600余亩、木林山400余亩，不可垦殖地为盘龙山、帖陇山等。

【叙录编号】 0064
【档案题名】
甘肃省天水县政府第一、二、四、五区区署关于报送本区社会状况调查表致甘肃省民政厅（第一科）的呈（公函）
【发文单位】 天水县政府第一、二、四、五区区署
【收文单位】 甘肃省民政厅
【档案编号】 004-008-0564-0001
【成文时间】 1938-07-14—1938-07-28
【收藏单位】 甘肃省档案馆
【涉及地域】 天水县
【关 键 词】 荒地
【内容提要】

第二区可垦殖荒地2220余亩，不可垦殖地5181余亩。第四区可垦殖荒地5320余亩，不可垦殖地3180余亩。第五区不可垦殖地约8000方里。

【叙录编号】 0065
【档案题名】
甘肃省甘谷县政府第二、三、四区区署关于报送本区社会状况调查表致甘肃省民政厅（第一科）的呈（公函）
【发文单位】 甘谷县政府第二、三、四区区署
【收文单位】 甘肃省民政厅
【档案编号】 004-008-0564-0008
【成文时间】 1938-07-11—1938-08-22
【收藏单位】 甘肃省档案馆
【涉及地域】 甘谷县
【关 键 词】 荒地

【内容提要】

第二区可垦殖荒地40余方里，不可垦殖地约15万方里。第四区可垦殖荒地200余垧。

【叙录编号】 0066
【档案题名】
甘肃省清水县政府第一、三、四区区署关于报送本区社会状况调查表致甘肃省民政厅（第一科）的函
【发文单位】 清水县政府第一、三、四区区署
【收文单位】 甘肃省民政厅
【档案编号】 004-008-0564-0011
【成文时间】 1938-07-09—1938-08-03
【收藏单位】 甘肃省档案馆
【涉及地域】 清水县
【关 键 词】 荒地
【内容提要】

第三区不可垦殖荒地2000余亩。第四区可垦殖荒地百余垧。

【叙录编号】 0067
【档案题名】
甘肃省漳县政府第三区社会状况调查表
【发文单位】 漳县政府
【收文单位】 甘肃省民政厅
【档案编号】 004-008-0602-（0007-0008）
【成文时间】 1938-07-13
【收藏单位】 甘肃省档案馆
【涉及地域】 漳县
【关 键 词】 荒地
【内容提要】

可垦荒地约5顷10亩，不可垦荒地约7顷。

【叙录编号】 0068
【档案题名】
甘肃省陇西县政府第一至第四区社会状况

调查表
【发文单位】 陇西县政府
【收文单位】 甘肃省民政厅
【档案编号】 004-008-0603-（0015-0017）
【成文时间】 1938-07-05—1938-08-08
【收藏单位】 甘肃省档案馆
【涉及地域】 陇西县
【关 键 词】 荒地
【内容提要】
　　第一区可垦荒地约1000垧。第二区可垦荒地1500亩，不可垦荒地2300余亩。

【叙录编号】 0069
【档案题名】
　　天水（原档案题名如此，疑有误。）
【发文单位】 甘肃省民政厅；天水县政府
【收文单位】 甘肃省民政厅；天水县政府
【档案编号】 015-005-0190-（0020-0023）
【成文时间】 1934-12-16—1935-01-16
【收藏单位】 甘肃省档案馆
【涉及地域】 天水县
【关 键 词】 土地清算；耕地亩数；测绘
【内容提要】
　　天水县政府呈文甘肃省民政厅称，全县面积及耕地亩数已呈赍在案，祈鉴核。省民政厅回文地图方里、有无志书及地图比例均未详叙，令其遵照前令迅速具复。天水县政府呈文全县面积方里为照旧有州志查填，新志正在编纂，并无地图依据。省民政厅回文备查。

【叙录编号】 0070
【档案题名】
　　天水市区土地测量工作周报表
【发文单位】 甘肃省民政厅；甘肃省政府；甘肃省城市土地测量队等
【收文单位】 甘肃省民政厅；甘肃省政府；甘肃省城市土地测量队等
【档案编号】 015-008-0152（全案卷）
【成文时间】 1940-07—1940-11
【收藏单位】 甘肃省档案馆
【涉及地域】 天水县
【关 键 词】 市区；土地；测量
【内容提要】
　　本卷37份文件均与天水县周报土地测量工作有关。其中：施奎龄复信甘肃省城市土地测量队技正张光业，就其汇报工作进展情况回文，令其努力工作，将工作情形随时汇报。甘肃省城市土地测量队呈报，队员已于6月29日抵达天水，将于7月1日开始工作，省政府回文知照。随后，甘肃省城市土地测量队分次呈报第1周至第17周工作周报表，均附《甘肃省城市土地测量队第×周工作周报表》1份。表头包括：工作种类、工作数量、备注等。工作种类涉及水准测量、视察地形、选量基线、户数调查、选三角图根点等内容。省政府对其周报表均进行备查。

【叙录编号】 0071
【档案题名】
　　省、县政府、行署、甘肃省审计处关于公物产调查、自治财政整理、督导等的训令、电报、调查表、公告
【发文单位】 甘肃省政府等
【收文单位】 陇西县政府等
【档案编号】 170-3-87（全案卷）
【成文时间】 1944
【收藏单位】 定西市档案馆
【涉及地域】 陇西县
【关 键 词】 土地调查表
【内容提要】
　　本档有多件陇西县国有土地调查表，含种类、权利证明文件、面积、管理机构、置产年月、土质、附着物、原价、备考等多内容。

【叙录编号】 0072
【档案题名】
　　陇西县乡、镇、民众、学校关于请清丈荒地致陇西田赋粮食管理处的呈文
【发文单位】 陇西县各乡镇等
【收文单位】 陇西县田赋粮食管理处
【档案编号】
　　170-4-369-（0022、0047-0054、0068-0069）
【成文时间】 1944—1945
【收藏单位】 定西市档案馆
【涉及地域】 陇西县
【关 键 词】 荒地
【内容提要】
　　本档包含多种情况：有民众田地因灾抛荒，但仍按垦田纳税，请求重新清丈；有乡镇或学校请求丈量公共荒地，进行开垦或作为学田；有民众因他人私自开垦荒地，请求清丈确权。

四、水资源类档案

【叙录编号】 0073
【档案题名】
　　甘肃省民政厅关于静宁县民国二十三年（1934）9月份地方情况及政务工作报告表应注意事项给静宁县政府的指令
【发文单位】 甘肃省民政厅
【收文单位】 静宁县政府
【档案编号】 004-008-0052-0009
【成文时间】 1934-11-24
【收藏单位】 甘肃省档案馆
【涉及地域】 静宁县
【关 键 词】 水利
【内容提要】
　　指示呈送兴陇渠报告书，水利为今要政，将办理情形于下月注明。

【叙录编号】 0074
【档案题名】
　　甘肃省清水县县长王敦复关于报送本人出巡调查各区情况及返回日期致甘肃省民政厅的呈
【发文单位】 清水县政府
【收文单位】 甘肃省民政厅
【档案编号】 004-008-0397-0002
【成文时间】 1932-07-23
【收藏单位】 甘肃省档案馆
【涉及地域】 清水县
【关 键 词】 河流；樊河；汤浴河；树木
【内容提要】
　　关于河流的记载中，大者为樊河，发源于小河峪，自北区南流至中区，合牛头河；西流经天水界，入渭河。次者为汤浴河，发源于关山，经东南两区至中区，亦与牛头河合流。关于树木的记载中，有杨柳、松柞槐榆及桃杏李梨等各种果树，因为建设局等同虚设，不知提倡保护，童山秃岭尚为可惜。

【叙录编号】 0075

【档案题名】

甘肃省渭河流域水利勘察报告

【发文单位】 测量队

【收文单位】 甘肃省建设厅

【档案编号】 027-002-0051-0009

【成文时间】 1943-05-09

【收藏单位】 甘肃省档案馆

【涉及地域】 渭河流域

【关 键 词】 渭河；水利

【内容提要】

测量队奉甘肃省政府之命，前往渭河流域沿渭河测量各地水利事宜，副工程师刘恩荣与工程员赵作舟先行勘察编造施测计划。报告包括：渭河河源、水文状况、流域状况、各灌区灌溉情形、渭源蓄水库，渭河、清源河、锹峪河、鸳鸯渠、东泉渠的地势水文资料。

【叙录编号】 0076

【档案题名】

甘肃省建设厅关于派员来甘勘察渭河水利致国立西北工业学院工程学术推广部旨趣计划大纲的函

【发文单位】 甘肃省建设厅

【收文单位】 国立西北工业学院

【档案编号】 027-005-0565-0007

【成文时间】 不详

【收藏单位】 甘肃省档案馆

【涉及地域】 渭河上游

【关 键 词】 渭河

【内容提要】

如题。渭河在甘者长达350公里，枯水时水位极低，山中缺乏森林，山洪暴发，容易成灾。附《国立西北工业学院工程学术推广部旨趣计划大纲》。

【叙录编号】 0077

【档案题名】

关于甘谷县申请修筑沙堤工程费及办法

【发文单位】 甘谷县政府；第四区行政督察专员公署；甘肃省政府等

【收文单位】 甘肃省政府；甘谷县政府；第四区行政督察专员公署等

【档案编号】 038-001-0084-（0001-0006）

【成文时间】 1948-11-06—1949-05-06

【收藏单位】 甘肃省档案馆

【涉及地域】 甘谷县

【关 键 词】 修筑沙堤

【内容提要】

甘谷县政府、甘肃省政府、第四区行政督察专员公署，民、建、财三厅及水利局等部门之间关于申请修筑沙堤工程费及办法的公文来往。

【叙录编号】 0078

【档案题名】

甘肃省政府、甘肃水利林牧公司、甘肃省建设厅为派员勘察静宁县水利一事的电、函

【发文单位】 甘肃省政府；甘肃水利林牧公司

【收文单位】 甘肃水利林牧公司；甘肃省建设厅

【档案编号】 039-001-0081-（0031-0032）

【成文时间】 1946-04-04—1946-04-10

【收藏单位】 甘肃省档案馆

【涉及地域】 静宁县

【关 键 词】 静宁县；水渠

【内容提要】

本卷共2份文件。关于静宁县拟于威戎、治平二乡间开凿一道水渠以灌溉农田一事，甘肃省政府电甘肃水利林牧公司，甘肃水利林牧公司派工程师郭铿若前往勘察。

【叙录编号】 0079

【档案题名】

查勘隆德及静宁县水利工程报告

【发文单位】　不详
【收文单位】　甘肃水利林牧公司
【档案编号】　039-001-0304-0025
【成文时间】　1943-06-03
【收藏单位】　甘肃省档案馆
【涉及地域】　隆德县；静宁县
【关 键 词】　水利；河渠
【内容提要】

本卷共1份文件。涉及隆德县、静宁县水库建设查勘过程，水文地貌、工程计划。后附《陇河、长源河水渠工程价款概算表》《静宁县城附近西南两河灌溉区平面略图》。

【叙录编号】　0080
【档案题名】
甘肃省政府为静宁县呈请该县西河水利一事致甘肃水利林牧公司的函
【发文单位】　甘肃省政府
【收文单位】　甘肃水利林牧公司
【档案编号】　039-001-0304-（0031-0032）
【成文时间】　1942-11-04
【收藏单位】　甘肃省档案馆
【涉及地域】　静宁县；隆德县
【关 键 词】　水利查勘
【内容提要】

本卷共2份文件。《隆德静宁两县灌溉渠踏勘报告书》涉及两县水文地貌，内附《隆德静宁两县灌溉区域平面图》。

【叙录编号】　0081
【档案题名】
陇西县水利调查表
【发文单位】　陇西县政府
【收文单位】　不详
【档案编号】　170-2-547-14
【成文时间】　不详
【收藏单位】　定西市档案馆
【涉及地域】　陇西县
【关 键 词】　水利调查；水渠
【内容提要】

《陇西县水利调查表》1份，日期不详。该表将水利类型分为河水、山水、泉水3种。分别登记渠别、起止地段、长度流向、灌溉亩数、开始年月等项信息；河水类别中录有渭河、永济渠、首阳渠、仁寿渠4项内容；山水、泉水类别中无内容。

【叙录编号】　0082
【档案题名】
第八战区兵站总监部、陇西县政府间关于成立军运代办所、人员报备、代办所规则、各种调查表册、车马经办标准、接恤办法的代电
【发文单位】　第八战区兵站总监部
【收文单位】　陇西县政府
【档案编号】　170-3-82-18
【成文时间】　1941
【收藏单位】　定西市档案馆
【涉及地域】　陇西县
【关 键 词】　河流调查表
【内容提要】

本卷为第八战区兵站总监部与陇西县政府间关于军属、运输等事宜的往来公文，其中有陇西县渭河水道调查表（含起点、止点、里程、河底、四季河宽、四季河深、四季流速、四季河滩深度宽度、适用船舶、上行下行船舟所需动力、备考、附记等项）。

【叙录编号】　0083
【档案题名】
省、县政府、行署、保安司令部关于严禁非法组织及帮会，水利、矿产、测勘、地方财政的训令、代电、提案报告书
【发文单位】　甘肃省政府等
【收文单位】　定西县政府

【档案编号】 170-3-121-（0016-0019）
【成文时间】 1941-05—1941-09
【收藏单位】 定西市档案馆
【涉及地域】 定西县
【关 键 词】 勘测调查
【内容提要】
　　本档案主要为甘肃省政府给定西县政府关于经济部第十水利设计测量队勘测渭源、陇西、秦安、天水、甘谷等县，勘测要求协助保护并划分各队勘测区域的训令。

【叙录编号】 0084
【档案题名】
　　甘肃省政府、陇西县政府、测候所、农林部、研究厅、雨务站关于气象站及雨量站的调整办法、中央气象局关防启用、雨务站组织规章、记载表等的相关公文
【发文单位】 甘肃省政府等
【收文单位】 陇西县政府
【档案编号】 170-3-259（全案卷）
【成文时间】 1942
【收藏单位】 定西市档案馆
【涉及地域】 陇西县
【关 键 词】 降雨量
【内容提要】
　　甘肃省政府、省气象测候所、陇西县政府、雨量站等关于气象测候所及雨量站的调整办法、关防官章的启用、雨量站组织章程、催报各项报表的相关政府训令、指令、代电、呈文等，及各月份雨量记载表。

【叙录编号】 0085
【档案题名】
　　甘肃省政府、建设厅关于各县做好雨量记录、上报工作给陇西县政府的训令，该县政府关于此事的呈文
【发文单位】 甘肃省政府；甘肃省建设厅等
【收文单位】 甘肃省气象测候所；国立中央研究院等
【档案编号】 170-4-364（全案卷）
【成文时间】 1944-02-28—1946-01-15
【收藏单位】 定西市档案馆
【涉及地域】 陇西县
【关 键 词】 雨量监测
【内容提要】
　　甘肃省气象测候所呈文甘肃省政府、建设厅，请令各县政府、雨量站按建议观测法对雨量进行记录，并按月报表。其后为陇西县政府雨量站民国三十三年（1944）下半年（7—12月）、民国三十四年（1945）全年的月度雨量报表，并附相应的说明公函。

【叙录编号】 0086
【档案题名】
　　省、县政府关于电报降雨量及落雪情形、雨量以公厘为单位的代电、电报
【发文单位】 甘肃省政府；陇西县政府
【收文单位】 甘肃省政府；陇西县政府
【档案编号】 170-5-238（全案卷）
【成文时间】 1947-04—1947-08
【收藏单位】 定西市档案馆
【涉及地域】 陇西县
【关 键 词】 降雨；降雪
【内容提要】
　　本档全为甘肃省政府与陇西县政府关于陇西县降雨、降雪情形的往来公文和译电。

【叙录编号】 0087
【档案题名】
　　省、县政府、行署、天水铁路局、镇公所关于农田输入、工程、地价、拍卖、安排毕业生的训令、代电、公函、报告
【发文单位】 甘肃省政府

【收文单位】 陇西县政府
【档案编号】 170-5-239（全案卷）
【成文时间】 1947-04-01
【收藏单位】 定西市档案馆
【涉及地域】 陇西县
【关 键 词】 水利
【内容提要】
　　本卷全为天水铁路局在陇西各地施工的往来文件，其中第1页为因天水铁路局施工时破坏沿线农田水道，甘肃省政府给陇西县政府关于尽快修筑水道的训令。

五、林草动物类档案

【叙录编号】 0088
【档案题名】
　　甘肃省清水县古木调查清册
【发文单位】 清水县政府
【收文单位】 甘肃省建设厅
【档案编号】 027-006-0028-0001
【成文时间】 1943-01
【收藏单位】 甘肃省档案馆
【涉及地域】 清水县
【关 键 词】 古木；调查清册
【内容提要】
　　如题。表册包括：乡镇名称、树主姓名、树木种类及数量等内容。

【叙录编号】 0089
【档案题名】
　　甘肃省陇西县古木调查清册
【发文单位】 陇西县政府
【收文单位】 甘肃省建设厅
【档案编号】 027-006-0033-0001
【成文时间】 1943-02
【收藏单位】 甘肃省档案馆
【涉及地域】 陇西县
【关 键 词】 古木；调查清册
【内容提要】
　　如题。表头包括各乡镇名称、保别、号数、古树名称、地址等内容。

【叙录编号】 0090
【档案题名】
　　陇西县政府、甘肃省政府关于补发森林法及垦荒审查表的往来文件
【发文单位】 陇西县政府；甘肃省政府
【收文单位】 陇西县政府；甘肃省政府
【档案编号】 027-006-0382-（0017-0018）
【成文时间】 1944-05-30—1944-06-16
【收藏单位】 甘肃省档案馆
【涉及地域】 陇西县
【关 键 词】 森林法；垦荒
【内容提要】
　　陇西县政府呈请补发森林法及垦荒审查表，省政府对其予以补发。

【叙录编号】 0091
【档案题名】
　　天水三阳川测量报告书

【发文单位】 黄河水利委员会上游工程处第一勘测队
【收文单位】 甘肃省水利局
【档案编号】 038-001-0082-0001
【成文时间】 1941-02
【收藏单位】 甘肃省档案馆
【涉及地域】 三阳川
【关 键 词】 三阳川
【内容提要】
　　如题，附表。

【叙录编号】 0092
【档案题名】
　　天水三阳川测量报告稿
【发文单位】 黄河水利委员会上游工程处第一勘测队
【收文单位】 甘肃省水利局
【档案编号】 038-001-0082-0002
【成文时间】 不详
【收藏单位】 甘肃省档案馆
【涉及地域】 三阳川
【关 键 词】 三阳川
【内容提要】
　　如题。

【叙录编号】 0093
【档案题名】
　　天水三阳川水利查勘报告
【发文单位】 黄河水利委员会上游工程处第一勘测队
【收文单位】 甘肃省水利局
【档案编号】 038-001-0082-0003
【成文时间】 1948-09-11
【收藏单位】 甘肃省档案馆
【涉及地域】 三阳川
【关 键 词】 三阳川
【内容提要】
　　如题，附图。

【叙录编号】 0094
【档案题名】
　　渭河流域查勘报告、渭源县河系图及渭源县城东八公里永义永宁渠道形势草图
【发文单位】 不详
【收文单位】 甘肃省水利局
【档案编号】 038-001-0236-（0007-0009）
【成文时间】 不详
【收藏单位】 甘肃省档案馆
【涉及地域】 渭源县
【关 键 词】 渭河流域
【内容提要】
　　该部分共3份文件，内容如题。

【叙录编号】 0095
【档案题名】
　　静宁县水利勘察报告
【发文单位】 不详
【收文单位】 甘肃省水利局
【档案编号】 038-001-0237-0002
【成文时间】 不详
【收藏单位】 甘肃省档案馆
【涉及地域】 静宁县
【关 键 词】 静宁县水利
【内容提要】
　　该部分共1份文件，内容如题。

【叙录编号】 0096
【档案题名】
　　清水县河道系统勘察报告
【发文单位】 不详
【收文单位】 甘肃省水利局
【档案编号】 038-001-0238-0002
【成文时间】 不详

【收藏单位】 甘肃省档案馆
【涉及地域】 清水县
【关 键 词】 清水县河道
【内容提要】
　　该部分共1份文件，内容如题。

【叙录编号】 0097
【档案题名】
　　甘肃省政府为委托甘肃水利林牧公司森林部邓叔群经理前往陇南各地调查森林一事的代电
【发文单位】 甘肃省政府
【收文单位】 甘肃水利林牧公司
【档案编号】 039-001-0081-0027
【成文时间】 1945-10-03
【收藏单位】 甘肃省档案馆
【涉及地域】 陇南
【关 键 词】 陇南；森林；调查
【内容提要】
　　为调查白龙江中下游以及渭河流域各地森林面积、分布情形，甘肃省政府委托邓叔群前往岷县等地调查。

【叙录编号】 0098
【档案题名】
　　黄河水利委员会林垦设计委员会任承统就天水南川堤工程勘察设计事项给甘肃水利林牧公司总经理沈怡的函
【发文单位】 黄河水利委员会林垦设计委员会任承统
【收文单位】 甘肃水利林牧公司总经理沈怡
【档案编号】 039-001-0258-0009
【成文时间】 1942-08-21
【收藏单位】 甘肃省档案馆
【涉及地域】 天水县
【关 键 词】 天水南川堤工程勘察设计
【内容提要】
　　本卷共1份文件。涉及天水南川堤工程勘察设计方案讨论与具体情形。

【叙录编号】 0099
【档案题名】
　　黄辉就天水水利查勘及其他河流勘测事宜给甘肃水利林牧公司总经理沈怡的函
【发文单位】 黄辉
【收文单位】 甘肃水利林牧公司总经理沈怡
【档案编号】 039-001-0258-0016
【成文时间】 1942-08-01
【收藏单位】 甘肃省档案馆
【涉及地域】 天水县
【关 键 词】 水利查勘
【内容提要】
　　本卷共1份文件。涉及天水水利查勘及其他河流勘测的人员派遣、工作计划、工作情形及经费摊派事宜。

【叙录编号】 0100
【档案题名】
　　甘肃省政府、陇西县政府关于牲畜及畜产调查、保护、奖励、竞赛通则等的相关公文
【发文单位】 甘肃省政府
【收文单位】 陇西县政府
【档案编号】 170-3-258-（0001-0010）
【成文时间】 1942
【收藏单位】 定西市档案馆
【涉及地域】 陇西县
【关 键 词】 牲畜
【内容提要】
　　甘肃省政府、陇西县政府关于牲畜及畜产调查、保护、奖励、竞赛通则的政府训令、代电、牲畜及畜产调查表等。其中，该县牲畜主要包括牛、马、羊、猪等。

【叙录编号】 0101

【档案题名】
　　天水团管区司令部关于请填写地方马骡调查统计表给陇西县政府的代电及该县政府关于此事的回复
【发文单位】　天水团管区司令部
【收文单位】　陇西县政府
【档案编号】　170-10-285-（0025-0027）
【成文时间】　1948-06—1948-07
【收藏单位】　定西市档案馆
【涉及地域】　陇西县
【关 键 词】　军马
【内容提要】
　　天水团管区司令部给陇西县政府的代电：地方马、骡、驼品种改良与培育关系军马资源，意义重大，请陇西县填写相关调查表。随电抄发《某某（师）团管区某年地方马骡驼调查统计表》1份，附填表说明5条。其后陇西县政府回复，附调查统计表1份。该县全为马、骡，无驼。

【叙录编号】　0102
【档案题名】
　　陇西县政府关于填报马骡调查表给天水团管区司令部的代电
【发文单位】　陇西县政府
【收文单位】　天水团管司令部
【档案编号】　170-10-288-12
【成文时间】　1949-09-28
【收藏单位】　定西市档案馆
【涉及地域】　陇西县
【关 键 词】　军马
【内容提要】
　　事由与档案 170-10-285-（0025-0057）相同，后附《甘肃师管区天水团管区民国三十七年（1948）地方马骡驼调查统计表》，较7月份的表，其中数目有所变化。

【叙录编号】　0103
【档案题名】
　　县政府、关子镇民国三十七年（1948）国民教育工作计划大纲、悬挂国旗方式、灾情、耕畜名册、磨户姓名
【发文单位】　天水县关子镇
【收文单位】　天水县关子镇
【档案编号】　民国天水县关子镇508-33
【成文时间】　1947-03
【收藏单位】　麦积区档案馆
【涉及地域】　天水县
【关 键 词】　灾情调查；耕畜调查；水磨
【内容提要】
　　本卷包括耕畜调查表（主要为牛、驴）、灾情呈报（仅有呈文，无灾情调查表）、水磨使用牌照和磨户姓名。

贰 自然灾害与赈济类档案

一、旱灾类档案

【叙录编号】 0104
【档案题名】
　　甘肃省静宁县政府关于报送本县民国二十三年（1934）6月份地方情况报告表、自行办理政务工作报告表致甘肃省民政厅的呈
【发文单位】 静宁县政府
【收文单位】 甘肃省民政厅
【档案编号】 004-008-0051-0001
【成文时间】 1932-07-12
【收藏单位】 甘肃省档案馆
【涉及地域】 静宁县
【关 键 词】 农产品
【内容提要】
　　"农产情形"下记夏禾麦类正在吐穗，秋禾已透土。因最近干旱不雨，气候骤冷，大受影响。现农产所有者仅仅是副产品的菜蔬，如葱韭、白菜等；果实类的樱桃、桑葚、杏子等。本年麦及莜麦长3尺余，据云有十分收成，今年已减去四五分。

【叙录编号】 0105
【档案题名】
　　甘肃省天水县政府民国二十一年（1932）3月中旬地方情况及政务工作报告表
【发文单位】 天水县政府
【收文单位】 甘肃省政府
【档案编号】 004-008-0071-0007
【成文时间】 1932-03-26
【收藏单位】 甘肃省档案馆
【涉及地域】 天水县
【关 键 词】 植树；水利
【内容提要】
　　"天气"下记天道亢旱，土地干燥，民间望雨心切，秋苗不能下种。"内务"下记地气干燥，灰尘飞扬，殊于卫生上有最大窒碍，当经雇工开渠导水，通流街坊，随时洒扫，以重卫生。"建设"下记本月10日职府会同警备师召集各机关举行孙中山先生逝世7周年纪念并植树大会，一面分令各区长同日择地造林，并在汽车道两旁栽植树株，以兴林业，栽植成活者共4万株。

【叙录编号】 0106
【档案题名】
　　甘肃省天水县政府民国二十一年（1932）3月下旬地方情况及政务工作报告表
【发文单位】 天水县政府
【收文单位】 甘肃省政府
【档案编号】 004-008-0071-0008
【成文时间】 1932-04-12
【收藏单位】 甘肃省档案馆
【涉及地域】 天水县
【关 键 词】 干旱；水利；植树
【内容提要】
　　"天气"下记天道亢旱，迄未少雨，夏收无望，秋禾不能下种。"内务"下记刻下雨泽愆期，旱灾将成，严令各区长村长等将临河旱地问渠引水，用人工灌溉。"建设"下记既植

之树严令勤加灌溉，刻正在耤河两岸，密植杂树以固堤防而免夏日暴水之患。

【叙录编号】 0107
【档案题名】
　　甘肃省天水县政府民国二十一年（1932）4月上旬地方情况暨政务工作报告表
【发文单位】 天水县政府
【收文单位】 甘肃省政府
【档案编号】 004-008-0071-0009
【成文时间】 1932-04
【收藏单位】 甘肃省档案馆
【涉及地域】 天水县
【关 键 词】 干旱；水利；植树
【内容提要】
　　"天气"下记10日晨大雨约一钟许即止，入土不及一寸，刻下仍亢旱如恒。"内务"下记旱灾已成，人心惶恐，严令各区长村长继续设法将临河旱地认真开渠，引水灌溉，以资补救。"建设"下记仍继续在耤河两岸，密植杂树，以固堤防而免夏日暴水之患。

【叙录编号】 0108
【档案题名】
　　甘肃省天水县政府民国二十一年（1932）4月中旬地方情况及政务工作报告表
【发文单位】 天水县政府
【收文单位】 甘肃省政府
【档案编号】 004-008-0071-0010
【成文时间】 1932-04-25
【收藏单位】 甘肃省档案馆
【涉及地域】 天水县
【关 键 词】 干旱；水利
【内容提要】
　　"天气"下记天道如恒亢旱，夏苗尽枯，秋禾不能下种。"内务"下记严令渭河南北各村，迅速派民夫开渠，俾资灌溉，并由职府派警督催，以速其成。"建设"下记渭河上下流桥梁开始募工修筑。

【叙录编号】 0109
【档案题名】
　　甘肃省天水县政府民国二十一年（1932）4月下旬地方情况及政务工作报告表
【发文单位】 天水县政府
【收文单位】 甘肃省政府
【档案编号】 004-008-0071-0011
【成文时间】 1932-05-07
【收藏单位】 甘肃省档案馆
【涉及地域】 天水县
【关 键 词】 干旱；水利
【内容提要】
　　"天气"下记亢旱如恒，狂风时起，夏苗无望，秋禾失种。"内务"下记20日下午1时召集各区长、各机关召开第二次政务会议，关于财政、公安、卫生开渠诸要政，均有详密的讨论决议。

【叙录编号】 0110
【档案题名】
　　甘肃省天水县政府民国二十一年（1932）5月上旬地方情况及政务工作报告表
【发文单位】 天水县政府
【收文单位】 甘肃省政府
【档案编号】 004-008-0071-0012
【成文时间】 1932-05-16
【收藏单位】 甘肃省档案馆
【涉及地域】 天水县
【关 键 词】 水利
【内容提要】
　　"建设"下记查本县东区社棠镇地方旧有水渠三道，年久失修，淤塞几平。近因雨泽愆期，旱灾将成，因此县长亲自前往勘察，随即召集该处民众即日动工开渠，以便灌田而维民食。

【叙录编号】 0111
【档案题名】
甘肃省天水县政府民国二十一年（1932）6月下旬地方情况及政务工作报告表
【发文单位】 天水县政府
【收文单位】 甘肃省政府
【档案编号】 004-008-0071-0017
【成文时间】 1932-07-08
【收藏单位】 甘肃省档案馆
【涉及地域】 天水县
【关 键 词】 植树
【内容提要】
"建设"下记刻值赤炎当空，亢阳为虐，今春树木最易枯死，已经令各村长勤加灌溉，俾竟全功。

【叙录编号】 0112
【档案题名】
甘肃省静宁县报送民国二十二年（1933）3月份地方情况及政务工作报告表致甘肃省民政厅的呈
【发文单位】 静宁县政府
【收文单位】 甘肃省民政厅
【档案编号】 004-008-0195-0005
【成文时间】 1933-04-21
【收藏单位】 甘肃省档案馆
【涉及地域】 静宁县
【关 键 词】 灾旱
【内容提要】
"其他特别情形"下记各地农民以历年灾旱频仍，被迫食藜藿菜根，身无完衣，欷歔相叹，本年秋夏种子尚无着落。"财政"下记奉禁烟委员会电令，审查烟田确数，遵依办法预备征收烟亩罚金。

【叙录编号】 0113
【档案题名】
武山县呈复地方连年荒旱灾劫频仍并无存粮平粜情形请鉴核的呈文
【发文单位】 武山县政府
【收文单位】 甘肃省民政厅
【档案编号】 015-006-0064-0018
【成文时间】 1935-02-24
【收藏单位】 甘肃省档案馆
【涉及地域】 武山县
【关 键 词】 荒灾；旱灾；平粜
【内容提要】
武山县县长呈文省民政厅地方连年灾荒旱灾，无从填报存粮平粜情形，请民政厅鉴核。

【叙录编号】 0114
【档案题名】
陇西县高窑镇公所关于旱灾灾情相关情况的呈文
【发文单位】 陇西县高窑镇公所
【收文单位】 陇西县政府
【档案编号】 170-4-298-19
【成文时间】 1945-06-20
【收藏单位】 定西市档案馆
【涉及地域】 高窑镇
【关 键 词】 旱灾
【内容提要】
陇西县高窑镇公所关于旱灾灾情刊报、灾歉调查等相关调查清单呈报的呈文。

【叙录编号】 0115
【档案题名】
陇西县仁德乡第三次乡民代表会会议记录
【发文单位】 陇西县仁德乡乡民代表会议
【收文单位】 陇西县仁德乡政府
【档案编号】 170-4-300-19
【成文时间】 1945-06-22
【收藏单位】 定西市档案馆
【涉及地域】 仁德乡

【关 键 词】 旱灾；救济
【内容提要】
　　陇西县仁德乡召开第三次乡民代表会会议，共讨论事宜4项，其中第1项就天旱成灾、民不聊生、设法救济一案展开，并作出决议，请上级部门设法赈济。

【叙录编号】 0116
【档案题名】
　　预防旱灾以利粮食生产案
【发文单位】 不详
【收文单位】 不详
【档案编号】 010-001-048
【成文时间】 1944
【收藏单位】 天水市档案馆
【涉及地域】 天水县
【关 键 词】 预防旱灾；兴建农田水利；抗旱作物种子
【内容提要】
　　预防旱灾以利粮食生产案：1.兴建农田水利以便调节水源而利灌溉，在必须修筑塘坝水井处，每保完成10塘或10井；2.储备抗旱作物种子。

二、水灾类档案

【叙录编号】 0117
【档案题名】
　　甘肃省政府委员会第130次会议关于提会讨论民政厅呈报草拟本省保甲条例及各项章则等事项的会议记录
【发文单位】 甘肃省政府
【收文单位】 甘肃省政府
【档案编号】 004-007-0591-0010
【成文时间】 1933-08-15
【收藏单位】 甘肃省档案馆
【涉及地域】 甘谷县
【关 键 词】 灾害
【内容提要】
　　主要涉及审查甘谷县本月6日暴雨洪水将田地房屋冲毁等事宜。

【叙录编号】 0118

【档案题名】
　　甘肃省政府委员会第147次会议关于提会讨论商民刘子善控诉大河店特税局局长王作才亏公肥己案及甘谷、武山县遭受水灾恳请拨款救济等事项的会议记录
【发文单位】 甘肃省政府
【收文单位】 甘肃省政府
【档案编号】 004-007-0591-0027
【成文时间】 1933-10-17
【收藏单位】 甘肃省档案馆
【涉及地域】 甘谷县；武山县
【关 键 词】 灾害
【内容提要】
　　主要涉及审查甘谷县、武山县惨遭水灾等事宜。

【叙录编号】 0119

【档案题名】
　　甘肃省民政厅关于甘谷县民国二十一年（1932）5月上旬、5月下旬、6月上旬、7月份、8月份及9月份政府工作报告表审核意见的指令
【发文单位】　甘肃省民政厅
【收文单位】　甘谷县政府
【档案编号】
　　004-008-0118-（0010、0014、0016、
　　0022、0024、0026）
【成文时间】　1932-05-24—1932-10-17
【收藏单位】　甘肃省档案馆
【涉及地域】　甘谷县
【关 键 词】　补修沙堤；补种粮食
【内容提要】
　　本卷共有6份指令。5月上旬饬令随时补修城南沙堤，以防水患；5月下旬大雨滂沱，四野沾足，饬令农民补种晚秋以裕民食；6月上旬饬令农民于雨阳时补种晚秋以裕民食，补修被山水冲坏的土桥，保护栽成树株，以重林业；7月县内遭遇水灾，劝令民众应改种，开渠以重水利；8月暴水冲破沙堤，亟应分段修补，防备水患；9月饬令修搭渭河桥梁以及严禁砍伐森林等事。

【叙录编号】　0120
【档案题名】
　　甘肃省民政厅关于发清水县民国二十一年（1932）5月份上旬地方政务工作报告表审核意见给清水县政府的指令
【发文单位】　甘肃省民政厅
【收文单位】　清水县政府
【档案编号】　004-008-0127-0004
【成文时间】　1932-06-03
【收藏单位】　甘肃省档案馆
【涉及地域】　清水县
【关 键 词】　赶种秋禾

【内容提要】
　　该指令督促清水县饬农民趁雨水赶种秋禾。

【叙录编号】　0121
【档案题名】
　　甘肃省静宁县民国二十一年（1932）5月上旬地方政务工作报告表
【发文单位】　静宁县政府
【收文单位】　甘肃省民政厅
【档案编号】　004-008-0131-0013
【成文时间】　1932-05-14
【收藏单位】　甘肃省档案馆
【涉及地域】　静宁县
【关 键 词】　修渠
【内容提要】
　　"建设"下记东硖口之渠坝修筑竣工之际，忽天降猛雨河水陡涨，致将修出之坝，突被暴水冲淹，前工几弃，现又继续改修，特别建筑，以期坚久。

【叙录编号】　0122
【档案题名】
　　甘肃省静宁县民国二十一年（1932）5月中旬地方政务工作报告表
【发文单位】　静宁县政府
【收文单位】　甘肃省民政厅
【档案编号】　004-008-0131-0014
【成文时间】　1932-05-25
【收藏单位】　甘肃省档案馆
【涉及地域】　静宁县
【关 键 词】　修渠
【内容提要】
　　"建设"下记东硖口之渠坝前被暴水冲淹后，沈委员一面呈请拨款培修，一面由县派催附近民夫设法掘疏，暂流行藉以灌溉。"实业"下记淘汰城内各大街旧有羊沟，整净引水

入城。

【叙录编号】 0123
【档案题名】
　　甘肃省秦安县政府关于报送民国二十二年（1933）5月份地方政务工作报告表致甘肃省民政厅的呈
【发文单位】 秦安县政府
【收文单位】 甘肃省民政厅
【档案编号】 004-008-0137-0007
【成文时间】 1933-06-05
【收藏单位】 甘肃省档案馆
【涉及地域】 秦安县
【关 键 词】 雹雨；修路
【内容提要】
　　"其他特别情形"下记雷雨1次，县东北起至东南方止，计雨雹如大豆，数十村庄夏秋禾苗烟苗等备受摧残，间有被雹尽伤者。"交通"下记适值大雨，秦兰静汽车路均已派人紧急补修。

【叙录编号】 0124
【档案题名】
　　甘肃省秦安县政府关于报送民国二十二年（1933）10月份地方政务工作报告表致甘肃省民政厅的呈
【发文单位】 秦安县政府
【收文单位】 甘肃省民政厅
【档案编号】 004-008-0137-0017
【成文时间】 1933-11-01
【收藏单位】 甘肃省档案馆
【涉及地域】 秦安县
【关 键 词】 道路损坏；雹灾
【内容提要】
　　"其他特别情形"下记本月雨多晴少，天气严寒，道路多被损坏，阴湿地内秋禾亦有损坏之处。"内务"下记县内3000户受雹灾，被水淹没地亩，请求赈恤。"交通"下记今年淫雨过多，道路均经摧损，已分派人补修。

【叙录编号】 0125
【档案题名】
　　甘肃省秦安县政府报送民国二十二年（1933）11月份自行办理政务报告及地方政务工作报告表致甘肃省民政厅的呈及甘肃省民政厅关于秦安县民国二十二年（1933）11月份政府工作报告表审核意见的指令
【发文单位】 秦安县政府；甘肃省民政厅
【收文单位】 甘肃省民政厅；秦安县政府
【档案编号】 004-008-0137-（0021-0022）
【成文时间】 1933-12-02—1933-12-11
【收藏单位】 甘肃省档案馆
【涉及地域】 秦安县
【关 键 词】 雹灾
【内容提要】
　　呈与指令各1份，呈"有无灾害"下记今年水灾雹灾颇重，人民损失约在30万元。"其他特别情形"下记次月天气渐暖，农民正在打碾秋禾，并翻犁土地，以备明春播种。指令饬令县长勘察记录人民损失情况，依即造具都图册结。

【叙录编号】 0126
【档案题名】
　　甘肃省静宁县报送民国二十二年（1933）6月份地方情况及政务工作报告表致甘肃省民政厅的呈
【发文单位】 静宁县政府
【收文单位】 甘肃省民政厅
【档案编号】 004-008-0195-0013
【成文时间】 1922-07-11
【收藏单位】 甘肃省档案馆
【涉及地域】 静宁县
【关 键 词】 烟亩；冰雹；水冲坑坎

【内容提要】

"财政"下记奉省政府禁烟委员会电，令本县烟亩罚款额定为4.5万元。"交通"下记近来阴雨连绵，本县东西汽车路查有水冲坑坎，沿途民众一律修理平整。"其他特别情形"下记本县二、三、五区各镇冰雹成灾，灾区缓催各款20天，俟夏禾登场再行催收。

【叙录编号】 0127
【档案题名】
甘肃省静宁县报送民国二十二年（1933）8月份地方情况及政务工作报告表致甘肃省民政厅的呈
【发文单位】 静宁县政府
【收文单位】 甘肃省民政厅
【档案编号】 004-008-0196-0003
【成文时间】 1933-09
【收藏单位】 甘肃省档案馆
【涉及地域】 静宁县
【关 键 词】 雨雹；天雨连绵；汽车桥梁；支渠
【内容提要】

"其他特别情形"下记自入夏以来，雨雹为灾，数月以还，几逼全境。"交通""建设"下记本县西河暨界石铺迤南河沟各应建筑汽车桥梁、县东渠坝暨南北各支渠，因天雨连绵，屡修屡被水冲坏，已令各区区长督修。

【叙录编号】 0128
【档案题名】
甘肃省静宁县报送民国二十二年（1933）9—11月份地方情况及政务工作报告表致甘肃省民政厅的呈
【发文单位】 静宁县政府
【收文单位】 甘肃省民政厅
【档案编号】
　　004-008-0196-（0005、0007、0009）

【成文时间】 1933-10-19—1933-12-04
【收藏单位】 甘肃省档案馆
【涉及地域】 静宁县
【关 键 词】 雨雹
【内容提要】

"其他特别情形"下记自入夏数月，雨雹为灾，损失奇重。驻军给养取自灾黎，其负担之重远甚年纳之正款数倍，影响于一切公款之征收甚大，望能取消代办军粮之事。"交通"下记督饬沿汽车路各镇长派夫补修雨水冲坏之东西汽车路。其中，11月还有"农产情形"下记未被灾之地，均较往年丰收，惟本县气候较寒，至本月已无收货，仅部分农副产品有收益。

【叙录编号】 0129
【档案题名】
甘肃省静宁县报送民国二十二年（1933）12月份地方情况及政务工作报告表致甘肃省民政厅的呈及甘肃省民政厅关于静宁县民国二十二年（1933）12月份政府工作报告表审核意见的指令
【发文单位】 静宁县政府；甘肃省民政厅
【收文单位】 甘肃省民政厅；静宁县政府
【档案编号】 004-008-0196-（0011-0012）
【成文时间】 1933-12-05—1934-01-16
【收藏单位】 甘肃省档案馆
【涉及地域】 静宁县
【关 键 词】 裁局设厅；水灾
【内容提要】

"建设"下记裁局设厅。"其他特别情形"下记本县第一、三、四等区各镇被水成灾，委隆德县会勘由。应依照2607号指令查勘，并迅速办理。

【叙录编号】 0130
【档案题名】

甘肃省通渭县报送民国二十二年（1933）5月份地方情况及政务工作报告表致甘肃省民政厅的呈
【发文单位】 通渭县政府
【收文单位】 甘肃省民政厅
【档案编号】 004-008-0197-0009
【成文时间】 1933-06
【收藏单位】 甘肃省档案馆
【涉及地域】 通渭县
【关 键 词】 冰雹；烟苗
【内容提要】
　　"其他特别情形"下记县内二、三、六区连降冰雹，田禾均被打坏，间有打死牲畜者，需要拨款赈济。"内务"下记奉禁烟委员会电令调查烟亩，以备征收罚金。

【叙录编号】 0131
【档案题名】
　　甘肃省通渭县报送民国二十二年（1933）7、9月份地方情况及政务工作报告表致甘肃省民政厅的呈
【发文单位】 通渭县政府
【收文单位】 甘肃省民政厅
【档案编号】 004-008-0197-0013
【成文时间】 1933-08-07—1933-10-10
【收藏单位】 甘肃省档案馆
【涉及地域】 通渭县
【关 键 词】 修路
【内容提要】
　　"交通"下记兰泰汽路被水冲损之处，立即派人与修，现已完工。

【叙录编号】 0132
【档案题名】
　　甘肃省通渭县报送民国二十二年（1933）11月份地方情况及政务工作报告表致甘肃省民政厅的呈

【发文单位】 通渭县政府
【收文单位】 甘肃省民政厅
【档案编号】 004-008-0197-0019
【成文时间】 1933-12-05
【收藏单位】 甘肃省档案馆
【涉及地域】 通渭县
【关 键 词】 水灾；冬麦
【内容提要】
　　"建设"下记通渭南城离河不远，本年水灾惨重，河衢已冲至城壕，极其危险，已向省政府呈请，等民政厅拨款，以便开工修复。"农产情形"下记各区农民所种冬麦，因土地滋润，所得苗皆甚好。

【叙录编号】 0133
【档案题名】
　　甘肃省清水县报送民国二十二年（1933）8月份地方情况及政务工作报告表致甘肃省民政厅的呈
【发文单位】 清水县政府
【收文单位】 甘肃省民政厅
【档案编号】 004-008-0199-0015
【成文时间】 1933-09
【收藏单位】 甘肃省档案馆
【涉及地域】 清水县
【关 键 词】 暴雨；冰雹
【内容提要】
　　"其他特别情形"下记7日半夜至8日早，雷电转作倾盆暴雨，遍地洪水，树株、田亩及秋禾冲没甚巨，冲入民室，房屋坍塌，人民死亡，实为未有之奇灾。"交通"下记月内突发洪水，第二、四两区傅家堡、汤峪川等处汽路被冲毁。"建设"下记除冰雹暴雨河水打冲地区不计，县内一、四区民间所种荍麻、莜麦多已收获干净。

【叙录编号】 0134

【档案题名】
　　甘肃省清水县报送民国二十二年（1933）10—11月份地方情况及政务工作报告表致甘肃省民政厅的呈
【发文单位】　清水县政府
【收文单位】　甘肃省民政厅
【档案编号】　004-008-0199-（0019、0021）
【成文时间】　1933-11—1933-12
【收藏单位】　甘肃省档案馆
【涉及地域】　清水县
【关　键　词】　修建河堤；修桥；雹灾；水灾
【内容提要】
　　"建设"下记建筑西城门外河堤及道路，修建各处河桥。"有无灾害"下记今春被雹，夏季迭遭水灾，为害甚巨。

【叙录编号】　0135
【档案题名】
　　甘肃省清水县报送民国二十二年（1933）12月份地方情况及政务工作报告表致甘肃省民政厅的呈及甘肃省民政厅关于清水县民国二十二年（1933）12月份政府工作报告表审核意见的指令
【发文单位】　清水县政府；甘肃省民政厅
【收文单位】　甘肃省民政厅；清水县政府
【档案编号】　004-008-0199-（0023-0024）
【成文时间】　1934-01-24
【收藏单位】　甘肃省档案馆
【涉及地域】　清水县
【关　键　词】　裁局设科；雹灾；水灾
【内容提要】
　　呈与指令各1份。"呈"部分："建设"下记裁撤建设局设科；此下并无灾害，但今春被雹，夏季迭遭水灾，为害甚巨。"指令"下记需抚恤重灾黎民。

【叙录编号】　0136

【档案题名】
　　甘肃省甘谷县政府报送民国二十二年（1933）2月份地方情况及政务工作报告表致甘肃省民政厅的呈
【发文单位】　甘谷县政府
【收文单位】　甘肃省民政厅
【档案编号】　004-008-0214-0003
【成文时间】　1933-02-28
【收藏单位】　甘肃省档案馆
【涉及地域】　甘谷县
【关　键　词】　烟苗；疏通渠道
【内容提要】
　　"内务"下记严禁烟苗。"建设"下记县城西区有通广两渠，东西两川，地亩全倚仗浇灌，现年久淤塞。令建设局派员疏通，分开支渠以资灌溉。

【叙录编号】　0137
【档案题名】
　　甘肃省甘谷县政府报送民国二十二年（1933）6月份地方情况及政务工作报告表致甘肃省民政厅的呈
【发文单位】　甘谷县政府
【收文单位】　甘肃省民政厅
【档案编号】　004-008-0214-0011
【成文时间】　1933-06-30
【收藏单位】　甘肃省档案馆
【涉及地域】　甘谷县
【关　键　词】　雹灾；禾苗；修路；修堤
【内容提要】
　　"其他特别情形"下记本月8、9、10等日雷雨交加，天降雹灾，县东北乡一带禾苗被雹打伤甚多。"交通"下记南乡大道近因山水暴发，坑坎不平，令该地村长分段补修。"建设"下记城南沙堤高与城齐，常有水患，近因暴雨吹冲单薄，令建设局赶紧补修，以防水患。

【叙录编号】 0138
【档案题名】
　　甘肃省甘谷县政府报送民国二十二年（1933）11月份地方情况及政务工作报告表致甘肃省民政厅的呈
【发文单位】 甘谷县政府
【收文单位】 甘肃省民政厅
【档案编号】 004-008-0214-0019
【成文时间】 1933-11
【收藏单位】 甘肃省档案馆
【涉及地域】 甘谷县
【关 键 词】 修筑沙堤；夏雨为灾
【内容提要】
　　"建设"下记修建护城沙堤。"农村概况"下记夏雨为灾，农村被害，秋禾多半淹没，困苦已达极点。

【叙录编号】 0139
【档案题名】
　　甘肃省渭源县县长王端甫关于报送本年（1934）5—12月份地方情况及政务工作报告表致甘肃省民政厅的呈
【发文单位】 渭源县政府
【收文单位】 甘肃省民政厅
【档案编号】
　　004-008-0220-（0001、0003、0005、0007、0009、0011、0013、0015）
【成文时间】 1934-06-07—1935-01-08
【收藏单位】 甘肃省档案馆
【涉及地域】 渭源县
【关 键 词】 护林；水灾；雹灾
【内容提要】
　　政务工作部分："建设"下记5月劝令民众切实保护灌溉树林。8—12月令各区乡长切实保护林木，布告禁止砍伐。"其他特别事项"下记5月暴雨山洪屡发，水灾奇重，继以冰雹，一、二、三、四等区已成灾区。地方情形部分："有无灾患"下记5月水灾雹灾情况。6月第一区秦旺村又遭雹灾。7、8月阴雨连绵，罂粟黄田大受影响。9月淫雨、雹灾不息。

【叙录编号】 0140
【档案题名】
　　甘肃省甘谷县政府关于报送本年（1934）6—12月份地方情况及政务工作报告表致甘肃省民政厅的呈
【发文单位】 甘谷县政府
【收文单位】 甘肃省民政厅
【档案编号】
　　004-008-0249-（0001、0003、0005、0007、0009、0011、0013）
【成文时间】 1934-07-11—1935-01-13
【收藏单位】 甘肃省档案馆
【涉及地域】 甘谷县
【关 键 词】 水灾；筑堤；均分水利
【内容提要】
　　政务工作部分："其他特别事项"下记6月县长亲赴通广两渠均分水利。"建设"下记6月督修城东中滩河堤工；7月16日山洪冲溃沙堤，潦压田地；8月修筑各河堤；10月修理沙堤；12月通广两渠浇地由上及下，均分水利。地方情形部分："其他特别情形"下记8月黄河水利委员会委员前来视察渭河水流，查渭河下游因河水泛滥，沿河各省河身高处均遭水灾。"有无灾患"下记8月河水冲溃沙堤；10月入秋以来渭河泛滥。

【叙录编号】 0141
【档案题名】
　　甘肃省清水县政府关于报送本年（1934）6—12月份地方情况及政务工作报告表致甘肃省民政厅的呈
【发文单位】 清水县政府

【收文单位】 甘肃省民政厅
【档案编号】
004-008-0268-（0001、0003、0005、0007、0009、0011、0013）
【成文时间】 1934-07-09—1935-01-08
【收藏单位】 甘肃省档案馆
【涉及地域】 清水县
【关 键 词】 水灾
【内容提要】
地方情形部分："有无灾患"下记10月阴雨，山洪暴发，沿河地亩被冲。

【叙录编号】 0142
【档案题名】
甘肃省甘谷县县长杨海帆关于报送本县民国二十四年（1935）2—3月份自行办理政务报告表及地方情况报告表致甘肃省民政厅的呈
【发文单位】 甘谷县政府
【收文单位】 甘肃省政府
【档案编号】 004-008-0334-（0014-0015）
【成文时间】 1935-03-17—1935-04-14
【收藏单位】 甘肃省档案馆
【涉及地域】 甘谷县
【关 键 词】 沙堤
【内容提要】
"建设"下记2月修筑沙堤；3月补修沙堤。

【叙录编号】 0143
【档案题名】
甘肃省清水县政府关于报送本县民国二十四年（1935）夏秋冬季政务工作表及地方情况季报表致甘肃省民政厅的呈
【发文单位】 清水县政府
【收文单位】 甘肃省民政厅
【档案编号】
004-008-0365-（0005、0007、0009）
【成文时间】 1935-07—1936-01
【收藏单位】 甘肃省档案馆
【涉及地域】 清水县
【关 键 词】 雹灾；修路；碉堡
【内容提要】
"灾患情况"下记夏5月白沙乡四庄遭雹灾；秋8月张川镇、上邽镇遭雹灾。"建设"下记夏秋冬奉令修筑天马公路。"内务"下记秋修碉堡。

【叙录编号】 0144
【档案题名】
甘肃省民政厅视察员王董正、李扩清视察渭源县视察报告表（二）
【发文单位】 甘肃省民政厅视察员王董正、李扩清
【收文单位】 甘肃省政府
【档案编号】 004-008-0425-0008
【成文时间】 1935-06-08
【收藏单位】 甘肃省档案馆
【涉及地域】 渭源县
【关 键 词】 雹灾
【内容提要】
锹峪乡、渭北乡等地被雹灾。

【叙录编号】 0145
【档案题名】
甘肃省民政厅视察员王董正、李扩清视察陇西县视察报告表
【发文单位】 甘肃省民政厅视察员王董正、李扩清
【收文单位】 甘肃省政府
【档案编号】 004-008-0425-0009
【成文时间】 1935-06-12
【收藏单位】 甘肃省档案馆
【涉及地域】 陇西县
【关 键 词】 雹灾
【内容提要】

翠屏乡地区于5月被雹灾。

【叙录编号】 0146
【档案题名】
关于漳县雹灾申免烟款的文件
【发文单位】 甘肃省民政厅；甘肃省禁烟委员会
【收文单位】 甘肃省民政厅；甘肃省禁烟委员会
【档案编号】 015-005-0031-（0017-0018）
【成文时间】 1933-08-31—1933-09-06
【收藏单位】 甘肃省档案馆
【涉及地域】 漳县
【关 键 词】 雹灾；烟款
【内容提要】
　　甘肃省禁烟委员会就漳县县长上报一、二区被雹成灾一事发函，请求量免罚款；民政厅回文此事之前已由县长上呈，并已派人调查，烟款特殊，应由禁烟委员会核复。

【叙录编号】 0147
【档案题名】
甘肃省政府关于整修渭河大桥工程计划书给行政院、西北军政长官的公函
【发文单位】 甘肃省政府
【收文单位】 行政院等
【档案编号】 027-005-0303-0016
【成文时间】 1948-10-12
【收藏单位】 甘肃省档案馆
【涉及地域】 甘谷县
【关 键 词】 水灾；渭河桥
【内容提要】
　　会天公路渭河桥被水冲毁，省政府报送西北军政长官《整修会天路渭河桥工程计划概算书》，附《陇西渭河大桥地形图》《甘谷渭河大桥地形图》《会天公路甘谷渭河大桥概算书》《会天公路甘谷渭河大桥概算书（正式）》《会天公路甘谷渭河大桥（石台土面）概算书》《会天公路陇西、甘谷渭河大桥冬季临时便桥每座概算书》。

【叙录编号】 0148
【档案题名】
甘肃副工程师李世晋关于报送各县冲毁桥涵需用材料数量表致甘肃省建设厅的签呈
【发文单位】 李世晋
【收文单位】 甘肃省建设厅
【档案编号】 027-005-0306-0024
【成文时间】 1948-12-05
【收藏单位】 甘肃省档案馆
【涉及地域】 武山县；渭源县
【关 键 词】 渭河桥
【内容提要】
　　武山、渭源两县的渭河桥因洪水被冲毁，李世晋报送《拟拨渭源县政府修筑深满五公尺单孔木桥需用材料表》《拟拨武山县政府修筑1公尺涵管四座及修理二座桥所需材料表》。省政府回令准予备查。

【叙录编号】 0149
【档案题名】
甘肃省甘谷县关于渭河冬季便桥拆除一事的文件
【发文单位】 甘谷县
【收文单位】 甘肃省建设厅
【档案编号】 027-005-0308-（0012-0016）
【成文时间】 1949-03-01—1949-05-23
【收藏单位】 甘肃省档案馆
【涉及地域】 甘谷县
【关 键 词】 渭河便桥
【内容提要】
　　甘谷县渭河冬季便桥，担心河水涨泛，请求拆除，于4月25日拆除。

【叙录编号】 0150
【档案题名】
　　关于报送甘肃省秦安县被雹灾情形的文件
【发文单位】 甘肃省建设厅；甘肃省气象测候所
【收文单位】 甘肃省政府
【档案编号】 027-007-0128-（0012-0013）
【成文时间】 1945-07-04—1945-07-12
【收藏单位】 甘肃省档案馆
【涉及地域】 秦安县
【关 键 词】 秦安；雹灾
【内容提要】
　　省气象测候所就秦安县6月30日遭遇雹灾一事代电省政府，请施加救济。省建设厅签呈报送省政府。

【叙录编号】 0151
【档案题名】
　　甘肃省渭源县政府关于报送本县民国三十四年（1945）大雪情况致甘肃省政府的电报
【发文单位】 渭源县政府
【收文单位】 甘肃省政府
【档案编号】 027-007-0128-0025
【成文时间】 1945-10-31
【收藏单位】 甘肃省档案馆
【涉及地域】 渭源县
【关 键 词】 大雪情况
【内容提要】
　　如题。

【叙录编号】 0152
【档案题名】
　　甘肃省建设厅为转报西北公路运输处兰州办事处调查西河堰溃情形一事致甘肃水利林牧公司的函
【发文单位】 甘肃省建设厅
【收文单位】 甘肃水利林牧公司
【档案编号】 039-001-0304-0026
【成文时间】 1942-02-19
【收藏单位】 甘肃省档案馆
【涉及地域】 静宁县
【关 键 词】 水利；溃堰
【内容提要】
　　本卷共1份文件，内容如题。

【叙录编号】 0153
【档案题名】
　　甘肃水利林牧公司、水利查勘二队、甘肃省建设厅为查勘静宁等县水堰情况的往来公文
【发文单位】 甘肃水利林牧公司
【收文单位】 水利查勘二队
【档案编号】
　　039-001-0304-（0027-0028、0033）
【成文时间】 1942-05-21—1943-03-04
【收藏单位】 甘肃省档案馆
【涉及地域】 静宁县
【关 键 词】 水利查勘
【内容提要】
　　本卷共3份文件。民国三十年（1941）11月26日，静宁县暴发洪水，居民因挖堰排水导致伤亡严重，水利查勘二队查勘该处水利情况。次年11月11日，甘肃水利林牧公司再度请水利查勘二队踏勘静宁西河水利情况。

【叙录编号】 0154
【档案题名】
　　西北公路管理处就静宁县西河镇洪水暴发冲毁桥梁一事致甘肃省建设厅的函
【发文单位】 西北公路管理处
【收文单位】 甘肃省建设厅
【档案编号】 039-001-0304-0030
【成文时间】 1942-02-23
【收藏单位】 甘肃省档案馆
【涉及地域】 静宁县

【关 键 词】 洪水
【内容提要】
　　本卷共1份文件，内容如题。

【叙录编号】 0155
【档案题名】
　　省政府、县政府关于县属三区雹雨成灾、黜免田赋事宜的指令及有关的清册
【发文单位】 甘肃省政府；甘肃省赈务会
【收文单位】 渭源县政府
【档案编号】 157-1-375-（0001-0007）
【成文时间】 1938
【收藏单位】 定西市档案馆
【涉及地域】 渭源县
【关 键 词】 雹灾
【内容提要】
　　县属三区7月11日雹雨成灾，田禾尽被冲毁。甘肃省赈务会令渭源县查明被灾情形，呈报灾害损失报告表。

【叙录编号】 0156
【档案题名】
　　陇西县长安乡第一保保长李茂春关于该保遭受冰雹情况致陇西县长安乡、县政府的呈文
【发文单位】 陇西县长安乡第一保
【收文单位】 陇西县长安乡公所；陇西县政府
【档案编号】 157-2-13-（0026-0029）
【成文时间】 1943-09-12
【收藏单位】 定西市档案馆
【涉及地域】 陇西县
【关 键 词】 冰雹
【内容提要】
　　当年9月9日下午2—4时，陇西县长安乡第一保绽坡里、尔家崖、徐家堡等地遭受冰雹袭击。雹大如鹅卵，秋田尽行打落，故将此情形向乡公所、县政府报告。后附乡公所转送之文。

【叙录编号】 0157
【档案题名】
　　锹峪乡南横保民颉宝山为山洪暴发冲没地亩呈渭源康县长
【发文单位】 颉宝山
【收文单位】 渭源县政府
【档案编号】 157-2-355-37
【成文时间】 1946-09-12
【收藏单位】 定西市档案馆
【涉及地域】 渭源县锹峪乡南横保
【关 键 词】 山洪灾害
【内容提要】
　　锹峪乡南横保民颉宝山为山洪暴发冲没地亩呈渭源县康县长，请求派员查明，减除该地赋粮。

【叙录编号】 0158
【档案题名】
　　陇西县政府灾害卷（雹灾）
【发文单位】 甘肃省政府；甘肃省民政厅等
【收文单位】 陇西县政府等
【档案编号】 170-1-155（全案卷）
【成文时间】 1935
【收藏单位】 定西市档案馆
【涉及地域】 陇西县
【关 键 词】 雹灾
【内容提要】
　　省政府、民政厅、财政厅、省赈务会、禁委会、县政府、乡民等关于冰雹成灾、赈济免赋等的训令、指令、代电、呈咨、图表等。

【叙录编号】 0159
【档案题名】
　　陇西县第四区第十六保保长杜宪文呈报灾情事
【发文单位】 陇西县第四区第十六保

【收文单位】　陇西县政府
【档案编号】　170-2-41-3
【成文时间】　1936-10
【收藏单位】　定西市档案馆
【涉及地域】　陇西县
【关 键 词】　雹灾
【内容提要】
　　汪家嘴于7月16日下午4时天降冰雹，地中田禾被毁，平地又被洪水冲没，还有匪情，杜宪文呈请县政府予以补救。

【叙录编号】　0160
【档案题名】
　　陇西县第一区第十六保关于汇报该保遭受暴雨灾害情况给陇西县政府的呈文
【发文单位】　陇西县第一区第十六保
【收文单位】　陇西县政府
【档案编号】　170-2-435-（0009-0010）
【成文时间】　1939-06-22—1939-06-26
【收藏单位】　定西市档案馆
【涉及地域】　陇西县
【关 键 词】　暴雨灾害
【内容提要】
　　陇西县第一区第十六保保长李雅斋报称，当年6月21日晚，天降暴雨，河边田地被水冲毁无存，王家河全庄之民生计全靠此处田地，望予以抚恤赈济。后附王家河庄受灾民户清单。

【叙录编号】　0161
【档案题名】
　　甘肃省政府、武山县政府、陇西县政府关于勘验汇报武山县鸳鸯镇遭受雹灾情况的训令、公函
【发文单位】　甘肃省政府
【收文单位】　武山县政府；陇西县政府
【档案编号】　170-3-417-（0010-0029）
【成文时间】　1943-09-02—1943-11-20
【收藏单位】　定西市档案馆
【涉及地域】　陇西县
【关 键 词】　暴雨冰雹灾害
【内容提要】
　　武山县鸳鸯镇于当年5月13日遭受暴雨冰雹灾害，损失惨重，省政府训令陇西县县长兼田粮受理处处长丁玺会同武山县县长邵清淮、武山县田粮受理处副处长卢盛前往勘验。围绕此事，省、县以及两县之间产生了一系列公文。附鸳鸯镇受灾地区图。

【叙录编号】　0162
【档案题名】
　　陇西县政府关于紫来、昌谷、碧岩、菜籽、首阳、仁德等地遭受雹灾的灾情报告的呈报
【发文单位】　陇西县紫来乡公所；陇西县昌谷乡公所等
【收文单位】　陇西县政府
【档案编号】　170-4-128（全案卷）
【成文时间】　1944
【收藏单位】　定西市档案馆
【涉及地域】　陇西县
【关 键 词】　雹灾
【内容提要】
　　本案卷共20件，其中收录了关于紫来乡公所、昌谷乡公所、碧岩乡公所、仁德乡公所、菜子镇公所、首阳镇公所、高窑镇等地遭受雹灾的灾情呈报及受灾情况与灾歉统计状况表。

【叙录编号】　0163
【档案题名】
　　陇西县参议会、陇西县政府关于碧岩乡奇灾及各处灾情复勘、救灾会议、贷放食粮办法的公告、指令、呈报

【发文单位】 陇西县碧岩乡等
【收文单位】 陇西县政府；陇西县参议会等
【档案编号】 170-4-130（全案卷）
【成文时间】 1944
【收藏单位】 定西市档案馆
【涉及地域】 陇西县
【关 键 词】 雹灾；暴雨
【内容提要】
　　陇西县碧岩乡、马河镇、高窑镇、翠屏乡等地方被灾严重，主要是雹灾、暴雨，各地镇长、县长纷纷呈报受灾情况，请求豁免田赋、军粮、差役，并予以救济。附陇西县翠屏乡民国三十三年（1944）7月23日被水灾灾歉状况表、陇西县民国三十三年（1944）灾情状况报告表。

【叙录编号】 0164
【档案题名】
　　省军管区司令部关于国民兵组训工作实施程序、预备队组训办法的训令
【发文单位】 陇西县云田乡等
【收文单位】 陇西县政府等
【档案编号】 170-4-197-（0001-0014）
【成文时间】 1944
【收藏单位】 定西市档案馆
【涉及地域】 陇西县
【关 键 词】 雹灾
【内容提要】
　　本卷题名不确。本卷档案主要为各保保民致乡公所及陇西县政府的关于因雹灾请求赈济并请免除徭役赋税的报告，并附云田乡四咀保的被雹灾花民清册（包括保民姓名、籍贯、被灾次数、亩数、备考等项），其中详细描述了成灾原因和受灾情形。

【叙录编号】 0165
【档案题名】
　　陇西县政府、自卫队关于连日大雨冲毁城墙的呈文、批示
【发文单位】 陇西县自卫队
【收文单位】 陇西县政府
【档案编号】 170-5-71-（0001-0002）
【成文时间】 1946-07
【收藏单位】 定西市档案馆
【涉及地域】 陇西县
【关 键 词】 洪灾
【内容提要】
　　西城因阴雨连绵，七八尺城墙被水冲毁，自卫队队长张应祥呈请陇西县李县长予以及时修补，李县长批示令张队长就近设法补修。

【叙录编号】 0166
【档案题名】
　　陇西县政府关于渭北乡、南安镇等地修建被水冲毁道路的指示
【发文单位】 陇西县北三铺村
【收文单位】 陇西县政府
【档案编号】 170-8-6-（0014-0021）
【成文时间】 1935-04
【收藏单位】 定西市档案馆
【涉及地域】 陇西县
【关 键 词】 水冲毁道路
【内容提要】
　　对于北三铺村呈派警帮催花民修筑被水冲毁的道路，张县长批示同意派警1名，协同张继麟催办。若花民再顽抗，准予送案惩罚。其他地方的道路毁坏，张县长一一做出批示，或令第五区助理员雷天动协助，或令当地保长及时修补。

【叙录编号】 0167
【档案题名】
　　陇西县历年各乡镇冰雹灾情减免粮数一览表

【发文单位】 陇西县政府
【收文单位】 陇西县政府
【档案编号】 174-1-171-2
【成文时间】 1947
【收藏单位】 定西市档案馆
【涉及地域】 陇西县
【关 键 词】 粮数减免

【内容提要】
　　此档为陇西县民国三十一年（1942）、三十二年（1943）、三十三年（1944）、三十五年（1946）等年份各乡镇因为冰雹灾情而减免粮数的表格。表格包括被灾乡镇、被灾年份、被灾原因、被灾地数、应免粮数、奏准令文字号日期等内容。

三、其他灾害与复合灾害类档案

【叙录编号】 0168
【档案题名】
　　甘肃省政府等关于各地灾情的各类文件
【发文单位】 国民党甘肃执委会；甘肃省第四区行政督察专员公署等
【收文单位】 甘肃省社会处；甘肃省政府等
【档案编号】 004-001-0280（全案卷）
【成文时间】 1947-04-15—1948-02-26
【收藏单位】 甘肃省档案馆
【涉及地域】 甘肃省
【关 键 词】 灾情
【内容提要】
　　此案卷包含24份文件，均与灾情有关。国民党甘肃执委会、省第四区行政督察专员公署、省参议会等纷纷致函或上报省政府各地（清水县、定西县、秦安县、洮沙县、宁定县、民勤县、皋兰县、榆中县、陇西县、康乐县、古浪县、山丹县等地）的水灾、旱灾、雹灾情形。省政府、省社会处均一一予以回复，均派员前往勘察。

【叙录编号】 0169

【档案题名】
　　甘肃省政府等关于永靖县、武山县、甘谷县灾歉状况表的各类文件
【发文单位】 第四、第五区行政督察专员公署；甘谷县政府等
【收文单位】 甘肃省政府；甘肃省田赋粮食管理处等
【档案编号】 004-002-0091-（0001-0004）
【成文时间】 1942-08—1942-10
【收藏单位】 甘肃省档案馆
【涉及地域】 永靖县；武山县；甘谷县
【关 键 词】 灾情
【内容提要】
　　此案卷包含4份文件，均与灾害有关。省第五区行政督察专员公署、永靖县政府向省政府报送复勘永靖县博爱乡第一、第二保民国三十年（1942）受灾属实情况及灾民清册、灾区图说。省第四区行政督察专员公署向省政府呈报武山县受灾状况表、灾民清册、灾区图说。甘谷县政府、甘谷田粮管理处向省政府报送复勘1942年受灾情况、灾歉状况表、灾民花户清册、灾区图说。省社会处抄送永靖、武山、

甘谷县灾歉状况表给省田赋粮食管理处。

【叙录编号】 0170
【档案题名】
　　甘肃省民政厅关于天水县民国二十一年（1932）7月份政务工作报告表准予备查并认真工作及将旬报改为月报给天水县政府的指令
【发文单位】 甘肃省民政厅
【收文单位】 天水县政府
【档案编号】 004-008-0048-0012
【成文时间】 1932-08-23
【收藏单位】 甘肃省档案馆
【涉及地域】 天水县
【关 键 词】 开渠；冰雹
【内容提要】
　　该指令提及天水县天气亢旱，开渠补救，以及冰雹伤毙人畜事。

【叙录编号】 0171
【档案题名】
　　甘肃省静宁县政府关于报送本县民国二十三年（1934）9月份地方情况报告表、自行办理政务工作报告表致甘肃省民政厅的呈
【发文单位】 静宁县政府
【收文单位】 甘肃省民政厅
【档案编号】 004-008-0052-0008
【成文时间】 1934-10-10
【收藏单位】 甘肃省档案馆
【涉及地域】 静宁县
【关 键 词】 农产品；土地
【内容提要】
　　"农产情形"下记本年夏禾因为干旱太久，收成约有7分；秋禾因雨水过多，受损极大。县属各乡多属山地，川地甚少，水地更次之，各项农产数量仅供民众之食。

【叙录编号】 0172
【档案题名】
　　甘肃省静宁县民国二十一年（1932）7月份地方情形及政务工作报告表
【发文单位】 静宁县政府
【收文单位】 甘肃省民政厅
【档案编号】 004-008-0131-0017
【成文时间】 1932-07-31
【收藏单位】 甘肃省档案馆
【涉及地域】 静宁县
【关 键 词】 地震
【内容提要】
　　"建设"下记静宁县内外房屋，自民国九年（1920）地震后大半毁损。又近年地方所存破房居驻人马，更形污损，现正捐廉酌修。

【叙录编号】 0173
【档案题名】
　　甘肃省秦安县政府关于报送民国二十二年（1933）8月份地方政务工作报告表致甘肃省民政厅的呈
【发文单位】 秦安县政府
【收文单位】 甘肃省民政厅
【档案编号】 004-008-0137-0013
【成文时间】 1933-09-05
【收藏单位】 甘肃省档案馆
【涉及地域】 秦安县
【关 键 词】 暴雨；修路；植树
【内容提要】
　　"其他特别情形"下记前次大雨之后，葫芦河水势大涨，为数十年前未有之奇灾，沿河居民吹没房屋与禾苗不计其数，下流一带其势尤烈。"建设"下记通渭至秦安一段道路被天雨冲损坍塌不堪，饬令迅速修补，以免路基损毁。奉建设厅饬令，将农林产畜垦务、农村经济概况填表式5种。秦邑数年来匪旱频仍，已饬令建设局将苗圃试验场、道路、植树、水利等各事业旧日办理经过情形、成绩概况列表报

省政府，以便相机进行。

【叙录编号】 0174
【档案题名】
甘肃省清水县报送民国二十二年（1933）7月份地方情况及政务工作报告表致甘肃省民政厅的呈
【发文单位】 清水县政府
【收文单位】 甘肃省民政厅
【档案编号】 004-008-0199-0014
【成文时间】 1933-08
【收藏单位】 甘肃省档案馆
【涉及地域】 清水县
【关 键 词】 暴雨；修桥；植树
【内容提要】
"其他特别情形"下记月内暴雨迭降，横水陡发，冲损秋禾颇巨，人民忧嗟异常。"交通"下记月内累降暴雨，冲损道路及桥梁，县长令该区区长拨派民夫尽快补修。"建设"下记造填历年所植树木成活状况表，小麦、豌豆、米、豆等禾月内均已收获干净，因早春亢旱，碾打之后籽种量尤为不足。而河畔稻禾冲损殆尽，其他苞谷、荞麦、莜麦除被暴雨冲打部分，其他均生长甚旺，惟起大风将荍麻吹折甚重。

【叙录编号】 0175
【档案题名】
甘肃省庄浪县县长吴大虹关于报送本县民国二十三年（1934）1—7月份地方情况报告表、自行办理政务工作报告表致甘肃省民政厅的呈及甘肃省庄浪县县长张详麟关于报送本县本年（1934）4月份地方情况报告表、自行办理政务报告表致甘肃省民政厅的呈
【发文单位】 庄浪县政府；甘肃省民政厅
【收文单位】 甘肃省民政厅；庄浪县政府
【档案编号】 004-008-0231-（0001-0014）
【成文时间】 1934-02-12—1934-09-06
【收藏单位】 甘肃省档案馆
【涉及地域】 庄浪县
【关 键 词】 虫害；豌豆
【内容提要】
"有无灾患"下记6月份豌豆受到一种黑虫灾害，豆叶、豆花均遭其蚀。

【叙录编号】 0176
【档案题名】
甘肃省漳县政府关于报送本县民国二十三年（1934）1—6月份政务工作及地方情形报告表致甘肃省民政厅的呈
【发文单位】 漳县政府；甘肃省民政厅
【收文单位】 甘肃省民政厅；漳县政府
【档案编号】 004-008-0297-（0001-0012）
【成文时间】 1934-02-05—1934-07-10
【收藏单位】 甘肃省档案馆
【涉及地域】 漳县
【关 键 词】 水渠；雹灾；渠水灌田规则
【内容提要】
"建设"下记3月委派修渠经理督修水渠，以便早日竣工，指令指示应将该渠所属何乡、长若干里、灌地多寡、如何派人修理，呈报；4月委任苗圃主任俾资进行；6月拟定渠水灌田规则，后因天旱水缺，饬令停于麦地，灌溉花田。"有无灾患"下记6月雹灾。"其他特别情形"下记6月因天气干旱，民众请求停止清洁，祈求雨泽。县长应民众的请求于24—26日迎新祈祷，不料28日水雹成灾。

【叙录编号】 0177
【档案题名】
天水（原档案题名如此，疑有误。）
【发文单位】 天水县政府
【收文单位】 甘肃省政府
【档案编号】 015-006-0341-（0028-0029）

【成文时间】 1936-03-05—1936-03-07
【收藏单位】 甘肃省档案馆
【涉及地域】 天水县
【关 键 词】 蝗灾
【内容提要】
　　天水县政府呈本县目前无蝗患情形，省政府回文呈悉。

【叙录编号】 0178
【档案题名】
　　甘肃省粮食增产委员会关于各县受灾情况的规定及下达的文件
【发文单位】 甘肃省粮食增产委员会；甘肃省增进粮产贷款团
【收文单位】 渭源县政府
【档案编号】 157-1-263-（0018-0020）
【成文时间】 1941-08-01—1941-08-29
【收藏单位】 定西市档案馆
【涉及地域】 渭源县
【关 键 词】 灾歉
【内容提要】
　　关于灾歉情况，渭源县政府须将受灾情形（包括作物种类、面积等）如实填写呈报。甘肃省增进粮产贷款团称，会派员复勘。

【叙录编号】 0179
【档案题名】
　　渭源县庆平乡各保被灾损失调查表、呈报表
【发文单位】 渭源县庆平乡各保
【收文单位】 渭源县政府
【档案编号】 157-2-6-（0001-0004）
【成文时间】 1943-05-04—1943-06-18
【收藏单位】 定西市档案馆
【涉及地域】 渭源县
【关 键 词】 灾情报表
【内容提要】
　　本卷档案为渭源县庆平乡各保被灾情况损失调查表，统计内容包括姓名、籍贯、损失类别（包括骡马、房屋、财物、失种地亩、估价）、时间、备考等项。

【叙录编号】 0180
【档案题名】
　　省政府、保安司令部关于无线电各公文电报的代电及本县办理文件
【发文单位】 甘肃省政府等
【收文单位】 渭源县政府等
【档案编号】
　　157-3-52-（0012、0027、0036-0038、0050、0059、0111）
【成文时间】 1947
【收藏单位】 定西市档案馆
【涉及地域】 渭源县
【关 键 词】 自然灾害；降雨
【内容提要】
　　本卷档案为渭源县政府与各级政府之间的译电文本和往来公文，其中散见有降雨记录、受灾情况、异常物候等文件。

【叙录编号】 0181
【档案题名】
　　关于旱、雹灾害发放农贷的政府训令
【发文单位】 第一区行政督察专员公署
【收文单位】 陇西县政府
【档案编号】 170-2-245-6
【成文时间】 1938-08-18
【收藏单位】 定西市档案馆
【涉及地域】 陇西县
【关 键 词】 旱灾；雹灾
【内容提要】
　　根据陇西县县长所呈报旱、雹灾重等事实，省政府下达训令，兹准拨发贷款。

【叙录编号】 0182
【档案题名】
　　甘肃省政府、陇西县政府、省一区行政督察专员公署关于灾歉结报、存粮无息贷放、核减差徭田赋的训令、代电、指令、呈报
【发文单位】 甘肃省政府等
【收文单位】 陇西县政府等
【档案编号】 170-4-131-（0001-0015）
【成文时间】 1944
【收藏单位】 定西市档案馆
【涉及地域】 陇西县
【关 键 词】 灾害
【内容提要】
　　省政府指示陇西县政府在呈报灾歉情况时，须呈报被灾户口，对于严重地区申请核减差徭田赋的相关指令。其中还有陇西县菜子镇补报的灾情清册1份，内容有保别、业户姓名、原有亩数、被灾亩数、被灾种类、被灾成数。

【叙录编号】 0183
【档案题名】
　　省政府、第一区行政督察专员公署、县政府关于速报灾情依照勘报灾歉规程请求救济办法的训令、指令、代电、呈报
【发文单位】 甘肃省政府；第一区行政督察专员公署等
【收文单位】 陇西县政府等
【档案编号】 170-4-133（全案卷）
【成文时间】 1944
【收藏单位】 定西市档案馆
【涉及地域】 陇西县
【关 键 词】 灾歉状况表
【内容提要】
　　本卷档案有陇西县与甘肃省政府关于云田乡、马河镇、碧岩镇等地勘报、救济灾情的往来公文。并附云田乡、马河镇的灾歉状况表（包括保甲别、小地名、被灾面积、被灾年月日及原因状况、被灾成数、备考等项）及关于灾情的诸多呈文，详细描述了成灾原因和受灾情形。

【叙录编号】 0184
【档案题名】
　　甘肃省农业改进所、天水县农业推广所关于农情通讯、农情简报、病虫害、棉产量调查的训令、呈
【发文单位】 甘肃省农业改进所等
【收文单位】 天水县农业推广所等
【档案编号】 010-001-091
【成文时间】 1946
【收藏单位】 天水市档案馆
【涉及地域】 天水县
【关 键 词】 落雨；蛀虫；黄锈病
【内容提要】
　　民国三十五年（1946）6月份农情简报项目：1.本月份陇南一带落雨共计10次；2.本月份农作物棉花蛀虫范围天水、秦安、甘谷，为害面积约12万亩。陇南一带第二季度农事情形：1.本季陇南一带雨量自1月1日—5月27日共降雨34次，雨量不均匀。1月份没有雨量；4月份大旱，致小麦、扁豆均受影响；5月起雨量均匀，至中旬雨量骤增，雨水过多，玉米无法下种。2.本季农作物小麦有黄锈病、扁豆有蚜虫。

【叙录编号】 0185
【档案题名】
　　甘肃省农业改进所、天水县农业推广所关于病虫害调查防治的训令、呈
【发文单位】 甘肃省农业改进所等
【收文单位】 天水县农业推广所等
【档案编号】 010-001-125
【成文时间】 1949-05—1949-06
【收藏单位】 天水市档案馆
【涉及地域】 天水县

【关 键 词】 病虫害
【内容提要】

民国三十八年（1949），小麦等农作物病虫害频发，天水县农业推广所、甘肃省农业改进所等单位颁布甘肃省小麦黑穗病调查办法，并造表登记相关农作物的病虫灾害。

【叙录编号】 0186
【档案题名】

国民党天水县党部、县政府、县农会及新阳、关子、牡丹、东泉、铁炉、士子、三十里乡镇公所，关于县参议会条例、团体登记、改选登记职员、农会会员名册、勘察山地、农贷、灾情、会员购买棉花、花生、反映欺骗、践害麦苗的呈、通令、报告、表册

【发文单位】 天水县士子镇等乡镇
【收文单位】 天水县政府
【档案编号】 民国天水农会504-9
【成文时间】 1938-02—1946-04
【收藏单位】 麦积区档案馆
【涉及地域】 天水县
【关 键 词】 旱灾
【内容提要】

本卷档案包括士子镇、新阳镇、铁炉镇、丰盛乡等呈报给天水县政府因灾情（主要为旱灾）而减赋的申请，按其上公文应附灾情详细调查表，但本卷档案未见。另本卷档案题名不确，未见有勘察山地相关档案。

【叙录编号】 0187
【档案题名】

天水县关子镇所辖各保待救济赤贫民众调查清册、民国三十四年（1945）夏禾灾歉各保状况表、第八保夏季被灾花名清册
【发文单位】 天水县关子镇
【收文单位】 天水县关子镇
【档案编号】 民国天水县关子镇508-21

【成文时间】 1945-06
【收藏单位】 麦积区档案馆
【涉及地域】 天水县
【关 键 词】 灾害统计
【内容提要】

本卷档案主体为民国三十四年（1945）夏季灾歉统计表。统计内容包括保别、地名、被灾面积、被灾原因及状况、被灾成数（即受灾百分比）、备考等项。涉及水灾、旱灾、暴风、虫害等。

【叙录编号】 0188
【档案题名】

县政府、关子镇关于减免粮数、征用民夫、补给木柴价款、献粮附带出征军人募款、慰问劳金款等的数目表、暂行办法与清册
【发文单位】 天水县关子镇各保
【收文单位】 天水县关子镇
【档案编号】 民国天水县关子镇508-65
【成文时间】 1946
【收藏单位】 麦积区档案馆
【涉及地域】 天水县
【关 键 词】 灾情调查；木柴价格
【内容提要】

本卷档案涉及生态环境的有2个：1.关子镇各保筹集10万斤木柴、马草以供军用的登记表册及木柴价款册；2.关子镇民国三十一年（1942）夏秋季受灾状况表，包括保别、地名、被灾面积、被灾原因及状况、被灾成数、备考等项。

【叙录编号】 0189
【档案题名】

天水县政府、金花乡政府关于受灾、补发报表、缉私、授盐、重要工作竞赛的办法、清册
【发文单位】 天水县政府
【收文单位】 天水县金花乡
【档案编号】 民国天水县金花乡509-95

【成 文 时 间】 1949-05
【收藏单位】 麦积区档案馆
【涉及地域】 天水县
【关 键 词】 灾情调查
【内容提要】

本卷档案有天水县政府与金花乡政府关于金花乡受灾情形勘察、汇报、指令的来往公文。主要为金花乡受灾情形勘汇报表，包括保别、地名、被灾面积、被灾原因及状况、被灾成数（即受灾百分比）、备考等项。

【叙录编号】 0190
【档案题名】
天水县金花乡关于灾情调查、第六保受灾统计表
【发文单位】 天水县金花乡
【收文单位】 天水县金花乡
【档案编号】 民国天水县金花乡509-102
【成文时间】 1943-12
【收藏单位】 麦积区档案馆
【涉及地域】 天水县
【关 键 词】 灾情调查
【内容提要】

本卷档案全为金花乡各保的灾情调查表，包括乡镇名、保别、姓名、被灾面积、被灾原因及状况、被灾成数、备考等项。

【叙录编号】 0191
【档案题名】
天水县金花乡牲畜税预算表、药械运费摊派表、灾情调查表
【发文单位】 天水县政府等
【收文单位】 天水县金花乡等
【档案编号】 民国天水县金花乡509-168
【成文时间】 1946-08—1948-06
【收藏单位】 麦积区档案馆
【涉及地域】 天水县

【关 键 词】 灾情调查
【内容提要】

本卷档案包括金花乡及其各保与天水县政府关于金花乡勘报、救济灾情的往来公文。主要有金花乡受灾情形勘汇报表（包括保别、地名、被灾面积、被灾原因及状况、被灾成数、备考等项）及关于灾情的诸多呈文，详细描述了成灾原因和受灾情形。

【叙录编号】 0192
【档案题名】
民国三十六年（1947）天水县金花乡被灾清册（二）
【发文单位】 天水县金花乡
【收文单位】 天水县金花乡
【档案编号】 民国天水县金花乡509-185
【成文时间】 1947
【收藏单位】 麦积区档案馆
【涉及地域】 天水县
【关 键 词】 灾情调查
【内容提要】

这两卷档案皆为民国三十六年（1947）金花乡受灾清册。主要是金花乡各保受灾情况勘汇报表，包括保别、地名、被灾面积、被灾原因及状况、被灾成数、备考等项。

【叙录编号】 0193
【档案题名】
民国三十七年（1948）天水县金花乡被灾清册（三）
【发文单位】 天水县金花乡
【收文单位】 天水县金花乡
【档案编号】 民国天水县金花乡509-186
【成文时间】 不详
【收藏单位】 麦积区档案馆
【涉及地域】 天水县
【关 键 词】 灾情调查

【内容提要】
　　如题。

【叙录编号】　0194
【档案题名】
　　天水县金花乡民国三十七年（1948）被灾歉状况；第三至六保未完田赋粮通知单册
【发文单位】　天水县金花乡
【收文单位】　天水县金花乡
【档案编号】　民国天水县金花乡509-212
【成文时间】　1948
【收藏单位】　麦积区档案馆
【涉及地域】　天水县
【关 键 词】　灾情调查
【内容提要】
　　本卷档案为民国三十六年（1947）金花乡受灾清册。包括保别、地名、被灾面积、被灾原因及状况、被灾成数、备考等项。

【叙录编号】　0195
【档案题名】
　　天水县政府令将佃户强纳田粮查报及金花乡被灾情事由
【发文单位】　天水县金花乡
【收文单位】　天水县金花乡
【档案编号】　民国天水县金花乡509-235
【成文时间】　1948
【收藏单位】　麦积区档案馆
【涉及地域】　天水县
【关 键 词】　灾情调查
【内容提要】
　　本卷档案有民国三十七年（1948）金花乡各保给金花乡乡长的呈报、夏季灾情的呈文，主要涉及霜灾，无灾情调查表。

【叙录编号】　0196
【档案题名】
　　天水县牡丹镇呈报本镇各种灾情由、各保受灾户口调查表
【发文单位】　天水县牡丹镇
【收文单位】　天水县牡丹镇
【档案编号】　民国天水县士子镇510-111
【成文时间】　1947-06—1947-10
【收藏单位】　麦积区档案馆
【涉及地域】　天水县
【关 键 词】　灾情调查
【内容提要】
　　本卷档案主要为牡丹镇各保灾歉状况调查表，包括保别、地名、被灾面积、被灾原因及状况、被灾成数、备考等项。

【叙录编号】　0197
【档案题名】
　　天水县牡丹镇呈报本镇各种灾情由、各保受灾户口调查表
【发文单位】　天水县牡丹镇
【收文单位】　天水县牡丹镇
【档案编号】　民国天水县士子镇510-112
【成文时间】　1947-05—1947-09
【收藏单位】　麦积区档案馆
【涉及地域】　天水县
【关 键 词】　灾情调查
【内容提要】
　　本卷档案全为牡丹镇受灾情况调查，除有灾歉情况调查表外，还有灾情描述的呈文等。

【叙录编号】　0198
【档案题名】
　　天水县铁炉镇呈报镇内各保灾情状况的呈报文书
【发文单位】　天水县铁炉镇
【收文单位】　天水县铁炉镇
【档案编号】　民国天水县铁炉镇513-112
【成文时间】　1948-06

【收藏单位】 麦积区档案馆
【涉及地域】 天水县
【关 键 词】 灾情调查
【内容提要】
　　本卷档案为铁炉镇关于代表会议记录、每月津贴、动支临时费、追加预算书、机关会议人事异动、小麦禾苗霜冻无收益。

四、综合赈务类档案

【叙录编号】 0199
【档案题名】
　　甘肃省政府委员会第1486次会议记录关于报告绥靖区乡镇保甲长纵横连保连坐办法及报告动员戡乱时期劳资纠纷处理办法等事宜
【发文单位】 甘肃省政府
【收文单位】 甘肃省政府
【档案编号】 004-007-0462-0016
【成文时间】 1947-11-28
【收藏单位】 甘肃省档案馆
【涉及地域】 甘谷县
【关 键 词】 山洪成灾
【内容提要】
　　主要涉及财政厅报告天水县政府呈送甘谷新乡第一保民国三十六年（1947）夏季山洪暴涨成灾，请求减免田赋等事宜。

【叙录编号】 0200
【档案题名】
　　甘肃省政府委员会第1419次会议议事日程，附会议资料
【发文单位】 甘肃省政府
【收文单位】 甘肃省政府
【档案编号】 004-007-0482-0002
【成文时间】 1947-07-04
【收藏单位】 甘肃省档案馆
【涉及地域】 甘谷县
【关 键 词】 灾害；田赋
【内容提要】
　　主要涉及田赋粮食管理处报告审查甘谷县朱园乡民国三十五年（1946）水冲地亩，准许减免田赋等事宜。

【叙录编号】 0201
【档案题名】
　　甘肃省政府委员会第1427次会议议事日程，附会议资料
【发文单位】 甘肃省政府
【收文单位】 甘肃省政府
【档案编号】 004-007-0484-0004
【成文时间】 1947-05-02
【收藏单位】 甘肃省档案馆
【涉及地域】 甘肃省
【关 键 词】 灾害；田赋
【内容提要】
　　关于提会田粮处报告审查陇西县紫来等乡镇民国三十四年（1945）、三十五年（1946）两年度水冲局部地亩，准许减免田赋等事宜。

【叙录编号】 0202
【档案题名】
甘肃省政府委员会第1495次会议记录
【发文单位】 甘肃省政府
【收文单位】 甘肃省政府
【档案编号】 004-007-0504-0003
【成文时间】 1947-12-30
【收藏单位】 甘肃省档案馆
【涉及地域】 甘肃省
【关 键 词】 冬令救济；记功
【内容提要】
其中包括社会处等签呈办理冬令救济得力人员当予记功一事，附呈《甘肃省清水等五县市实施民国三十五年（1946）冬令救济成果统计比较表》1份。

【叙录编号】 0203
【档案题名】
甘肃省政府委员会第1427次会议关于提会纸货输入限制办法及本省绥靖区因公伤文职人员医药以及丧葬费支给办法等事项的会议记录
【发文单位】 甘肃省政府
【收文单位】 甘肃省政府
【档案编号】 004-007-0586-0009
【成文时间】 1947-05-02
【收藏单位】 甘肃省档案馆
【涉及地域】 陇西县
【关 键 词】 灾害；田赋
【内容提要】
关于提会田赋粮食管理处报告审查陇西县紫来等乡镇民国三十四年（1945）、三十五年（1946）两年度水冲局部地亩，准许减免田赋等事宜。

【叙录编号】 0204
【档案题名】
清水县政府第10次县政会议记录
【发文单位】 清水县政府
【收文单位】 甘肃省政府
【档案编号】 004-007-0613-0001
【成文时间】 1933-11
【收藏单位】 甘肃省档案馆
【涉及地域】 清水县
【关 键 词】 畜牧；水灾；赈款
【内容提要】
会议讨论内容包括：1.调查本县畜牧情况；2.办理仓储，并组织管理委员会以待当年丰收之期；3.领到当年水灾急赈款，交拨善后委员会办理工赈；4.为天寒无依灾民准备避寒所。

【叙录编号】 0205
【档案题名】
清水县政府第10次县政会议记录
【发文单位】 清水县政府
【收文单位】 甘肃省政府
【档案编号】 004-007-0613-（0009-0010）
【成文时间】 1934-11
【收藏单位】 甘肃省档案馆
【涉及地域】 清水县
【关 键 词】 仓储粮食；量雨器
【内容提要】
会议讨论内容包括：1.提议仓储粮食因当年雨水过多、气候较湿难以保护，请明春借贷贫民换储新谷，请民政厅核准施行；2.贷款购置量雨器已到，请各区摊付款项。

【叙录编号】 0206
【档案题名】
清水县政府第12次县政会议记录
【发文单位】 清水县政府
【收文单位】 甘肃省政府
【档案编号】 004-007-0615-（0003-0004）

【成文时间】 1935-08-02—1935-08-15
【收藏单位】 甘肃省档案馆
【涉及地域】 清水县
【关 键 词】 山洪；修桥；苗圃
【内容提要】
　　会议讨论内容包括：1.县城西关外西干河桥通过秦安大道前被山洪冲毁，已饬令上邽镇长派民夫修补，所需材料45元，请准予核销。会议决议由城工委员会结余项下开支；2.苗圃主任呈再三挑选苗圃地址仍超过原定预算，请核销超出部分。会议决议交地方公产管理委员会核复再行办理。

【叙录编号】 0207
【档案题名】
　　甘肃省清水县报送民国二十二年（1933）6月份地方情况及政务工作报告表致甘肃省民政厅的呈
【发文单位】 清水县政府
【收文单位】 甘肃省民政厅
【档案编号】 004-008-0199-0011
【成文时间】 1933-07
【收藏单位】 甘肃省档案馆
【涉及地域】 清水县
【关 键 词】 禁种罂粟；暴雨；修桥；放火烧山；植树；水利工程；冰雹；暴水
【内容提要】
　　"内务"下记禁种罂粟。"交通"下记月内19—23日突发暴雨，冲损第一至四区道路及桥梁，县长当即令各区区长派民夫修补完整。"建设"下记奉民政厅令县区乡镇间邻禁止放火烧山，推广植树，以防止水旱及兴办水利工程。本月21—23日天降冰雹，约四五寸，打伤一至四区禾稼，夏秋禾稼复遭暴水冲损殆尽。县长令设法抚恤灾民，以免流离。

【叙录编号】 0208

【档案题名】
　　甘肃省甘谷县政府报送民国二十二年（1933）5月份地方情况及政务工作报告表致甘肃省民政厅的呈
【发文单位】 甘谷县政府
【收文单位】 甘肃省民政厅
【档案编号】 004-008-0214-0009
【成文时间】 1933-05-31
【收藏单位】 甘肃省档案馆
【涉及地域】 甘谷县
【关 键 词】 山水；修渠
【内容提要】
　　"交通"下记县内西区刘家墩一带赴省大道，近因山水暴发北冲成渠，已下令该区区长按段补修至平坦。"建设"下记令建设局将境内渠道按段派夫挑挖疏通，分开支渠以便灌溉。

【叙录编号】 0209
【档案题名】
　　甘肃省甘谷县报送民国二十二年（1933）7月份地方情况及政务工作报告表致甘肃省民政厅的呈及甘肃省民政厅关于甘谷县民国二十二年（1933）7月份政府工作报告表审核意见的指令
【发文单位】 甘谷县政府；甘肃省民政厅
【收文单位】 甘肃省民政厅；甘谷县政府
【档案编号】 004-008-0214-（0013-0014）
【成文时间】 1933-08-15—1933-08-26
【收藏单位】 甘肃省档案馆
【涉及地域】 甘谷县
【关 键 词】 山水；修桥；凿井；修渠
【内容提要】
　　"交通"下记县内北区土桥村有土桥一道，被山水暴发冲毁，该区迅速派民夫修理。"建设"下记奉令提倡各区开凿新井，以兴水利。县境通广两渠近因暴水吹冲，将渠垱壅塞。

"其他特别情形"下记县东北乡渭阳镇有遮桥一道，沟深危险，因暴雨桥岸两边被冲成渠，即日修葺。切实完成开凿新井，修理被水冲坏桥梁。

【叙录编号】 0210
【档案题名】
　　甘肃省甘谷县报送民国二十二年（1933）8月份地方情况及政务工作报告表致甘肃省民政厅的呈及甘肃省民政厅关于甘谷县民国二十二年（1933）8月份政府工作报告表审核意见的指令
【发文单位】 甘谷县政府；甘肃省民政厅
【收文单位】 甘肃省民政厅；甘谷县政府
【档案编号】 004-008-0214-（0015-0016）
【成文时间】 1933-08-31
【收藏单位】 甘肃省档案馆
【涉及地域】 甘谷县
【关 键 词】 水灾；收容所
【内容提要】
　　"市面概况"下记市面情况萧条，为水灾所致，城关商家损失甚巨。"其他特别情形"下记本月6日暴雨，渭河泛涨，两岸田地、房屋均被冲坏，居民溺毙者甚多，县政府正会同各界紧急维修救灾。"建设"下记兴工修理大小沙堤。"其他特别情形"下记东西两川城关地方人民房舍家具各物被水冲没甚多，派警员各处巡查，不准滥拾致争端。并紧急设立收容所。指令称该县所采用的办法甚佳。

【叙录编号】 0211
【档案题名】
　　甘肃省甘谷县政府报送民国二十二年（1933）10月份地方情况及政务工作报告表致甘肃省民政厅的呈
【发文单位】 甘谷县政府
【收文单位】 甘肃省民政厅
【档案编号】 004-008-0214-0017
【成文时间】 1933-10-31
【收藏单位】 甘肃省档案馆
【涉及地域】 甘谷县
【关 键 词】 禁宰耕牛；修路；修堤
【内容提要】
　　"内务"下记禁止宰杀耕牛。"交通"下记现已将被暴雨冲坏的道路桥梁修理完竣。"建设"下记秋末天气渐短，大小沙堤工程浩大，加派民夫赶修。

【叙录编号】 0212
【档案题名】
　　甘肃省甘谷县政府关于报送民国二十三年（1934）1—5月份地方情况及政务工作报告表致甘肃省民政厅的呈
【发文单位】 甘谷县政府
【收文单位】 甘肃省民政厅
【档案编号】 004-008-0248-（0001、0003、0005、0007、0009）
【成文时间】 1934-02-05—1934-06-09
【收藏单位】 甘肃省档案馆
【涉及地域】 甘谷县
【关 键 词】 筑堤
【内容提要】
　　"建设"下记2、3、4、5月建设被水冲坏的大小沙堤；5月中洲乡筑堤护岸。

【叙录编号】 0213
【档案题名】
　　甘肃省民政厅关于武山县因灾请免税款的各类文件
【发文单位】 武山县李树等；甘肃省民政厅
【收文单位】 武山县李树等；甘肃省民政厅
【档案编号】 015-005-0389-（0005-0006）
【成文时间】 1934-05-21—1934-05-22
【收藏单位】 甘肃省档案馆

【涉及地域】 武山县
【关 键 词】 灾害；土地；亩款
【内容提要】
　　武山县民众代表李树等人呈文省民政厅，因天灾人祸、民生寥落，请求减免地亩等税款。省民政厅回文，已仰呈省禁烟委员会核办。

【叙录编号】 0214
【档案题名】
　　甘谷县礼辛镇、西川乡、大石镇被灾应赈户口及勘察情形的各类文件
【发文单位】 甘谷县政府；秦安县政府
【收文单位】 甘肃省政府；甘肃省民政厅
【档案编号】 015-008-0364-（0001-0004）
【成文时间】 1941-11
【收藏单位】 甘肃省档案馆
【涉及地域】 甘谷县；秦安县
【关 键 词】 雹灾；水灾；灾册
【内容提要】
　　本卷包括甘谷县呈礼辛镇、西川乡、大石镇被灾应赈户口灾册各1本，以及秦安县、甘谷县会勘三地被雹灾及水淹成灾情形惨重的切结。

【叙录编号】 0215
【档案题名】
　　甘肃省政府关于清水县旱灾救济分会办事细则及工作计划准予照办给清水县政府的指令
【发文单位】 甘肃省政府
【收文单位】 清水县；天水县等县
【档案编号】 027-003-0280-（0014-0033）
【成文时间】 1944-04—1945-11
【收藏单位】 甘肃省档案馆
【涉及地域】 清水县等地
【关 键 词】 旱灾救济
【内容提要】
　　甘肃省政府就清水县旱灾救济分会办事细则及工作计划下达指令。附甘肃省正宁县、酒泉县、民乐县、天水县、定西、永靖、敦煌、华亭、兰州各县政务工作汇报的指令。

【叙录编号】 0216
【档案题名】
　　通渭县政府救济卷
【发文单位】 通渭县救济院院长马河清等
【收文单位】 通渭县县长等
【档案编号】 122-1-12-（0001-0011）
【成文时间】 1945-08—1945-10
【收藏单位】 定西市档案馆
【涉及地域】 通渭县
【关 键 词】 救济
【内容提要】
　　通渭县救济院院长遵本县县长命令就职。通渭县义岗镇救济委员支会主任委员，给本县救济委员分会主任报告本镇救济委员支会成立；通渭县马营镇镇长给本县救济委员分会主任报告本镇旱灾救济支会、旱灾救济支会委员的姓名表，通渭县襄河镇公所给县长上报关于成立本镇救济支会的信息及救济支会委员的简历表；通渭县平襄镇公所给县长上报关于成立本镇救济支会的呈文、救济支会委员的姓名表；通渭县县长督促某县速速成立救济支会；通渭县金川镇镇长给县长上报关于成立本镇救济支会的呈文和救济支会委员的姓名表；通渭县旱灾救济分会襄武镇救济支会各委员的姓名表；通渭县义岗镇旱灾救济委员支会委员的姓名表；通渭县襄武镇镇长给县长上报关于成立本镇救济支会的呈文。

【叙录编号】 0217
【档案题名】
　　甘肃省商会联合会关于赈灾捐款的各类文件

【发文单位】 甘肃省商会联合会；通渭县商会理事长
【收文单位】 甘肃省商会联合会；通渭县商会理事长
【档案编号】 124-1-34-（0022-0023）
【成文时间】 1943-01-07—1943-01-10
【收藏单位】 定西市档案馆
【涉及地域】 通渭县
【关 键 词】 赈灾
【内容提要】

通渭县商会致函省商会联合会，前者已响应号召，为河南受灾民众募捐共计1000余元，捐款已报解甘肃各界赈济豫灾委员会，故不必再次进行募捐运动。但省商会又发文给该商会要求其发动募捐运动。

【叙录编号】 0218
【档案题名】
甘肃省商会联合会等关于鲁灾捐款的各类文件
【发文单位】 甘肃省商会联合会；通渭县商会等
【收文单位】 通渭县商会；甘肃省商会联合会等
【档案编号】 124-1-34-（0031-0038）
【成文时间】 1943-08-28—1943-12-03
【收藏单位】 定西市档案馆
【涉及地域】 通渭县
【关 键 词】 赈灾
【内容提要】

通渭县政府令本县商会响应甘宁青各界鲁灾筹赈委员会的号召，速速筹集捐款，省商会联合会又致本县商会1份劝捐款启，希望后者体念鲁灾受灾民众的艰难，应劝募国币5000元，又要求其上交捐册存根。甘宁青各界鲁灾筹赈委员会致电甘宁青三省，该会已将捐启、捐册送达各省，希望各省能够从速劝募，并将捐款直接送达农民银行收转。甘肃省商会联合会给通渭县商会发文，通知后者速将鲁灾捐款的捐册存根交还，后又通知该会，所寄的捐册存根已收到。通渭县商会又发函给省商会联合会，后者要前者上交的募捐款缴查、捐款名册、公函等文件寄存在兰州税务征收局总务股股长处，请其赴此处查收，又发函给省商会联合会，后者要求其为鲁灾受灾民众捐款一事，本县商会已募捐国币4880元，连同缴查60张、捐款名册1本一并送到省商会，请其查收。

【叙录编号】 0219
【档案题名】
通渭县政府令仰募款依冬令救济由
【发文单位】 通渭县政府
【收文单位】 渭源县商会
【档案编号】 124-1-81-9
【成文时间】 1948-11-04
【收藏单位】 定西市档案馆
【涉及地域】 通渭县
【关 键 词】 救济
【内容提要】

通渭县政府命令县商会，为及早筹备救济本年被灾贫民，该县政府与地方商讨，定出3点办法：1.要求各乡镇募集一定量的粮食；2.制作好各类难民的花名表上报；3.向特别殷实之家劝募一定物资等。由此，该县要求县商会调查救济对象，编制花名册，向殷实户劝募，制定募集粮食的最低限度。

【叙录编号】 0220
【档案题名】
省政府、民政厅、省赈务会、渭源县政府关于赈款散放等的训令、指令
【发文单位】 甘肃省政府；甘肃省赈务会；甘肃省民政厅等

【收文单位】 渭源县政府
【档案编号】 157-1-374（全案卷）
【成文时间】 1937
【收藏单位】 定西市档案馆
【涉及地域】 渭源县
【关 键 词】 赈灾
【内容提要】

甘肃省民政厅编印甘肃省各县被灾实况及亟待赈济之惨状。河西各县旱荒：河西17县民国二十五年（1936）春夏旱灾特甚。同时，武威、张掖两县遭受了暴雨洪水之灾；敦煌、高台、金塔、鼎新、永昌5县还遭受了狂风之灾；山丹、金塔又遭受了黑霜之灾。陇南西东遭受了雹灾。统计得本省共66县，遭受旱灾16县，雹灾29县，其他灾害5县，合计50县遭受灾害。此外，还有匪灾。该案卷中还统计了前发赈济各县旱灾赈款，前后共667558.15，实际上三发灾民赈款6.29万元。现在依然有很严重的自然灾害，亟待救济。对于渭源县的灾情，甘肃省政府与甘肃省赈务会等单位积极应对，令渭源县政府切实查报赈款事项、上报受灾情况等等，并积极募捐。

【叙录编号】 0221
【档案题名】
陇西县政府、财政厅、民政厅关于赈务捐款的政府公文
【发文单位】 陇西县政府等
【收文单位】 甘肃省财政厅等
【档案编号】 170-1-154-（0001-0012）
【成文时间】 1935
【收藏单位】 定西市档案馆
【涉及地域】 陇西县
【关 键 词】 赈灾
【内容提要】

陇西县政府、甘肃省财政厅、甘肃省民政厅关于赈务捐款、捐俸救灾的训令、呈文、报表等。

【叙录编号】 0222
【档案题名】
甘肃省政府、陇西县政府、赈济会关于县赈务分会组织章程、成立县赈务会组织、经费欠款的训令、公函、聘任状、呈文
【发文单位】 甘肃省政府等
【收文单位】 陇西县政府等
【档案编号】 170-2-29（全案卷）
【成文时间】 1936
【收藏单位】 定西市档案馆
【涉及地域】 陇西县
【关 键 词】 赈务会
【内容提要】

本案卷有各县赈务分会规程，陇西县赈务会常务委员王静吾等人的聘任状，以及本县赈务会的经费等相关事宜。

【叙录编号】 0223
【档案题名】
陇西县政府关于修路代赈、施放赈款的训令、公函、电报、指令和呈文
【发文单位】 甘肃省政府；甘肃省赈务会等
【收文单位】 陇西县政府等
【档案编号】 170-2-106（全案卷）
【成文时间】 1937
【收藏单位】 定西市档案馆
【涉及地域】 陇西县
【关 键 词】 灾害
【内容提要】

省政府令陇西县调查各地受灾情况，并建议根据地方情形以修路代赈。省赈务会令陇西县赈款以人口多少、灾情轻重慎重发放。其灾情不仅有自然灾害，还有匪灾。

【叙录编号】 0224

【档案题名】

陇西县政府县政会议记录和签名簿，新置办公用具及清册

【发文单位】　陇西县政府

【收文单位】　陇西县政府

【档案编号】　170-2-160（全案卷）

【成文时间】　1938

【收藏单位】　定西市档案馆

【涉及地域】　陇西县

【关 键 词】　县政会议记录

【内容提要】

　　本卷有陇西县政府第1—第27次县政会议记录全文，主要包括灾害赈款等事宜。此外，附每次县政会议出席人员名单。

【叙录编号】　0225

【档案题名】

甘肃省政府、省赈务会、陇西县政府关于未散放之赈款提省，挪垫赈款归还的相关公文

【发文单位】　甘肃省政府；甘肃省赈务会等

【收文单位】　陇西县政府等

【档案编号】　170-2-252-（0001-0020）

【成文时间】　1938

【收藏单位】　定西市档案馆

【涉及地域】　陇西县

【关 键 词】　赈款

【内容提要】

　　甘肃省政府、省赈务会、陇西县政府关于将未散放之赈款如数缴于省，将挪垫赈款归还的相关政府训令、指令、公函、呈报、电报等。

【叙录编号】　0226

【档案题名】

甘肃省政府、民政厅、赈务会关于发放赈灾款项的指令及陇西县政府关于此事的呈文

【发文单位】　甘肃省政府；甘肃省民政厅等

【收文单位】　陇西县政府等

【档案编号】　170-2-253（全案卷）

【成文时间】　1938-07—1939-01

【收藏单位】　定西市档案馆

【涉及地域】　陇西县

【关 键 词】　赈务会；首阳渠

【内容提要】

　　民国二十五年（1936）陇西县赈款尚有4500元未发放结项。甘肃省政府、民政厅、赈务会、陇西县政府围绕该款项的清理事务于民国二十七年（1938）7—8月集中产生了一批公文。其中案卷内第12号文件为首阳渠何凤宗等、陇西县政府呈报前后所借工程款项情况。

【叙录编号】　0227

【档案题名】

县田赋粮食管理处、县政府关于灾歉勘查、督予复勘详查，改种弥补，减轻负担的公函、训令、代电

【发文单位】　陇西县高窑镇等

【收文单位】　陇西县政府等

【档案编号】　170-4-129-（0001-0012）

【成文时间】　1944

【收藏单位】　定西市档案馆

【涉及地域】　陇西县

【关 键 词】　雹灾

【内容提要】

　　陇西县高窑镇、复兴乡、仁德乡等地发生重大雹灾，请求派员勘察、设法救济。陇西县田赋粮食管理处致陇西县政府称：灾情应依规程会同县市政府派员初勘，造具灾歉状况表。受灾乡镇呈报灾情，附复兴乡、仁德乡民国三十三年（1944）6月灾歉状况表。

【叙录编号】　0228

【档案题名】

陇西县仁德乡第4次乡民代表会会议记录

【发文单位】　陇西县仁德乡乡民代表会议

【收文单位】 陇西县仁德乡政府
【档案编号】 170-4-300-21
【成文时间】 1945-07-11
【收藏单位】 定西市档案馆
【涉及地域】 陇西县
【关 键 词】 救济委员会分会
【内容提要】
　　陇西县仁德乡召开第4次乡民代表会会议，此次会议共讨论事宜3项，其中第1项提出成立救济委员会分会，本次会议决议一致赞同并通过。

【叙录编号】 0229
【档案题名】
　　陇西县紫来乡第3次乡民代表会会议记录
【发文单位】 陇西县紫来乡乡民代表会议
【收文单位】 陇西县紫来乡政府
【档案编号】 170-4-301-9
【成文时间】 1945-06
【收藏单位】 定西市档案馆
【涉及地域】 陇西县
【关 键 词】 救灾
【内容提要】
　　陇西县紫来乡召开第3次乡民代表会会议，督导范叔雄作报告，称政府依据实际受灾之户发放赈粮、赈款，希望各代表将各保受灾人数切实呈报。会议共讨论两项事宜，其中第1项就灾情救济展开，包括内外募捐、减免赋额、禁止粮食外运。本次会议决议一致赞同并通过。

【叙录编号】 0230
【档案题名】
　　陇西县昌谷乡第3次乡民代表会会议记录
【发文单位】 陇西县昌谷乡乡民代表会议
【收文单位】 陇西县昌谷乡政府
【档案编号】 170-4-301-21
【成文时间】 1945-06-16
【收藏单位】 定西市档案馆
【涉及地域】 陇西县
【关 键 词】 旱灾
【内容提要】
　　陇西县昌谷乡召开第3次乡民代表会会议，此次会议共讨论事宜5项，其中第1项就旱灾灾情勘察呈报展开讨论，并做出决议，由各校校长及乡民代表协助勘察并于5日内报送至乡公所备案。

【叙录编号】 0231
【档案题名】
　　关于云田、阳坡两乡乡民代表会议的相关会议记录
【发文单位】 陇西县云田乡与阳坡乡乡民代表会议
【收文单位】 陇西县政府
【档案编号】 170-4-303-（0016、0020、0034）
【成文时间】 1945
【收藏单位】 定西市档案馆
【涉及地域】 陇西县
【关 键 词】 旱灾
【内容提要】
　　云田、阳坡两乡分别召开乡民代表会，其中均有探讨旱灾灾情状况及救灾措施的决议，并呈请上报至县政府救济。

【叙录编号】 0232
【档案题名】
　　关于南安镇、保昌镇两镇镇民代表会议成立及相关会议记录的呈报
【发文单位】 陇西县南安镇与保昌镇镇民代表会议
【收文单位】 陇西县政府
【档案编号】 170-4-305-（0005、0009、0023）
【成文时间】 1945

【收藏单位】 定西市档案馆
【涉及地域】 陇西县
【关 键 词】 旱灾
【内容提要】
  南安镇、保昌镇两镇分别召开镇民代表会，其中针对旱灾灾情调查及灾情救济等方面展开讨论，并做出决议。

【叙录编号】 0233
【档案题名】
  陇西县参议会建议县府转呈省政府请发赈款并通令各乡镇保甲推行三级自救运动以减轻荒灾
【发文单位】 陇西县政府
【收文单位】 陇西县参议会
【档案编号】 170-5-57-（0020-0022）
【成文时间】 1936-05
【收藏单位】 定西市档案馆
【涉及地域】 陇西县
【关 键 词】 灾害
【内容提要】
  陇西县参议会第一届二次大会第12次会议决议案，罗俊等人建议县政府转呈省政府请发赈款，并通令各乡镇保甲推行三级自救运动以减轻荒灾。上年，陇西县遭受了严重的自然灾害，有水、旱、雹、霜，其中旱灾最为严重，被灾人口达8万，占全县人口的90%。陇西县政府批准。

【叙录编号】 0234
【档案题名】
  陇西县政府关于筹办社仓积谷委员会的训令、代电、呈文
【发文单位】 陇西县政府等
【收文单位】 陇西县政府等
【档案编号】 170-5-549（全案卷）
【成文时间】 1947—1949

【收藏单位】 定西市档案馆
【涉及地域】 陇西县
【关 键 词】 社仓积谷；救灾备荒
【内容提要】
  主要内容包括：陇西县政府筹办社仓积谷委员会情形，该委员会人员简历表、积谷报告表、会议记录、实施办法、监督管理等各方面内容。其中第33—36号文件较多涉及救灾备荒内容。

【叙录编号】 0235
【档案题名】
  令饬复兴、仁德、马河三乡灾情严重按三成征收粮赋一案令仰遵照办理由
【发文单位】 陇西县政府
【收文单位】 陇西县复兴乡等
【档案编号】 174-1-154-8
【成文时间】 1946-01-18
【收藏单位】 定西市档案馆
【涉及地域】 陇西县
【关 键 词】 受灾
【内容提要】
  民国三十五年（1946），陇西县部分乡镇受灾严重，因此命令复兴、仁德、马河等乡的粮食税按照3成缴纳。

【叙录编号】 0236
【档案题名】
  县参议员就收税人员违法、灾民减轻负担、调整税捐人稽征处人员的提议案
【发文单位】 陇西县参议会等
【收文单位】 陇西县政府等
【档案编号】 171-1-56-（0007-0021）
【成文时间】 1948
【收藏单位】 定西市档案馆
【涉及地域】 陇西县
【关 键 词】 查勘灾情；申请免税

【内容提要】

本卷含有多件议案。1.民国三十七年（1948）参议会关于筹赈被灾农民并减轻负担的议案；2.当年陇西县各乡镇因遭旱灾，参议会建议县政府转呈省政府筹赈被灾农民并减轻负担以免流离失所的议案；3-4.参议会第4次大会决议查勘本县仁德、复兴等乡镇旱灾状况，并免征本年田赋的议案；5.参议会就议员提出的关于查勘灾情减免田税议案派员核查的文件；6.参议会建议县政府组织夏秋卫生运动，以重人民健康的议案；7.因为高窑镇旱灾奇重，继以病灾，小麦歉收，秋苗又将受灾，函请派员查勘；8.关于首阳镇居民申诉该年7月10日山洪暴发，土地田禾冲毁殆尽，请求查勘免税，后经提交参议会大会，呈报本县田粮处定期查勘，并转呈省政府复查的议案；9.陇西县政府致本县参议会公函，称首阳镇第一保水灾以及各乡镇旱灾已函请本县田粮处派员定期会勘，并分呈省政府及专署核查；10.批复参议会议员关于提议函请县政府查勘仁德、复兴两乡旱灾状况并免征本年田赋议案的文件；11.批复参议员申请高窑镇因受灾而申请查勘并减免田赋议案的文件；12.陇西县政府致该县参议会公函，称关于申请派员至仁德、复兴、高窑三乡灾情的议案，派田粮处科员贾廷选会同贵府石指导前往查勘，根据相关条例，不予成灾；13.参议会关于高窑镇申请派员调查灾情的批复；14.参议会关于议员申请派员查勘仁德、复兴两乡灾情的批复；15.省政府关于灾害的公函，陇西县政府转呈本县参议会。内容主要包括：夏禾歉收究至何种程度现已收获无从勘明，现今秋苗正在生长，收期尚早，如早晚得雨，则不至歉收。如有损失严重地区，应依各保自助办法办理救济，申请复勘免税一节应毋庸议。被灾乡镇政府已令遵照各保自助办法办理。

【叙录编号】 0237
【档案题名】
县政府、关子镇关于成立承销商征购征实中行收款令收取专益业募捐名册、派员查税收、人口、家产、救灾捐款训令、缉私、公产调查等公函、由、表
【发文单位】 天水县政府
【收文单位】 天水县关子镇
【档案编号】 民国天水县关子镇508-77
【成文时间】 1943
【收藏单位】 麦积区档案馆
【涉及地域】 天水县
【关 键 词】 赈灾捐款
【内容提要】

本卷档案有天水县政府给关子镇镇长关于职员缴纳费用赈灾的训令。

【叙录编号】 0238
【档案题名】
县政府、关子镇、士子镇关于收费存根、教员粮食清册、建校、募捐、职员履历、受灾情形、提交议案等
【发文单位】 天水县关子镇
【收文单位】 天水县关子镇
【档案编号】 民国天水县关子镇508-94
【成文时间】 1944-06—1944-09
【收藏单位】 麦积区档案馆
【涉及地域】 天水县
【关 键 词】 植树造林；灾情调查
【内容提要】

本卷档案中有关子镇民国三十三年（1944）受灾情况表（主要包括保别、地名、被灾面积、被灾原因及状况、被灾成数、备考等项）与关子镇造林统计表（主要包括乡镇别、机关别、荒或隙地名称、面积、树木种类、株数、与上年度比较之增减数、保护方法、备考等项）。

叁　自然资源开发与生态保护类档案

一、综合开发与保护类档案

【叙录编号】 0239
【档案题名】
　　第二区行政督察专员公署关于报送本署第4届行政会议经过及会议记录致甘肃省政府的呈
【发文单位】 第二区行政督察专员公署
【收文单位】 甘肃省政府
【档案编号】 004-007-0579-0004
【成文时间】 1937-10-13
【收藏单位】 甘肃省档案馆
【涉及地域】 第二区行政督察专员公署
【关 键 词】 农产；畜牧；插花飞地
【内容提要】
　　主要涉及甘肃省第二区施政纲要报告，实业部分包括统制民食、推广农产及畜牧；民政部分包括讨论整理第二区所属各县插花等地。

【叙录编号】 0240
【档案题名】
　　清水县政府第19次县政会议记录
【发文单位】 清水县政府
【收文单位】 甘肃省政府
【档案编号】 004-007-0616-（0001-0002）
【成文时间】 1936-03-05—1936-03-09
【收藏单位】 甘肃省档案馆
【涉及地域】 清水县
【关 键 词】 铁路勘测；河流
【内容提要】
　　会议讨论了地方士绅提议清白支路因地段河流过多，难期永久，拟请改建由县直达张家川的支路，以期一劳永逸。会议决议由县政府派员将清张铁路路线测量妥定后即令各区分别派工修筑、专案呈报。

【叙录编号】 0241
【档案题名】
　　甘肃省民政厅关于发民国二十一年（1932）11月地方情况及政务工作报告表审核意见给漳县政府的指令
【发文单位】 甘肃省民政厅
【收文单位】 漳县政府
【档案编号】 004-008-0040-0039
【成文时间】 1932-12-14
【收藏单位】 甘肃省档案馆
【涉及地域】 漳县
【关 键 词】 禁烟
【内容提要】
　　该指令强调禁烟事重，不许颗粒入土。

【叙录编号】 0242
【档案题名】
　　甘肃省陇西县政府民国二十一年（1932）1—12月份地方情况及政务工作报告表
【发文单位】 陇西县政府
【收文单位】 甘肃省政府
【档案编号】 004-008-0064-（0001-0024）
【成文时间】 1932-01—1932-12
【收藏单位】 甘肃省档案馆

【涉及地域】 陇西县；仁寿新渠
【关 键 词】 煤矿；开渠；蓄水池；禁烟；植树
【内容提要】

民国二十一年（1932）陇西县共24份报告表。"其他特别工作"下记县属西区松涛坡有煤矿1处，正在开掘，10月停工；4、5月开掘仁寿新渠，后反复冲毁重修；5—7月于旧县废署周边开挖蓄水池，引西河水；8月于县文庙迤南开挖蓄水池，引南河水。"实业"项下记本年农业开展情况。2、3月布告各村栽植树秧。"司法"下记2月中旬民人浦佐朝诉冯货郎渠道涉讼案。"其他特别情形"下记4月上旬各机关团体成立委员会宣传戒烟植树等事。"建设"下记5月上旬于县政府试验场筑挖水池以解决吃水问题；9月设立苗圃，播种树苗；12月查城垣农民在地埂种植冬苗树秧过多。"财政"下记9月责令各区村设公有林园两处。"内务"下记10月禁种烟苗。

【叙录编号】 0243
【档案题名】

甘肃省渭源县政府民国二十一年（1932）5—12月份地方情况及政务工作报告表
【发文单位】 渭源县政府
【收文单位】 甘肃省政府
【档案编号】 004-008-0065-（0003-0013）
【成文时间】 1932-05-24—1933-01-06
【收藏单位】 甘肃省档案馆
【涉及地域】 渭源县；老君山
【关 键 词】 植树；苗圃；禁烟；气象测候所
【内容提要】

渭源县民国二十一年（1932）5月中旬至12月共11份报告表。"建设"下记5月中旬令各区、村自行栽种，县长与各机关学校及民众在城南老君山植树2000余株；7月令各区村催村民就近灌溉树株，严加保护；8月于南河滩地筹设苗圃；9月县长令各区每村来年种树至少领植千株，并令各区、村长冬令期间保护大小树木；11月借款700元作明年设苗圃及农事试验场经费；12月奉令筹办气象测候所。"实业"下记农业情况。6月中旬记建设局长选地扩充苗圃育苗。"其他特别情形"下记7月遭暴雨及雹灾。"内务"下记10月奉省政府令，布告禁种烟苗；11、12月查禁烟苗。

【叙录编号】 0244
【档案题名】

甘肃省清水县政府民国二十一年（1932）1—12月份地方情况及政务工作报告表
【发文单位】 清水县政府
【收文单位】 甘肃省政府
【档案编号】 004-008-0067-（0001-0024）
【成文时间】 1932-06—1933-01
【收藏单位】 甘肃省档案馆
【涉及地域】 清水县
【关 键 词】 植树；禁烟
【内容提要】

本年该县共24份报告表。"实业"下记本年农业开展情况。3月下旬在城关河滩地畔、汽车路、大车路两旁栽植树株；4月上旬布告各区保护、浇灌新植树株。"内务"下记3月上旬令各区、村植树；10月奉省令禁种罂粟冬苗。"建设"下记5月下旬奉省令饬水田、旱田禁筑坟；7月上旬奉令立苗圃。

【叙录编号】 0245
【档案题名】

甘肃省通渭县政府民国二十一年（1932）2—12月份地方情况及政务工作报告表
【发文单位】 通渭县政府
【收文单位】 甘肃省政府
【档案编号】 004-008-0068-（0001-0021）
【成文时间】 1932-02—1933-01

【收藏单位】　甘肃省档案馆
【涉及地域】　通渭县
【关 键 词】　植树；苗圃；禁烟
【内容提要】

通渭县民国二十一年（1932）2—12月共21份报告表。"农业"下记本年农业开展情况。4月中旬，县长照旧习率各机关及民人设坛祈雨。"种树"下记2、3月准备树种。"建设"下记5—8月均令警兵保护、灌溉植树节所种活树；6月筹设苗圃以育苗。"内务"下记10月奉令禁种罂粟，组织禁烟委员会。

【叙录编号】　0246
【档案题名】

甘肃省武山县民国二十一年（1932）3—12月份地方情况报告表及政务工作报告表
【发文单位】　武山县政府
【收文单位】　甘肃省政府
【档案编号】　004-008-0086（全案卷）
【成文时间】　1932
【收藏单位】　甘肃省档案馆
【涉及地域】　武山县；甘谷县；红峪河堤
【关 键 词】　植树；开渠；护林；禁烟；调查畜牧业
【内容提要】

武山县民国二十一年（1932）3—12月共16份报告表。"实业"下记农业开展情况。3月下旬令建设局栽种树木；4月上旬恢复农会，令农事试验场、苗圃负责人考察农事。中旬令各区村灌溉新树；6月令农民多种洋芋。"内务"下记3、4月令各区疏通渠道，以资灌溉；5月因雨决渠，令农民修理。开渠一道，以资灌溉；10月奉令禁种冬烟。"其他特别情形"下记6月令各村广种秋禾，修渠灌溉；7月因旱，民众设法开渠灌溉；10月奉令查甘谷县报河崩沙压，不能垦熟地亩一案。"其他特别工作"下记6月县长沿渠查勘，以防冲没夏禾。"建设"下记6、7月勘察成活树苗；7月县北区区长张熙请修北顺渠一道，于中旬开工；9月查城南红峪河堤建设使用人力时间情况，中区墨林村民请开渠一道，已开修；10月令建设局收集本地优良木种。查禁偷伐成活树株之民；12月令建设局调查县内畜牧业，填表呈报。

【叙录编号】　0247
【档案题名】

甘肃省甘谷县民国二十一年（1932）2—12月份地方情况报告表及政务工作报告表
【发文单位】　甘谷县政府
【收文单位】　甘肃省政府
【档案编号】　004-008-0088（全案卷）
【成文时间】　1932-02-20—1932-12-31
【收藏单位】　甘肃省档案馆
【涉及地域】　甘谷县
【关 键 词】　植树护林；禁烟；广种菜蔬；修建公园；疏通渠道；均分水利
【内容提要】

甘谷县民国二十一年（1932）2—12月共20份报告表。"民众团体"下记2月中旬令建设局分发苗圃树苗；3月民众因旱设坛祈雨；4月中旬，劝谕不必聚集祈雨；5月上旬，严禁偷伐南乡艾家川黑覃寺林木；8月东西沙堤被水冲崩，各地派夫修补。"实业"下记2月中旬劝谕农民多种萝卜菜蔬；4月下旬劝谕广种菜蔬。"建设"下记2月下旬令各区提倡种树，分别奖惩；4月上旬派警修葺县政府西荒地，植花木，改为中山公园；5月上旬，令修补城南沙堤（沙堤高与城齐，常为水患）；7月令川地经理开挖疏通渠道，分开支渠；9月查禁偷伐南乡尖山寺森林；10月奉令派员收集土壤；11月，派员赴西川通广两渠均分水利；12月采集树种，保护新株。"内务"下记3月中旬令疏通渠道、分开支渠；4月上旬令西川通广二渠总管开挖疏通、分开支渠。中旬，民众因灌溉滋事，县长赴渠，派警监督，上下依次均分水利；6月上旬令各区村长保护新种树株；10月令种罂粟者翻地改种麦禾。"其他特别工作"下记7月县长赴西区安川地方勘察被水淹没民田。

【叙录编号】 0248
【档案题名】
　　甘肃省秦安县第一区区公所民国二十三年度（1934）3、4月份工作月报表
【发文单位】 秦安县第一区区公所
【收文单位】 秦安县政府
【档案编号】 004-008-0128-（0015-0016）
【成文时间】 1934-03
【收藏单位】 甘肃省档案馆
【涉及地域】 秦安县；李家堡；西小河
【关 键 词】 植树护林；开渠
【内容提要】
　　3月表"水利"下记有葫芦河一道，水性盐碱，不宜灌田。南小河、西小河水势甚小，灌田300亩以上。本区责成各乡长调查该管地段河流沟渠能否灌田。"造林"下记本月（3月）12日在西郊外举行植树节；4月表"水利"下记查李家堡一带平坦，西小河流过，适宜开渠，令乡长兴办。"造林"下记布告严禁偷拔新植树木，令各乡长保护。

【叙录编号】 0249
【档案题名】
　　甘肃省静宁县民国二十一年（1932）1月下旬至4月中旬地方情况及政务工作报告表
【发文单位】 静宁县政府
【收文单位】 甘肃省民政厅
【档案编号】
　　004-008-0131-（0003-0005、0009-0011）
【成文时间】 1932-01—1932-04
【收藏单位】 甘肃省档案馆
【涉及地域】 静宁县
【关 键 词】 缮修水渠；商号受亏；煤矿开采
【内容提要】
　　本卷共6份报告表，前3份报告表"建设"下记县东郊口原有水渠一道，日久倾废，无力缮修。特值春令，东作方与，用水在即，已令饬该处管公绅首估计工程，呈报请款，以备典修；3月下旬县东郊外东硖口原有水渠一道，前蒙省赈会发款1000元，并准以工代赈；4月上旬东硖口水渠于本月7日开始与修，拟于日内工竣后在该渠两侧栽培树株；4月中旬东硖之水渠正在召集城乡贫民积极与修，以工代赈，并由沈委员逐日监视，因坝口水势勇猛，必须以大石才能拦截，工程较巨，工竣约在10日之外。"实业"下记县南5里之白土岔，早年开采煤矿，未能成功，昨已会同县城各机关查勘明确，仍设法开采。"实业"下记录县城及各关厢各商号铺户值灾荒之后根本受亏，毫无起色。"内务"下记植树节栽种树苗多株，并拟于日内将东道旁之树按原先规模补栽，用作柴薪之树；所有南郊外学林及东郊大道两旁新植树株，须勤加灌溉，竭力保护，如遇窃折作薪，故意毁坏者应随时报告，彻查严惩。

【叙录编号】 0250
【档案题名】
　　甘肃省静宁县民国二十一年（1932）8月份地方情况及政务工作报告表
【发文单位】 静宁县政府
【收文单位】 甘肃省民政厅
【档案编号】 004-008-0131-0018
【成文时间】 1932-09
【收藏单位】 甘肃省档案馆
【涉及地域】 静宁县
【关 键 词】 修路；植树；修渠

【内容提要】

"其他特别情形"下记科长前往讲演，修路、造林、开渠、识字等。"建设"下记开掘白土岔煤矿及提倡石嘴子烧炭，择定五台山、关山沟、威戎镇、小河沟、红寺河湾等处为造林区域。

【叙录编号】 0251
【档案题名】
甘肃省静宁县民国二十一年（1932）9月份地方情况及政务工作报告表
【发文单位】 静宁县政府
【收文单位】 甘肃省民政厅
【档案编号】 004-008-0131-0019
【成文时间】 1932-10
【收藏单位】 甘肃省档案馆
【涉及地域】 静宁县
【关 键 词】 养蜂；苗圃；植树
【内容提要】

"内务"下记令五区提倡养蜂，并饬令改良蜂巢蜂种；分令五区提倡畜牧，如每户养牛20头以上者奖励50元，布告农民承领荒地。"建设"下记抄发建设局制定苗圃规程、意义及办法，分令村长明年植树节须每村植树1000株以上，分令沿河一带各支渠，播种五台山树苗，利用旧树木修理衙署。

【叙录编号】 0252
【档案题名】
甘肃省静宁县民国二十一年（1932）11月份地方情况及政务工作报告表
【发文单位】 静宁县政府
【收文单位】 甘肃省民政厅
【档案编号】 004-008-0131-0021
【成文时间】 1932-12-07
【收藏单位】 甘肃省档案馆
【涉及地域】 静宁县

【关 键 词】 种子；修渠；修桥
【内容提要】

"内务"下记征求林产种子，开治南渠支流。"交通"下记搭修西河桥梁。

【叙录编号】 0253
【档案题名】
甘肃省清水县第四区区公所民国二十一年（1932）11—12月份工作月报表
【发文单位】 清水县政府
【收文单位】 甘肃省民政厅
【档案编号】 004-008-0132-（0007-0008）
【成文时间】 1932-11—1932-12
【收藏单位】 甘肃省档案馆
【涉及地域】 清水县
【关 键 词】 森林；天寒地冻
【内容提要】

"造林"下记保护原有森林。"水利"下记因天寒地冻，无法兴修水利。

【叙录编号】 0254
【档案题名】
甘肃省清水县第三区区公所民国二十二年（1933）1—2月份工作月报表
【发文单位】 清水县政府
【收文单位】 甘肃省民政厅
【档案编号】 004-008-0132-（0009-0010）
【成文时间】 1933-04-21
【收藏单位】 甘肃省档案馆
【涉及地域】 清水县
【关 键 词】 泉水干涸；冬季
【内容提要】

"水利"下记因连年干旱泉水干涸，区内无大水可办水利，因域内无大河加之山谷干枯尚未筹划办法。"造林"下记正值冬季未动工。"修路"下记因冬季土冻不能兴工。

【叙录编号】 0255
【档案题名】
　　甘肃省清水县第二区区公所民国二十二年（1933）1—5月工作月报表
【发文单位】 清水县政府
【收文单位】 甘肃省民政厅
【档案编号】 004-008-0132-（0017-0021）
【成文时间】 1933-01—1933-05
【收藏单位】 甘肃省档案馆
【涉及地域】 清水县
【关 键 词】 水磨；植树
【内容提要】
　　"水利"下记水冻磨停，只有水轮磨，两旁均系沙石不能灌溉。"造林"下记土冻不能栽植，保护树木。至于已栽植树木，应加意灌溉、保护。

【叙录编号】 0256
【档案题名】
　　甘肃省清水县第五区区公所民国二十二年（1933）2—5月工作月报表
【发文单位】 清水县政府
【收文单位】 甘肃省民政厅
【档案编号】 004-008-0132-（0023-0026）
【成文时间】 1933-03-03—1933-06-03
【收藏单位】 甘肃省档案馆
【涉及地域】 清水县
【关 键 词】 灌溉；植树；补修道路
【内容提要】
　　"水利"下记引河渠水灌溉种树、转磨。"造林"下记准备植树节之一切事物，如树株3.5万株，并严加保护灌溉。"修路"下记雨水冲坏路径，随时补修。

【叙录编号】 0257
【档案题名】
　　甘肃省清水县第四区区公所民国二十二年（1933）1—5月工作月报表
【发文单位】 清水县政府
【收文单位】 甘肃省民政厅
【档案编号】 004-008-0132-（0027-0031）
【成文时间】 1933-01—1933-06
【收藏单位】 甘肃省档案馆
【涉及地域】 清水县
【关 键 词】 灌溉；气候；植树
【内容提要】
　　"水利"下记地多旱田，只有少数水磨，筹划饬令乡民试用灌溉以图农业进步。"其他说明"下记本月天寒地冻，造林碍难进行，地处山陬，河流涨落无常，水利一项无法开办。"造林"下记督令各乡镇于植树节前种植杨柳2万株，并严加保护。

【叙录编号】 0258
【档案题名】
　　甘肃省清水县第五区区公所民国二十二年（1933）11—12月工作月报表
【发文单位】 清水县政府
【收文单位】 甘肃省民政厅
【档案编号】 004-008-0132-（0032-0033）
【成文时间】 1932-12-03—1933-01-03
【收藏单位】 甘肃省档案馆
【涉及地域】 清水县
【关 键 词】 山水；保护植木
【内容提要】
　　"修路"下记查办乡间小道山水冲毁者，令村间长督促各村民不时修补之。"造林"下记令各村保护历年所植树木，保护杨柳枝，预备明春种植。

【叙录编号】 0259
【档案题名】
　　甘肃省清水县第一区区公所民国二十二年（1933）10—11月工作月报表

【发文单位】 清水县政府
【收文单位】 甘肃省民政厅
【档案编号】 004-008-0132-（0034-0035）
【成文时间】 1932-11-09—1932-12-04
【收藏单位】 甘肃省档案馆
【涉及地域】 清水县
【关 键 词】 暴雨；保护树木；禁种烟苗
【内容提要】
　　"其他情形"下记查水利一事因未兴办，所有山河一经暴雨，禾苗受其害。"造林"下记严令各村村民保护旧有林木。"改良习俗"下记禁止播种罂粟。

【叙录编号】 0260
【档案题名】
　　甘肃省清水县第二区区公所民国二十二年（1933）10—12月工作月报表
【发文单位】 清水县政府
【收文单位】 甘肃省民政厅
【档案编号】 004-008-0132-（0036-0038）
【成文时间】 1933-10—1933-12
【收藏单位】 甘肃省档案馆
【涉及地域】 清水县
【关 键 词】 水轮磨；修路桥梁；禁种烟苗；植树
【内容提要】
　　"水利"下记该区河流均为小溪，只能依靠水轮磨，平日需要疏通水轮磨、水渠滞塞处，且水冻磨停。"造林"下记对于汽车路两旁林木，责成地主灌溉保护，各乡林木责成乡长。"修路"下记有附近卜峪沟大路、桥梁被秋水冲坏正在修理。"其他事项"下记严禁种植烟苗。

【叙录编号】 0261
【档案题名】
　　甘肃省清水县第五区区公所民国二十二年（1933）10月工作月报表
【发文单位】 清水县政府
【收文单位】 甘肃省民政厅
【档案编号】 004-008-0132-0039
【成文时间】 1932-11-03
【收藏单位】 甘肃省档案馆
【涉及地域】 清水县
【关 键 词】 补修道路
【内容提要】
　　"修路"下记城内道路如被雨水冲毁，令各村村闾长随时督促修补。"造林"下记各村保护树枝，不得任意砍伐。

【叙录编号】 0262
【档案题名】
　　甘肃省清水县第四区区公所民国二十二年（1933）10月工作月报表
【发文单位】 清水县政府
【收文单位】 甘肃省民政厅
【档案编号】 004-008-0132-0040
【成文时间】 1932-10
【收藏单位】 甘肃省档案馆
【涉及地域】 清水县
【关 键 词】 水磨轮转；河流涨落；土冻
【内容提要】
　　"水利"下记水磨夜冻日消轮转。"说明"下记本区地处山陬，河流时干时涨，水利一项无法开办。"造林"下记土冻不宜造林，设法保护原有森林。

【叙录编号】 0263
【档案题名】
　　甘肃省清水县第一区区公所民国二十二年（1933）12月工作月报表
【发文单位】 清水县政府
【收文单位】 甘肃省民政厅
【档案编号】 004-008-0132-0041

【成文时间】 1934-01-05
【收藏单位】 甘肃省档案馆
【涉及地域】 清水县
【关 键 词】 隆冬
【内容提要】

"修路"下记时值隆冬，地冻如铁，并未修补道路。"造林"下记严令各乡镇保护旧有林木。"说明"下记正值隆冬，无法兴修水利。

【叙录编号】 0264
【档案题名】

甘肃省秦安县政府关于报送民国二十二年（1933）3月份地方政务工作报告表致甘肃省民政厅的呈
【发文单位】 秦安县政府
【收文单位】 甘肃省民政厅
【档案编号】 004-008-0137-0003
【成文时间】 1933-04-09
【收藏单位】 甘肃省档案馆
【涉及地域】 秦安县
【关 键 词】 播种秋苗；植树；肥料
【内容提要】

"其他特别情形"下记此月风雨稍有适宜，农民正在运肥料间，播种秋禾。"建设"下记孙中山先生逝世8周年，奉令举行植树，并讲演植树利益，勘导农民研究种田肥料。

【叙录编号】 0265
【档案题名】

甘肃省秦安县政府关于报送民国二十二年（1933）4月份地方政务工作报告表致甘肃省民政厅的呈
【发文单位】 秦安县政府
【收文单位】 甘肃省民政厅
【档案编号】 004-008-0137-0005
【成文时间】 1933-04
【收藏单位】 甘肃省档案馆
【涉及地域】 秦安县
【关 键 词】 凿井；保护树木
【内容提要】

"建设"下记奉建设厅令凿井灌田，县长已督饬各区照办，随时巡查保护前月所种树木。

【叙录编号】 0266
【档案题名】

甘肃省秦安县政府报送民国二十二年（1933）7月份自行办理政务报告及地方情形报告表致甘肃省民政厅的呈及甘肃省民政厅关于秦安县民国二十二年（1933）7月份政府工作报告表审核意见的指令
【发文单位】 秦安县政府；甘肃省民政厅
【收文单位】 甘肃省民政厅；秦安县政府
【档案编号】 004-008-0137-（0011-0012）
【成文时间】 1933-08
【收藏单位】 甘肃省档案馆
【涉及地域】 秦安县
【关 键 词】 修路；凿井；植树
【内容提要】

呈与指令各1份。"呈"部分："交通"下记兰秦汽路段迭遭大雨，吹损甚多，令沿途分段修理。郭嘉镇等处多派民夫从速修理各村道路，教场一带居民将冲损道路修齐。"建设"下记将新凿井数呈报核实，积极培植苗圃，查明历年植活树株。"指令"部分：饬令当务之急便是修补道路、植树及育苗。

【叙录编号】 0267
【档案题名】

甘肃省秦安县政府关于报送民国二十二年（1933）9月份地方政务工作报告表致甘肃省民政厅的呈
【发文单位】 秦安县政府
【收文单位】 甘肃省民政厅

【档案编号】 004-008-0137-0016
【成文时间】 1933-10-03
【收藏单位】 甘肃省档案馆
【涉及地域】 秦安县
【关 键 词】 淫雨；水利；苗圃试验场
【内容提要】
　　"司法"下记本县入夏以来淫雨过多，监狱墙垣倒塌，已派民夫迅速补修。"建设"下记县内水利除沿河流域均可灌溉外，余因山地居多，不易举办水利，命建设局寻空地扩充苗圃试验场。

【叙录编号】 0268
【档案题名】
　　甘肃省秦安县政府报送民国二十二年（1933）12月份自行办理政务报告及地方情况报告表致甘肃省民政厅的呈及甘肃省民政厅关于秦安县民国二十二年（1933）12月份政府工作报告表审核意见的指令
【发文单位】 秦安县政府；甘肃省民政厅
【收文单位】 甘肃省民政厅；秦安县政府
【档案编号】 004-008-0137-（0023-0024）
【成文时间】 1934-01-04
【收藏单位】 甘肃省档案馆
【涉及地域】 秦安县
【关 键 词】 雹灾
【内容提要】
　　呈与指令各1份。"呈"部分："建设"下记保护树木，严禁偷伐树木，认真保护盐、驼。"有无灾害"下记本年受雹灾、水灾影响，禾稼损失颇巨，省民政、财政两厅已派人下查受灾情况。指令饬令县长勘察受灾情况，并上报。

【叙录编号】 0269
【档案题名】
　　甘肃省通渭县报送民国二十二年（1933）6月份地方情况及政务工作报告表致甘肃省民政厅的呈
【发文单位】 通渭县政府
【收文单位】 甘肃省民政厅
【档案编号】 004-008-0197-0011
【成文时间】 1933-07
【收藏单位】 甘肃省档案馆
【涉及地域】 通渭县
【关 键 词】 烟苗；凿井；补修道路
【内容提要】
　　"内务"下记认真查禁烟苗，按章科罚，责成各区绅士不得隐匿。"交通"下记令各区长将雷雨冲损大道、小道随时补修。"建设"下记开凿新井，加意保护栽植树株与森林。

【叙录编号】 0270
【档案题名】
　　甘肃省清水县报送民国二十二年（1933）5月份地方情况及政务工作报告表致甘肃省民政厅的呈
【发文单位】 清水县政府
【收文单位】 甘肃省民政厅
【档案编号】 004-008-0199-0009
【成文时间】 1933-06
【收藏单位】 甘肃省档案馆
【涉及地域】 清水县
【关 键 词】 烟苗；冰雹；修路；修桥；掘井；干旱；降霜；寒风
【内容提要】
　　"内务"下记奉甘肃省禁烟委员会指令复查烟苗，令各区区长查明各区烟亩，并造册加结。"交通"下记本月27日晚，天降暴雨并有微小冰雹，冲损第一、二两区道路及桥梁，县长令各区派人尽快修补，并查明是否有打伤禾苗。"建设"下记奉建设厅令，照办征工与兴办水利，将掘井引水灌田防旱。建设厅拟具植树保护条例，分发至各县各区，遵照妥为保护，以重森林。"农产情形"下记本月初旬天气干旱，诸禾苗不能出土，麦苗多有枯死；又17日，天降霖雨，兼之寒风，秋禾不旺，扁豆等禾已无收成。

【叙录编号】 0271
【档案题名】
　　甘肃省天水县县长杨瑞霆关于报送民国二十二年（1933）1—5月、10—12月份地方情况及政务工作报告表致甘肃省民政厅的呈
【发文单位】 天水县政府
【收文单位】 甘肃省民政厅
【档案编号】
　　004-008-0200-（0001、0003、0005、0007、0009、0011、0013、0017）
【成文时间】 1933-02-13—1934-03-16
【收藏单位】 甘肃省档案馆
【涉及地域】 天水县
【关　键　词】 禁烟；植树；开渠；修堤；水灾雹灾
【内容提要】
　　"内务"下记1月奉令禁烟，令各区进行，妥商禁种翻犁办法；3月令各村凿井，每家一眼。"建设"下记3月令各村民栽树，每村至少1000株，城区由机关部队学校栽种；3月12日为孙中山先生逝世8周年纪念，应同时举行的植树活动，因寒冷推迟至3月29日，于黄花岗七十二烈士纪念日进行植树；4月第二区马跑泉等村民呈请于该处开渠，派警督饬工作；8月耤河暴发；10月修筑耤河堤及吕二河堤；11月因各处河堤今夏被山洪冲毁，现令修理。地方情形中"有无灾患"项10月记本年6月东北两乡及三岔沿渭河一带河水暴发，淹没村田，灾情奇重。

【叙录编号】 0272
【档案题名】
　　甘肃省漳县县长边镇清关于报送民国二十二年（1933）1—12月份地方情况及政务工作报告表致甘肃省民政厅的呈
【发文单位】 漳县政府
【收文单位】 甘肃省民政厅
【档案编号】
　　004-008-0201-（0001、0003、0005、0007、0009、0011、0013、0015、0017、0019、0021、0023）
【成文时间】 1933-02—1934-01
【收藏单位】 甘肃省档案馆
【涉及地域】 漳县
【关　键　词】 植树；蓄水池；修理渠道；水磨；修建；修理堤坝；雹灾
【内容提要】
　　"建设"下记2月于城外择近河空地作为职署植树林场，并商办开渠事宜；3月奉令凿井，但漳县境内多河泉，河渠甚多，灌溉便利，城民饮水取自漳河，惟城内无井，故于城内建一蓄水池。又修理城外南渠、北面支渠；9月劝谕农民修造渠道，布告严加保护森林，修理被水冲毁之红沟堤坝；10月令建设局修理渠道，以备灌溉冬苗。修理至盐井及红沟堤坝。"内务"下记春天河水解冻，漳县沿堤水磨均在河北，本已皆轮转，但因军粮派借又多停转，2月县长筹划不再派借，以维水利；8月因雹雨冲损堤坝，督促民夫修理。"其他特别情形"下记7月16日大风，黄尘蔽日，又冰雹如卵；8月13、23日又有雹。

【叙录编号】 0273
【档案题名】
　　甘肃省甘谷县政府报送民国二十二年（1933）3月份地方情况及政务工作报告表致甘肃省民政厅的呈
【发文单位】 甘谷县政府
【收文单位】 甘肃省民政厅
【档案编号】 004-008-0214-0005

【成文时间】 1933-03-31
【收藏单位】 甘肃省档案馆
【涉及地域】 甘谷县
【关 键 词】 山水；沙堤；植树
【内容提要】
　　"交通"下记城乡沙堤高与城齐，夏日山水常为民患，建设局调查到有淤塞情况，随即令民夫补修以防止水患。"建设"下记举行植树活动，分段栽种树株。

【叙录编号】 0274
【档案题名】
　　甘肃省武山县县长史生麟关于报送本县民国二十三年（1934）1—7月份地方情况报告表、自行办理政务工作报告表致甘肃省民政厅的呈及甘肃省民政厅关于审核该县民国二十三年（1934）1—7月份地方情况报告表、自行办理政务工作报告表并按指示各点切实办理地方政务给武山县县长史生麟的指令
【发文单位】 武山县政府；甘肃省民政厅
【收文单位】 甘肃省民政厅；武山县政府
【档案编号】 004-008-0235-（0001-0014）
【成文时间】 1934-02-17—1934-08-22
【收藏单位】 甘肃省档案馆
【涉及地域】 武山县
【关 键 词】 树木；灌渠；水利
【内容提要】
　　"建设"下记1月份保护树木；2月份采集树苗；6月份县属西区刘家川新开浇灌渠一道。"有无灾患"下记6月干旱。指令中指示应多加保护和灌溉。

【叙录编号】 0275
【档案题名】
　　甘肃省秦安县政府关于报送民国二十三年（1934）6—11月份地方情况及政务工作报告表致甘肃省民政厅的呈
【发文单位】 秦安县政府
【收文单位】 甘肃省民政厅
【档案编号】
　　004-008-0241-（0001、0003、0005、0007、0009、0011）
【成文时间】 1934-07-05—1934-12-05
【收藏单位】 甘肃省档案馆
【涉及地域】 秦安县；清水县；通渭县
【关 键 词】 会勘水灾；提倡造林；疏浚河渠；水灾
【内容提要】
　　政务工作部分："附记"下记清水县北乡河崩，田地被灾，通渭县民地被水沙压一案，7月派人会勘；8月往甘谷查灾。"建设"下记7月提倡造林，各区按月据报，请与奖惩；9月疏浚河渠。地方情形部分："附记"下记8月黄河水利委员会技师到县，由县城北往通渭考察地质。"有无灾患"下记9、10月雨水过多，河流暴涨，沿岸受灾。

【叙录编号】 0276
【档案题名】
　　甘肃省通渭县政府关于报送本县民国二十三年（1934）1—5月份地方情况及政务工作报告表致甘肃省民政厅的呈及甘肃省民政厅关于审核该县1—5月份政务工作及地方情形报告表给通渭县政府的指令
【发文单位】 通渭县政府；甘肃省民政厅
【收文单位】 甘肃省民政厅；通渭县政府
【档案编号】 004-008-0250-（0001-0010）
【成文时间】 1934-02-06—1934-06-28
【收藏单位】 甘肃省档案馆
【涉及地域】 通渭县
【关 键 词】 耕地面积；树木
【内容提要】
　　"建设"下记2月奉令填造农业耕地面积调查表、优良树木种子表。

【叙录编号】 0277
【档案题名】
　　甘肃省甘谷县政府关于报送本县民国二十四年（1935）夏季政务工作表及地方情况季报表到甘肃省民政厅的呈
【发文单位】 甘谷县政府
【收文单位】 甘肃省民政厅
【档案编号】 004-008-0365-0003
【成文时间】 1935-07-21
【收藏单位】 甘肃省档案馆
【涉及地域】 甘谷县
【关 键 词】 修补沙堤；护林
【内容提要】
　　"建设"下记夏督令沙堤工程处将被水冲坏之处及时修补，以防水患；令各乡镇长及保甲长保护小树，随时灌溉。

【叙录编号】 0278
【档案题名】
　　甘肃省漳县政府关于报送本县民国二十五年（1936）春季政务工作季报表到甘肃省政府的呈
【发文单位】 漳县政府
【收文单位】 甘肃省政府
【档案编号】 004-008-0379-0011
【成文时间】 1936-04-18
【收藏单位】 甘肃省档案馆
【涉及地域】 漳县
【关 键 词】 植树；河渠
【内容提要】
　　"内务"下记举行植树运动会。"建设"下记疏浚河渠。

【叙录编号】 0279
【档案题名】
　　甘肃省甘谷县第一区区公所民国二十一年（1932）10月份工作月报表
【发文单位】 甘谷县第一区公所
【收文单位】 甘肃省政府
【档案编号】 004-008-0422-0005
【成文时间】 1932-11-05
【收藏单位】 甘肃省档案馆
【涉及地域】 甘谷县
【关 键 词】 渠道；中山林
【内容提要】
　　"水利"下记本区渠道8处。"造林"下记本区由建设局造中山林数处。

【叙录编号】 0280
【档案题名】
　　甘肃省甘谷县第五区区公所民国二十二年（1933）1—12月份工作月报表
【发文单位】 甘谷县第五区公所
【收文单位】 甘肃省政府
【档案编号】 004-008-0422-（0012-0013）
【成文时间】 1933
【收藏单位】 甘肃省档案馆
【涉及地域】 甘谷县
【关 键 词】 修渠；植树
【内容提要】
　　"水利"下记本区原有永利、小磨、新磨、十甲磨、坡下王渠；7月永利、小磨二渠被河水冲崩；10月修理旧渠，并开凿王新磨、张家磨等新渠。"造林"下记每年春季提倡种树，但无大林基础，无可实施，仅沿途栽植并加以保护。

【叙录编号】 0281
【档案题名】
　　甘肃省陇西县民国三十二年（1943）1月各级组织纲要实施月报表
【发文单位】 陇西县政府
【收文单位】 甘肃省政府
【档案编号】 004-008-0556-0002

【成文时间】　1943-01-28
【收藏单位】　甘肃省档案馆
【涉及地域】　陇西县
【关 键 词】　修渠；植树
【内容提要】
　　"水利之疏浚及与修"下记陇西县于可引水的渭河，开设首阳、永济及仁寿三道水渠，可用于灌溉2.4万亩田地。"农林畜牧之改良保护"下记陇西县饬令各乡镇民众多栽植树木，多数已成活，6—7年后可以成林。

【叙录编号】　0282
【档案题名】
　　甘肃省清水县政府关于报送本县民国二十五年（1936）2月份建设工作报告表致甘肃省建设厅的呈文
【发文单位】　清水县政府
【收文单位】　甘肃省政府
【档案编号】　027-001-0144-（0001-0002）
【成文时间】　1936-03-14
【收藏单位】　甘肃省档案馆
【涉及地域】　清水县
【关 键 词】　农林
【内容提要】
　　建设报告包括类别、计划大纲、已完成、经费来源、经费预算、备考竖表头。类别内有路政、农政、水利、林务、苗圃、矿物、商务、工务、蚕桑、畜牧、狩猎、垦务、其他。"农务"下记成立农会。"水利"下记无。"林务"下记采购苗木扩大造林、实施施肥造林预备保育苗圃。省政府回令准予备查。

【叙录编号】　0283
【档案题名】
　　甘肃省静宁县政府关于报送本县民国二十五年（1936）2月份建设工作报告表致甘肃省建设厅的呈文

【发文单位】　静宁县政府
【收文单位】　甘肃省政府
【档案编号】　027-001-0144-（0009-0010）
【成文时间】　1936-03-20
【收藏单位】　甘肃省档案馆
【涉及地域】　静宁县
【关 键 词】　农林
【内容提要】
　　建设报告包括类别、计划大纲、已完成、经费来源、经费预算、备考竖表头。类别内有路政、农政、水利、林务、苗圃、矿物、商务、工务、蚕桑、畜牧、狩猎、垦务、其他。"农政"下记无。"水利"下记县东兴陇渠因天暖冻解，召集农户修理。"林务"下记饬各区选择杨柳树秧种植，苗圃依照上月计划进行。

【叙录编号】　0284
【档案题名】
　　甘肃省清水县政府关于报送本县民国二十五年（1936）3月份、二十六年（1937）7—12月份建设工作报告表致甘肃省建设厅的呈文
【发文单位】　清水县政府
【收文单位】　甘肃省政府
【档案编号】　027-001-0147-（0003-0004）
【成文时间】　1937-04-20
【收藏单位】　甘肃省档案馆
【涉及地域】　清水县
【关 键 词】　农林
【内容提要】
　　"农务"下记提倡豌豆选种种植。"水利"下记各区修理河堤。"林务"下记大河沿岸种植芦苇，责令各阶段广泛种树，已成苗木，于植树节分段栽植，广为征集优良森林种子。省政府回令准予备查。

【叙录编号】 0285
【档案题名】
　　甘肃省静宁县政府关于报送本县民国二十五年（1936）3月份建设工作报告表致甘肃省建设厅的呈文
【发文单位】 静宁县政府
【收文单位】 甘肃省政府
【档案编号】 027-001-0147（0005-0006）
【成文时间】 1937-04-27
【收藏单位】 甘肃省档案馆
【涉及地域】 静宁县
【关 键 词】 农林
【内容提要】
　　"水利"下记兴陇渠修完，准备修筑洛州渠。"林务"下记按照各区大小，分配应植树木，派专员责成，苗圃依据前计划进行。省政府回令准予备查。

【叙录编号】 0286
【档案题名】
　　甘肃省清水县政府关于报送本县民国三十六年（1947）7—12月份建设工作报告表致甘肃省建设厅的呈文
【发文单位】 清水县政府
【收文单位】 甘肃省政府
【档案编号】 027-001-0190-（0005-0006）
【成文时间】 1948-01-10—1948-02-05
【收藏单位】 甘肃省档案馆
【涉及地域】 清水县
【关 键 词】 农林
【内容提要】
　　"建设"部分包括："交通"下记路政修筑县乡道、水利修整水道、整修河道；"农林"下记水土保持包括挖掘水平沟、造林、护林、举办风土适应试验、发展工商业。

【叙录编号】 0287
【档案题名】
　　甘肃省民政厅关于检送漳县政府民国三十六年（1947）1—3月份工作报告给甘肃省建设厅的函
【发文单位】 漳县政府
【收文单位】 甘肃省建设厅
【档案编号】 027-001-0178-（0009-0010）
【成文时间】 1947-05-06—1947-05-08
【收藏单位】 甘肃省档案馆
【涉及地域】 漳县
【关 键 词】 报表
【内容提要】
　　报告包括建设部门勘测三岔小型水利灌溉，继续修筑乡道、栽植树木、举行按户植树、征集民工等内容。

【叙录编号】 0288
【档案题名】
　　甘肃省民政厅关于检送武山县政府民国三十六年（1947）1—3月份、10—12月份建设工作报告给甘肃省建设厅的函
【发文单位】 武山县政府
【收文单位】 甘肃省建设厅
【档案编号】
　　027-001-0180-（0009-0010）
　　027-001-0186-（0003-0004）
【成文时间】 1947-05-24—1947-05-27
【收藏单位】 甘肃省档案馆
【涉及地域】 武山县
【关 键 词】 报表
【内容提要】
　　"农林"下记育苗植树造林、办理水土保持等内容。"建设"下记秋季植树造林、修筑乡镇道路、检查度量衡器。

【叙录编号】 0289
【档案题名】

【档案题名】

甘肃省民政厅关于检送陇西县政府民国三十六年（1947）1—6月、9—10月份工作报告给甘肃省建设厅的函

【发文单位】　陇西县政府
【收文单位】　甘肃省建设厅
【档案编号】
　　027-001-0180-（0015-0016）
　　027-001-0182-（0007-0008）
【成文时间】　1947-05-28—1947-09-29
【收藏单位】　甘肃省档案馆
【涉及地域】　陇西县
【关 键 词】　报表
【内容提要】

"建设"下记充实农林、整修水利、整理交通。"农林"下记防治小麦黑穗病、扩大秋季造林。"水利"下记维修堤坝工程保护堤岸。

【叙录编号】　0290
【档案题名】

甘肃省民政厅关于检送静宁县政府民国三十六年（1947）1—6月份建设工作报告给甘肃省建设厅的函

【发文单位】　静宁县政府
【收文单位】　甘肃省建设厅
【档案编号】
　　027-001-0181-（0010-0011）
　　027-001-0182-（0017-0018）
【成文时间】　1947-07-09—1947-07-12
【收藏单位】　甘肃省档案馆
【涉及地域】　静宁县
【关 键 词】　报表
【内容提要】

"水利"下记兴办东峡水坝、保持水土。"农林"下记育苗造林护林、防治小麦黑穗病、推动度政。

【叙录编号】　0291

【档案题名】

甘肃省建设厅关于移交天水县政府行政会议各表册给甘肃省水利局的函

【发文单位】　甘肃省建设厅
【收文单位】　甘肃省水利局
【档案编号】　027-001-0186-0013
【成文时间】　1948-04-21
【收藏单位】　甘肃省档案馆
【涉及地域】　天水县
【关 键 词】　报表
【内容提要】

"农林"下记本年植树造林303万株，上年122万株，本年保苗圃450亩，150处，上年保苗圃756亩，252处。"水利"下记，陇济渠、中惠渠、渭惠渠、修筑南河堤、挖掘水平沟。

【叙录编号】　0292
【档案题名】

甘肃省民政厅关于送武山县政府民国三十七年（1948）4—9月份工作报告给甘肃省建设厅的函

【发文单位】　武山县政府
【收文单位】　甘肃省建设厅
【档案编号】
　　027-001-0196-0009；
　　027-001-0200-（0002-0003）
【成文时间】　1948-08-03
【收藏单位】　甘肃省档案馆
【涉及地域】　武山县
【关 键 词】　植树；育苗
【内容提要】

"建设"部分包括："交通"下记修正会天公路。"农林"下记防治黑穗病；"水利"下记水土保持、自卫。"其他"下记修补城防、检查度量衡器、筹设乡村电话、整修体育馆、修补大车道。

【叙录编号】 0293
【档案题名】
　　甘肃省民政厅关于送陇西县政府民国三十七年（1948）5—9月份重要工作报告给甘肃省建设厅的函
【发文单位】 陇西县政府
【收文单位】 甘肃省建设厅
【档案编号】 027-001-0200-（0010-0011）
【成文时间】 1948-11-01—1948-11-09
【收藏单位】 甘肃省档案馆
【涉及地域】 陇西县
【关 键 词】 植树；育苗
【内容提要】
　　"建设"部分包括："农林"下记播种各类蔬菜、饬令渭河沿岸农民引水灌溉，整修会天公路、种植小麦等内容。

【叙录编号】 0294
【档案题名】
　　甘肃省民政厅关于送漳县政府民国三十七年（1948）1—9月份重要工作报告给甘肃省建设厅的函及甘肃省政府审核意见
【发文单位】 漳县政府
【收文单位】 甘肃省建设厅
【档案编号】 027-001-0201-（0015-0016）
【成文时间】 1948-11-23—1948-11-27
【收藏单位】 甘肃省档案馆
【涉及地域】 漳县
【关 键 词】 植树；育苗
【内容提要】
　　"建设"部分包括：春季植树造林、修筑道路、采集榆树籽种、开挖水平沟、修整县道、统一度量衡。

【叙录编号】 0295
【档案题名】
　　甘肃省庄浪县关于报送民国三十七年（1948）农林建设工作计划致甘肃省政府的代电及省政府回令
【发文单位】 庄浪县政府
【收文单位】 甘肃省政府
【档案编号】 027-001-0629-（0007-0008）
【成文时间】 1947-12-26—1948-01-17
【收藏单位】 甘肃省档案馆
【涉及地域】 庄浪县
【关 键 词】 农林建设；计划
【内容提要】
　　《甘肃省庄浪县农林建设工作计划》包括督导农民例行拨穗小麦混合选种、小麦黑穗病识别、辅导农民推广优良品种、倡导蔬菜栽培、荒山水平沟模范造林、督导人民普遍植树、天然林及散生林之保护。

【叙录编号】 0296
【档案题名】
　　甘肃省庄浪县政府关于报送本县民国三十六年（1947）政绩交代清册、苗圃职员名册、财产目录表等文件
【发文单位】 庄浪县政府
【收文单位】 甘肃省建设厅
【档案编号】
　　027-004-0654-（0002-0003）；
　　027-004-0655-（0001-0013）
【成文时间】 1949-05-12
【收藏单位】 甘肃省档案馆
【涉及地域】 庄浪县
【关 键 词】 水利林业
【内容提要】
　　庄浪县政府报送《庄浪县苗圃职员名册》，《甘肃省庄浪县政府财产目录交代表》。甘肃省财政厅将此文件报建设厅，还包含政绩交代表，其中包括修筑天兰公路、育苗2.6万株、挖掘水平沟、修建水土保持荒山蓄水沟、乡镇造产提倡手工纺织等。庄浪县报送民国三十六

年（1947）政绩交代表，包括交通、育苗造林、（出苗圃26万株，春季植树169178株）挖掘荒山蓄水沟、提倡手工纺织、推行度量衡检定器。《庄浪县政府自民国三十六年（1947）1月至民国三十六年（1947）12月乡镇造产收益款假交代清册》。《庄浪县政府政绩交代表》（民国三十七年（1948）7—12月）包括炸毁石门口砾石、补设秦静公路、修筑秦华公路、植树造林、县苗圃、各保苗圃、荒山蓄水池、推行度政。省政府对苗圃财产目录、苗圃地址及苗木株数清册、度量衡检定器回令备查。

【叙录编号】 0297
【档案题名】
　　甘肃省武山县政府关于报送本县民国三十七年（1948）建设政绩移交表致甘肃省政府的函
【发文单位】 武山县政府
【收文单位】 甘肃省建设厅
【档案编号】 027-004-0674-0012
【成文时间】 1949-02-07
【收藏单位】 甘肃省档案馆
【涉及地域】 武山县
【关 键 词】 建设政绩
【内容提要】
　　"政绩"包括修补会天公路、育苗植树造林、保持水土、修筑防护堤、修筑城防工事、架修桥梁等事宜。

【叙录编号】 0298
【档案题名】
　　甘肃省建设厅、民政厅关于天水县报送民国三十六年（1947）10—12月工作报告、民国三十七年（1948）政绩移交表的文件
【发文单位】 天水县政府
【收文单位】 甘肃省建设厅
【档案编号】 027-004-0675-0013
【成文时间】 1949-02-11—1949-02-16
【收藏单位】 甘肃省档案馆
【涉及地域】 天水县
【关 键 词】 政绩
【内容提要】
　　工作报告内含建设环境电话、构建城防工事、植树造林（后缺）。《政绩移交表》内含修理甘天、马天、西礼公路、整修各乡镇道路、架设环境电话、植树造林。

【叙录编号】 0299
【档案题名】
　　甘肃省武山县政府关于报送本县新任县长接收前任县长张鉴任内政绩交代比较表致甘肃省政府的函
【发文单位】 武山县政府
【收文单位】 甘肃省建设厅
【档案编号】
　　027-004-0676-（0016-0017）；
　　027-004-0677-（0006-0008）
【成文时间】 1949-03—1949-03-19
【收藏单位】 甘肃省档案馆
【涉及地域】 武山县
【关 键 词】 政绩
【内容提要】
　　新任武山县县长柴庆荣接收前任县长张鉴任内民国三十七年（1948）2月至民国三十八年（1949）2月《政绩交代比较表》，"政绩"包括修补县乡道、修补会大公路、育苗植树造林、保持水土、修建县乡道、修筑放水堤等事宜。省政府回令准予备查。甘肃省财政厅转送武山县民国三十七年（1948）政绩交代交接表。

【叙录编号】 0300
【档案题名】
　　甘肃省建设厅关于武山县、甘谷县报送政

绩移交清册、各种基金移交清册的文件
【发文单位】 甘谷县政府；武山县政府
【收文单位】 甘肃省建设厅
【档案编号】 027-004-0679-（0001-0012）
【成文时间】 1949-03-15—1949-04-08
【收藏单位】 甘肃省档案馆
【涉及地域】 甘谷县；武山县
【关 键 词】 政绩；基金
【内容提要】

《甘肃省甘谷县政府民国三十七年（1948）政绩移交清册》包括交通天甘公路、兴修护城水利、新修山洪支渠以防水患、推广优良麦种，省政府回令准予备查。甘肃省武山县县长柴庆荣接收卸任县长张鉴旧管城工等基金交代清册，附《贷放及积欠户数花名册》。

【叙录编号】 0301
【档案题名】

甘肃省秦安县政府关于建设部门报送民国三十七年（1948）移交清册致甘肃省建设厅的呈文
【发文单位】 秦安县政府
【收文单位】 甘肃省建设厅
【档案编号】 027-004-0682-0001
【成文时间】 1949-03-18
【收藏单位】 甘肃省档案馆
【涉及地域】 秦安县
【关 键 词】 政绩
【内容提要】

《秦安县县长杜凌云建设政绩假交代表》（自民国三十年（1941）1—12月）包括修筑道路、推行度政、修建碉堡、筹运煤矿、植树造林、筹架设电话。

【叙录编号】 0302
【档案题名】

甘肃省清水县政府关于报送民国三十七年（1948）度量衡器及怀抱古木数目清册致甘肃省政府的代电
【发文单位】 清水县政府
【收文单位】 甘肃省建设厅
【档案编号】 027-004-0682-0006
【成文时间】 1949-04-20
【收藏单位】 甘肃省档案馆
【涉及地域】 清水县
【关 键 词】 政绩
【内容提要】

《清水县政府造具民国三十七年（1948）经手过各乡镇怀抱古木数目清册》包括白驼镇166株及各镇怀抱古木情况数目表。附《度量衡检定器具清册》《甘肃省清水县财产目录清册》。

【叙录编号】 0303
【档案题名】

甘肃省静宁县政府关于报送地方经济建设计划书致甘肃省建设厅的呈文
【发文单位】 静宁县政府
【收文单位】 甘肃省建设厅
【档案编号】 027-004-0712-（0008-0009）
【成文时间】 1948-03-22—1949-04-10
【收藏单位】 甘肃省档案馆
【涉及地域】 静宁县
【关 键 词】 政绩
【内容提要】

《静宁县经济建设计划》包括农业技术之改进、实施育苗造林、完成县乡道、保道、兴办小型水利，开挖水平沟、推行农村副业、发展畜牧业，省政府对农林及水平沟回令审核意见。

【叙录编号】 0304
【档案题名】

甘肃省政府关于修筑静宁县威戎桥、孙王

家、石门河便桥一事的文件
【发文单位】 静宁县政府；秦安县政府
【收文单位】 甘肃省建设厅
【档案编号】
　　027-005-0391-（0001-0033）；
　　027-005-0392-（0001-0022）
【成文时间】 1948-11-09—1949-01-11
【收藏单位】 甘肃省档案馆
【涉及地域】 静宁县；秦安县
【关 键 词】 静秦公路
【内容提要】
　　静宁县拟请在明年春天解冻时整修威戎河便桥致函省政府，省政府回令由李建功负责整理威戎河便桥，秦安县政府报送整修静秦公路莲花镇河便桥，李建功报送整修孙王家河桥情况，附报告文书。

【叙录编号】 0305
【档案题名】
　　甘肃省罐子峡矿厂应用地基及厂面设计图
【发文单位】 静宁县政府
【收文单位】 甘肃省建设厅
【档案编号】 027-005-0565-0009
【成文时间】 1939
【收藏单位】 甘肃省档案馆
【涉及地域】 静宁县
【关 键 词】 煤矿
【内容提要】
　　甘肃省罐子峡矿厂应用地基及厂面设计图。

【叙录编号】 0306
【档案题名】
　　甘肃省政府、天水县政府关于在少占民田少用民力原则下按原路拓展整修天泉公路的文件
【发文单位】 天水县政府；甘肃省政府
【收文单位】 天水县政府；甘肃省政府
【档案编号】 027-007-0187-（0005-0006）
【成文时间】 1944-05-02—1944-05-24
【收藏单位】 甘肃省档案馆
【涉及地域】 天水县
【关 键 词】 民田；天泉公路
【内容提要】
　　如题，天水县政府回文遵办。

【叙录编号】 0307
【档案题名】
　　甘肃省建设厅、教育厅关于设立新阳镇农业职校请转遵照前令办理给天水县政府的指令
【发文单位】 甘肃省政府
【收文单位】 天水县政府
【档案编号】 027-008-0576-0005
【成文时间】 1943-12-10
【收藏单位】 甘肃省档案馆
【涉及地域】 天水县
【关 键 词】 农业职校
【内容提要】
　　如题。

【叙录编号】 0308
【档案题名】
　　甘肃水利林牧公司天水分局总工程师原素欣为请借卡车60介仑汽油与甘肃水利林牧公司的往返电
【发文单位】 甘肃水利林牧公司天水分局交通部原素欣处长；甘肃水利林牧公司
【收文单位】 甘肃水利林牧公司；甘肃水利林牧公司总局凌竹铭处长；甘肃水利林牧公司天水分局原素欣处长
【档案编号】 039-001-0062-（0009-0011）
【成文时间】 1942-02-02—1942-02-07
【收藏单位】 甘肃省档案馆
【涉及地域】 天水县

【关 键 词】 汽油
【内容提要】
　　本卷共3份文件。2月2日，甘肃水利林牧公司天水分局交通部原素欣处长因借汽油60介仑电甘肃水利林牧公司凌竹铭处长。2月3日，甘肃水利林牧公司将原素欣请借需要转呈凌处。同日，甘肃水利林牧公司为已电凌处复电原素欣。

【叙录编号】 0309
【档案题名】
　　甘肃省政府关于甘肃省各县局择优挑选麦种、树种寄予甘肃省农业改进所事宜给陇西县政府的训令
【发文单位】 甘肃省政府
【收文单位】 陇西县政府
【档案编号】 170-2-421-7
【成文时间】 1939-07-29
【收藏单位】 定西市档案馆
【涉及地域】 陇西县
【关 键 词】 麦种；树种
【内容提要】
　　甘肃省农业改进所正派员在陇东、陇南、河西、洮岷等地选集优质小麦品种，并调查天然林业情况；通过建设厅向省政府转呈，请令全省各县局择优挑选麦种、树种寄甘肃省农业改进所，以资试验。

【叙录编号】 0310
【档案题名】
　　施政工作报告中建设部关于农林水利问题记录
【发文单位】 陇西县政府
【收文单位】 陇西县政府
【档案编号】 170-5-367-4
【成文时间】 1948
【收藏单位】 定西市档案馆
【涉及地域】 陇西县
【关 键 词】 植树；沟渠
【内容提要】
　　陇西县政府施政工作报告中关于农林水利问题之记载，其中包括鼓励植树造林、育苗播种、疏浚渠道、续挖沟渠等。

【叙录编号】 0311
【档案题名】
　　陇西县政府、县合作社关于开荒开垦的相关公文
【发文单位】 陇西县政府；陇西县合作社等
【收文单位】 陇西县政府；陇西县合作社等
【档案编号】 170-5-415-（0004-0005、0008-0009）
【成文时间】 1948
【收藏单位】 定西市档案馆
【涉及地域】 陇西县
【关 键 词】 垦荒
【内容提要】
　　陇西县政府、县合作社、碧岩乡中心国民学校等关于开荒垦荒、招佃垦荒、造林、育苗等的呈文、公函等。

【叙录编号】 0312
【档案题名】
　　陇西县政府关于各机关、学校实行造产的训令
【发文单位】 陇西县政府
【收文单位】 陇西县各学校
【档案编号】 173-1-10-（0008-0009）
【成文时间】 1942-11-02
【收藏单位】 定西市档案馆
【涉及地域】 陇西县
【关 键 词】 造产
【内容提要】
　　国民政府行政院通令全国各机关、学校公

务员、教职员、学生造产以增加国家生产，改善自身生活。甘肃省政府饬令各县办理。陇西县政府训令，各学校先行试办，各机关参酌办理。后附《拟请转行政院通令全国各机关各学校实行公务员及教职员学生造产以增加国家生产改善自身生活案》抄件1份。

二、矿产资源开发类档案

【叙录编号】 0313
【档案题名】
　　甘肃油矿局、天水站关于送运白土、青土等的往来函件
【发文单位】 甘肃油矿局
【收文单位】 礼县政府
【档案编号】 006-001-026
【成文时间】 1942-07-01—1942-08-20
【收藏单位】 天水市档案馆
【涉及地域】 天水县
【关 键 词】 油矿局；青土；白土
【内容提要】
　　民国三十一年（1942），天水油矿厂因实验需要，请求礼县运送青土与白土的往来函件。

三、土地资源开发类档案

【叙录编号】 0314
【档案题名】
　　甘肃省政府等关于复耕战区荒芜田地等事的各类文件
【发文单位】 农林部；甘肃省政府；通渭县政府等
【收文单位】 甘肃省政府；甘肃省地政局；通渭县政府等
【档案编号】 004-001-0499-（0005-0017）
【成文时间】 1947-04-11—1947-06-14
【收藏单位】 甘肃省档案馆
【涉及地域】 甘肃省
【关 键 词】 复耕
【内容提要】
　　农林部致函甘肃省政府，请省政府通知协助复耕战区荒芜的田地，省政府将此事转告各区、各县市政府。通渭县、甘谷县、榆中县、西吉县呈报，称各县均无该类田地，省政府均回文准予备查。临夏县政府将复耕情况上报，省政府回文准予备查。省政府秘书处通知甘肃省地政局，农林部调查专员赖功奏已到兰并开展工作。

【叙录编号】 0315
【档案题名】
天水市土地测量业务实施计划
【发文单位】 不详
【收文单位】 甘肃省政府
【档案编号】 004-002-0110-0004
【成文时间】 不详
【收藏单位】 甘肃省档案馆
【涉及地域】 天水县
【关 键 词】 土地测量
【内容提要】
如题。

【叙录编号】 0316
【档案题名】
天水城市土地登记业务实施计划
【发文单位】 不详
【收文单位】 甘肃省政府
【档案编号】 004-002-0114-0003
【成文时间】 不详
【收藏单位】 甘肃省档案馆
【涉及地域】 天水县
【关 键 词】 土地登记
【内容提要】
如题。

【叙录编号】 0317
【档案题名】
甘肃省天水县农会章程
【发文单位】 天水县农会
【收文单位】 甘肃省政府
【档案编号】 004-002-0459（全案卷）
【成文时间】 不详
【收藏单位】 甘肃省档案馆
【涉及地域】 天水县
【关 键 词】 农会
【内容提要】
《甘肃省天水县农会章程》《甘肃省天水县三十里乡农会章程》《甘肃天水县马跑乡农会章程》。农会职责为设计土地水利改良事项。

【叙录编号】 0318
【档案题名】
甘肃省政府委员会第1103次会议记录
【发文单位】 甘肃省政府
【收文单位】 甘肃省政府
【档案编号】 004-007-0508-0009
【成文时间】 1943-12-07
【收藏单位】 甘肃省档案馆
【涉及地域】 清水县
【关 键 词】 田赋征收
【内容提要】
清水县民国二十二年（1943）田赋征收情况。

【叙录编号】 0319
【档案题名】
甘肃省静宁县政府关于报送本县民国二十三年（1934）7月份地方情况报告表、自行办理政务工作报告表致甘肃省民政厅的呈
【发文单位】 静宁县政府
【收文单位】 甘肃省民政厅
【档案编号】 004-008-0052-0004
【成文时间】 1934-08-05
【收藏单位】 甘肃省档案馆
【涉及地域】 静宁县
【关 键 词】 农产品
【内容提要】
"农产情形"下记夏禾刻已收获，产量每亩小麦平均约有2斗，扁豆为1斗；秋禾糜谷等得到降水滋养，长势变好。

【叙录编号】 0320

【档案题名】

甘肃省清水县报送民国二十二年（1933）2月份地方情况及政务工作报告表致甘肃省民政厅的呈

【发文单位】　清水县政府
【收文单位】　甘肃省民政厅
【档案编号】　004-008-0199-0003
【成文时间】　1933-03-05
【收藏单位】　甘肃省档案馆
【涉及地域】　清水县
【关 键 词】　种烟；修路；修桥；播种百谷
【内容提要】

"内务"下记奉甘肃省政府令，发布查禁10省种烟办法。"交通"下记因严冬土冻，未能修筑江县属汽车路暨桥梁，现立春冰消冻解，当即令各区动工加紧修理。"农产情形"下记县里农民正在预备肥料，以待春季播种百谷，惟目下未降雪雨，地土干燥，麦苗亦未出土，河水渐干，农民忧嗟。

【叙录编号】　0321
【档案题名】

甘肃省清水县报送民国二十二年（1933）9月份地方情况及政务工作报告表致甘肃省民政厅的呈

【发文单位】　清水县政府
【收文单位】　甘肃省民政厅
【档案编号】　004-008-0199-0018
【成文时间】　1933-10
【收藏单位】　甘肃省档案馆
【涉及地域】　清水县
【关 键 词】　修路；秋禾；涝池积水；地图
【内容提要】

"交通"下记汽车路被冲毁甚重，令五区区长派民夫修补完整。"建设"下记县内民间所种秋禾、苞谷、高粱、胡麻等多已成熟，渐次收获。山原田地冬麦业于秋社之前播种，川地之麦亦于社后耕种完毕。人民自行组织青苗会，以免宵小之辈偷盗。城内涝池积蓄污水甚多，有碍交通，故令开渠道水出城。"其他特别工作"下记绘制地图2份，经寄国立北平图书馆。

【叙录编号】　0322
【档案题名】

天水（原档案题名如此，疑有误。）

【发文单位】　天水县政府
【收文单位】　甘肃省民政厅
【档案编号】　015-005-0479-0006
【成文时间】　1935-05-27
【收藏单位】　甘肃省档案馆
【涉及地域】　天水县
【关 键 词】　开垦土地
【内容提要】

天水县政府电报甘肃省民政厅，本县近来各乡开垦土地面积不断扩大，林地也被砍伐用于木料，并无荒山荒地，请民政厅鉴核。

【叙录编号】　0323
【档案题名】

陇西县政府呈请将北区荒绝地亩提为学田的各类文件

【发文单位】　陇西县政府；甘肃省民政厅；甘肃省政府等
【收文单位】　陇西县政府；甘肃省民政厅；甘肃省政府等
【档案编号】　015-005-0481-（0001-0008）
【成文时间】　1935-04-08—1935-08-21
【收藏单位】　甘肃省档案馆
【涉及地域】　陇西县
【关 键 词】　公荒地；学田
【内容提要】

陇西县政府呈文甘肃省民政厅，请其转呈省教育厅，将北区荒绝地亩提为学田，办理义务教育，并将每年应完成田赋予以豁免。民政厅回文，已分呈甘肃省政府、财政厅核示。省政府令民政厅、财政厅、教育厅三厅决议会呈。三厅会呈，此地虽为人民流亡后荒地，但因是否绝户尚未清楚，难免后续土地纠纷，请先查明再行拨划。陇西县政府呈文省民政厅将此地拨为公地，请照准。

【叙录编号】　0324
【档案题名】
　　甘谷县政府报本年四乡山川夏禾收成的呈文
【发文单位】　甘谷县政府
【收文单位】　甘肃省民政厅
【档案编号】　015-006-0338-0033
【成文时间】　1935-09-11
【收藏单位】　甘肃省档案馆
【涉及地域】　甘谷县
【关 键 词】　夏秋禾；滋长；收成分数
【内容提要】
　　甘谷县政府呈报本县东、南、西、北四乡川地、山地收成分数，涉及冬麦、大麦、扁豆、春麦、豌豆等具体收成分数。

【叙录编号】　0325
【档案题名】
　　天水行营程潜请报民国二十八年（1939）夏麦产量及气象情况的各类文件
【发文单位】　天水行营；甘肃省政府；甘肃省民政厅
【收文单位】　天水行营；甘肃省政府；甘肃省民政厅
【档案编号】　015-008-0006-（0018-0021）
【成文时间】　1939-05-01—1939-05-23
【收藏单位】　甘肃省档案馆
【涉及地域】　天水县
【关 键 词】　夏麦年产

【内容提要】
　　天水程潜电报省政府，请报甘肃省夏麦年产数量，以凭汇报。省政府令省民政厅呈复，民政厅查甘肃省夏麦年产1800余万石，但因去年冬未雪，麦收可估1400余万石，致笺请财政厅签复。省政府依此回文天水程潜。

【叙录编号】　0326
【档案题名】
　　甘肃省渭白流域民国三十八年（1949）棉产推进计划
【发文单位】　不详
【收文单位】　甘肃省建设厅
【档案编号】　027-002-0535-0002
【成文时间】　1949-12
【收藏单位】　甘肃省档案馆
【涉及地域】　渭白流域
【关 键 词】　棉花增产
【内容提要】
　　甘肃省渭白流域民国三十八年（1949）棉产推进计划，附当年种植棉花面积。

【叙录编号】　0327
【档案题名】
　　甘肃省政府、静宁县政府关于开垦土地一事的文件
【发文单位】　静宁县政府；甘肃省政府
【收文单位】　甘肃省政府；静宁县政府
【档案编号】
　　027-004-0111-（0001-0020）；
　　027-004-0112-（0001-0010）；
　　027-004-0122-（0001-0011）；
　　027-004-0123-（0001-0015）；
　　027-004-0124-（0001-0010）；
　　027-004-0125-（0001-0014）；
　　027-004-0126-（0001-0008）；
　　027-004-0127-0001；

027-004-0128-0001；
027-004-0129-0001；
027-004-0130-（0001-0023）；
027-004-0131-（0001-0015）；
027-004-0132-（0001-0008）；
027-004-0134-（0001-0016）；
027-004-0137-（0001-0008）；
027-004-0138-（0001-0010）；
027-004-0139-（0001-0014）；
027-004-0140-（0001-0011）；
027-004-0141-（0001-0014）；
027-004-0142-（0001-0021）；
027-004-0143-（0001-0014）；
027-004-0145-（0001-0013）；
027-004-0146-（0001-0015）；
027-004-0147-（0001-0015）；
027-004-0148-（0001-0015）
【成文时间】 1939-09-06—1943-04-08
【收藏单位】 甘肃省档案馆
【涉及地域】 静宁县
【关 键 词】 垦荒
【内容提要】

静宁县申请拨给殷平乡学校所申请的河滩荒地，附张家小河后河子河滩荒地图。省政府批示，有人持有地契，应补偿，附古城梁官荒。省政府认为土地均为公有，无积分，指派专员切实勘察，绘制详细地图一览表。冶平乡学校请拨发茜子湾荒地，岷屯乡第一中学请发荒地、省政府发给垦荒证书。静宁县杜家湾报送垦荒计划、地图。董万全等汇报康有才垄断牧场，省政府训令静宁县查明。处理许荣贵、梁鸿钧、王维岳、王育桂、张维俊、杨占富等人阻挠开垦；白生采、康有才垄断牧场等事。吕德元、张全才、朱润川、史成章、马金德、陈笃泰、王永昌、司顺德等申请开垦荒地并颁发垦荒证书，附缴款书、缴款凭证，柳一贞报送荒地数目，填写垦荒证书；张宝善、刘宽等53人的垦荒证存根；杨树振、李叶贞等49人垦荒证存根。省政府训令静宁县政府报送各月公有荒地价款以及颁发所有权证书。静宁县政府报李西元领垦图表。静宁县政府呈省政府汇报梁云峰、梁顺娃等11人私开荒地；王自修盗卖官产。甘肃省建设厅处理刘鸿玺偷领草山一事，附刘鸿玺甘结书、调解书、和解笔录、判决书。甘肃省政府处理刘鸿锡开垦荒地一事。

【叙录编号】 0328
【档案题名】
甘肃省政府、西和、西固、静宁、康县关于推行农村副业、手工业发展计划实施办法等事宜的代电、呈文及训令
【发文单位】 甘肃省建设厅
【收文单位】 静宁县政府等
【档案编号】
027-005-0001-（0007-0009）；
027-005-0002-（0001-0008）；
027-005-0004-（0013-0023）
【成文时间】 1947-12-31—1948-04-01
【收藏单位】 甘肃省档案馆
【涉及地域】 静宁县等地
【关 键 词】 农村；副业
【内容提要】

甘肃省政府训令各县速速填报农村副业及手工业报表。其中静宁县报送该县种植粮食及养猪情况。

【叙录编号】 0329
【档案题名】
甘肃省政府、甘肃省农业改进所关于推广种植杂粮蔬菜一事的文件
【发文单位】 清水县政府等
【收文单位】 甘肃省建设厅
【档案编号】 027-005-0037-（0008-0019）

【成文时间】 1948-10-17—1949-03-09
【收藏单位】 甘肃省档案馆
【涉及地域】 清水县等地
【关 键 词】 推广蔬菜杂粮
【内容提要】
　　甘肃省固原、西和、隆德、清水县报送各县推广种植蔬菜成果的代电、报告、呈文。清水县力主推广大麻。

【叙录编号】 0330
【档案题名】
　　甘肃省农业改进所、空军第四司令部关于天水废旧机场划归陇南农林试验场一事的文件
【发文单位】 甘肃省农业改进所等
【收文单位】 农林部等
【档案编号】
　　027-005-0069-（0001-0019）；
　　027-005-0070-（0001-0021）；
　　027-005-0071-（0001-0019）
【成文时间】 1943-01-14—1943-08-17
【收藏单位】 甘肃省档案馆
【涉及地域】 陇南农林试验场
【关 键 词】 飞机场
【内容提要】
　　甘肃省农业改进所申请将天水县旧飞机场划拨第四区农场，处理民地纠纷，农场划界免占民地等的文，附《天水县旧飞机场全图》。

【叙录编号】 0331
【档案题名】
　　甘肃省第四区行政督察专员公署关于报送军垦实施计划及垦区图志致甘肃省政府的呈文
【发文单位】 第四区行政督察专员公署
【收文单位】 农林部岷县垦区管理局
【档案编号】
　　027-005-0091-（0013-0014）
　　027-005-0093-（0013-0014）

【成文时间】 1942-04-28
【收藏单位】 甘肃省档案馆
【涉及地域】 天水县
【关 键 词】 第四区行政督察专员公署
【内容提要】
　　甘肃省第四区行政督察专员公署关于报送军垦实施计划，包括试验面积、成荒情形及面积、军垦人数、建筑原则与计划垦殖组织管理系统、配备设施及军费。附《非常时期难民务垦规则》《农林部甘肃岷县垦区管理局天水试验区垦区范围及初步试验地点》地图。

【叙录编号】 0332
【档案题名】
　　甘肃省第四区行政督察专员公署、建设厅渭白流域棉产事业促进委员会章程及推广计划书给甘肃省政府的代电
【发文单位】 第四区行政督察专员公署
【收文单位】 甘肃省建设厅
【档案编号】 027-005-0257-（0001-0002）
【成文时间】 1947-12-05—1947-12-06
【收藏单位】 甘肃省档案馆
【涉及地域】 第四区行政督察专员公署
【关 键 词】 棉产
【内容提要】
　　《甘肃省渭白流域棉产事业促进委员会章程》15条，共2份，另有《甘肃省渭白流域棉产推广计划书》。

【叙录编号】 0333
【档案题名】
　　甘肃省政府关于调查开垦荒地事宜给陇西县政府的训令
【发文单位】 甘肃省政府
【收文单位】 陇西县政府
【档案编号】 170-3-256-（0001-0009）
【成文时间】 1941-08—1942-12

【收藏单位】 定西市档案馆
【涉及地域】 陇西县
【关 键 词】 垦荒
【内容提要】
  主要内容分别为：1.令发可垦荒地调查表仰依式表填写，后附《各省可垦荒地调查表式》1份。2.令陇西县于文到一星期内依式表填可垦荒地调查表。3.省政府关于增加耕地面积的训令。4.为奉令饬切实督导民众取缔荒芜田地增加粮食生产。5.准军政部军人生产事务局函送荒区调查表请代为查。6.甘肃省荒地调查表。7.关于行文开垦荒地增加粮食的训令。8.甘肃省荒地调查表。9.转饬嗣往柴达木垦区移垦人民希保护由。

【叙录编号】 0334
【档案题名】
  陇西县碧严乡、长安乡关于填报公荒牧租登记册事宜致陇西县政府的呈文
【发文单位】 陇西县碧严乡；陇西县长安乡
【收文单位】 陇西县政府
【档案编号】 170-3-438-（0012-0013）
【成文时间】 1943-11
【收藏单位】 定西市档案馆
【涉及地域】 陇西县
【关 键 词】 公荒牧租；油粮水磨
【内容提要】
  据陇西县政府财务字第2436号训令，令各乡汇报公荒牧租及油粮水磨登记情况，碧严乡、长安乡遵令进行上报。两乡公文均称各附登记册1份，但该案卷内未见到。

【叙录编号】 0335
【档案题名】
  甘肃省政府、陇西县政府关于垦殖的相关政府公文
【发文单位】 甘肃省政府

【收文单位】 陇西县政府
【档案编号】 170-4-363-（0001-0017）
【成文时间】 1945
【收藏单位】 定西市档案馆
【涉及地域】 陇西县
【关 键 词】 垦荒
【内容提要】
  甘肃省政府、农林部、陇西县政府等关于领垦手续、推行督垦办法、垦殖放牧、垦殖机构及协助办法、承垦荒地审查及报告、免征垦荒地价等的相关训令、布告、代电等。

【叙录编号】 0336
【档案题名】
  甘肃省政府、陇西县政府、一区行政督察专员公署关于垦荒及相关规定与荒地调查的政府公文
【发文单位】 甘肃省政府；第一区行政督察专员公署等
【收文单位】 陇西县政府等
【档案编号】 170-5-441（全案卷）
【成文时间】 1948
【收藏单位】 定西市档案馆
【涉及地域】 陇西县
【关 键 词】 荒地
【内容提要】
  甘肃省政府、陇西县政府、一区行政督察专员公署关于奖励民垦及实施办法、垦荒计划、私人垦荒之罚金标准、土地划分原则、限制地租、垦荒计划编制、荒地调查等的相关政府训令、呈文等。

【叙录编号】 0337
【档案题名】
  陇西县政府、田粮处关于函请荒产一所的合作造产的公函、训令、报告
【发文单位】 汪九海等

【收文单位】　陇西县政府等
【档案编号】　174-1-69-（0001-0007）
【成文时间】　1943
【收藏单位】　定西市档案馆
【涉及地域】　陇西县
【关 键 词】　荒产；造林
【内容提要】

民国三十三年（1944），陇西县碧岩乡第八保保民汪九海称，其在渠头下有荒产一所。民国二十七年（1938）成立信用合作社，众议将该荒产呈请合作指导处作为合作造林之产种植树木；民国三十二年（1943）改编地土，丈量编查土地时将此荒地划归汪九海名下；民国三十三年（1944），汪九海始知将此前种植树木的荒产60亩均加其名下，承纳赋税。但此前土地已经造林，因此汪九海无力承担赋税，遂请立案，将其赋税免除。后经陇西县有关部门查证，汪九海所述属实，允其所请。

【叙录编号】　0338
【档案题名】

证明白家坪国民学校所呈荒滩两处确系千年荒滩是实；呈请开垦荒滩以作建筑；据请开垦荒地以资建筑学校一案指令仰遵照由
【发文单位】　陇西县白家坪国民学校
【收文单位】　陇西县政府
【档案编号】　170-9-87-（0025-0027）
【成文时间】　1944
【收藏单位】　定西市档案馆
【涉及地域】　陇西县
【关 键 词】　开垦荒地
【内容提要】

民国三十三年（1944），白家坪国民学校校长郭镇西称，当地学校既无基金，亦无公款。当地人汪述周念及当地失学儿童过多，求学儿童需要前往他处，然路途遥远诸多不便，不忍坐视不理，私人出资补修教室。现在教室漏雨，无法补修。经查白家坪有两处荒滩，一曰众公滩，一曰白家滩，约有10垧，恳请拨归学校，以便开垦。后经政府前往查看，以及当地士绅的认证，该地确系千年荒滩，但此地已由田粮处查丈登记，需由学校前往田粮处呈请登记。

【叙录编号】　0339
【档案题名】

函送大会决议将昌谷乡杨家山等处官荒令饬该乡中心学校拾荒充作校产一案请照办由；查本会第四次大会由；函复将昌谷乡杨家山等处官荒拨该乡中心学校拾垦充作校产一案请查照由
【发文单位】　陇西县参议会等
【收文单位】　陇西县政府等
【档案编号】　171-1-54-（0012-0014）
【成文时间】　1948
【收藏单位】　定西市档案馆
【涉及地域】　陇西县
【关 键 词】　开垦荒地
【内容提要】

本卷共3份议案。1.民国三十七年（1948）7月，陇西县参议会议员马楷提案：昌谷乡所辖杨家山原有荒地一处约计30亩、秦家沟庄间荒丘一处约20亩均系官荒，多年荒废诚属可惜，当今生产建国之际，务期物尽其用。本乡中心学校既无基金，又无校产，各项建设无法推行，应将两处官荒拨归该校，招人开垦。不仅能够发展本乡教育，且能救济贫民。2.陇西参议会第4次大会关于将官荒开垦为校产的议案。3.民国三十七年（1948）7月31月，陇西县政府函复陇西县参议会，申明此项议案将由县政府派员调查，依法办理。

【叙录编号】 0340
【档案题名】
　　函请陇西县政府令饬复兴、仁德、碧岩三乡镇严禁私垦牧场案
【发文单位】 陇西县参议会
【收文单位】 陇西县政府
【档案编号】 171-1-69-6
【成文时间】 不详
【收藏单位】 定西市档案馆
【涉及地域】 陇西县
【关 键 词】 严禁开垦荒地
【内容提要】
　　本卷为参议会提案，决议陇西县复兴、仁德、碧岩三乡未开垦荒地属于各村庄农民牛羊之牧场，严禁私自开垦。否则牛羊无法生存，农民副业大受影响。

【叙录编号】 0341
【档案题名】
　　令饬各校不得轻易呈请拍卖荒产仰遵照由
【发文单位】 陇西县政府
【收文单位】 陇西县各学校
【档案编号】 170-9-107-3
【成文时间】 1943
【收藏单位】 定西市档案馆
【涉及地域】 陇西县
【关 键 词】 拍卖荒地
【内容提要】
　　本卷为民国三十二年（1943）陇西县政府档案，称近来对于各地学校管理过于松懈，各学校专意搜求官有荒滩，呈请拍卖用以建筑校舍、添补校具。然而究竟建筑补添实际情形如何，似乎并不符合实际，因此，命令各地学校嗣后不得轻易呈请拍卖荒产。

【叙录编号】 0342
【档案题名】
　　为嗣后本省县各县保国民学校或人民请领荒地务须经土地法及本省督垦暂行规定之规定办理仰遵照由
【发文单位】 甘肃省政府
【收文单位】 陇西县政府
【档案编号】 170-9-107-4
【成文时间】 1943-07
【收藏单位】 定西市档案馆
【涉及地域】 陇西县
【关 键 词】 请领荒地
【内容提要】
　　本卷为民国三十二年（1943）甘肃省政府训令，命令陇西县政府、县保学校请领公荒自无不可，惟应遵守相关规定，以符合土地政策，地尽其利之宏旨。近来各县保学校领荒地自垦者固不乏其例，而藉充实教育基金之名，领荒自肥者恐亦在所难免。因此，在此抗战急需奖励生产之际，本省荒地急应督促早日开垦，而后各县保国民学校或人民请领荒地，务须符合土地法及本省督垦暂行规程之规定。

【叙录编号】 0343
【档案题名】
　　为转呈汪耀清学田被水冲尽乞鉴核注销由；签呈为奉派查米家门米怀义租种学田；为淹没租种学田请求调查减租事；呈请所典学田被水淹没恳请减租未便照准仰查照；签呈奉批查米家门米纪三为淹没租地详情；呈请减轻租子事；呈请地被水淹恳祈减租未便照准仰查照；呈报遵查翠屏乡第六保张世荣等呈请租地被水淹没的详情；呈为地被水冲没准予减免租金由；关于呈为租种清圣寺学田被水冲没祈免租的批示等
【发文单位】 汪耀清等
【收文单位】 陇西县政府等
【档案编号】
　　170-9-111-（0005-0011、0021-0023、

0027-0032）

【成文时间】 1944

【收藏单位】 定西市档案馆

【涉及地域】 陇西县

【关 键 词】 河水暴涨、减免租税

【内容提要】

　　本卷共13份文件。1.莲峰镇居民汪耀清呈报称，其于民国十四年（1925）开垦莲峰镇中心学校学田地3分，每年纳款，历年已久。近年来，连年天发暴雨，所种学田被水冲淹殆尽变作河底，而每岁学款分离不少。因家中贫寒无力支付，本县赵督学亲自前往查证，所诉属实，恳请予以注销。2.陇西米家门居民米怀义呈请，因所种学田被水淹没，请求调查减租。督学王安仁前往调查，经询问当地父老，米怀义所种清圣祠田地是否在河边，是否被水淹没，因年代久远，不知地在何处，殊难查实，特此上呈县长鉴核。3.米家门居民上呈，其父米秉章早年租种清圣寺田地1垧7分，每年交租2升有余，不料于民国二十四年（1935）7月，渭水暴涨，其河边公私田均被淹没，后查实，所淹没土地正是其父所租之地后，请求减免租子。4.陇西县政府关于翠屏乡米怀义所租土地被淹请其减租，后经查证，无法核实。因此，不予批准的公文。5.米家门居民米纪三呈请所租清圣祠学田被水淹没3垧2分，只留1垧7分，中间6分还被作为汽车路，故请求减免租税。经督学王安仁查证，米纪三所诉实难凭信；米家门居民米纪三称，其父米尧元先年租种清圣祠土地5垧半，每年纳租，不料民国二十四年（1935）7月渭水暴涨，其河边公私田均被淹没，3垧2分，只留1垧7分，中间6分还被作为汽车路，故请求减免租税；陇西县政府关于翠屏乡米纪三所租土地被淹请其减租，后经查证无法核实。因此，不予批准的公文。6.督学赵鸣高关于翠屏乡居民因所租土地被渭水淹没呈请减免租税的调查文件。文中称，所租土地虽被淹没，但尚有部分为泥沙淤积，且有柳树4棵，建议居民保护树木，清理泥沙完毕后再行耕作。7.翠屏乡第六保居民张士荣等呈请因所租土地被水淹没减免赋税的文件。8.陇西县政府关于呈请减免赋税案件的批示，同意督学赵鸣高的建议，命令居民加意保护树木，陆续修复土地，竣工后再行租种。9.民国三十一年（1942）1月，翠屏乡第六保居民米纪三呈报，祖上租种清圣祠学田5垧半数十年，民国二十年（1931）后，大水时发，民国二十四年（1935）暴雨成灾，此地被水冲毁，只存3亩有余。米纪三称其于民国二十六年（1937）已经上报，近年苦赔租金。今年春，土地拨归学有，令加租换约，因此，特意呈请派员查丈土地数量后，再行换约承租。10.科长杨茂春呈县长文件，申请可否由赵督学查办米怀义等人请求减免租税的工作。11.翠屏乡第六保居民米怀义呈报，祖上租种清圣祠学田1垧7分，后因河水暴涨，土地仅剩1亩，年来租子苦力支付，今年春土地拨归学有，令加租换约，因此，特意呈请派员查丈土地数量后再行换约承租。12.陇西县县长命令督学赵鸣高查勘米家门米怀义、米纪三等人呈请减免租税一事。13.科长杨茂春呈报陇西县县长，称米纪三所呈清圣祠学产事件与米怀义事件类似，可否仍由督学赵鸣高处理。

【叙录编号】 0344

【档案题名】

　　呈为利用当地公树建修校舍由；所请利用当地公树建修校舍案令仰遵照由；关于该镇第五保柴家河学校校长张鹏呈建修校舍的训令；呈为开垦荒产建修校舍由；呈请将卜家昇荒坡饬令人民认价开垦以作建校费由；呈报马河学校校长张鹏呈报拍卖卜家昇堡子埂前荒地一节事；呈报本乡卜家昇堡子埂前荒地陈琏等认价开垦承粮由；据请开垦荒山一案仰将亩数及四

至并查丈登记实情呈报后再夺仰即遵照由；呈报查本镇三保民人陈琏愿认价开垦荒地事；为呈报复查卜家昇埂荒由；为呈报复查卜家昇荒埂情形的指令

【发文单位】 陇西县马河镇第五保柴家河国民学校等

【收文单位】 陇西县政府等

【档案编号】 170-9-133-（0009-0019）

【成文时间】 1942

【收藏单位】 定西市档案馆

【涉及地域】 陇西县

【关 键 词】 荒地开垦

【内容提要】

1.民国三十一年（1942），陇西县马河镇第五保柴家河国民学校校长张鹏呈报陇西县县长，经督学视察，本校教室狭窄，应当扩建，然缺乏木料，因此邀集地方绅士，商议将本地元君庙树砍伐6棵，充作栋梁，申请县长批准。陇西县政府回文同意。2.陇西县政府训令，称马河镇国民学校校长张鹏表示该镇第三保卜家昇堡有无主荒坡1处，乡民陈琏愿意认价开垦，以资建筑校舍，县政府命令该镇镇长查核校长、保长等所言是否属实，核实后另行批复。3.陇西县马河镇第三、四保保长陈珍明报告，柴家河国民学校学生日渐增多，校址狭窄不堪，经与本保乡绅商议，拟另修校舍。近来建筑兴工所需款项甚巨，因此，本保居民情愿将卜家昇堡子埂前、泥家湾、池湾哩、柴家河元君庙、上河哩、麻家廖屲等处无主荒地共计78垧认价开垦，以资学校建设费用，呈请县长核准。4.民国三十一年（1942）马河镇国民学校校长张鹏丈量清算后，再次向县政府申请开荒。马河镇国民学校校长张鹏称，民人陈琏等情愿开垦卜家昇堡子埂前荒地，以资学校建筑费用，呈请县政府批示。5.科长杨茂春关于马河镇国民学校校长张鹏呈请拍卖卜家昇堡子埂前荒地一案建议，认为需将此地四至及亩数清丈后再行核办。6.陇西县政府关于马河镇国民学校校长张鹏呈称，民人陈琏等情愿开垦卜家昇堡子埂前荒地一案的训令，命令校长张鹏需将土地四至及亩数核查清楚，再行核办。科长杨茂春等人在清丈工作完成后，向县政府请示，说明了该地的位置、亩数等。7.马河镇镇长奉令核查卜家昇堡子埂前荒地后，向县政府呈报称，此地并无业主，后由田粮处编为公产。现有陈琏、徐清瑞二人均愿开垦，因此，建议拍卖。陇西县政府回文，同意开垦。

【叙录编号】 0345

【档案题名】

呈报奉查高窑镇镇长栾瑞林呈报私开荒地事；和解张思敬长开荒地将已开归入学校了息；呈报私开荒地垦绝官道恳祈恩准查究以儆刁恶；关于呈报私开荒地隔绝官道准查究的指令；呈报遵查高窑镇中心国民学校校长栾瑞林呈该保保民张凤城因开垦学校荒地双方争执事；开垦学校荒地彼此争议事依照所开亩数各自完纳租子从此和好具和解是实；报告查职镇第五保沟儿川民张凤城事所请垦荒一案详情请核；本县农户承垦荒地审查报告表

【发文单位】 陇西县高窑镇等

【收文单位】 陇西县政府等

【档案编号】

170-9-192-（0001-0004、0033-0036）

【成文时间】 1943

【收藏单位】 定西市档案馆

【涉及地域】 陇西县

【关 键 词】 垦荒

【内容提要】

1.民国三十二年（1943），高窑镇镇长栾瑞林、国民学校校长裴合章呈报有民众私开荒地，垦绝官道。经查张思敬应开18亩，长开者27亩；张海应开66亩，长开者6亩。经法院调解，达成和解：情愿将长开之地共计33

亩完全归入学校所有，旧有农路仍开原地。2.民国三十一年（1942），张思敬等人呈请开荒，以资建校。此前，此处荒地下段66亩已经卖于张海，后张海告发张思敬私开官路，有碍交通。经查：张思敬、张海等所请仅18亩，而二人竟将上半段荒地完全开垦，并将官道开垦种植，经丈量长开者达27亩。镇长、校长二人劝告不理，抢占不舍，因此，恳请县政府严肃处理，以儆效尤，杜绝恶习。陇西县政府命令3人所开土地由学校接受，并绘图具报。3.科员苟致中称，高窑镇中心国民学校校长栾瑞林报告，该镇第五保居民张凤城与李四海因开垦学校荒地，双方发生争议。后经校长与地方老人从中调解，双方达成和解。附民国三十六年（1947）《甘肃省陇西县政府农户承垦荒地审查报告表》2份，张凤城与李四海各1份。该报告表所记甚详，包括农户所属乡镇、户长及其年龄、全户人数、劳动力人口、籍贯、住址、职业、现有土地数、是否属于官产、位置、地形、土质、等级。四至、面积、承垦年月及期限等条目。

【叙录编号】　0346
【档案题名】
　　呈转北关小学呈请拍卖废产修理教室仰祈鉴核由；据转北关小学呈请拍卖废地一案捐令准予照办仰转敕知照由；令饬北关小学呈请拍卖废地一案指令准予照办仰即知照由；据转北关小学造具建修南教室预算计划工料表一案指令准予备查仰转饬将梁好贤捐款呈缴来府以便统列教款由；呈报公民梁好贤捐助北关小学常年经费洋500元已由该校直接发育生息碍难提动仰祈鉴核备查由
【发文单位】　陇西县教育局等
【收文单位】　陇西县政府等
【档案编号】　170-9-27-（0014-0018）
【成文时间】　1940

【收藏单位】　定西市档案馆
【涉及地域】　陇西县
【关键词】　拍卖庙产
【内容提要】
　　1.陇西县教育局局长就北关小学校长呈请拍卖地产以资学校建设申请作了批示，根据督学王安仁查复，校长所呈属实，因此准予照办。2.陇西县政府批准北关小学拍卖废地的请求，并饬令承买人依据相关条例缴纳田税。3.陇西县教育局根据陇西县政府的指令，批准北关小学拍卖废地的文件。4.北关小学呈报，建修南教室3间的预算计划工料表合理，陇西县政府回文准予备查。另有梁好贤所捐教款应悉数呈缴，以便统计列入，作为该校基金，如遇需时，呈本府查勘，方符规定。5.陇西县教育局对于县政府要求将捐款呈缴的要求，回复称捐款属于私产，已由校方直接发商生息，难以提动。

【叙录编号】　0347
【档案题名】
　　奉令查该镇各保花户将山荒地变价以助学校建筑一案具报由；呈报案转请垦荒变价以助学校建费仰祈钧鉴示遵由；转请垦荒变价补助学校一案应准照办由；呈报第六保东北方荒产变价数目一案仰祈备案由；呈报通渭县越境强占地建学一案恳请县长饬文通渭由；呈报第三保高家沟绝产山地30亩可否变价助校由；函达药家镇初级学校越境强恳本县荒山希即查照严行制止由；呈报奉令调查高窑镇民变价荒地以助学校一案情形具报由；呈为转请本镇第三保掌子平等处山荒贾象贤等原承价问恳由（附报告表）；呈报拍卖荒产助修学校一案情形具报由（附报告表1份）；呈请垦荒变价助校仰祈钧鉴核示由（附调查报告表1份）；呈报该案保民变卖荒产以助修学校一案情形具报由（附调查报告表）；据呈请第三保民人王访贤等

情愿认价开垦一案照准仰遵照由；呈报保长赵继普请拍卖荒产并在牛站里设立学校仰祈核示由；呈报该保赵继普拍卖荒地一案情形具报由；呈转令准承垦山荒被人阻碍仰祈核示由；呈转承垦山荒被人阻碍仰祈钧鉴核示由；呈报调查高窑镇拍卖荒地一案具报由；呈报该居民再不阻碍耕种一案具报由

【发文单位】 冯守贞等
【收文单位】 陇西县政府等
【档案编号】
170-9-39-（0009-0011、0014-0023、0032-0037）
【成文时间】 1941—1942
【收藏单位】 定西市档案馆
【涉及地域】 陇西县
【关 键 词】 开垦荒地；助学
【内容提要】

1.指导员冯守贞呈报，关于高窑镇公所第三、五、六各保花户胡正堂等承垦山荒变价以助学校建筑费一案。2.高窑镇镇长冯思义向县政府呈报，关于该镇各保居民垦荒变价以助学校建设，主要内容包括：第三保居民胡正堂称，本保剪子岔有荒地22垧，情愿承粮开垦，并于民国六年（1917）在本县承纳田粮；第五保中心小学校务委员吴作华称，高窑川西大山定西绝粮荒地30余垧，已于清同治年间绝粮。月前定西粮差竟从中舞弊，愚弄乡民称，此项荒地可否变价补助学校；第六保花户李宗富等人称，本保有荒地公约15～16垧，情愿承粮耕种；本镇中心小学建筑费因为今春以来物价飞涨，所缺甚巨，以上各户所请可否应准。陇西县政府回复，称其热心教育，实堪嘉许，唯有第五保居民函请变卖高窑川西大山绝粮荒地一案，需与定西县商议后再行核办。3.高窑镇镇长就第六保居民李宗富等申请开垦该保东北方荒地变价助学一事，向县政府提交文件。4.陇西县高窑镇包家沟居民就通渭县蔡家镇初级中学校长率领学生强占土地一事，向县长请求，希望与通渭县协商，以免土地被强占。陇西县政府为此向通渭县政府发出公函。5.高窑镇镇长就第三保保长王殿魁等人意欲开垦本保荒产变价助学一事，向陇西县县长提交文件，督学赵鸣高就此事进行了调查。6.高窑镇镇长就本镇第三保掌子平等处山荒经民人开垦变价助学一案，向县政府提交文件，后附报告表1份。7.高窑镇第三保保长、家长、当地老人等就拍卖本保罗家坪、掌子平等处荒地以助学校，向县政府提交文件，后附调查表1份。8.高窑镇镇长就第四保居民王海情愿开垦本保荒地助学而向县政府提交文件，后附调查表1份。9.高窑镇中心学校校委等决议拍卖荒产以助学校，为此事向县政府提交文件，后附调查表1份。10.陇西县县长关于批准保长赵继普拍卖官荒并设立学校的指令。11.高窑镇镇长就第二保保长赵继普拍卖该保郑家川、王家湾官荒、备案郑家湾绝产荒地，以及在牛站里设立国民学校而向县政府提交文件。12.陇西县县长就冯绪业、冯执业等人阻挡李宗富等人开垦荒地一案所作批示，令其不得阻挡。13.高窑镇镇长就冯绪业、冯执业等人阻挡李宗富等人开垦荒地一案，向陇西县县长提交文件。14.督学赵鸣高就冯绪业、冯执业等人阻挡李宗富等人开垦荒地一案进行调查后的签呈。15.冯绪业等人承诺不再阻碍李宗富等人开垦荒地的具结书。

【叙录编号】 0348
【档案题名】

呈请拍卖荒产以资建修学校由；本乡中心学校荒产调查表；关于呈请拍卖荒产以资建校的指令；呈报高家掌荒地应由县政府令该官乡长列表呈报；呈报高家掌地形及四至图并取证证明书仰核；证明本庄李国祯承买山荒地若干亩确系无主特此证明；关于呈报高家掌地形及

四至图并取具证明书仰垦鉴核由
【发文单位】 陇西县阳坡乡中心学校等
【收文单位】 陇西县政府等
【档案编号】 170-9-58-（0021-0027）
【成文时间】 1941—1942
【收藏单位】 定西市档案馆
【涉及地域】 陇西县
【关 键 词】 拍卖荒地
【内容提要】

阳坡乡中心学校校长为呈请拍卖本保高家掌荒地以资建修学校而向县政府提交文件，另附陇西县阳坡乡中心学校荒产调查表1份，附陇西县阳坡乡调查官荒庙产登记表。陇西县政府回文表示同意。另有关于拍卖高家掌荒地一案所提交的签呈，呈报高家掌地形及四至并取证明书的相关文件，本庄李国祯承买山荒地若干亩确系无主的相关证明等。

【叙录编号】 0349
【档案题名】

呈报开垦荒地一案无法调查可否由县政府及田管处派员调查请核示由；转呈第五保花户王国玺请垦荒地认价助校建筑费仰祈钧鉴示遵由；转呈第五保花户刘克明请垦荒认价建筑学校费仰祈钧鉴核示遵由；转呈第一保花户张海山请垦荒认价建筑学校费仰祈钧鉴示遵由；呈报第一保保长焦福堂情愿开垦认价助校建筑费请均示遵由；函达贵处抄送焦福堂等情愿开垦认价以助费请贵处派员会同该府备查办理由；呈为高窑镇公所前呈请拍卖该保官荒证明毫无纠葛请鉴核由；呈为陇西县高窑镇各保学田图8张由；呈为王国玺、刘克明、张海山、焦福堂等情愿认价垦荒捐助建修学校等情仰祈核示由；为据转吴作花拆毁碉堡木料未经交代仰祈追究以利学校建筑由；呈报贾俊所垦荒地确系官荒请鉴核由；

为转呈居民承租荒仰祈钧座鉴核指遵由；呈为令马俊等速来府以凭核办由
【发文单位】 王泽民等
【收文单位】 陇西县政府等
【档案编号】
　　170-9-81-（0002-0016；0023-0025）
【成文时间】 1942—1943
【收藏单位】 定西市档案馆
【涉及地域】 陇西县
【关 键 词】 垦荒
【内容提要】

1.王泽民上报称，高窑镇镇长呈请查办垦荒一事难以查究，希望由县政府派员查办。2.高窑镇镇长栾瑞林上报：该镇第五保居民王国玺情愿认价开垦高窑川荒地，以助学校建设；第五保居民刘克明情愿认价开垦本镇荒地以助学校建设；第一保居民张海山情愿认价开垦安家川大河滩荒地以助学校建设；第一保保长焦福堂情愿认价开垦蒲家门荒地以助学校建设。3.陇西县政府关于派员查勘焦福堂等人认价开垦本镇荒地以助学校建设的公函。4.第六保保长刘汉杰、第三保保长王殿魁、第五保保长王允中、第一保保长张海忠、第二保保长赵继普等人证明该镇公所呈请拍卖的荒地确系官荒的证明书。5.陇西县高窑镇各保学田图8张。6.陇西县政府关于王国玺、刘克明、张海山、焦福堂等人认价承垦荒地的批示。7.高窑镇镇长栾瑞林就吴作花拆毁第五保碉堡的木料详情未做交代一事向县政府提交文件，希望严加查办。8.职员张伦就贾俊等人所开荒地确系官荒一事向县政府所交签呈。9.高窑镇中心学校校长裴合章就本镇居民贾俊、李馥、汪泮臣、张子明等人情愿开垦荒地助学一事向政府提交的呈请。10.陇西县县长就贾俊等人开垦荒地一事所作批示，称需上报本地耆老、保长证明书后再行核办。

四、水资源开发管理类档案

【叙录编号】 0350
【档案题名】
　　甘肃省政府委员会第318次会议记录关于审议甘肃省烟卷改办统税办法及审议甘肃省保甲人员训练办法等事宜
【发文单位】 第二区行政督察专员公署
【收文单位】 甘肃省政府
【档案编号】 004-007-0464-0005
【成文时间】 1935-06-25
【收藏单位】 甘肃省档案馆
【涉及地域】 第二区行政督察专员公署
【关 键 词】 凿井
【内容提要】
　　主要涉及第二区行政督察专员公署呈送为农村耕稼，建议兴修水利以凿井为简便易行等事宜。

【叙录编号】 0351
【档案题名】
　　甘肃省政府委员会第266次会议记录
【发文单位】 甘肃省政府
【收文单位】 甘肃省政府
【档案编号】 004-007-0507-0023
【成文时间】 1934-12-18
【收藏单位】 甘肃省档案馆
【涉及地域】 甘谷县
【关 键 词】 修沟；工程费
【内容提要】
　　会议讨论了甘肃省民政厅、财政厅、建设厅三厅呈复关于甘谷县修复龙峪、南沙二沟工程，并请示工程费拨发问题。会议决议由建设厅勘察后再行核办。

【叙录编号】 0352
【档案题名】
　　甘肃省甘谷县政府关于报送本县民国二十三年（1934）第1次县政会议记录致甘肃省民政厅厅长朱绍良的呈；民政厅关于该县民国二十三年（1934）第1次县政会议记录已知悉、应遵照指示办理给甘谷县政府的指令
【发文单位】 甘谷县政府；甘肃省民政厅
【收文单位】 甘肃省民政厅；甘谷县政府
【档案编号】 004-007-0561-（0003-0004）
【成文时间】 1934-04-15—1934-04-28
【收藏单位】 甘肃省档案馆
【涉及地域】 甘谷县
【关 键 词】 城西大小沙堤
【内容提要】
　　主要涉及甘谷县申请城西大小沙堤等事宜。

【叙录编号】 0353
【档案题名】
　　甘肃省秦安县政府第28次县政会议关于提会审议本县各区区费统筹及自卫团组织条例等事项的会议记录
【发文单位】 秦安县政府
【收文单位】 甘肃省政府

【档案编号】 004-007-0561-0010
【成文时间】 1934-04-09
【收藏单位】 甘肃省档案馆
【涉及地域】 秦安县
【关 键 词】 南小河乔木
【内容提要】
　　主要涉及申请修理南小河乔木等事宜。

【叙录编号】 0354
【档案题名】
　　甘肃省民政厅关于发民国二十一年（1932）4月下旬地方情况及政务工作报告表审核意见给漳县政府的指令
【发文单位】 甘肃省民政厅
【收文单位】 漳县政府
【档案编号】 004-008-0040-0021
【成文时间】 1932-05-17
【收藏单位】 甘肃省档案馆
【涉及地域】 漳县
【关 键 词】 开渠；种树
【内容提要】
　　该指令提及漳县县长亲往查看开渠事宜，并将栽植之树妥善保护。

【叙录编号】 0355
【档案题名】
　　甘肃省民政厅关于发民国二十一年（1932）5月上旬地方情况及政务工作报告表审核意见给漳县政府的指令
【发文单位】 甘肃省民政厅
【收文单位】 漳县政府
【档案编号】 004-008-0040-0023
【成文时间】 1932-05-25
【收藏单位】 甘肃省档案馆
【涉及地域】 漳县
【关 键 词】 修渠；保护森林；雹灾等
【内容提要】
　　该指令提及漳县县长督饬人民修理被雨冲坏的椿树村渠道，并令各村严加保护森林，派员勘察雹灾。并要求县政府督促人民趁雨水赶种秋禾。

【叙录编号】 0356
【档案题名】
　　甘肃省民政厅关于发民国二十一年（1932）5月下旬地方情况及政务工作报告表审核意见给漳县政府的指令
【发文单位】 甘肃省民政厅
【收文单位】 漳县政府
【档案编号】 004-008-0040-0027
【成文时间】 1932-06-15
【收藏单位】 甘肃省档案馆
【涉及地域】 漳县
【关 键 词】 开发河滩；修建水磨
【内容提要】
　　该指令责成漳县县长监督河滩开发事宜，并提及城南河滩已由公家筹款修建水磨1座。

【叙录编号】 0357
【档案题名】
　　甘肃省民政厅关于天水县民国二十一年（1932）5月上旬政务工作报告表准予备查并努力工作给天水县政府的指令
【发文单位】 甘肃省民政厅
【收文单位】 天水县政府
【档案编号】 004-008-0047-0020
【成文时间】 1932-05-25
【收藏单位】 甘肃省档案馆
【涉及地域】 天水县
【关 键 词】 修渠；补种秋禾
【内容提要】
　　该指令提及天水县补修旧有水渠以便灌田，并趁雨水敕令农民补种秋禾。

【叙录编号】 0358
【档案题名】
　　甘肃省民政厅关于该县民国二十一年（1932）9月份政务工作报告表准予备查及未填气候一栏给天水县政府的指令
【发文单位】 甘肃省民政厅
【收文单位】 天水县政府
【档案编号】 004-008-0048-0018
【成文时间】 1932-10-29
【收藏单位】 甘肃省档案馆
【涉及地域】 天水县
【关 键 词】 挖井
【内容提要】
　　该指令提及天水县限令每户挖井1眼以资灌溉防旱，但因天气寒冷，民众困苦，不当操之过急。

【叙录编号】 0359
【档案题名】
　　甘肃省民政厅关于静宁县民国二十一年（1932）5月中旬地方情况及政务工作报告表准予备查并认真办理给静宁县政府的指令
【发文单位】 甘肃省民政厅
【收文单位】 静宁县政府
【档案编号】 004-008-0049-0017
【成文时间】 1932-06-01
【收藏单位】 甘肃省档案馆
【涉及地域】 静宁县；东峡口
【关 键 词】 疏渠
【内容提要】
　　该指令提及静宁县饬派民夫设法掘疏东峡口之渠坝，以资灌溉。并令公安局修理阳沟，引水入城汎洒街道。

【叙录编号】 0360
【档案题名】
　　甘肃省天水县政府民国二十一年（1932）8月份地方情况及政务工作报告表
【发文单位】 天水县政府
【收文单位】 甘肃省政府
【档案编号】 004-008-0071-0019
【成文时间】 1932-09-12
【收藏单位】 甘肃省档案馆
【涉及地域】 天水县
【关 键 词】 水利
【内容提要】
　　"建设"下记奉令凿泉开渠，以重民食，遵即分令各区长赶即遵照办理，以兴水利，所有办理情形另文呈报。

【叙录编号】 0361
【档案题名】
　　甘肃省民政厅关于该县民国二十一年（1932）7月份地方情况及政务工作报告表准予备查给陇西县政府的指令
【发文单位】 甘肃省民政厅
【收文单位】 陇西县政府
【档案编号】 004-008-0077-0028
【成文时间】 1932-09-21
【收藏单位】 甘肃省档案馆
【涉及地域】 陇西县
【关 键 词】 水利
【内容提要】
　　省民政厅准予陇西县办理水利，关系人民生计至大。仁寿新渠既然被暴水冲坏，该县县长应设法修理以灌溉，不得推诿。

【叙录编号】 0362
【档案题名】
　　甘肃省民政厅关于催武山县农民补种秋粮及修缮渠道给武山县政府的指令
【发文单位】 甘肃省民政厅
【收文单位】 武山县政府
【档案编号】 004-008-0080-0012

【成文时间】 1932-05-21
【收藏单位】 甘肃省档案馆
【涉及地域】 武山县
【关 键 词】 补种秋粮；修缮渠道
【内容提要】
如题。

【叙录编号】 0363
【档案题名】
甘肃省民政厅关于武山县应按民国二十一年（1932）5月下旬工作表列各项切实工作给武山县政府的指令
【发文单位】 甘肃省民政厅
【收文单位】 武山县政府
【档案编号】 004-008-0080-0016
【成文时间】 1932-06-08
【收藏单位】 甘肃省档案馆
【涉及地域】 武山县
【关 键 词】 补种秋粮；开渠道
【内容提要】
该指令称，武山县东顺上下村旱地颇多，饬令村长等开渠以资灌溉，又催该县趁雨赶种秋禾。

【叙录编号】 0364
【档案题名】
甘肃省民政厅关于武山县应将工作报告表内各项切实进行及将旬报改为月报给武山县政府的指令
【发文单位】 甘肃省民政厅
【收文单位】 武山县政府
【档案编号】 004-008-0080-0020
【成文时间】 1932-07-13
【收藏单位】 甘肃省档案馆
【涉及地域】 武山县
【关 键 词】 修渠
【内容提要】
该指令提及武山县政府督饬各村长劝导人民修渠灌溉。

【叙录编号】 0365
【档案题名】
甘肃省民政厅关于武山县民国二十一年（1932）7月份地方情况及政务工作报告表准予备查及切实开渠以利灌溉给武山县政府的指令
【发文单位】 甘肃省民政厅
【收文单位】 武山县政府
【档案编号】 004-008-0080-0024
【成文时间】 1932-08-23
【收藏单位】 甘肃省档案馆
【涉及地域】 武山县
【关 键 词】 修渠
【内容提要】
该指令指出武山县县境苦旱，县长宜督令各区民众切实开渠以资灌溉。

【叙录编号】 0366
【档案题名】
甘肃省武山县政府关于报送本县民国二十一年（1932）8月份地方情况及政务工作报告表致甘肃省民政厅的呈
【发文单位】 武山县政府
【收文单位】 甘肃省民政厅
【档案编号】 004-008-0080-0025
【成文时间】 1932-09-08
【收藏单位】 甘肃省档案馆
【涉及地域】 武山县
【关 键 词】 修建河堤
【内容提要】
该呈附表，"建设"下记8月东关乡人民呈请建修红峪河堤，令建设局查复。

【叙录编号】 0367

【档案题名】
　　甘肃省民政厅关于武山县应切实详细填报政务工作表给武山县政府的指令
【发文单位】　甘肃省民政厅
【收文单位】　武山县政府
【档案编号】　004-008-0080-0028
【成文时间】　1932-10-10
【收藏单位】　甘肃省档案馆
【涉及地域】　武山县
【关 键 词】　筑堤修渠
【内容提要】
　　该指令提及武山县工作表中筑堤修渠事填写过于简略。

【叙录编号】　0368
【档案题名】
　　甘肃省秦安县政府关于报送民国二十二年（1933）6月份地方政务工作报告表致甘肃省民政厅的呈
【发文单位】　秦安县政府
【收文单位】　甘肃省民政厅
【档案编号】　004-008-0137-0009
【成文时间】　1933-07-01
【收藏单位】　甘肃省档案馆
【涉及地域】　秦安县
【关 键 词】　凿井；雹雨
【内容提要】
　　"建设"下记各处凿新井，以资灌田，查报去年所植树木种类数目。"其他特别工作"下记上月被打伤的田苗均已改种秋禾，可望收成。

【叙录编号】　0369
【档案题名】
　　甘肃省静宁县政府报送民国二十二年（1933）7月份地方情况及政务工作报告表致甘肃省民政厅的呈及甘肃省民政厅关于静宁县民国二十二年（1933）7月份政府工作报告表审核意见的指令
【发文单位】　静宁县政府；甘肃省民政厅
【收文单位】　甘肃省民政厅；静宁县政府
【档案编号】　004-008-0196-（0001-0002）
【成文时间】　1933-08-16—1933-08-23
【收藏单位】　甘肃省档案馆
【涉及地域】　静宁县
【关 键 词】　凿井；桥梁道路
【内容提要】
　　呈与指令各1份。"呈"部分："建设"下记催查开凿新井。"指令"下记现当大雨，该处地处孔道，既有桥梁又有道路，亟应随时查勘补修。

【叙录编号】　0370
【档案题名】
　　甘肃省甘谷县政府报送民国二十二年（1933）12月份地方情况及政务工作报告表致甘肃省民政厅的呈
【发文单位】　甘谷县政府
【收文单位】　甘肃省民政厅
【档案编号】　004-008-0214-0021
【成文时间】　1933-12
【收藏单位】　甘肃省档案馆
【涉及地域】　甘谷县
【关 键 词】　夏雨为灾；均分水利
【内容提要】
　　"农村概况"下记夏雨为灾，农村受害，农民困苦。"建设"下记派员监督由上及下次第均分水利浇灌，以免争端。往年通广两渠每值冬浇之时，农民因争水利而滋生事端。

【叙录编号】　0371
【档案题名】
　　甘肃省庄浪县县长张祥麟关于报送本县民国二十三年（1934）8—12月份地方情况报告

表、自行办理政务工作报告表致甘肃省民政厅的呈及甘肃省民政厅关于审核该县民国二十三年（1934）8月地方情况报告表、自行办理政务报告表并按指示各点切实办理地方政务给庄浪县县长张详麟的指令
【发文单位】　庄浪县政府；甘肃省民政厅
【收文单位】　甘肃省民政厅；庄浪县政府
【档案编号】　004-008-0232-（0001-0010）
【成文时间】　1934-09-30—1935-01-30
【收藏单位】　甘肃省档案馆
【涉及地域】　庄浪县
【关 键 词】　水灾
【内容提要】
　　"建设"下记9月份呈请水灾赈款100元。

【叙录编号】　0372
【档案题名】
　　甘肃省陇西县县长王重揆关于报送民国二十三年（1934）1—7月份地方情况及政务工作报告表致甘肃省民政厅的呈及甘肃省民政厅关于审核民国二十三年（1934）1—7月份地方情况及政务工作报告表给陇西县县长王重揆的指令
【发文单位】　陇西县政府；甘肃省民政厅
【收文单位】　甘肃省民政厅；陇西县政府
【档案编号】　004-008-0275-（0001-0014）
【成文时间】　1934-02-05—1934-08-29
【收藏单位】　甘肃省档案馆
【涉及地域】　陇西县
【关 键 词】　仁寿渠；长宁渠
【内容提要】
　　"建设"下记4月补修仁寿渠；6月据西区首阳镇绅民李星桥等呈请开浚长宁渠，以利灌溉。

【叙录编号】　0373
【档案题名】
　　甘肃省漳县关于报送本县民国二十三年（1934）7—12月份政务工作及地方情况报告表致甘肃省民政厅的呈及甘肃省民政厅关于核示该县民国二十三年（1934）7—12月份政务工作及地方情况报告表的各点意见给漳县政府的指令
【发文单位】　漳县政府；甘肃省民政厅
【收文单位】　甘肃省民政厅；漳县政府
【档案编号】　004-008-0298-（0001-0012）
【成文时间】　1934-08-10—1935-01-11
【收藏单位】　甘肃省档案馆
【涉及地域】　漳县
【关 键 词】　苗圃；水渠；河堤；北渠
【内容提要】
　　"建设"下记7月委任李玉秀为苗圃主任；9月令管渠人员派夫修理水渠，以备灌溉冬苗；10月委任水长卿为水利专员，负责督修渠道之责，以利灌溉；11月督修监井河堤；12月预备开修北渠，令水利委员会先行拟具计划图说。

【叙录编号】　0374
【档案题名】
　　甘肃省漳县县长高禹门关于报送民国二十四年（1935）1—3月份地方情况及政务工作报告表致甘肃省民政厅的呈
【发文单位】　漳县政府
【收文单位】　甘肃省民政厅
【档案编号】
　　004-008-0341-（0005、0007-0008）
【成文时间】　1935-02-03—1935-04-08
【收藏单位】　甘肃省档案馆
【涉及地域】　漳县
【关 键 词】　修理；疏浚渠道
【内容提要】
　　"建设"下记2月修理城西红崖渠；3月疏浚白公渠。

【叙录编号】 0375
【档案题名】
甘肃省陇西县县长张懋东关于报送民国二十四年（1935）1—3月份地方情况及政务工作报告表致甘肃省民政厅的呈
【发文单位】 陇西县政府
【收文单位】 甘肃省民政厅
【档案编号】
004-008-0344-（0006、0008-0009）
【成文时间】 1935-02-12—1935-04-10
【收藏单位】 甘肃省档案馆
【涉及地域】 陇西县；仁寿新渠
【关 键 词】 修渠
【内容提要】
"建设"下记仁寿等渠急需兴修，1月呈请拨款，因地冻未动工。

【叙录编号】 0376
【档案题名】
甘肃省漳县县长高禹门关于报送本县民国二十四年（1935）10—12月份政务工作季报表致甘肃省民政厅的呈
【发文单位】 漳县政府
【收文单位】 甘肃省民政厅
【档案编号】 004-008-0356-0011
【成文时间】 1936-01-12
【收藏单位】 甘肃省档案馆
【涉及地域】 漳县
【关 键 词】 疏浚河渠
【内容提要】
"建设"下记疏浚河渠。

【叙录编号】 0377
【档案题名】
甘肃省渭源县政府关于报送本县民国二十五年（1936）冬季政务工作季报表致甘肃省政府的呈
【发文单位】 渭源县政府
【收文单位】 甘肃省政府
【档案编号】 004-008-0370-0029
【成文时间】 1937-01-11
【收藏单位】 甘肃省档案馆
【涉及地域】 渭源县
【关 键 词】 黄岘河；灌溉
【内容提要】
"建设"下记护路造林，兴办水利，拟于民国二十六年（1937）农闲时，征工兴修官堡之黄岘河并附城之南谷水浇灌农田，以防水患。

【叙录编号】 0378
【档案题名】
甘肃省第二区行政督察专员公署民国二十八年（1939）巡视静宁县报告表
【发文单位】 第二区行政督察专员公署
【收文单位】 甘肃省政府
【档案编号】 004-008-0443-0044
【成文时间】 1939-02
【收藏单位】 甘肃省档案馆
【涉及地域】 静宁县
【关 键 词】 静秦公路；西兰公路；修渠；开采煤矿
【内容提要】
"关于建设事项"下记该县完成静秦公路一二分段，并修西兰公路华家岭段。并重修复兴渠，开采罐子峡煤矿。

【叙录编号】 0379
【档案题名】
甘肃省武山县政府关于报送本县民国三十一年（1942）12月份县长出巡报告表致甘肃省政府的呈
【发文单位】 武山县政府
【收文单位】 甘肃省政府
【档案编号】 004-008-0462-0009

【成文时间】 1942-01-12
【收藏单位】 甘肃省档案馆
【涉及地域】 武山县
【关 键 词】 水利合作社
【内容提要】
　　民国三十一年（1942）12月17日，县长赴东顺乡视察水渠，召集能受灌溉的2000亩田户，组织成立东顺下渠水利合作社。

【叙录编号】 0380
【档案题名】
　　甘肃省陇西县县长丁玺关于报送民国三十一年（1942）2、3月份巡视报告表致甘肃省政府的代电
【发文单位】 陇西县县长丁玺
【收文单位】 甘肃省政府
【档案编号】 004-008-0494-0003
【成文时间】 1942-04-18
【收藏单位】 甘肃省档案馆
【涉及地域】 陇西县
【关 键 词】 首阳渠；灌溉
【内容提要】
　　"关于建设事项"下记县长督促首阳镇修复首阳渠，恢复其浇灌功能。

【叙录编号】 0381
【档案题名】
　　甘肃省甘谷县政府关于本县通广两渠水夫艾大仁病逝恳请准予抚恤致甘肃省政府的呈
【发文单位】 甘谷县政府
【收文单位】 甘肃省政府
【档案编号】 027-001-0140-0006
【成文时间】 1946-01-13
【收藏单位】 甘肃省档案馆
【涉及地域】 甘谷县
【关 键 词】 通广两渠
【内容提要】
　　甘谷县县农会成员、通广两渠水夫艾大仁终身服务渠务，于民国三十四年（1945）不幸病逝，享年72岁，因家境萧索，请求予以抚恤，特呈文甘肃省政府。

【叙录编号】 0382
【档案题名】
　　甘肃省民政厅关于送天水县政府民国三十七年（1948）4—9月份重要工作报告给甘肃省建设厅的函及省政府审核意见
【发文单位】 天水县政府
【收文单位】 甘肃省建设厅
【档案编号】 027-001-0201-（0001-0002）
【成文时间】 1948-10-27—1948-11-09
【收藏单位】 甘肃省档案馆
【涉及地域】 天水县
【关 键 词】 植树；育苗
【内容提要】
　　"建设"部分包括：购置电话器材、建筑城防工事、修整县道、修筑南河堤。

【叙录编号】 0383
【档案题名】
　　筹建天水南河川水电站
【发文单位】 天水县政府；甘肃省政府；资源委员会西北水利查勘处
【收文单位】 甘肃省政府；天水县政府；行政院
【档案编号】 038-001-0074-（0010-0013）
【成文时间】 1947-05-13—1947-07-08
【收藏单位】 甘肃省档案馆
【涉及地域】 天水县
【关 键 词】 水电站
【内容提要】
　　天水县政府据南河川水电站呈报理由及办法，呈请资源委员会和甘肃省政府加速筹建南河川水电站。省政府同意加速筹建，西北水利

勘测处进行勘测。省政府电行政院关于筹建南河川水利发电厂具体事项。

【叙录编号】 0384
【档案题名】
　　漳县三岔镇灌溉工程初步计划书
【发文单位】 甘肃省水利局
【收文单位】 甘肃省水利局
【档案编号】 038-001-0077-0004
【成文时间】 1948-12
【收藏单位】 甘肃省档案馆
【涉及地域】 漳县
【关 键 词】 三岔镇灌溉工程
【内容提要】
　　如题。

【叙录编号】 0385
【档案题名】
　　渭源县申请在南河开渠灌田
【发文单位】 甘肃省政府；渭源县政府；第一水利勘测队等
【收文单位】 甘肃省政府；第一水利勘测队；渭源县政府等
【档案编号】 038-001-0080-（0001-0005）
【成文时间】 1948-09-13—1948-10-16
【收藏单位】 甘肃省档案馆
【涉及地域】 渭源县
【关 键 词】 南河开渠灌田
【内容提要】
　　渭源县政府、甘肃省政府、水利第一勘测队之间关于县府申请在南河开渠灌田的公文往来，包含第一水利勘测队工作日记。

【叙录编号】 0386
【档案题名】
　　派谢泽、康秉笃勘测漳县、陇西县、渭源县三县水利工程的训令
【发文单位】 甘肃省政府等
【收文单位】 谢泽；康秉笃；漳县政府；陇西县政府；渭源县政府
【档案编号】 038-001-0080-0006
【成文时间】 1948-10-21
【收藏单位】 甘肃省档案馆
【涉及地域】 漳县；陇西县；渭源县
【关 键 词】 水利
【内容提要】
　　省政府饬谢泽、康秉笃勘测漳县、陇西县、渭源县三县水利工程，并告知漳县、陇西、渭源三县政府。

【叙录编号】 0387
【档案题名】
　　陇西县申请兴修水利
【发文单位】 陇西县政府；侯书田等；甘肃省政府等
【收文单位】 甘肃省政府；陇西县政府
【档案编号】
　　038-001-0080-（0007-0009、0011、0021-0023）
【成文时间】 1947-05-15—1947-11-18
【收藏单位】 甘肃省档案馆
【涉及地域】 陇西县
【关 键 词】 水利
【内容提要】
　　陇西县政府及县参议会向省政府建议兴修水利，勘测人员向省政府报告陇西县水量太小财力不足，建议缓计。省政府据此饬陇西县府自行组织，不予拨款。后陇西县参议会向省政府建议，建设陇西水利，民政厅呈报政务督导团关于陇西水利部分，省政府饬县政府待勘测后再核办。

【叙录编号】 0388
【档案题名】

渭河上游修水渠
【发文单位】 甘肃省政府；甘肃省水利局等
【收文单位】 甘肃省参议会；甘肃省水利局第三科科长侯书田；甘肃省政府等
【档案编号】
038-001-0080-（0010、0012-0015、0020）
【成文时间】 1947-05-28—1947-10-03
【收藏单位】 甘肃省档案馆
【涉及地域】 渭河上游
【关 键 词】 渭河；修水渠
【内容提要】
本卷共有6份文件，涉及甘肃省参议会、水利局、省政府之间关于在渭河上游修水渠的往来公文。

【叙录编号】 0389
【档案题名】
陇西县三河蓄水库
【发文单位】 陇西县政府；甘肃省水利局等
【收文单位】 甘肃省政府；甘肃省水利局；陇西县政府等
【档案编号】 038-001-0080-（0016-0020）
【成文时间】 1947-08-14—1947-10-03
【收藏单位】 甘肃省档案馆
【涉及地域】 陇西县
【关 键 词】 三河蓄水库
【内容提要】
陇西县政府及县参议会、甘肃省水利局、省政府之间关于县政府向省政府建议派员勘测三河蓄水库的往来公文。水利局技正施彭龄向水利局呈报，陇西县此处不能修建水库，省政府据此告知县政府。

【叙录编号】 0390
【档案题名】
关于拨款开修漳县三岔镇水渠的往来公文
【发文单位】 漳县政府；甘肃省政府
【收文单位】 甘肃省政府；漳县政府
【档案编号】 038-001-0084-（0013-0014）
【成文时间】 1948-04-24—1948-05-10
【收藏单位】 甘肃省档案馆
【涉及地域】 漳县
【关 键 词】 三岔镇水渠
【内容提要】
漳县政府、省政府之间关于拨款开修漳县三岔镇水渠的公文来往，共2份。

【叙录编号】 0391
【档案题名】
民国三十六年（1947）甘肃省政府、静宁县政府就拨赈款兴修南河渠一事的往来公文
【发文单位】 甘肃省政府；静宁县政府
【收文单位】 甘肃省政府；静宁县政府
【档案编号】 038-001-0095-（0001-0002）
【成文时间】 1947-03-18—1947-04-02
【收藏单位】 甘肃省档案馆
【涉及地域】 静宁县
【关 键 词】 修渠
【内容提要】
本卷共2份文件。涉及民国三十五年（1946）省政府拨赈款兴修静宁县南河水渠一事。

【叙录编号】 0392
【档案题名】
民国三十六年（1947）甘肃省政府、静宁县政府就赈款用途变更的往来公文
【发文单位】 甘肃省政府；静宁县政府
【收文单位】 甘肃省政府；静宁县政府
【档案编号】 038-001-0095-（0003-0007）
【成文时间】 1947-10-25—1947-12-02
【收藏单位】 甘肃省档案馆
【涉及地域】 静宁县
【关 键 词】 修建水利
【内容提要】

本卷共5份文件。涉及静宁县政府呈请将建修水磨款改为补修水库款；将修建水磨款改为补修水磨款；将建修水磨工程款改为补修水坝款、渠坝款等事宜。

【叙录编号】 0393
【档案题名】
民国三十七年（1948）静宁西河水利工程无法兴修致省参议院赵西岩笺函
【发文单位】 甘肃省水利局
【收文单位】 甘肃省参议院赵西岩
【档案编号】 038-001-0095-0008
【成文时间】 1948-11-10
【收藏单位】 甘肃省档案馆
【涉及地域】 静宁县
【关 键 词】 水利工程
【内容提要】
本卷共1份文件。内容如题。

【叙录编号】 0394
【档案题名】
民国三十七年（1948）甘肃省政府与静宁县政府就修建水渠、公路与桥梁一事的往来公文
【发文单位】 甘肃省政府；静宁县政府
【收文单位】 甘肃省政府；静宁县政府
【档案编号】 038-001-0095-（0009-0010）
【成文时间】 1948-11-29—1948-12-15
【收藏单位】 甘肃省档案馆
【涉及地域】 静宁县
【关 键 词】 修筑水渠；公路与桥梁
【内容提要】
本卷共2份文件。涉及静宁县拟修水渠、公路与桥梁的呈请，省政府回复先实地勘察、筹集经费后再议修建事项。

【叙录编号】 0395

【档案题名】
民国三十八年（1949）甘肃省政府、天水县政府就修筑南河堤坝一事的往来公文
【发文单位】 甘肃省政府；天水县政府
【收文单位】 甘肃省政府；天水县政府
【档案编号】 038-001-0095-（0011-0018）
【成文时间】 1949-03-20—1949-05-21
【收藏单位】 甘肃省档案馆
【涉及地域】 天水县
【关 键 词】 修筑南河堤坝
【内容提要】
本卷共8份文件。涉及天水县修筑南河堤坝修筑计划、拨款以工代赈、相关民工待遇及南河水力状况等事，附《天水县以工代赈修筑南河堤实施办法》《天水南河川水力概况》各1份。

【叙录编号】 0396
【档案题名】
修理天水城南河道计划请河西工程处研究
【发文单位】 林白
【收文单位】 甘肃省政府
【档案编号】 038-001-0151-0008
【成文时间】 不详
【收藏单位】 甘肃省档案馆
【涉及地域】 天水县
【关 键 词】 人事
【内容提要】
如题。

【叙录编号】 0397
【档案题名】
甘肃省水利委员会名单1份（残缺不全）
【发文单位】 漳县政府
【收文单位】 甘肃水利林牧公司
【档案编号】 038-001-0152-0006
【成文时间】 不详

【收藏单位】 甘肃省档案馆
【涉及地域】 漳县
【关 键 词】 人事
【内容提要】
　　如题。

【叙录编号】 0398
【档案题名】
　　甘肃省建设厅为据静宁公民请修静宁县城附近水利请查照办致甘肃水利林牧公司的函
【发文单位】 甘肃省建设厅
【收文单位】 甘肃水利林牧公司
【档案编号】 039-001-0304-0034
【成文时间】 1943-12-01
【收藏单位】 甘肃省档案馆
【涉及地域】 静宁县
【关 键 词】 兴修水利
【内容提要】
　　本卷共1份文件。内容如题。

【叙录编号】 0399
【档案题名】
　　静宁县王尔兴对静宁县城附近河水灌田的优劣分析
【发文单位】 王尔兴
【收文单位】 不详
【档案编号】 039-001-0304-0035
【成文时间】 1943-02-09
【收藏单位】 甘肃省档案馆
【涉及地域】 静宁县
【关 键 词】 灌溉；农田水利
【内容提要】
　　本卷共1份文件。涉及静宁县苦水河水文情况，以及对水坝建设难易程度的评估。

【叙录编号】 0400
【档案题名】
　　静宁县水委会送西河水灌溉试验结果单及水旱地麦穗的笺和函
【发文单位】 静宁县水委会
【收文单位】 甘肃水利林牧公司总管理处
【档案编号】 039-001-0304-0036
【成文时间】 1943-08-16
【收藏单位】 甘肃省档案馆
【涉及地域】 静宁县
【关 键 词】 灌溉；麦穗
【内容提要】
　　本卷共1份文件。内容如题。

【叙录编号】 0401
【档案题名】
　　甘肃省建设厅与甘肃水利林牧公司就整修陆田渠的往来公文及相关文件
【发文单位】 甘肃省建设厅；甘肃省政府；甘肃水利林牧公司等
【收文单位】 甘肃省建设厅；甘肃水利林牧公司
【档案编号】 039-001-0496-（0001-0012）
【成文时间】 1943-01-04—1944-02-19
【收藏单位】 甘肃省档案馆
【涉及地域】 甘谷县
【关 键 词】 陆田渠
【内容提要】
　　甘肃省建设厅鉴于甘谷县沟渠淤塞年久失修等情，函甘肃水利林牧公司勘察灌区并报送报告书1份。甘肃水利林牧公司函甘肃水利林牧公司水利查勘二分队查勘陆田渠。甘肃水利林牧公司水利查勘二分队函复报告书。甘肃水利林牧公司报送陆田渠查勘报告给甘肃省建设厅，甘肃省建设厅函复照准报告书办理并请列入甘肃省政府民国三十三年（1944）年度计划。甘肃水利林牧公司函复将陆田渠整修工程列入民国三十三年（1944）年度计划，甘肃省政府电复，已将陆田渠列入民国三十三年（1944）年度预算并照准办理。甘肃水利林牧公司建议将陆田渠勘设费列入民国三十三年（1944）年度预算非工程费，甘肃省政府电复照准，将陆田渠勘设费列入民国三十三年（1944）年度贷款计划。甘肃省建设厅发函甘谷县政府照准施行陆田渠治本计划，并附治本计划原文。

【叙录编号】　0402
【档案题名】
　　渭源县参议会提案建议渭源县政府转请甘肃省政府拨款开渠以利灌溉而救民生
【发文单位】　渭源县参议会
【收文单位】　渭源县政府
【档案编号】　156-1-11-8
【成文时间】　1936-09
【收藏单位】　定西市档案馆
【涉及地域】　渭源县
【关 键 词】　开渠灌溉
【内容提要】
　　渭源县参议会第一届会议中，参议员张介侯提案，冯筱轩与李彦俊联署省政府拨款开渠以利灌溉而救民生。

【叙录编号】　0403
【档案题名】
　　甘肃省政府令各市县文献委员会协征党史史料及抗战史料办法、市县文献会组织规程、登记文物损失公告、地方志书修纂办法、文献委员月报表以及本县成立文献会情况、负责人组织开会经过和呈复指令
【发文单位】　甘肃省政府等
【收文单位】　渭源县政府
【档案编号】　157-2-38-（0036-0037）
【成文时间】　1943
【收藏单位】　定西市档案馆
【涉及地域】　渭源县
【关 键 词】　水利著述；文献委员会
【内容提要】
　　本卷主体为渭源县成立文献委员会的来往公文，包括审批成立的来往公文、渭源县文献委员会的成员一览表以及基本业务（如编修县志、搜集史料等）的呈报公文，以及甘肃省政府转发水利部关于代请各地方政府搜集地方志书与水利著述的训令。

【叙录编号】　0404
【档案题名】
　　陇西县政府、甘肃省建设厅关于兴办水利、修建河渠的政府公文
【发文单位】　甘肃省政府；甘肃省建设厅
【收文单位】　陇西县政府等
【档案编号】　170-1-95（全案卷）
【成文时间】　1934
【收藏单位】　定西市档案馆
【涉及地域】　陇西县
【关 键 词】　河渠
【内容提要】
　　甘肃省政府、建设厅、陇西县政府等关于兴办水利，续修永济、仁寿两渠；转开长宁渠。附河渠略图、计划视察的训令、指令、电报、函咨等。

【叙录编号】　0405
【档案题名】
　　关于修建水磨的请求呈文、批准、训令
【发文单位】　陇西县政府
【收文单位】　陇西县教育股
【档案编号】　170-2-88-（0007-0033）
【成文时间】　1947
【收藏单位】　定西市档案馆
【涉及地域】　陇西县
【关 键 词】　修建水磨

【内容提要】

刘炎、杜德仓、吕海滨、王三槐、温海清、赵琴鹤、李俊等人申请领磨贴，颁发执照以建水磨。陇西县政府令教育股调查，并呈报调查情形。

【叙录编号】 0406
【档案题名】
甘肃省政府、陇西县政府关于当牙磨税月报表的指令、代电、呈文、征收、征欠、征交报告表
【发文单位】 甘肃省政府等
【收文单位】 陇西县政府
【档案编号】 170-2-213-（0001-0021）
【成文时间】 1938
【收藏单位】 定西市档案馆
【涉及地域】 陇西县
【关 键 词】 磨税
【内容提要】

省政府与陇西县政府关于当牙磨税收支情况的指令、呈文等，其中有民国二十七年（1938）5—12月份的当牙磨税收支报告表、磨牙税征欠数目表等。

【叙录编号】 0407
【档案题名】
陇西县政府、甘肃省财政厅关于当牙磨税月报表的相关政府公文
【发文单位】 甘肃省财政厅等
【收文单位】 陇西县政府等
【档案编号】 170-2-214（全案卷）
【成文时间】 1938
【收藏单位】 定西市档案馆
【涉及地域】 陇西县
【关 键 词】 牙磨税
【内容提要】

陇西县政府、甘肃省财政厅关于牙磨税月报表的训令、指令、代电、呈文、收支、征存等表单信息及政府公文。

【叙录编号】 0408
【档案题名】
陇西县政府关于水磨、牙税的相关政府公文
【发文单位】 陇西县政府
【收文单位】 不详
【档案编号】 170-2-218（全案卷）
【成文时间】 1938
【收藏单位】 定西市档案馆
【涉及地域】 陇西县
【关 键 词】 水磨；牙税
【内容提要】

陇西县政府关于水磨护照的发放及领取、催交牙税、修建水磨等相关事宜的政府政令、训令、呈文。

【叙录编号】 0409
【档案题名】
陇西县参议会第2次大会第14次会议记录
【发文单位】 陇西县参议会
【收文单位】 陇西县政府
【档案编号】 170-4-67-（0028-0029）
【成文时间】 1944-12
【收藏单位】 定西市档案馆
【涉及地域】 陇西县
【关 键 词】 修渠
【内容提要】

陇西县参议会第2次大会第14次会议，陈守义提案县政府修浚永济、仁寿干支各渠，其办法为保昌、南安、紫来等乡镇负责督修，原定立处罚办法等切实遵行。

【叙录编号】 0410
【档案题名】

甘肃省政府、陇西县政府关于参议会提议：修水利、补城垣、护营房、保桥梁、清理土枪炮、所利税率、推广植树造林、教师口粮统筹、学租变价、健全中医公会的训令、代电
【发文单位】　陇西县参议会等
【收文单位】　陇西县政府等
【档案编号】　170-4-266-（0001-0002）
【成文时间】　1945
【收藏单位】　定西市档案馆
【涉及地域】　陇西县
【关 键 词】　兴修水利；植树造林
【内容提要】

　　本卷主要为陇西县参议员的诸提案及其处理情形。其中有提议陇西大举水利，并修筑小型蓄水库、水闸，并开水井以利农业灌溉、生活饮用及防山洪泛滥。亦有提议在仁寿山荒地推广造林。

【叙录编号】　0411
【档案题名】
　　陇西县保昌镇镇民代表会第1次会议记录
【发文单位】　陇西县保昌镇镇民代表会议
【收文单位】　陇西县政府
【档案编号】　170-4-305-14
【成文时间】　1945-04
【收藏单位】　定西市档案馆
【涉及地域】　陇西县
【关 键 词】　水利
【内容提要】

　　陇西县保昌镇召开镇民代表会第1次会议。代表陈焕章、马心吾提议掏修永济渠，并呈请县政府将永济渠严定次序。代表马心吾提议如何掏修崇德保喇嘛池一案。代表吴仲铭提如何补修渭滨保属境渠桥及禁绝道旁开掘麻池一案。镇公所提如何建修拚桥沟以利经行一案，及如何补修西河堤以防水患案等提案，并均对其做出决议。

【叙录编号】　0412
【档案题名】
　　甘肃省政府、陇西县政府关于临时参议会建议：保护古迹、修补城垣、水库、追加拨款、教员从军、薪粮、学龄儿童入学、女子教育的训、指令、公函
【发文单位】　陇西县参议会
【收文单位】　陇西县政府
【档案编号】　170-5-82-9
【成文时间】　1946
【收藏单位】　定西市档案馆
【涉及地域】　陇西县
【关 键 词】　水利工程
【内容提要】

　　本卷为陇西县参议会关于修建三河口蓄水库的提案，此提案提议修筑三河口，拟先请省政府派技术人员前来勘测设计，再行修筑。经陇西县政府审阅后，报送甘肃省政府，甘肃省政府批示，待派员勘测之后再行定夺。

【叙录编号】　0413
【档案题名】
　　第一区行政督察专员公署、陇西县政府、文峰等乡镇关于修筑河堤的训令及复兴、碧岩迁移地址的报告
【发文单位】　第一区行政督察专员公署
【收文单位】　陇西县政府及各乡镇
【档案编号】　170-5-235-（0001-0008）
【成文时间】　1947
【收藏单位】　定西市档案馆
【涉及地域】　陇西县
【关 键 词】　水利
【内容提要】

　　本卷主体为陇西县南堤修筑计划及各级政府关于此事的往来公文。修筑计划包括：修筑人力资源、修筑调度、修筑理事会等行政事务。

【叙录编号】 0414
【档案题名】
　　陇西县文峰镇镇民代表会会议记录
【发文单位】 陇西县文峰镇镇民代表会会议
【收文单位】 陇西县文峰镇
【档案编号】 170-5-386-1
【成文时间】 1948-04-01
【收藏单位】 定西市档案馆
【涉及地域】 文峰镇
【关 键 词】 永济渠
【内容提要】
　　陇西县文峰镇召开镇民代表会。会上王霖代表提议，由于永济渠淤塞妨碍灌溉，待农忙结束后对其加以修理疏浚，以利水利，这一决议经讨论后通过。

【叙录编号】 0415
【档案题名】
　　陇西县政府函请骑兵团强拉民众烧柴不发价款的情况严予禁止
【发文单位】 陇西县政府
【收文单位】 骑兵团第二营
【档案编号】 170-7-60-35
【成文时间】 1946-06
【收藏单位】 定西市档案馆
【涉及地域】 陇西县
【关 键 词】 烧柴
【内容提要】
　　如题。

【叙录编号】 0416
【档案题名】
　　为函达会商定保管水窖补充办法请查照；为电赍保管水窖补充办法请鉴核备查；为转发承包天兰铁路境内水窖违约处理补充办法仰转知包户由；天兰铁路第五总段境内水窖保管补充办法；为发天兰铁路水窖承包人违约处理办法仰遵办；违反合约规定处理办法；奉发承包天兰铁路水窖违约处理办法一案仰知照由；准天水铁路局电复请转饬有关各县布告沿线民众协助保护水窖一案令仰遵照；据拟水窖保护补充办法准备查由；为呈报居龙保水窖业经放满容量请派员检查并行发款；为据报阳坡乡居龙保水窖业经放满容量请派员检查并予放款由；函复请派员检查所有水窖以便按照规定会同核定应否发放三期窖款；函请饬嘱保护沿线水窖储水由；为令饬布告保护水窖储水一案仰遵照由
【发文单位】 陇西县政府等
【收文单位】 甘肃省政府等
【档案编号】 170-8-15-（0030-0043）
【成文时间】 1946—1947
【收藏单位】 定西市档案馆
【涉及地域】 陇西县
【关 键 词】 保护水窖
【内容提要】
　　陇西县政府派员，会商拟定保管水窖补充的办法。陇西县政府关于天兰铁路第5总段保管水窖补充办法的文件。陇西县政府关于天兰铁路修筑水窖违约事件的文件。天兰铁路第5总段境内水窖保管补充办法10则。甘肃省政府代电，关于天兰铁路陇榆段储水池窖工程承包人违约处理，及第3期价款相关问题。违犯合约规定处理办法两则，第3期价款保存及发放办法两则，水窖移交后保管办法两则。陇西县政府关于水窖工程承包人违约一事处理办法的相关命令。甘肃省政府训令，内容主要为转饬有关各县布告沿线民众协助保护水窖。甘肃省政府代电，内容主要为拟定水窖保护补充办法的相关文件。居龙保承包人关于呈报居龙保水窖业经放满容量，请派员检查并行发款。陇西县政府关于阳坡乡居龙保水窖业经放满容量，请派员检查并予放款。承包人请派员检查所有水窖，以便按照规定会同核定应否发放三期窖款相关事宜。天兰铁路工程处恳请陇西县政府命令居民保护沿线水窖。陇西县政府训令，天兰铁路沿线居民协助保护水窖。

【叙录编号】 0417
【档案题名】
　　函送大会决议修补城墙水道土窖以固城垣请查照办理；建议陇西县政府补修城墙水道及土窖以固城垣；准陇西县政府第1455号公函等由准此相应函特；函复建议补修城墙水道以固城墙一案请查照；函送大会决议疏浚水渠补修河堤一案请办理；建议陇西县政府趁农隙时补修河堤并疏浚大小水渠案；准陇西县政府第1298号公函等由此相应函达；为复疏浚水渠补修河堤一案请查照由
【发文单位】 陇西县参议会等
【收文单位】 陇西县政府等
【档案编号】 171-1-51-（0001-0008）
【成文时间】 1948
【收藏单位】 定西市档案馆
【涉及地域】 陇西县
【关 键 词】 补修水道；疏浚水渠
【内容提要】
　　民国三十七年（1948）5月，陇西县参议会第3次大会决议，请求陇西县政府修补城墙水道以便修固城垣，请求政府批准。参议会讨论后建议县政府补修城墙水道及土窖以固城垣。理由是本会第1次大会时，就有议员建议补修城垣水道及土窖。现今遇降水，满城横流，另有居民偷拆水道青砖。又查，民国十八年（1929）为防御匪患修筑之土窖，因无人管理，多有破败，值此战乱，应予以修理，以固城垣，并提出补修办法3则。第395号公函，说明第3次大会之关于修补城墙的议案，需要提交大会第5次会议决议。陇西县政府致陇西县参议会，关于修补城墙水道土窖以固城垣。参议会关于建议县政府于农闲时补修河堤，并掘掘大小水渠，附该项议案的主文、细则与办法。参议会第2届第3次大会关于修补大小水渠的议案的批示。县政府致参议会关于修补大小水渠提案的回复。

【叙录编号】 0418
【档案题名】
　　陇西县白发祥关于白耀阻拦填埋古井应自行承担后果致陇西县政府的呈文
【发文单位】 白发祥
【收文单位】 陇西县政府
【档案编号】 176-1-275-116
【成文时间】 1943-07
【收藏单位】 定西市档案馆
【涉及地域】 陇西县
【关 键 词】 古井
【内容提要】
　　白发祥呈称，其在保昌镇庙台巷路旁有古井一眼，年久干涸，加之当年降水较多，水淹下陷，经该巷全体居民公议进行填埋，以避免危险。但白耀加以阻拦，故此呈文，后如发生不测，过失由白耀一人承担。

【叙录编号】 0419
【档案题名】
　　天水县士子镇政府关于民工名册、征发壮丁、民工备粮、民工奖励、逃工除名、修河堤记录、修宝天路配粮名册通知规定由
【发文单位】 天水县政府
【收文单位】 天水县士子镇
【档案编号】 民国天水县士子镇510-17
【成文时间】 1945-03-07
【收藏单位】 麦积区档案馆
【涉及地域】 天水县
【关 键 词】 开修南河堤
【内容提要】
　　本卷档案有天水县政府开修南河堤征工会

议记录，主要讨论了各乡镇征工、分工与工人酬劳等事宜。

【叙录编号】 0420
【档案题名】
　　天水县政府关于城防、修河堤用工、停工知照由
【发文单位】 天水县政府
【收文单位】 天水县各乡镇
【档案编号】 民国天水县铁炉镇513-148
【成文时间】 1949-04—1949-08
【收藏单位】 麦积区档案馆
【涉及地域】 天水县
【关 键 词】 修建河堤
【内容提要】
　　本卷有天水县政府给各乡镇的关于组织民夫修建南河堤的开工。停工、组织事宜等的训令。

五、林草动物资源开发与保护类档案

【叙录编号】 0421
【档案题名】
　　甘肃省补给委员会天水县补给分会关于可否将本县保安团队所需木柴另划乡镇单独负担致甘肃省政府的代电；甘肃省政府关于准予将本县保安团队所需木柴另划乡镇单独负担给甘肃省补给委员会天水县补给分会的代电
【发文单位】 甘肃省补给委员会天水县补给分会；甘肃省政府
【收文单位】 甘肃省政府；甘肃省补给委员会天水县补给分会
【档案编号】 004-001-0218-（0007-0008）
【成文时间】 1946-09-18—1946-09-25
【收藏单位】 甘肃省档案馆
【涉及地域】 天水县
【关 键 词】 木柴
【内容提要】
　　省补给委员会天水县补给分会致电省政府，关于保安团队每月补给的木柴，可否另划乡镇单独担任，以免引发价格紊乱。省政府回文准予备查。

【叙录编号】 0422
【档案题名】
　　甘肃省政府委员会第1594次会议议事日常
【发文单位】 甘肃省政府委员会
【收文单位】 甘肃省政府
【档案编号】 004-001-0446-0033
【成文时间】 1949-01-01
【收藏单位】 甘肃省档案馆
【涉及地域】 天水县
【关 键 词】 小陇山
【内容提要】
　　本卷内容涉及小陇山林区管理处拨发经费预算一事。

【叙录编号】 0423
【档案题名】
　　甘肃省政府民国三十三年（1944）2—6

月份发文室友摘录条
【发文单位】 甘肃省政府
【收文单位】 甘肃省政府
【档案编号】
　　004-001-0496-（0007、0011、0013、0015、0017、0019）
【成文时间】 1944
【收藏单位】 甘肃省档案馆
【涉及地域】 天水县
【关 键 词】 小陇山
【内容提要】
　　此件副稿存甘肃省建设厅。涉及垦荒、小陇山林区、林警事宜。

【叙录编号】 0424
【档案题名】
　　甘肃省政府委员会第1120次会议议事日程，附会议通报、讨论文件资料
【发文单位】 甘肃省政府
【收文单位】 甘肃省政府
【档案编号】 004-007-0344-0004
【成文时间】 1944-02-15
【收藏单位】 甘肃省档案馆
【涉及地域】 天水县
【关 键 词】 小陇山林地
【内容提要】
　　关于审查清理小陇山林地办法等事宜。

【叙录编号】 0425
【档案题名】
　　甘肃省政府委员会第1120次会议记录
【发文单位】 甘肃省政府
【收文单位】 甘肃省政府
【档案编号】 004-007-0510-0003
【成文时间】 1944-02-15
【收藏单位】 甘肃省档案馆
【涉及地域】 天水县
【关 键 词】 清理林地；小陇山
【内容提要】
　　会议涉及审查甘肃省建设厅签报清理小陇山林地办法。

【叙录编号】 0426
【档案题名】
　　甘肃省政府委员会第1473次会议记录
【发文单位】 甘肃省政府
【收文单位】 甘肃省政府
【档案编号】 004-007-0536-0009
【成文时间】 1947-10-14
【收藏单位】 甘肃省档案馆
【涉及地域】 天水县
【关 键 词】 小陇山；经管费
【内容提要】
　　会上讨论了拨发小陇山林管理经临费用一事。

【叙录编号】 0427
【档案题名】
　　甘肃省甘谷县政府关于报送本县民国二十四年（1935）第2次县政会议记录致甘肃省民政厅厅长朱绍良的呈
【发文单位】 甘谷县政府
【收文单位】 甘肃省民政厅
【档案编号】 004-007-0562-0003
【成文时间】 1935-03-21
【收藏单位】 甘肃省档案馆
【涉及地域】 甘谷县
【关 键 词】 广济渠；苗圃
【内容提要】
　　主要涉及甘谷县申请在广济渠大路一侧补种苗圃等事项。

【叙录编号】 0428
【档案题名】

清水县政府第8次县政会议记录
【发文单位】 清水县政府
【收文单位】 甘肃省政府
【档案编号】 004-007-0614-（0009-0010）
【成文时间】 1935-04-03—1935-04-12
【收藏单位】 甘肃省档案馆
【涉及地域】 清水县
【关 键 词】 植树；保护森林
【内容提要】
　　会议记录提及植树及应保护森林情形。

【叙录编号】 0429
【档案题名】
　　清水县政府第13次县政会议记录
【发文单位】 清水县政府
【收文单位】 甘肃省政府
【档案编号】 004-007-0615-（0005-0006）
【成文时间】 1935-09-04—1935-09-17
【收藏单位】 甘肃省档案馆
【涉及地域】 清水县
【关 键 词】 苗圃；预算
【内容提要】
　　会议讨论公款公产管理委员会查明苗圃工程原定预算足以支付，遵照原案报销，不可追加预算。

【叙录编号】 0430
【档案题名】
　　清水县政府第21次县政会议记录
【发文单位】 清水县政府
【收文单位】 甘肃省政府
【档案编号】 004-007-0616-（0005-0006）
【成文时间】 1936-05-04—1936-05-18
【收藏单位】 甘肃省档案馆
【涉及地域】 清水县
【关 键 词】 植树；春荒
【内容提要】
　　会议记录提及各区植树情形、本县春荒情形。

【叙录编号】 0431
【档案题名】
　　甘肃省庄浪县民国二十一年（1932）1—12月份地方情况及政务工作报告表
【发文单位】 甘肃省民政厅
【收文单位】 甘肃省政府
【档案编号】 004-008-0025-0001
【成文时间】 1932-01-11
【收藏单位】 甘肃省档案馆
【涉及地域】 庄浪县
【关 键 词】 植树；苗圃；水雹灾害；雨量站
【内容提要】
　　该表"建设"下记分谕各区严加保护树木。调查各区未垦公私荒地，饬民开垦。栽植冬树。"实业"下记举行植树大会典礼。令建设局及一、二、三区区长率村长饬村民栽种杨柳。布告民众偷拔树株罚款。因旱植树发芽甚少，令区长、村长率民众灌溉。面谕建设局长李国栋先行整顿苗圃。"其他特别情况"下记水灾、雹灾。"内务"下记设立四等测候所用款无法筹措，改设雨量站。

【叙录编号】 0432
【档案题名】
　　甘肃省民政厅关于发民国二十一年（1932）5月上旬地方情况及政务工作报告表审核意见给通渭县政府的指令
【发文单位】 甘肃省民政厅
【收文单位】 通渭县政府
【档案编号】 004-008-0036-0002
【成文时间】 1932-05-21
【收藏单位】 甘肃省档案馆
【涉及地域】 通渭县
【关 键 词】 林政

【内容提要】
　　保护成活树林，以重林政。

【叙录编号】　0433
【档案题名】
　　甘肃省民政厅关于发民国二十一年（1932）5月中旬地方情况及政务工作报告表审核意见给漳县政府的指令
【发文单位】　甘肃省民政厅
【收文单位】　漳县政府
【档案编号】　004-008-0040-0025
【成文时间】　1932-06-07
【收藏单位】　甘肃省档案馆
【涉及地域】　漳县
【关 键 词】　保护成活树株
【内容提要】
　　该指令提及漳县保护植活树株工作。

【叙录编号】　0434
【档案题名】
　　甘肃省民政厅关于发民国二十一年（1932）6月份地方情况及政务工作报告表审核意见给漳县政府的指令
【发文单位】　甘肃省民政厅
【收文单位】　漳县政府
【档案编号】　004-008-0040-0029
【成文时间】　1932-07-19
【收藏单位】　甘肃省档案馆
【涉及地域】　漳县；碧峰山
【关 键 词】　护林
【内容提要】
　　该指令提及漳县县长惩罚砍伐碧峰山林木的僧人一事。

【叙录编号】　0435
【档案题名】
　　甘肃省静宁县政府关于报送本县民国二十三年（1934）3月份地方情况报告表、自行办理政务工作报告表致甘肃省民政厅的呈
【发文单位】　静宁县政府
【收文单位】　甘肃省民政厅
【档案编号】　004-008-0050-0007
【成文时间】　1934-04-05
【收藏单位】　甘肃省档案馆
【涉及地域】　静宁县
【关 键 词】　植树
【内容提要】
　　"建设"下记奉建设厅训令植树，在县城附近的文屏山麓植树，令各乡镇学校分别造林，令苗圃主任搜集树秧3000余株。

【叙录编号】　0436
【档案题名】
　　甘肃省天水县政府民国二十一年（1932）2月上旬地方情况及政务工作报告表
【发文单位】　天水县政府
【收文单位】　甘肃省政府
【档案编号】　004-008-0071-0003
【成文时间】　1932-02
【收藏单位】　甘肃省档案馆
【涉及地域】　天水县
【关 键 词】　植树
【内容提要】
　　"建设"下记县北山麓隙地多为坟茔，历年既久，禋祀全失，饬建设局预备树苗以备栽植，藉培风景而兴林业。

【叙录编号】　0437
【档案题名】
　　甘肃省天水县政府民国二十一年（1932）2月下旬地方情况及政务工作报告表
【发文单位】　天水县政府
【收文单位】　甘肃省政府
【档案编号】　004-008-0071-0005

【成文时间】 1932-03-08
【收藏单位】 甘肃省档案馆
【涉及地域】 天水县
【关 键 词】 植树
【内容提要】
　　"建设"下记催令各乡绅速备杂树苗，以便植树节广为栽植，而兴林业。

【叙录编号】 0438
【档案题名】
　　甘肃省天水县政府民国二十一年（1932）3月上旬地方情况及政务工作报告表
【发文单位】 天水县政府
【收文单位】 甘肃省政府
【档案编号】 004-008-0071-0006
【成文时间】 1932-03
【收藏单位】 甘肃省档案馆
【涉及地域】 天水县
【关 键 词】 植树
【内容提要】
　　"建设"下记令各乡村赶此春融土和，广植各种杂树以调雨泽，而兴林业。

【叙录编号】 0439
【档案题名】
　　甘肃省天水县政府民国二十一年（1932）6月中旬地方情况及政务工作报告表
【发文单位】 天水县政府
【收文单位】 甘肃省政府
【档案编号】 004-008-0071-0016
【成文时间】 1932-06-25
【收藏单位】 甘肃省档案馆
【涉及地域】 天水县
【关 键 词】 苗圃
【内容提要】
　　"建设"下记严令苗圃多种植树苗，以备分植而免旷。发奉令调查矿产，业经具文呈报。

【叙录编号】 0440
【档案题名】
　　甘肃省天水县政府民国二十一年（1932）7月地方情况及政务工作报告表
【发文单位】 天水县政府
【收文单位】 甘肃省政府
【档案编号】 004-008-0071-0018
【成文时间】 1932-08-05
【收藏单位】 甘肃省档案馆
【涉及地域】 天水县
【关 键 词】 苗圃；水利；灌溉
【内容提要】
　　"建设"下记奉令扩充苗圃，筹办苗圃经费已经提交第3次县务会议决遵办。天道亢旱，禾苗枯萎，已令各村长就地势可能范围内开渠灌田，以资补救。

【叙录编号】 0441
【档案题名】
　　甘肃省民政厅关于武山县民国二十一年（1932）6月份地方情况及政务工作报告表准予备查给武山县政府的指令
【发文单位】 甘肃省民政厅
【收文单位】 武山县政府
【档案编号】 004-008-0080-0022
【成文时间】 1932-08-03
【收藏单位】 甘肃省档案馆
【涉及地域】 武山县
【关 键 词】 勘察成活树苗；修渠
【内容提要】
　　该指令指出武山县6月份工作报告提及勘察成活树苗，当补入勘察结果。修渠事关建设，不当列入其他特别情形。

【叙录编号】 0442

【档案题名】

甘肃省渭南县报送民国二十一年（1932）5月下旬政务工作报告表致甘肃省民政厅的呈及甘肃省民政厅发渭南县民国二十一年（1932）5月下旬、9月份政府工作报告表审核意见的指令

【发文单位】 渭源县政府
【收文单位】 甘肃省民政厅
【档案编号】
　　004-008-0098-（0003-0004、0014）
【成文时间】
　　1932-06-09—1932-06-10；
　　1932-10
【收藏单位】 甘肃省档案馆
【涉及地域】 渭源县
【关 键 词】 保护树木
【内容提要】

呈文提到布告民众保护树株。指令要求县政府继续努力保护树株。

【叙录编号】 0443
【档案题名】

甘肃省秦安县民国二十一年（1932）1—12月份地方情况及政务工作报告表

【发文单位】 秦安县政府
【收文单位】 甘肃省政府
【档案编号】 004-008-0125（全案卷）
【成文时间】 1932-03-26—1932-12-31
【收藏单位】 甘肃省档案馆
【涉及地域】 秦安县；辛家河湾
【关 键 词】 植树护林；凿井蓄水；苗圃；禁烟
【内容提要】

本卷共有表22份。"实业"下记3月12日为孙中山先生逝世植树纪念会，官民赴城外西河滩植树；4月中旬布告各界保护灌溉树木。"其他特别情形"下记3月下旬令各村区长多植榆柳；4月上旬令各地绅士凿井灌溉、植树；5月中旬令各绅保护前种树木，提倡蓄水凿井灌溉。"其他特别工作"下记4月中旬县长亲赴县西辛家河湾，饬令民众修理水渠，并严加保护新植树木；9月令建设局查明境内新垦荒地；11月令各区村长绅士查灭烟苗。"建设"下记7月令建设局办苗圃、试验场；10月令苗圃、乡绅保护树木。

【叙录编号】 0444
【档案题名】

甘肃省清水县第三区区公所民国二十二年（1933）3月份工作月报表

【发文单位】 清水县政府
【收文单位】 甘肃省民政厅
【档案编号】 004-008-0132-0011
【成文时间】 1933-04-21
【收藏单位】 甘肃省档案馆
【涉及地域】 清水县
【关 键 词】 植树
【内容提要】

"造林"下记额派各村栽树，至少栽种百余株，统计全区逾2000余株。

【叙录编号】 0445
【档案题名】

甘肃省清水县第一区区公所民国二十二年（1933）1—2月工作月报表

【发文单位】 清水县政府
【收文单位】 甘肃省民政厅
【档案编号】 004-008-0132-（0012-0013）
【成文时间】 1933-02-08
【收藏单位】 甘肃省档案馆
【涉及地域】 清水县
【关 键 词】 禁种烟苗；保护林木
【内容提要】

"造林"下记保护旧有林木。"改良习俗"下记禁止播种罂粟。

【叙录编号】 0446

【档案题名】
甘肃省清水县第一区区公所民国二十二年（1933）3—4月、6月工作月报表

【发文单位】 清水县政府

【收文单位】 甘肃省民政厅

【档案编号】 004-008-0132-（0014-0016）

【成文时间】 1933-04-05—1933-06-03

【收藏单位】 甘肃省档案馆

【涉及地域】 清水县

【关 键 词】 植树；保护林木

【内容提要】
"造林"下记令各乡镇于孙中山先生逝世周年纪念日种植树株，所植新旧森林，切实保护。

【叙录编号】 0447

【档案题名】
甘肃省庄浪县政府关于报送民国二十二年（1933）1—12月份地方政务工作报告表（地方情况报告表及自行办理政务工作报告表）致甘肃省民政厅的呈

【发文单位】 庄浪县政府

【收文单位】 甘肃省民政厅

【档案编号】
004-008-0146-（0001、0003、0005、0007、0009、0011、0013、0016-0017、0019、0021、0023）

【成文时间】 1933-03-03—1934-01-02

【收藏单位】 甘肃省档案馆

【涉及地域】 庄浪县

【关 键 词】 植树护林；雹灾水灾

【内容提要】
本卷共有呈文12份，附表。"建设"下记3月令购备杨柳2000株；4月于南湖兆园植树，责成建设局长派夫保护浇灌；8月令各区长督民众保护本年所植树木。"其他特别工作"下记5月县长会勘华亭安口窑等处雹灾情况。"内务"下记3月县属西五村等处雹灾。"其他特别情形"下记8月降雨过甚，小河头10余家被水淹。

【叙录编号】 0448

【档案题名】
甘肃省陇西县县长王众异关于报送民国二十二年（1933）4月份地方情况及政务工作报告表致甘肃省民政厅的呈

【发文单位】 陇西县政府

【收文单位】 甘肃省民政厅

【档案编号】 004-008-0178-0007

【成文时间】 1933-05-24

【收藏单位】 甘肃省档案馆

【涉及地域】 陇西县

【关 键 词】 森林；蓄水池

【内容提要】
"建设"下记4月奉建厅令发林木采伐规则及森林保护法。在县府迤北开挖蓄水池，以裕民食。

【叙录编号】 0449

【档案题名】
甘肃省静宁县报送民国二十一年（1932）12月1日至民国二十二年（1933）1月底地方情况及政务工作报告表致甘肃省民政厅的呈

【发文单位】 静宁县政府

【收文单位】 甘肃省民政厅

【档案编号】 004-008-0195-0001

【成文时间】 1933-02-06

【收藏单位】 甘肃省档案馆

【涉及地域】 静宁县

【关 键 词】 植树；修桥

【内容提要】
1月部分："内务"下记劝二、三区植树株。"交通"下记搭修三区李家桥峡口桥梁。

"建设"下记在威戎、治平、仁当、朱家店、水洛城等处各令种树5万棵。12月部分："内务"下记保护各造林区树苗。"交通"下记搭修界石堡木桥，西门外木桥。"建设"下记各区修理境内桥梁。

【叙录编号】 0450
【档案题名】
　　甘肃省静宁县报送民国二十二年（1933）2月份地方情况及政务工作报告表致甘肃省民政厅的呈
【发文单位】 静宁县政府
【收文单位】 甘肃省民政厅
【档案编号】 004-008-0195-0003
【成文时间】 1933-02-28
【收藏单位】 甘肃省档案馆
【涉及地域】 静宁县
【关 键 词】 修桥；植树
【内容提要】
　　"交通"下记修筑南乡李家沟桥梁。"建设"下记修理界石铺桥梁，布告本年及时种树。

【叙录编号】 0451
【档案题名】
　　甘肃省通渭县报送民国二十二年（1933）2—4月份地方情况及政务工作报告表致甘肃省民政厅的呈
【发文单位】 通渭县政府
【收文单位】 甘肃省民政厅
【档案编号】 004-008-0197-（0003、0005）
【成文时间】 1933-02—1933-04
【收藏单位】 甘肃省档案馆
【涉及地域】 通渭县
【关 键 词】 树秧；禁烟
【内容提要】
　　2—4月份"建设"下记训令各区区长于3月12日以前购集各种树秧，并于孙中山先生逝世8周年纪念日召集各机关人员及小学学生200余人，在南河滩举行植树造林活动。各区区长还需将各村栽植树株数目查明造报，以切实保护，加意灌溉，提高成活率。4月份"内务"下记禁烟委员会电令查禁全县烟苗。

【叙录编号】 0452
【档案题名】
　　甘肃省通渭县报送民国二十二年（1933）10月份地方情况及政务工作报告表致甘肃省民政厅的呈
【发文单位】 通渭县政府
【收文单位】 甘肃省民政厅
【档案编号】 004-008-0197-0017
【成文时间】 1933-11-16
【收藏单位】 甘肃省档案馆
【涉及地域】 通渭县
【关 键 词】 私宰耕牛；青蛙
【内容提要】
　　"建设"下记奉建设厅令布告通知查禁私宰耕牛，钩捕田蛙。

【叙录编号】 0453
【档案题名】
　　甘肃省清水县报送民国二十二年（1933）3月份地方情况及政务工作报告表致甘肃省民政厅的呈
【发文单位】 清水县政府
【收文单位】 甘肃省民政厅
【档案编号】 004-008-0199-0005
【成文时间】 1933-04-01
【收藏单位】 甘肃省档案馆
【涉及地域】 清水县
【关 键 词】 植树；荒地；麦苗
【内容提要】
　　"建设"下记发布孙中山先生逝世8周年纪念日植树办法，令各机关依照办法植树，并将植树地点及树株数量填表一并呈报，并于12日举办孙中山先生逝世8周年纪念日植树活动。"内务"下记县长于月内催促各区区长勘察荒地，并填入表内。"农产情形"下记县内农民正在布种扁豆、麻禾等，麦苗渐有起色，夏禾可期丰稔。

【叙录编号】　0454
【档案题名】
　　甘肃省清水县报送民国二十二年（1933）4月份地方情况及政务工作报告表致甘肃省民政厅的呈
【发文单位】　清水县政府
【收文单位】　甘肃省民政厅
【档案编号】　004-008-0199-0007
【成文时间】　1933-05-06
【收藏单位】　甘肃省档案馆
【涉及地域】　清水县
【关　键　词】　植树；天气寒冷
【内容提要】
　　"建设"下记县长亲往城外，饬令公安生及各乡镇民众勤加灌溉树木，以期成活，而各乡镇民众亦于月内先后栽种树植，并令建设局参照法令拟具保护办法。"农产情形"下记月之上中两旬，天气寒冷，麦禾不甚滋长，豆禾出土亦以阴寒，不甚畅旺。

【叙录编号】　0455
【档案题名】
　　甘肃省渭源县县长王端甫关于报送民国二十二年（1933）1—12月份地方情况及政务工作报告表致甘肃省民政厅的呈
【发文单位】　渭源县政府
【收文单位】　甘肃省民政厅
【档案编号】
　　004-008-0209-（0001、0003、0005、0007、0009、0011、0013、0016、0017、0019、0021、0023）
【成文时间】　1933-02-07—1934-01-08
【收藏单位】　甘肃省档案馆
【涉及地域】　渭源县；老君山；渭河
【关　键　词】　植树护林；雹灾水灾；开渠；开办；扩建苗圃
【内容提要】
　　"建设"下记1月令建设局长办苗圃及农事试验场。"其他特别工作"下记2月饬各区乡间长催促民众准备树苗，每乡镇至少植树千株；3月令建设局长负责于城南河滩及老君山隙地植树；4月统计今岁植树6万株以上；5、6、7月令公安局每日派警士挖渠灌溉树苗；9月派公安生轮流巡查，防止民众偷砍树木；12月布告禁止偷伐树林，令各区长切实保护。"内务"下记4月令各区乡镇长负责保护新栽树株。"其他特别情形"下记6月第三、四区遭雹灾；8月全县水灾、雹灾。"其他特别工作"下记7月开凿东锹水渠。东锹居渭水下流，此前未能利用水利，连年荒歉。又记整顿苗圃，将县南河滩官荒地20余亩开为苗圃。

【叙录编号】　0456
【档案题名】
　　甘肃省甘谷县政府报送民国二十二年（1933）1月份地方情况及政务工作报告表致甘肃省民政厅的呈
【发文单位】　甘谷县政府
【收文单位】　甘肃省民政厅
【档案编号】　004-008-0214-0001
【成文时间】　1933-01-31
【收藏单位】　甘肃省档案馆
【涉及地域】　甘谷县
【关　键　词】　查禁烟苗；培植树秧；修桥
【内容提要】
　　"内务"下记查禁烟苗，并颁布查禁注意

事项。"建设"下记令建设局将苗圃育苗，各种树秧注意培养，并将四面道路桥梁分别修理。

【叙录编号】 0457
【档案题名】
　　甘肃省甘谷县政府报送民国二十二年（1933）4月份地方情况及政务工作报告表致甘肃省民政厅的呈
【发文单位】 甘谷县政府
【收文单位】 甘肃省民政厅
【档案编号】 004-008-0214-0007
【成文时间】 1933-04-30
【收藏单位】 甘肃省档案馆
【涉及地域】 甘谷县
【关 键 词】 烟亩；植树
【内容提要】
　　"内务"下记奉令调查烟亩。"建设"下记令建设局将本年新植各种树株按段派夫浇灌。

【叙录编号】 0458
【档案题名】
　　甘肃省渭源县政府报送民国二十三年（1934）1月份地方情况报告表及政府工作报告表致甘肃省民政厅的呈
【发文单位】 渭源县政府
【收文单位】 甘肃省民政厅
【档案编号】 004-008-0219-（0001-0002）
【成文时间】 1934-03-08
【收藏单位】 甘肃省档案馆
【涉及地域】 通渭县
【关 键 词】 农事试验场
【内容提要】
　　呈与指令各1份。"呈"部分："建设"下记整顿苗圃，实地办理农事试验场。"指令"部分：饬令县政府请切实计划妥当，迅速开办试验场。

【叙录编号】 0459
【档案题名】
　　甘肃省渭源县政府报送民国二十三年（1934）2月份地方情况报告表及政府工作报告表致甘肃省民政厅的呈
【发文单位】 渭源县政府
【收文单位】 甘肃省民政厅
【档案编号】 004-008-0219-（0003-0004）
【成文时间】 1934-03-28
【收藏单位】 甘肃省档案馆
【涉及地域】 通渭县
【关 键 词】 灞陵桥；植树
【内容提要】
　　呈与指令各1份。"呈"部分："建设"下记限于清明植树节前实行植树，以重林业。由于去年11月天气寒冷歇工，现天气转好，再次督催灞陵桥早日动工。"其他特别事项"下记整顿各初小学校，令民众认真种树。"指令"部分：饬令县政府督促迅速兴修灞陵桥，并勤加灌溉树苗，务必培养成林。

【叙录编号】 0460
【档案题名】
　　甘肃省渭源县政府报送民国二十三年（1934）3月份地方情况报告表及政府工作报告表致甘肃省民政厅的呈
【发文单位】 渭源县政府
【收文单位】 甘肃省民政厅
【档案编号】 004-008-0219-（0005-0006）
【成文时间】 1934-04-21
【收藏单位】 甘肃省档案馆
【涉及地域】 通渭县
【关 键 词】 植树
【内容提要】
　　"建设"下记令各区购送良好树秧，分与民众于清明节前后栽植，切实栽植树木以重林业。"指令"下记提倡苗圃育苗，将新栽之树妥为灌溉，保护为要。

【叙录编号】 0461
【档案题名】
　　甘肃省渭源县政府报送民国二十三年（1934）4月份地方情况报告表及政府工作报告表致甘肃省民政厅的呈
【发文单位】 渭源县政府
【收文单位】 甘肃省民政厅
【档案编号】 004-008-0219-（0007-0008）
【成文时间】 1934-05
【收藏单位】 甘肃省档案馆
【涉及地域】 通渭县
【关 键 词】 植树
【内容提要】
　　呈与指令各1份。"呈"部分："建设"下记本年继续栽种5万余株树，令各机关、各学校及驻军分期栽植，并定期保护。"农产情形"下记以麦豆、青稞、苞谷、糜子、玉米、洋芋、燕麦等为主要产物。"指令"部分下记饬令各区乡镇长认真保护，勤加灌溉，以期树木成活。

【叙录编号】 0462
【档案题名】
　　甘肃省秦安县政府关于报送民国二十三年（1934）1—5月份地方情况及政务工作报告表致甘肃省民政厅的呈
【发文单位】 秦安县政府
【收文单位】 甘肃省民政厅
【档案编号】 004-008-0242-（0001、0003、0005、0007、0009）
【成文时间】 1934-02-02—1934-06-04
【收藏单位】 甘肃省档案馆
【涉及地域】 秦安县
【关 键 词】 雨量站；植树
【内容提要】
　　政务工作："建设"下记1月饬办雨量站；3月饬各区植树。地方情形："党务"下记3月12日举行孙中山先生逝世9周年纪念，并植树。

【叙录编号】 0463
【档案题名】
　　甘肃省通渭县政府关于报送本县6—11月份地方情况及政务工作报告表致甘肃省民政厅的呈及甘肃省民政厅关于审核该县6—11月份地方情况及政务工作报告表给通渭县政府的指令
【发文单位】 通渭县政府；甘肃省民政厅
【收文单位】 甘肃省民政厅；通渭县政府
【档案编号】 004-008-0251-（0001-0012）
【成文时间】 1934-07-06—1935-01-10
【收藏单位】 甘肃省档案馆
【涉及地域】 通渭县
【关 键 词】 树株；造林；地震
【内容提要】
　　"建设"下记8月严令农会认真看护树株；9月在玉狼山造林田；10月22日上午4时45分地震1分钟。

【叙录编号】 0464
【档案题名】
　　甘肃省清水县政府关于报送民国二十三年（1934）1—5月份地方情况及政务工作报告表致甘肃省民政厅的呈
【发文单位】 清水县政府
【收文单位】 甘肃省民政厅
【档案编号】
　　004-008-0267-（0001、0003、0005、0007、0009）
【成文时间】 1934-02-05—1934-06-07
【收藏单位】 甘肃省档案馆
【涉及地域】 清水县

【关 键 词】 裁撤建设局；植树；修补河堤
【内容提要】

政务工作："建设"下记1月撤销建设局，并入政府第三科；3月12日植树节，于红崖观栽树，布告严禁砍伐；4月保护新旧树木，以利林政；5月令第一区区长督修东西两干河被冲毁的河堤，奉令扩建苗圃。

【叙录编号】 0465
【档案题名】
甘肃省秦安县县长杨天柱关于报送本县民国二十四年（1935）3月份自行办理政务报告表及地方情况报告表致甘肃省民政厅的呈
【发文单位】 秦安县政府
【收文单位】 甘肃省民政厅
【档案编号】 004-008-0334-0003
【成文时间】 1935-02-05
【收藏单位】 甘肃省档案馆
【涉及地域】 甘肃省秦安县
【关 键 词】 植树
【内容提要】

"建设"下记举行3月12日孙中山先生逝世10周年纪念及植树大会，并颁植树大纲。

【叙录编号】 0466
【档案题名】
甘肃省甘谷县县长杨海帆关于报送本县民国二十四年（1935）1月份自行办理政务报告表及地方情况报告表致甘肃省民政厅的呈
【发文单位】 甘谷县政府
【收文单位】 甘肃省政府
【档案编号】 004-008-0334-0012
【成文时间】 1935-02-15
【收藏单位】 甘肃省档案馆
【涉及地域】 甘谷县
【关 键 词】 植树
【内容提要】

"建设"下记令另行培养各种树秧，以便春融后分散栽植。

【叙录编号】 0467
【档案题名】
甘肃省渭源县县长王端甫关于报送民国二十四年（1935）1—3月份地方情况及政务工作报告表致甘肃省民政厅的呈
【发文单位】 渭源县政府
【收文单位】 甘肃省民政厅
【档案编号】 004-008-0344-（0001-0003）
【成文时间】 1935-02-12—1935-04-16
【收藏单位】 甘肃省档案馆
【涉及地域】 渭源县
【关 键 词】 植树；老君山
【内容提要】

"建设"下记3月奉令遵照植树办法栽树，另各乡镇保甲长切实栽植，每保至少植树千株，政府各机关于老君山一带植树。

【叙录编号】 0468
【档案题名】
甘肃省清水县县长黄炘关于报送民国二十四年（1935）1—3月份地方情况及政务工作报告表致甘肃省民政厅的呈
【发文单位】 清水县政府
【收文单位】 甘肃省民政厅
【档案编号】
004-008-0346-（0001、0003-0004）
【成文时间】 1935-02—1935-04
【收藏单位】 甘肃省档案馆
【涉及地域】 清水县
【关 键 词】 植树
【内容提要】

"建设"下记3月举行孙中山先生逝世10周年纪念及植树活动。

【叙录编号】 0469
【档案题名】
　　甘肃省静宁县县长徐俊岑关于报送民国二十四年（1935）1—3月份地方情况及政务工作报告表致甘肃省民政厅的呈
【发文单位】 静宁县政府
【收文单位】 甘肃省民政厅
【档案编号】
　　004-008-0346-（0005、0009-0010）
【成文时间】 1935-02—1935-03
【收藏单位】 甘肃省档案馆
【涉及地域】 静宁县
【关 键 词】 植树护林；保护水田
【内容提要】
　　"建设"下记1月据农民呈请另择路线，以免妨害水田；2月奉令保护道旁公柳；3月举行孙中山先生逝世10周年纪念及植树活动。

【叙录编号】 0470
【档案题名】
　　甘肃省庄浪县县长张祥麟关于报送民国二十四年（1935）1—3月份地方情况及政务工作报告表致甘肃省民政厅的呈
【发文单位】 庄浪县政府
【收文单位】 甘肃省民政厅
【档案编号】
　　004-008-0347-（0009、0011-0012）
【成文时间】 1935-02-10—1935-04-05
【收藏单位】 甘肃省档案馆
【涉及地域】 庄浪县
【关 键 词】 植树
【内容提要】
　　"建设"下记3月训令各乡镇机关学校、布告民众广植树木。

【叙录编号】 0471
【档案题名】
　　甘肃省漳县县长高禹门关于报送本县民国二十四年（1935）4—6月份政务工作季报表致甘肃省民政厅的呈
【发文单位】 漳县政府
【收文单位】 甘肃省民政厅
【档案编号】 004-008-0356-0007
【成文时间】 1935-07-04
【收藏单位】 甘肃省档案馆
【涉及地域】 漳县
【关 键 词】 植树；水利；苗圃
【内容提要】
　　"内务"下记奖励植树。"建设"下记疏浚河渠和扩充苗圃。

【叙录编号】 0472
【档案题名】
　　甘肃省静宁县政府关于报送本县民国二十四年（1935）夏、秋、冬三季政务工作表及地方情况季报表致甘肃省民政厅的呈
【发文单位】 静宁县政府
【收文单位】 甘肃省民政厅
【档案编号】 004-008-0363-（0015、0017、0019）
【成文时间】 1935-07-05—1936-01-04
【收藏单位】 甘肃省档案馆
【涉及地域】 静宁县
【关 键 词】 修路；飞机场；碉堡
【内容提要】
　　"建设"下记夏修理县属西兰公路，保护路旁公柳；秋修理碉堡；冬奉令兴修飞机场。

【叙录编号】 0473
【档案题名】
　　甘肃省秦安县政府关于报送本县民国二十五年（1936）春季政务工作及地方情况季报表致甘肃省政府的呈
【发文单位】 秦安县政府

【收文单位】 甘肃省政府
【档案编号】 004-0085-0370-0001
【成文时间】 1936-04-17
【收藏单位】 甘肃省档案馆
【涉及地域】 秦安县
【关 键 词】 莲花乡；水渠；植树；苗圃
【内容提要】
　　"建设"下记计划开凿莲花乡水渠，令各机关各乡镇栽植树木；计划重新修建苗圃。

【叙录编号】 0474
【档案题名】
　　甘肃省武山县政府关于报送本县民国二十五年（1936）春季政务工作季报表致甘肃省政府的呈
【发文单位】 武山县政府
【收文单位】 甘肃省政府
【档案编号】 004-008-0370-0003
【成文时间】 1936-04-10
【收藏单位】 甘肃省档案馆
【涉及地域】 武山县
【关 键 词】 植树
【内容提要】
　　"建设"下记孙中山先生纪念周举行植树典礼。

【叙录编号】 0475
【档案题名】
　　甘肃省武山县政府关于报送本县民国二十五年（1936）夏季政务工作季报表致甘肃省政府的呈
【发文单位】 武山县政府
【收文单位】 甘肃省政府
【档案编号】 004-008-0370-0007
【成文时间】 1936-12-04
【收藏单位】 甘肃省档案馆
【涉及地域】 武山县
【关 键 词】 植树；灌溉
【内容提要】
　　"建设"下记保护公路植树，令沿路各保甲长严加保护，并随时灌溉。

【叙录编号】 0476
【档案题名】
　　甘肃省清水县政府关于报送本县民国二十五年（1936）秋季政务工作季报表致甘肃省政府的呈
【发文单位】 清水县政府
【收文单位】 甘肃省政府
【档案编号】 004-008-0370-0013
【成文时间】 1936-11-11
【收藏单位】 甘肃省档案馆
【涉及地域】 清水县
【关 键 词】 植树
【内容提要】
　　"建设"下记调查本年植树成活实数案，并嘉奖热心植树各区长案。

【叙录编号】 0477
【档案题名】
　　甘肃省清水县政府关于报送本县民国二十五年（1936）冬季政务工作季报表致甘肃省政府的呈
【发文单位】 清水县政府
【收文单位】 甘肃省政府
【档案编号】 004-008-0370-0015
【成文时间】 1937-01-23
【收藏单位】 甘肃省档案馆
【涉及地域】 清水县
【关 键 词】 植树
【内容提要】
　　"建设"下记调查树株案。本年全县公务员共植树102004株，于9月间派员分区调查计成活者100739株。

【叙录编号】 0478
【档案题名】
　　甘肃省政府委员会第1594次会议记录
【发文单位】 甘肃省政府
【收文单位】 甘肃省政府
【档案编号】 004-008-0375-（0001-0002）
【成文时间】 1949-01-04
【收藏单位】 甘肃省档案馆
【涉及地域】 小陇山
【关 键 词】 小陇山
【内容提要】
　　审议关于提会报告行政院准予给予意大利侨民取得或保有地权权利及审议拨发小陇山林区管理处冬炭费的相关事宜。

【叙录编号】 0479
【档案题名】
　　甘肃省清水县政府关于报送本县民国二十五年（1936）夏季政务工作表及地方情况季报表致甘肃省政府的呈
【发文单位】 清水县政府
【收文单位】 甘肃省政府
【档案编号】 004-008-0381-0008
【成文时间】 1935-07
【收藏单位】 甘肃省档案馆
【涉及地域】 清水县
【关 键 词】 育苗；造林筑堤
【内容提要】
　　"建设"下记夏季扩大育苗，督饬苗圃选种大宗树苗；督饬民众造林筑堤以防水患。

【叙录编号】 0480
【档案题名】
　　甘肃省清水县政府关于报送本县民国二十六年（1937）春、夏、秋、冬四季政务工作表及地方情况季报表致甘肃省政府的呈
【发文单位】 清水县政府
【收文单位】 甘肃省政府
【档案编号】
　　004-008-0383-（0001、0003、0005、0007）
【成文时间】 1937-05-20—1938-01-29
【收藏单位】 甘肃省档案馆
【涉及地域】 清水县
【关 键 词】 温泉；植树；雹灾
【内容提要】
　　"建设"下记春季修建汤峪温泉；夏季举行扩大造林，共植树10.2万余株；冬季调查成活树株，共成活10.36万株。"灾患情形"下记6月第一区龙山乡等处遭雹灾。

【叙录编号】 0481
【档案题名】
　　甘肃省民政厅关于秦安县县政情况的几点意见并分别办理给秦安县政府的训令
【发文单位】 甘肃省民政厅
【收文单位】 秦安县政府
【档案编号】 004-008-0410-0015
【成文时间】 1933-11-01
【收藏单位】 甘肃省档案馆
【涉及地域】 秦安县
【关 键 词】 保护林木
【内容提要】
　　"训令"下记饬令秦安县政府勤加保护所植树木，以重林政。

【叙录编号】 0482
【档案题名】
　　甘肃省武山县政府关于报送本县民国三十三年（1944）5、7月份，民国三十四年（1945）3—5月份县长出巡报告表致甘肃省政府的呈
【发文单位】 武山县政府
【收文单位】 甘肃省政府
【档案编号】

004-008-0462-（0018、0020、0024、0026-0027）
【成文时间】　1944-06-26—1945-07-12
【收藏单位】　甘肃省档案馆
【涉及地域】　武山县
【关 键 词】　植树育苗；保持水土
【内容提要】
　　巡视事项均包括植树育苗、保持水土等工作。巡视山丹镇等地时，拟请省政府规定山田业户需自行挖掘山田水平沟，以便植树种草，保持水土。

【叙录编号】　0483
【档案题名】
　　甘肃省清水县政府关于报送民国二十八年（1939）1月份县长巡视报告表致甘肃省政府的呈
【发文单位】　清水县政府
【收文单位】　甘肃省政府
【档案编号】　004-008-0479-0009
【成文时间】　1939-02-09
【收藏单位】　甘肃省档案馆
【涉及地域】　清水县
【关 键 词】　植树
【内容提要】
　　饬令第一区红土堡、黄门川预备树苗，并于春暖植树。

【叙录编号】　0484
【档案题名】
　　甘肃省清水县政府关于报送民国二十八年（1939）2月份县长巡视报告表致甘肃省政府的呈
【发文单位】　清水县政府
【收文单位】　甘肃省政府
【档案编号】　004-008-0479-0011
【成文时间】　1939-03-05
【收藏单位】　甘肃省档案馆
【涉及地域】　清水县
【关 键 词】　扫雪；补修公路；植树
【内容提要】
　　第四区张川镇、第三区恭门镇、阎家店一带需保长随时清扫积雪，并补修公路。饬令第一区百家站山门镇、第一区白沙镇于春暖时多植树，农家还需兼畜牧副业。

【叙录编号】　0485
【档案题名】
　　甘肃省清水县政府关于报送本县民国二十八年（1939）4月份县长巡视报告表致甘肃省政府的呈
【发文单位】　清水县政府
【收文单位】　甘肃省政府
【档案编号】　004-008-0479-0001
【成文时间】　1939-07-18
【收藏单位】　甘肃省档案馆
【涉及地域】　清水县
【关 键 词】　种植树苗；捕蝇；培护森林；水磨；改革农业；增垦田亩
【内容提要】
　　《清水县县长巡视报告表》（第一日）"建设"下记所有被水冲损道路，饬即补修并加植树苗。《清水县县长巡视报告表》（第二日）"建设"下记该区本年补修公路，务使车行无阻，前饬各保甲多种树苗，现已栽植并随时浇灌。《清水县县长巡视报告表》（第三日）"建设"下记最近办理植树工作，颇有成效。《清水县县长巡视报告表》（第四日）"其他"下记有饬区署学校督率所属先行捕蝇，以重夏令卫生。《清水县县长巡视报告表》（第五日）"建设"下记饬令培护森林而裕用材，并令该联保主任等饬令农民加紧农事等。《清水县县长巡视报告表》（第六日）"财政"下记调查该地附近水磨，均已照章领帖；"建设"下记饬令加意培护森林、开辟荒地、注重农作，以裕民生。《清水县县长巡视报告表》（第七日）"建设"下记督饬农民改革农业，试种棉籽以裕民生；"宣传要点"下记改善农工、增垦田亩。《清水县县长巡视报告表》（第八日）"建设"下记饬令保甲长转饬民众加意保护今春所植树苗。

【叙录编号】 0486
【档案题名】
　　甘肃省清水县政府关于报送本县民国二十八年（1939）6月份县长巡视报告表致甘肃省政府的呈
【发文单位】 清水县政府
【收文单位】 甘肃省政府
【档案编号】 004-008-0479-0003
【成文时间】 1939-07-19
【收藏单位】 甘肃省档案馆
【涉及地域】 清水县
【关 键 词】 水磨；植树
【内容提要】
　　《清水县县长巡视报告表》（第一日）"财政"下记抽查附近水磨磨帖，均属相符；"建设"下记查本年植树成活株数。《清水县县长巡视报告表》（第二日）"建设"下记饬令区长转饬该区公路附近保甲长及民众切实保护公路，调查本年在公路两旁植树苗成活数量。《清水县县长巡视报告表》（第四日）"建设"下记饬查本年植树成活总数，并令随时浇护。

【叙录编号】 0487
【档案题名】
　　甘肃省清水县政府关于报送本县民国二十九年（1940）2月份县长巡视报告表致甘肃省政府的呈
【发文单位】 清水县政府
【收文单位】 甘肃省政府
【档案编号】 004-008-0479-0007
【成文时间】 1940-03-03
【收藏单位】 甘肃省档案馆
【涉及地域】 清水县
【关 键 词】 植树
【内容提要】
　　《清水县县长巡视报告表》（第一日）"建设"下记饬令该地保甲长等注意民众生产建设，以裕民生，并准备植树。《清水县县长巡视报告表》（第二日）"建设"下记令饬该区区长转饬该管联保主任、保甲长等协同民众准备苗木，以备植树节栽种。《清水县县长巡视报告表》（第三日）"建设"下记饬令联保主任、保甲长等督饬民众增加农产，并须按期广植林木。《清水县县长巡视报告表》（第四日）"建设"下记饬民众早日备置苗木，以便于植树节栽植森林。《清水县县长巡视报告表》（第六日）"建设"下记饬令该联保主任、保甲长等预先晓谕民众按期造植森林，以增生产。

【叙录编号】 0488
【档案题名】
　　甘肃省静宁县县长李尊青关于报送出巡各区共4次28天巡视报告表致甘肃省政府的呈
【发文单位】 静宁县县长李尊青
【收文单位】 甘肃省政府
【档案编号】 004-008-0487-0001
【成文时间】 1939-05-12
【收藏单位】 甘肃省档案馆
【涉及地域】 静宁县
【关 键 词】 植树
【内容提要】
　　视察万家沟门。"其他"下记该地水田甚多，责令广植树木。视察阳山川。"民政"下记该地近河，饬民众种植树木。

【叙录编号】 0489
【档案题名】
甘肃省静宁县县长张声威关于报送民国三十一年（1942）5月份巡视工作报告书致甘肃省政府的呈
【发文单位】 静宁县县长张声威
【收文单位】 甘肃省政府
【档案编号】 004-008-0488-0007
【成文时间】 1942-07-31
【收藏单位】 甘肃省档案馆
【涉及地域】 静宁县
【关 键 词】 宣讲植树；考察水利
【内容提要】
民国三十一年（1942）5月12日，县长于岷屯乡第一保宣讲植树，以补充燃料之缺；13日于高界乡宣讲保护树木；17日于雷寺镇宣讲植树。高界、雷寺、岷屯各乡均有大河，由张家小河汇入西河，河水虽小，若能修筑河堤，尚可灌溉。

【叙录编号】 0490
【档案题名】
甘肃省通渭县县长贺凤梧关于报送民国三十年（1941）6月份巡视报告表致甘肃省政府的呈
【发文单位】 通渭县县长贺凤梧
【收文单位】 甘肃省政府
【档案编号】 004-008-0492-0006
【成文时间】 1941-07-05
【收藏单位】 甘肃省档案馆
【涉及地域】 通渭县
【关 键 词】 森林；修路
【内容提要】
"建设"下记巡视地点为第四区北城乡中，利用公地造森林、修筑地方桥梁。巡视地点为第一区高山镇中，造林和修筑城乡村便道。

【叙录编号】 0491
【档案题名】
民国二十七年（1938）5月1日至7月10日第二区行政督察专员兼保安司令公署王国彦调查情况报告
【发文单位】 第二区行政督察专员公署
【收文单位】 甘肃省政府
【档案编号】 004-008-0635-0001
【成文时间】 1938-07-15
【收藏单位】 甘肃省档案馆
【涉及地域】 甘肃省
【关 键 词】 植树
【内容提要】
报告本区自春奉令规定赏罚植树以来，计全区约植1.2万株，活5100株。

【叙录编号】 0492
【档案题名】
甘肃省地政局、民政局、建设厅关于报送清理小陇山林地办法致甘肃省政府的签呈
【发文单位】 甘肃省地政局；甘肃省民政局；甘肃省建设厅
【收文单位】 甘肃省政府
【档案编号】 027-001-0034-0002
【成文时间】 1943-11
【收藏单位】 甘肃省档案馆
【涉及地域】 小陇山林区
【关 键 词】 小陇山林区；林地清理
【内容提要】
甘肃省建设厅、民政厅、地政局对原《清理小陇山林地办法》进行修改，上呈甘肃省政府。修改后的《办法》共5条：1.确定责任主体为第四区行政督察专员公署；2.具体执行单位是天水县、徽县两县政府及农林机关；3.省政府派技术专员驻专属指挥；4.所需经费说明；5.具体清理办法。每条均先列原文，后附修改意见。

【叙录编号】 0493
【档案题名】
甘肃省民政厅关于陇西县政府民国三十七年（1948）1—3月份工作报告给甘肃省建设厅的函
【发文单位】 陇西县政府
【收文单位】 甘肃省建设厅
【档案编号】 027-001-0186-（0015-0016）
【成文时间】 1948-05-02—1948-05-22
【收藏单位】 甘肃省档案馆
【涉及地域】 陇西县
【关 键 词】 报表
【内容提要】
　　工作报告包含春季造林、育苗工作。

【叙录编号】 0494
【档案题名】
甘肃省民政厅关于送甘谷县政府民国三十七年（1948）1—6月份工作报告给甘肃省建设厅的函
【发文单位】 甘谷县政府
【收文单位】 甘肃省建设厅
【档案编号】 027-001-0198-（0012-0013）
【成文时间】 1948-10-09—1948-10-27
【收藏单位】 甘肃省档案馆
【涉及地域】 甘谷县
【关 键 词】 植树；育苗
【内容提要】
　　"建设"下记育苗植树造林、制作度量衡、架设乡村电话、修筑乡村公路。

【叙录编号】 0495
【档案题名】
甘肃省民政厅关于送静宁县政府民国三十七年（1948）4—9月份重要工作报告给甘肃省建设厅的函及省政府审核意见
【发文单位】 静宁县政府
【收文单位】 甘肃省建设厅
【档案编号】 027-001-0202-（0013-0014）
【成文时间】 1948-12-09—1948-12-20
【收藏单位】 甘肃省档案馆
【涉及地域】 静宁
【关 键 词】 植树；育苗
【内容提要】
　　"建设"下记育苗造林护林情形、架设静宁电话线、开挖水平沟等事宜。

【叙录编号】 0496
【档案题名】
甘肃省农业改进所关于报送本所与西北公路工务局在天水合作育苗办法致甘肃省建设厅的呈
【发文单位】 甘肃省农业改进所
【收文单位】 甘肃省建设厅
【档案编号】 027-001-0210-0007
【成文时间】 1942-06-09
【收藏单位】 甘肃省档案馆
【涉及地域】 天水县
【关 键 词】 育苗办法
【内容提要】
　　如题。

【叙录编号】 0497
【档案题名】
甘肃省政府关于甘肃省农业改进所与西北公路工务局在天水合作育苗办法准予备查给甘肃省农业改进所的指令
【发文单位】 甘肃省政府
【收文单位】 甘肃省农业改进所
【档案编号】 027-001-0210-0008
【成文时间】 1942-06-22
【收藏单位】 甘肃省档案馆
【涉及地域】 天水县
【关 键 词】 育苗办法

【内容提要】
　　如题。

【叙录编号】　0498
【档案题名】
　　第二战区司令长官司令部关于西北制造厂所需核桃木枪托，需到甘肃省康县、成县、天水等地采购请予以协助给甘肃省政府的译电
【发文单位】　第二战区司令长官司令部
【收文单位】　甘肃省政府
【档案编号】　027-001-0210-0009
【成文时间】　1943-03-18
【收藏单位】　甘肃省档案馆
【涉及地域】　天水县等地
【关 键 词】　核桃木枪托；西北制造厂
【内容提要】
　　如题。

【叙录编号】　0499
【档案题名】
　　甘肃省政府关于采购枪托一事已分令康县、成县、天水各县（市）政府协助给第二战区司令长官司令部的电及关于协助西北制造厂采购枪托所需木材给甘肃省康县、成县、天水等三县（市）的训令
【发文单位】　甘肃省政府
【收文单位】　康县政府；成县政府；天水县政府
【档案编号】　027-001-0210-0010
【成文时间】　1943-03-20
【收藏单位】　甘肃省档案馆
【涉及地域】　康县；成县；天水县
【关 键 词】　核桃木枪托；西北制造厂
【内容提要】
　　如题。

【叙录编号】　0500

【档案题名】
　　甘肃省政府关于秦安县民国三十二年（1943）苗圃经费预算迄未上报、5名长工工资无从核办、请将编制列入预算后补送给秦安县政府的代电
【发文单位】　甘肃省政府
【收文单位】　秦安县政府
【档案编号】　027-001-0213-0012
【成文时间】　1943
【收藏单位】　甘肃省档案馆
【涉及地域】　秦安县
【关 键 词】　苗圃；预算
【内容提要】
　　如题。

【叙录编号】　0501
【档案题名】
　　甘肃省政府、天水县政府关于报送更正天水县苗圃计划书的呈文训令
【发文单位】　天水县政府
【收文单位】　甘肃省政府
【档案编号】　027-001-0343-（0003-0008）
【成文时间】　1937-11-30—1938-01-23
【收藏单位】　甘肃省档案馆
【涉及地域】　天水县
【关 键 词】　苗圃
【内容提要】
　　《天水县苗圃作业计划书》包括组织经费、地基概况、苗地划分、树种选择、树种分配、育种、育苗办法、保护。《天水县苗圃经费一览表》，天水县政府保修修订的计划书。

【叙录编号】　0502
【档案题名】
　　甘肃省政府、天水县政府关于天水苗圃地点、办理情形一事的文件
【发文单位】　天水县政府

【收文单位】 甘肃省政府
【档案编号】 027-001-0344-（0001-0012）
【成文时间】 1939-05-30—1945-05-22
【收藏单位】 甘肃省档案馆
【涉及地域】 天水县
【关键词】 苗圃
【内容提要】
　　天水县政府报送本年农业指导所租用河工堤官地及办理苗圃情形，天水县农业指导所租借地亩试验，附《抄录接收天水县苗圃移交地亩株数房屋等公物经费》包含地亩、树株等内容。董之桢呈文省政府天水苗圃侵占本人土地，省政府训令天水县政府查办，附《县苗圃租用董之桢土地图说》。

【叙录编号】 0503
【档案题名】
　　甘肃省庄浪县报送该县苗圃实施计划、预算分配、保护古木等事宜的代电呈文及甘肃省政府回令
【发文单位】 庄浪县政府
【收文单位】 甘肃省政府
【档案编号】 027-001-0344-（0013-0017）
【成文时间】 1942-04-15—1943-05-22
【收藏单位】 甘肃省档案馆
【涉及地域】 庄浪县
【关键词】 苗圃
【内容提要】
　　甘肃省庄浪县政府报送办理成立苗圃情形，附《庄浪县保苗圃统计表》，包括各保苗圃地址、面积、成立时间等内容。附《庄浪县苗圃实施计划暨计划书分配预算书》。

【叙录编号】 0504
【档案题名】
　　甘肃省天水县政府关于报送本县民国三十五年（1946）《苗圃育苗造林预算表》《县保苗圃情形表》的代电、呈文
【发文单位】 天水县政府
【收文单位】 甘肃省政府
【档案编号】 027-001-0345-（0003-0008）
【成文时间】 1945-11-23—1946-06-11
【收藏单位】 甘肃省档案馆
【涉及地域】 天水县
【关键词】 苗圃
【内容提要】
　　如题。天水县报送《育苗造林预算书》，有民国三十年（1941）10月31日填报的《天水县苗圃筹设情形简表》《天水县保苗圃筹设情形调查表》。甘肃省政府训令天水农业推广所速派员接收苗圃。

【叙录编号】 0505
【档案题名】
　　甘肃省政府、建设厅关于甘肃省庄浪县苗圃建设与造林护林事宜的指示及该县政府的呈文
【发文单位】 庄浪县政府
【收文单位】 甘肃省政府
【档案编号】 027-001-0344-（0013-0016）
【成文时间】 1943-04-15—1943-05-19
【收藏单位】 甘肃省档案馆
【涉及地域】 庄浪县
【关键词】 苗圃；经费；古木保护
【内容提要】
　　庄浪县苗圃经费问题与古木注册保护。

【叙录编号】 0506
【档案题名】
　　甘肃省建设厅、甘肃省农业改进所对甘肃省渭源县苗圃人事、经费、植树情况等事务的指示及该县苗圃的呈文
【发文单位】 渭源县政府
【收文单位】 甘肃省建设厅

【档案编号】 027-001-0359-（0001-0013）
【成文时间】 1940-02-16—1942-04-23
【收藏单位】 甘肃省档案馆
【涉及地域】 渭源县
【关 键 词】 苗圃；经费；植树造林
【内容提要】
　　本卷具体包括3个方面的事宜。1.甘肃省农业改进所代理所长程景皓申请委任王超人为技术员，派赴甘肃省渭源县苗圃工作；2.渭源县代表提议裁撤苗圃，划拨经费作它用；3.渭源县苗圃经费问题。

【叙录编号】 0507
【档案题名】
　　甘肃省建设厅对甘肃省陇西县苗圃建设与植树造林的指示及该县苗圃的呈文
【发文单位】 陇西县政府
【收文单位】 甘肃省建设厅
【档案编号】
　　027-001-0358-（0001-0008）；
　　027-001-0359-（0014-0017）
【成文时间】 1944-10-16—1945-08-15
【收藏单位】 甘肃省档案馆
【涉及地域】 陇西县
【关 键 词】 苗圃；经费；植树造林
【内容提要】
　　本卷包括陇西县苗圃造林经费预算、植树造林、古木登记册、造林预算书5份。附《陇西县育苗造林护林五年计划》，包括育苗、县苗圃之整饬与设置、育苗工作之实施、植树造林、工作实施、苗木供给、林木业权之规定、林木保护、督导人才、奖惩、育苗、造林、护林。附《陇西县政府造具本年度植树数目及成活情形报告表》《陇西县政府造具本年县保苗圃出圃苗木数目报告表》。

【叙录编号】 0508

【档案题名】
　　甘肃省政府、建设厅关于渭源县苗圃建设与植树造林事宜的指示及渭源县政府、苗圃的呈文
【发文单位】 渭源县政府
【收文单位】 甘肃省政府；甘肃省建设厅
【档案编号】 027-001-0360-（0001-0017）
【成文时间】 1942-03-09—1945-04-01
【收藏单位】 甘肃省档案馆
【涉及地域】 渭源县
【关 键 词】 苗圃；植树造林
【内容提要】
　　本卷主要包括渭源县苗圃经费预算问题、育苗造林计划、林木种子问题。附《渭源县苗圃岁出预算分配表》《甘肃省渭源县苗圃民国三十二年（1943）岁出预算书》。

【叙录编号】 0509
【档案题名】
　　甘肃省政府关于渭源县苗圃主任冯世隆被控渎职一案的指示及中国国民党渭源县党部、渭源县政府、苗圃的呈文
【发文单位】 渭源县政府等
【收文单位】 甘肃省政府；甘肃省建设厅
【档案编号】 027-001-0360-（0018-0025）
【成文时间】 1945-04-16—1945-07-19
【收藏单位】 甘肃省档案馆
【涉及地域】 渭源县
【关 键 词】 苗圃
【内容提要】
　　本卷包括渭源县苗圃主任冯世隆被控敷衍职责、私种圃地，致苗圃洋槐幼苗被毁，植树面积受到挤占。经该县政府调查，情况属实，现将冯世隆撤职，令该县政府建设科长任琳暂代其职。

【叙录编号】 0510

【档案题名】
甘肃省政府、建设厅关于渭源县苗圃建设与植树造林事宜的指示及该县政府、苗圃的呈文
【发文单位】 渭源县；灵台县
【收文单位】 甘肃省政府；甘肃省建设厅
【档案编号】
  027-001-0361-（0001-0012）；
  027-001-0362-（0005-0013）
【成文时间】 1943-06-30—1944-04-17
【收藏单位】 甘肃省档案馆
【涉及地域】 渭源县；灵台县
【关 键 词】 苗圃；经费；植树造林
【内容提要】
  本卷主要包括渭源县苗圃民国三十二年（1943）经费问题、育苗造林计划呈报、增加苗圃员工3个方面的事宜。附民国三十二年（1943）9月30日制订的《甘肃省渭源县育苗造林护林五年计划纲要》，包括育苗、植树造林、林木保护、督导及人才、奖惩、经费几个部分。

【叙录编号】 0511
【档案题名】
  甘肃省静宁县政府关于上报整理修复被水淹没树苗等情况致甘肃省政府的呈文
【发文单位】 静宁县政府
【收文单位】 甘肃省政府；甘肃省建设厅
【档案编号】 027-001-0376-0015
【成文时间】 1944-11-20
【收藏单位】 甘肃省档案馆
【涉及地域】 静宁县
【关 键 词】 苗圃；育苗造林；水灾
【内容提要】
  如题。

【叙录编号】 0512

【档案题名】
  甘肃省政府关于静宁县整理修复被水淹没树苗等情况准予备查给静宁县政府的指令
【发文单位】 静宁县政府
【收文单位】 甘肃省政府
【档案编号】 027-001-0376-0016
【成文时间】 1944-12-04
【收藏单位】 甘肃省档案馆
【涉及地域】 静宁县
【关 键 词】 苗圃；育苗造林；水灾
【内容提要】
  如题。

【叙录编号】 0513
【档案题名】
  甘肃省政府、建设厅关于甘肃省静宁县苗圃建设与造林护林事宜的指示及静宁县政府的呈文
【发文单位】 静宁县政府
【收文单位】 甘肃省政府；甘肃省建设厅；静宁县政府
【档案编号】
  027-001-0385-（0001-0013）；
  027-001-0386-（0001-0012）；
  027-001-0387-（0001-0006、0015-0016）
【成文时间】 1942-12-31—1947-03-01
【收藏单位】 甘肃省档案馆
【涉及地域】 静宁县
【关 键 词】 苗圃；经费；植树造林
【内容提要】
  本卷包括静宁县苗圃经费、造林规划、古木调查、护林办法、工作人员待遇问题。该县苗圃还被暂定为模范造林区。附《甘肃省静宁县育苗造林五年计划》，省政府回令。附《静宁县民国三十三年（1944）育苗造林护林暂行办法》，省政府回令准予备查。静宁县报送育苗造林经费分配图表。静宁县要求提高苗圃工

人待遇，申请经费修筑苗圃及宿舍报告书，省政府回令自行筹款。附《静宁县民国三十四年（1945）育苗造林护林办法》《静宁县森林保护委员会组织规程》《静宁县森林保护委员会森林保护办法》《甘肃省静宁县政府民国三十四年（1945）春季栽植乡镇保林补栽模范林及县苗圃出圃苗木数目表》《静宁县民国三十五年（1946）育苗造林护林办法》、省政府回令准予备查。附《静宁县民国三十六年（1947）育苗造林护林办法》《静宁县民国三十三年（1944）育苗造林经费预算书》。

【叙录编号】 0514
【档案题名】
　　甘肃省渭源县曹元璧关于控告本县苗圃主任黄执中工作假公济私情况致甘肃省政府的呈
【发文单位】 曹元璧
【收文单位】 甘肃省政府；甘肃省建设厅
【档案编号】 027-001-0394-0018
【成文时间】 1944-05-10—1944-05-11
【收藏单位】 甘肃省档案馆
【涉及地域】 渭源县
【关 键 词】 苗圃主任；黄执中
【内容提要】
　　甘肃省渭源县曹元璧控告本县苗圃主任黄执中工作假公济私，省政府回电令渭源县彻查。

【叙录编号】 0515
【档案题名】
　　甘肃省政府、建设厅、甘肃省农业改进所关于甘肃省漳县苗圃建设与造林护林事宜的指示及漳县政府的呈文
【发文单位】 漳县政府
【收文单位】 甘肃省政府；甘肃省建设厅；甘肃省农业改进所
【档案编号】
　　027-001-0404-（0011-0015）；
　　027-001-0405-（0001-0019）
【成文时间】 1946-06-19—1947-11-13
【收藏单位】 甘肃省档案馆
【涉及地域】 漳县
【关 键 词】 苗圃；古木；经费
【内容提要】
　　本卷包括漳县苗圃古木登记、经费预算、造林规划、征地扩建。漳县政府报送《漳县苗圃业务计划》《漳县苗圃地亩调查表》《漳县怀抱树木调查表》，《漳县造林面积与株数报告表》（年报）、《甘肃省漳县苗圃与苗木报告表》（年报）。另有漳县苗圃经费预算书及动支造林经费的文件。

【叙录编号】 0516
【档案题名】
　　甘肃省政府、建设厅关于甘肃省庄浪县苗圃建设与造林护林事宜的指示及庄浪县政府的呈文
【发文单位】 庄浪县政府
【收文单位】 甘肃省政府；甘肃省建设厅
【档案编号】
　　027-001-0410-（0001-0004、0006-0014）；
　　027-001-0411-（0001-0006）；
　　027-001-0412-（0001-0013）；
　　027-001-0414-（0014-0015）
【成文时间】
　　1942-05-07—1943-05-28；
　　1944-06-29—1944-07-25
【收藏单位】 甘肃省档案馆
【涉及地域】 庄浪县
【关 键 词】 苗圃；林木保护；植树造林
【内容提要】
　　本卷包括庄浪县苗圃经费、造林护林、工作计划，附《庄浪县苗圃实施计划暨分配预算书》《庄浪县苗圃经常费分配预算书》《庄浪县

苗圃开办分配预算书》《庄浪县育苗造林护林五年计划》。庄浪县苗圃经费支出一事，附《庄浪县民国三十二年（1943）农林经费支出分配预算书》3份。庄浪县报送民国三十三年（1944）育苗造林经费预算书、填报苗圃种类、株数、灌溉情况及修筑苗圃围墙。庄浪县还专门出台了《庄浪县护林暂行办法》与《模范护林公约》，规定了护林处罚金。《庄浪县民国三十三年（1944）育苗造林经费预算书》，省政府回令准予备查。

【叙录编号】 0517
【档案题名】
　　甘肃省政府、甘肃省建设厅关于甘肃省通渭县苗圃建设与造林护林事宜的指示及通渭县政府的呈文
【发文单位】 通渭县政府
【收文单位】 甘肃省政府；甘肃省建设厅
【档案编号】
　　027-001-0417-（0006-0016）；
　　027-001-0418-（0001-0002）
【成文时间】 1943-01-26—1944-07-03
【收藏单位】 甘肃省档案馆
【涉及地域】 通渭县
【关　键　词】 苗圃；经费；植树造林
【内容提要】
　　本卷包括通渭县苗圃经费、扩建、造林规划、保苗保林、古木登记。值得注意的是，其中有一封通渭县陈开周（疑似该县苗圃技工）致甘肃省建设厅厅长张心一信函，具言该县苗圃困难情状。信函末尾有旁批："（该信函）显系别有用意，可不答复"。省政府请通渭县报送育苗造林五年计划及民国三十三年（1944）苗圃经费预算书，通渭县政府报送古木登记表及护林情况，附《甘肃省通渭县育苗造林护林五年计划》《甘肃省通渭县苗圃民国三十三年（1944）育苗造林经费预算表》。

【叙录编号】 0518
【档案题名】
　　甘肃省政府、建设厅关于甘肃省甘谷县苗圃建设与造林护林事宜的指示及甘谷县政府的呈文
【发文单位】 甘谷县政府
【收文单位】 甘肃省政府；甘肃省建设厅
【档案编号】
　　027-001-0421-（0009-0016）；
　　027-001-0422-（0001-0002）
【成文时间】 1943-01—1945-01
【收藏单位】 甘肃省档案馆
【涉及地域】 甘谷县
【关　键　词】 苗圃；经费；育苗造林
【内容提要】
　　本卷包括甘谷县苗圃经费、古木登记、育苗造林及县长廖华焜关于报送前任县长贾海林经办苗圃器物清册致甘肃省政府的呈。甘谷县报送古木登记、苗圃造林、护林工作布告，报送植树造林情况，省政府回令准予苗圃房屋经费备查，并请速报育苗造林五年计划，附《甘谷县民国三十二年（1943）育苗造林经费预算书》《甘肃省甘谷县育苗造林五年计划》《甘谷县县长廖华焜为呈报事谨将接受前任县长贾海林任内经手苗圃四柱清册》。

【叙录编号】 0519
【档案题名】
　　甘肃省政府、建设厅关于甘肃省秦安县苗圃建设与造林护林事宜的指示及秦安县政府的呈文
【发文单位】 秦安县政府
【收文单位】 甘肃省政府；甘肃省建设厅

【档案编号】
　　027-001-0422-（0003-0012）；
　　027-001-0423-（0001-0008）

【成文时间】 1943-02-06—1947-09-02
【收藏单位】 甘肃省档案馆
【涉及地域】 秦安县
【关 键 词】 苗圃；经费；育苗造林
【内容提要】

本卷包括秦安县苗圃经费预算、扩建选址、受灾情况、人员待遇、工作报告。秦安县报送增设苗圃、按期播种情况，省政府训令秦安县报送育苗造林五年计划，附《秦安县苗圃民国三十三年（1944）经费分配预算书》，报送河水淹没树苗数量，报送修筑河堤情况。甘肃省民政厅转送秦安县民国三十六年（1947）1—3月工作报告。

【叙录编号】 0520
【档案题名】

甘肃省政府、建设厅关于甘肃省清水县苗圃建设与造林护林事宜的指示及清水县政府的呈文
【发文单位】 清水县政府
【收文单位】 甘肃省政府；甘肃省建设厅
【档案编号】 027-001-0425-（0001-0010）
【成文时间】 1943-01-27—1944-06-09
【收藏单位】 甘肃省档案馆
【涉及地域】 清水县
【关 键 词】 苗圃；造林护林；经费
【内容提要】

本卷包括清水县苗圃造林规划、护林情况、古木登记、经费预算，附《清水县政府育苗造林护林五年计划》《清水县政府筹办县苗圃地亩表》《清水县民国三十二年（1943）育苗造林经费预算书》2份。省政府核发清水县报苗圃、古木编查、造林计划5点情况。

【叙录编号】 0521
【档案题名】

甘肃省甘谷县政府关于报送各县各保苗圃成立详细清册报表致甘肃省政府的代电
【发文单位】 甘谷县政府
【收文单位】 甘肃省政府；甘肃省建设厅
【档案编号】 027-001-0433-（0009-0010）
【成文时间】 1943-09-09—1943-09-13
【收藏单位】 甘肃省档案馆
【涉及地域】 甘谷县
【关 键 词】 苗圃；经费；育苗造林
【内容提要】

本卷包括甘谷县报送该县苗圃成立情况。附《甘谷县保苗圃汇报表》1份。

【叙录编号】 0522
【档案题名】

甘肃省静宁县关于报送本县设置保苗圃表致甘肃省政府的呈文
【发文单位】 静宁县政府
【收文单位】 甘肃省政府；甘肃省建设厅
【档案编号】 027-001-0433-（0011-0012）
【成文时间】 1943-09-06—1943-09-10
【收藏单位】 甘肃省档案馆
【涉及地域】 静宁县
【关 键 词】 苗圃；经费；育苗造林
【内容提要】

静宁县报送《静宁县全县保苗圃一览表》，省政府回令随时上报。

【叙录编号】 0523
【档案题名】

甘肃省武山县政府关于报送本县苗圃成立情况及亩数地址致甘肃省政府的呈文
【发文单位】 武山县政府
【收文单位】 甘肃省政府；甘肃省建设厅
【档案编号】 027-001-0433-（0015-0016）
【成文时间】 1943-09-03—1943-09-20
【收藏单位】 甘肃省档案馆
【涉及地域】 武山县

【关 键 词】 苗圃；经费；育苗造林
【内容提要】
　　本卷主要为报送本县苗圃成立情况及亩数地址。附《武山县保苗圃及各乡镇保苗圃亩数地址土质调查表》。

【叙录编号】 0524
【档案题名】
　　甘肃省通渭县报送本县苗圃工作报告表给甘肃省政府的代电及甘肃省政府回令
【发文单位】 通渭县政府
【收文单位】 甘肃省政府；甘肃省建设厅
【档案编号】 027-001-0434-（0011-0012）
【成文时间】 1943-09-18—1943-09-25
【收藏单位】 甘肃省档案馆
【涉及地域】 通渭县
【关 键 词】 苗圃；经费；育苗造林
【内容提要】
　　本卷主要为《甘肃省通渭县保苗圃地址亩数册》。

【叙录编号】 0525
【档案题名】
　　甘肃省陇西县政府关于报送本县苗圃设立情况给甘肃省政府的代电及甘肃省政府回令
【发文单位】 陇西县政府
【收文单位】 甘肃省政府；甘肃省建设厅
【档案编号】 027-001-0435-（0007-0008）
【成文时间】 1943-09-16—1943-10-15
【收藏单位】 甘肃省档案馆
【涉及地域】 陇西县
【关 键 词】 苗圃；经费；育苗造林
【内容提要】
　　如题。为《甘肃省陇西县各保苗圃设置情形报告表》，省政府回令按育苗须知切实推行。

【叙录编号】 0526
【档案题名】
　　甘肃省静宁县政府关于请添设乡镇育苗造林管理员致甘肃省政府的呈文及省政府否决回令
【发文单位】 静宁县政府
【收文单位】 甘肃省政府；甘肃省建设厅
【档案编号】 027-001-0442-（0001-0002）
【成文时间】 1945-01-24—1945-02-22
【收藏单位】 甘肃省档案馆
【涉及地域】 静宁县
【关 键 词】 苗圃；经费；育苗造林
【内容提要】
　　静宁县政府呈文省政府称，植树造林增加后方生产。因普遍实施造林，急需增设乡镇管理员，设专门人处理保苗圃，省政府回文，因粮食编制困难，请无需讨论增设一事。

【叙录编号】 0527
【档案题名】
　　甘肃省武山县、漳县报送各保苗圃的呈文与指令
【发文单位】 漳县政府；武山县政府
【收文单位】 甘肃省政府；甘肃省建设厅
【档案编号】 027-001-0453-（0001-0007）
【成文时间】 1944-08-01—1944-08-31
【收藏单位】 甘肃省档案馆
【涉及地域】 漳县；武山县
【关 键 词】 苗圃；经费；育苗造林
【内容提要】
　　武山县政府呈文省政府填保苗圃及育苗情况一览表，省政府回令查报苗圃实际情况。漳县报送各保苗圃设置情况、概况表、略图，省政府回文准予备查。附《漳县各乡镇保苗圃概况表》《漳县各保苗圃略图》。后表内容主要为《漳县衣锦乡第（一至五）保苗圃设置表》5张。附《漳县贵清乡、朝阳乡、新寺镇第（一至五）保苗圃设置表》。

【叙录编号】 0528
【档案题名】
　　甘肃省政府、甘肃省农业改进所关于林木产物调查及秦安无林木无法填表一事的各类文件
【发文单位】 甘肃省农业改进所
【收文单位】 甘肃省政府
【档案编号】 027-001-0496-（0001-0004）
【成文时间】 1941-05-21—1941-07-08
【收藏单位】 甘肃省档案馆
【涉及地域】 秦安县
【关 键 词】 林业调查
【内容提要】
　　甘肃省农业改进所为了解本省林地产物消长、消费多寡，供给盈亏以定改造林木缓急编订实施计划，故而制定林木产物调查表1份，并请省政府令本省各县遵照详细填报并寄回，以供参考。甘肃省政府同意印行原表，并训令各县依式核查。秦安县政府致函甘肃省政府，该县无任何林产事业，无法填表。省政府回令准予备查。

【叙录编号】 0529
【档案题名】
　　甘肃水利林牧公司关于派技师袁义生等前往天水调查林务请通知该区专员协助调查工作致甘肃省政府的公函及甘肃省政府训令
【发文单位】 甘肃水利林牧公司
【收文单位】 第四区行政督察专员公署
【档案编号】 027-001-0508-（0001-0002）
【成文时间】 1942-02-07—1942-04-15
【收藏单位】 甘肃省档案馆
【涉及地域】 天水县
【关 键 词】 林务
【内容提要】
　　天水一带森林茂密，颇有经济价值，需要妥善经营。派技师袁义生等前往天水调查林务，甘肃水利林牧公司致函省政府请协助。省政府因此训令四区行政督察专员公署接洽。

【叙录编号】 0530
【档案题名】
　　甘肃省政府、甘肃省建设厅、天水县政府、小陇山林区管理处关于森林砍伐、苗圃管理工作一事的公函、呈文、训令
【发文单位】 天水县政府等
【收文单位】 甘肃省政府；甘肃省建设厅等
【档案编号】 027-001-0686-（0001-0023）
【成文时间】 1948-04-05—1949-08-22
【收藏单位】 甘肃省档案馆
【涉及地域】 小陇山
【关 键 词】 小陇山林区；苗圃
【内容提要】
　　本卷包括甘肃省小陇山林区请国立西北农学院寄送各种林业刊物，农学院寄送《林业会报》《植树浅说》。甘肃省小陇山林区护林协助员张自振报送麦积山瑞应寺和尚朱普静砍伐森林一事，呈文小陇山林区管理处，省政府护林协助员担保和尚不再砍伐树木，小陇山林区管理处训令天水党川乡公所没收朱普静砍伐松木。小陇山林区报送本处苗圃划归天水甘泉寺苗圃地，并报送苗圃地种植苗木情况。小陇山林区职员祁生芝视察天水县党川乡公所红崖保煤矿情况。附《甘肃省小陇山林区管理处甘泉镇苗圃开办苗圃种植日记》《甘肃省小陇山林区管理处工作注意事项》。另有《甘肃省小陇山现有天然林概况》1份，修改涂抹较多。

【叙录编号】 0531
【档案题名】
　　甘肃省小陇山林区管理处关于报送警员、职工食粮凭清册的呈文及甘肃省政府指令
【发文单位】 甘肃省政府
【收文单位】 小陇山林区管理处

【档案编号】 027-001-0688-（0001-0015）
【成文时间】 1949-02-07—1949-06-02
【收藏单位】 甘肃省档案馆
【涉及地域】 小陇山
【关 键 词】 小陇山林区；粮食领条
【内容提要】
　　甘肃省政府训令小陇山林区管理处填报领粮凭单，为《甘肃省政府小陇山林区管理处民国三十八年（1949）1—6月份食粮领条及请领员警工小麦清册》。

【叙录编号】 0532
【档案题名】
　　甘肃省小陇山林区管理处关于报送警员、职工食粮凭清册、职员名册、人事调动、枪支弹药的呈文及甘肃省政府指令
【发文单位】 小陇山林区管理处
【收文单位】 甘肃省政府；甘肃省建设厅
【档案编号】 027-001-0689-（0001-0028）
【成文时间】 1949-01-28—1949-06-29
【收藏单位】 甘肃省档案馆
【涉及地域】 小陇山
【关 键 词】 小陇山林区；清册
【内容提要】
　　《甘肃省政府小陇山林区管理处三十八年（1949）7月份食粮领条及请领员警工小麦清册》。甘肃省政府人事室关于发职员名额对照表并《甘肃省政府××（机关）人员名册》样表给小陇山林区填报。甘肃省小陇山林区请职员前往秦安、兰州的证明书，职员领取11号、12号印章的领条，附《甘肃省小陇山林区管理处暂发给林警证章清册》《甘肃省小陇山林区管理处枪支子弹登记表》。

【叙录编号】 0533
【档案题名】
　　甘肃省政府、甘肃省建设厅、民乐县政府关于配拨剩余木料、发放行证明书、身份证、服务站及小陇山林区管理处会议记录
【发文单位】 小陇山林区管理处等
【收文单位】 甘肃省政府；甘肃省建设厅
【档案编号】 027-001-0750-（0001-0036）
【成文时间】 1947-04-22—1949-07-25
【收藏单位】 甘肃省档案馆
【涉及地域】 民乐县；小陇山
【关 键 词】 木料；小陇山
【内容提要】
　　甘肃省民乐县政府致电省政府，请求将砍伐电杆剩余木料配给各个学校、机关，省政府同意。甘肃省政府训令民乐县政府将未刊树木砍伐，甘肃省建设厅李斌派查验砍伐电杆分配各个学校房屋情况致甘肃省政府。甘肃省小陇山林区管理处发放本处林警前往秦安县的放行证明书。甘肃省政府训令小陇山林区，李宗仁暂代总统职务，小陇山林区管理处询问万一陕西局势紧张如何应对，省政府回令安心工作。小陇山林区发放服务证明书、放行证明。《甘肃省小陇山林区管理处紧急会议记录》。

【叙录编号】 0534
【档案题名】
　　甘肃水利林牧公司关于天水县三岔区署公布买卖林木办法是否批准给甘肃省建设厅的公函
【发文单位】 甘肃水利林牧公司；甘肃省政府
【收文单位】 甘肃省政府；天水县政府
【档案编号】 027-002-0004-（0014-0015）
【成文时间】 1943-09-08—1943-09-13
【收藏单位】 甘肃省档案馆
【涉及地域】 天水县
【关 键 词】 林木；买卖
【内容提要】
　　甘肃水利林牧公司称，天水三岔区布告本区私有林木非经买卖双方报告乡镇呈请县政府

批准，不得随意买卖一事，请主管机关对该公司进行协助，省政府批示查明函复。省政府回令送天水县政府限制买卖办法是否有根据，请予协助。

【叙录编号】 0535
【档案题名】
　　甘肃省天水县政府关于询问如何办理发给市民梁光宇树木执照致甘肃省政府的呈
【发文单位】 天水县政府
【收文单位】 甘肃省政府
【档案编号】 027-002-0016-0007
【成文时间】 1944-11-09
【收藏单位】 甘肃省档案馆
【涉及地域】 天水县
【关键词】 树木执照
【内容提要】
　　如题。

【叙录编号】 0536
【档案题名】
　　甘肃省政府、农林部甘肃岷县垦区管理局关于小陇山开垦荒地事宜的文件
【发文单位】 静宁县政府等
【收文单位】 甘肃省政府等
【档案编号】
　　027-004-0132-（0009-0012）；
　　027-004-0133-（0001-0008）；
　　027-004-0134-（0001-0005）
【成文时间】 1943-08-17—1944-03-16
【收藏单位】 甘肃省档案馆
【涉及地域】 静宁县
【关键词】 垦荒
【内容提要】
　　甘肃省政府训令天水、两当县政府和农林部甘肃岷县垦区管理局查禁小陇山居民滥伐树木，甘肃岷县垦区管理局报送小陇山开垦荒地面积、地点与垦殖状况，省政府回令准予备查。省政府训令小陇山各地开垦情况，省政府申请设立林垦机构致电农林部。天水县政府讨论按照当地价格价购小陇山垦区议案，省政府指令第四区行政督察专员公署查报再夺。

【叙录编号】 0537
【档案题名】
　　甘肃省武山县关于报送该县苗圃及东关青年林被渭水所淹没给甘肃省政府的代电
【发文单位】 武山县政府
【收文单位】 甘肃省建设厅
【档案编号】 027-005-0047-（0005-0006）
【成文时间】 1948-08-14—1948-08-20
【收藏单位】 甘肃省档案馆
【涉及地域】 武山县
【关键词】 水淹林地
【内容提要】
　　甘肃省武山县关于报送该县苗圃及东关青年林被渭水所淹没，省政府回令训令迅速整地，如期播种。

【叙录编号】 0538
【档案题名】
　　甘肃省政府关于隆德县、静宁县随时上报水土保护情况的训令
【发文单位】 隆德县政府；静宁县政府
【收文单位】 甘肃省建设厅
【档案编号】 027-005-0082-（0005-0008）
【成文时间】 1945-05-28—1945-08-06
【收藏单位】 甘肃省档案馆
【涉及地域】 隆德县；静宁县
【关键词】 水土保持
【内容提要】
　　甘肃省隆德县、静宁县报送该县水土保持情况，省政府训令日后随时汇报。静宁县报送

黄希周督导水土保持情况，召集各乡镇植树造林开挖水平沟。令隆德县县长屈明智汇报水土保持推广实验情形。

【叙录编号】 0539
【档案题名】
甘肃省政府同意协助秦岭国有林区管理处小陇山查勘队给天水县政府、徽县政府的训令及关于此事给农林部秦岭国有林区管理处的公函
【发文单位】 天水县政府；徽县政府
【收文单位】 农林部秦岭国有林区管理处等
【档案编号】 027-005-0086-（0012-0014）
【成文时间】 1942-08-13—1942-08-25
【收藏单位】 甘肃省档案馆
【涉及地域】 天水县；徽县
【关 键 词】 小陇山；伐木
【内容提要】
农林部秦岭国有林区管理处请天水县、徽县协助致函省政府，省建设厅请示可否协助查勘小陇山查勘队滥砍树木一事，省政府回令同意。

【叙录编号】 0540
【档案题名】
农林部关于另订小陇山林区管理合作办法的公函
【发文单位】 农林部
【收文单位】 甘肃省建设厅
【档案编号】 027-005-0109-0013
【成文时间】 1945-04-02
【收藏单位】 甘肃省档案馆
【涉及地域】 小陇山林区
【关 键 词】 小陇山
【内容提要】
农林部致函省政府重新订立小陇山林区管理合作办法，清理林地汇费。

【叙录编号】 0541
【档案题名】
甘肃省政府关于审核小陇山林区工作计划及经费预算书
【发文单位】 农林部
【收文单位】 甘肃省建设厅
【档案编号】
027-005-0110-（0011-0014）；
027-005-0112-（0017-0022）
【成文时间】 1947-10-24—1947-11-07
【收藏单位】 甘肃省档案馆
【涉及地域】 小陇山天然林区管理处
【关 键 词】 小陇山
【内容提要】
如题，主要为林区工作人员的预算书。附《甘肃省政府农林部合办小陇山天然林区管理处民国三十四年（1945）1月份工作简报表》3份，包括行政部分拟定组织规则，业务部分实施荒山种植树林。

【叙录编号】 0542
【档案题名】
农林部、甘肃省政府关于组建小陇山林区一事的文件
【发文单位】 甘肃省农业改进所；甘肃省政府等
【收文单位】 甘肃省政府；第四区行政督察专员公署等
【档案编号】 027-005-0111-（0001-0021）
【成文时间】 1944-05-27—1944-12-14
【收藏单位】 甘肃省档案馆
【涉及地域】 小陇山林区
【关 键 词】 小陇山林区
【内容提要】
甘肃省农业改进所报送省政府筹设小陇山林区事宜，请袁义生从速筹备工作，附小陇山林地清理事宜的布告书。省政府训令第四区从

速接收林区；农林部询问小陇山林区成立时间，附《甘肃省水土保持巡回指导团实施计划纲要》，包括水土保持之重要、巡回指导之意义、巡回区域与实施步骤、经费预算。

【叙录编号】 0543
【档案题名】
关于转知傅焕光从事组织小陇山林区管理机构的代电
【发文单位】 农林部
【收文单位】 甘肃省建设厅
【档案编号】 027-005-0111-0007
【成文时间】 1944-06-13
【收藏单位】 甘肃省档案馆
【涉及地域】 小陇山林区
【关 键 词】 小陇山林区；傅焕光
【内容提要】
农林部沈部长电令，小陇山林区管理事宜经费人事一律由农林部负责，并按照原定办法，令傅焕光负责监督接管。

【叙录编号】 0544
【档案题名】
甘肃省政府、甘肃水利林牧公司关于小陇山林区清理工作的文件
【发文单位】 甘肃省政府；农林部
【收文单位】 甘肃省建设厅
【档案编号】 027-005-0113-（0001-0013）
【成文时间】 1943-07-22—1944-03-09
【收藏单位】 甘肃省档案馆
【涉及地域】 小陇山林区
【关 键 词】 小陇山
【内容提要】
甘肃省农业改进所报送小陇山林区管理办法呈文省政府，省政府将办法转送第四区公署、水利林牧公司、甘肃省农业改进所。甘肃省政府第1115次委员会议讨论清理小陇山林地经费筹拨办法，附原议案。附《清理小陇山林地办法》7条，关于负责单位、清理手续、林地地权等条。附《清理小陇山林地会订办法》张心一、傅焕光等人出席，讨论林地垦地划分标准、林权拟定等内容。

【叙录编号】 0545
【档案题名】
甘肃省政府小陇山林区管理处天水林区登记清册（一）
【发文单位】 小陇山林区管理处
【收文单位】 甘肃省建设厅
【档案编号】 027-005-0114-0001
【成文时间】 1948-12-31
【收藏单位】 甘肃省档案馆
【涉及地域】 小陇山林区
【关 键 词】 小陇山
【内容提要】
《甘肃省政府小陇山林区管理处天水林地登记清册》（内计林主2705户，林地330763亩5分）包含林区内700余人的地亩面积。

【叙录编号】 0546
【档案题名】
甘肃省政府小陇山林区管理处天水林区登记清册（二）
【发文单位】 小陇山林区管理处
【收文单位】 甘肃省建设厅
【档案编号】 027-005-0115-0001
【成文时间】 1948-12-31
【收藏单位】 甘肃省档案馆
【涉及地域】 小陇山林区
【关 键 词】 小陇山
【内容提要】
《甘肃省政府小陇山林区管理处天水林地登记清册》（内计林主2705户，林地330763.5亩）包含林区内700余人的地亩面积。

【叙录编号】 0547
【档案题名】
　　甘肃省政府小陇山林区管理处天水林区登记清册（三）
【发文单位】 小陇山林区管理处
【收文单位】 甘肃省建设厅
【档案编号】 027-005-0116-0001
【成文时间】 1948-12-31
【收藏单位】 甘肃省档案馆
【涉及地域】 小陇山林区
【关 键 词】 小陇山
【内容提要】
　　《甘肃省政府小陇山林区管理处天水林地登记清册》（内计林主2705户，林地330763.5亩）包含林区内700余人的地亩面积。

【叙录编号】 0548
【档案题名】
　　甘肃省政府关于报送《甘肃省小陇山林区管理处徽县林地登记清册》的呈文
【发文单位】 小陇山林区管理处
【收文单位】 甘肃省建设厅
【档案编号】 027-005-0117-（0001-0002）
【成文时间】 1948-12-30—1949-01-24
【收藏单位】 甘肃省档案馆
【涉及地域】 小陇山林区
【关 键 词】 徽县；林区
【内容提要】
　　《甘肃省小陇山林区管理处徽县林地登记清册》（1948年12月31日）包含林户254户，林地37960亩。附《小陇山林区图》白图1张。

【叙录编号】 0549
【档案题名】
　　甘肃省政府、甘肃省农业改进所、建设厅关于清理小陇山林区一事的文件
【发文单位】 甘肃省农业改进所

【收文单位】 甘肃省建设厅
【档案编号】 027-005-0118-（0001-0016）
【成文时间】 1944-03-10—1944-04-22
【收藏单位】 甘肃省档案馆
【涉及地域】 小陇山林区
【关 键 词】 小陇山
【内容提要】
　　甘肃省建设厅与农林部协商事宜，省政府指令甘肃省农业改进所派员前来筹办小陇山林区，甘肃省农业改进所报送小陇山交由岷县垦区管理局问题的呈文，因小陇山林区天然林及管辖问题，小陇山经费为40万，省政府同意与农林部办理小陇山事宜，小陇山划拨部分经费。

【叙录编号】 0550
【档案题名】
　　甘肃省政府、建设厅、小陇山林区管理处关于办理小陇山林权登记一事的文件
【发文单位】 甘肃省农业改进所
【收文单位】 甘肃省建设厅
【档案编号】
　　027-005-0119-（0001-0012）；
　　027-005-0121-（0009-0012）
【成文时间】 1948-06-07—1948-11-24
【收藏单位】 甘肃省档案馆
【涉及地域】 小陇山林区
【关 键 词】 小陇山
【内容提要】
　　小陇山林区管理处呈文建设厅询问是否有卷宗，农林部水土保持实验区派员领取卷宗，甘肃省小陇山林区管理处派员接收卷宗，内有《农林部水土保持实验区移交、甘肃省政府小陇山林区管理处接收小陇山林权登记文卷清册》包含：1.清理小陇山林地卷宗一宗；2.林权登记分类卷（林地登记清册2本、林地登记表34册、林地陈报单13册、林地清图241张）。省政府回令准予备查。管理处报送办理

房屋契约，省政府训令迅速办理天水县东南区森林林权登记。

【叙录编号】 0551
【档案题名】
　　甘肃省小陇山林区管理处关于报送本处本年上半年工作情况及今后事项致甘肃省政府的签呈
【发文单位】 甘肃省农业改进所
【收文单位】 甘肃省建设厅
【档案编号】 027-005-0119-（0013-0014）
【成文时间】 1948-07-26—1948-09-22
【收藏单位】 甘肃省档案馆
【涉及地域】 小陇山林区
【关 键 词】 小陇山
【内容提要】
　　小陇山林区管理处报送本年上半年工作报告，包含禁止烧山、滥伐森林、提倡人民春季普遍植树，清理林区私有林产。查本林区内六朝古迹麦积山实有保护必要，小陇山林权登记卷宗移交，转发西北行辕军人禁止砍伐树木，当地选拔保护林木委员，规章中事项尽力开展。拟开展工作：为便于管理设，置两个工作站，加派警员、提高林警待遇及预算。省政府回令准予备查。

【叙录编号】 0552
【档案题名】
　　甘肃省政府请发小陇山林区管理处森林运销查验规则、强制造林办法及森林相关主要图例的代电
【发文单位】 小陇山林区管理处
【收文单位】 甘肃省建设厅
【档案编号】 027-005-0119-（0015-0024）
【成文时间】 1948-09-25—1948-11-24
【收藏单位】 甘肃省档案馆
【涉及地域】 小陇山林区
【关 键 词】 小陇山
【内容提要】
　　甘肃省政府请发小陇山林区管理处森林运销查验规则、强制造林办法及森林相关主要图例。农林部回令收到伐木查验规则与强制造林办法，小陇山林区管理处请延长林权登记时限。

【叙录编号】 0553
【档案题名】
　　甘肃省小陇山林区管理处主任汉㷅关于报送小陇山林区管理处工作实施计划的呈文
【发文单位】 小陇山林区管理处
【收文单位】 甘肃省建设厅
【档案编号】 027-005-0120-0007
【成文时间】 1947-11-14
【收藏单位】 甘肃省档案馆
【涉及地域】 小陇山林区
【关 键 词】 小陇山
【内容提要】
　　《小陇山林区管理处工作实施计划》包含：续办所有权登记、设立境界标、编订省所有林和保安林、审定伐木案、督导造林事业、限销森林副业之利用、限制林内开垦、严禁滥伐、处罚办法、办理旧材登记、林役之登记、森林病害之登记、设立工作站及苗圃。

【叙录编号】 0554
【档案题名】
　　甘肃省参议会关于送吴治平参议员提议严加保护小陇山林区森林防止滥伐一事的文件
【发文单位】 甘肃省参议会；小陇山林区管理处
【收文单位】 甘肃省建设厅
【档案编号】 027-005-0120-（0008-0012）
【成文时间】 1948-01-08—1948-01-31
【收藏单位】 甘肃省档案馆

【涉及地域】 小陇山林区
【关 键 词】 小陇山
【内容提要】
　　本省近来连年春天干旱，秋季雨水山洪暴发酿成灾祸，森林涵养水源、防止山洪、煤矿开采燃料等仰给森林保护古树等提案内容。省政府抄发西北行辕禁止军人砍伐树木，小陇山林区管理处请准由当地热心公益人士开展保护。

【叙录编号】 0555
【档案题名】
　　国民政府主席西北行辕关于发布保护林木布告10张致甘肃省政府的代电
【发文单位】 国民政府主席西北行辕；甘肃省政府；
【收文单位】 甘肃省政府；小陇山林区管理处
【档案编号】 027-005-0120-（0016-0017）
【成文时间】 1948-02-08—1948-02-17
【收藏单位】 甘肃省档案馆
【涉及地域】 小陇山林区
【关 键 词】 小陇山
【内容提要】
　　国民政府主席西北行辕致电甘肃省政府发布保护林木布告10张，甘肃省政府转电小陇山林区管理处。

【叙录编号】 0556
【档案题名】
　　甘肃省小陇山林区管理处关于报送公私有森林登记表、公私有林伐木申请书、伐木许可证按照森林地价征收5%手续费致甘肃省政府的呈文
【发文单位】 小陇山林区管理处
【收文单位】 甘肃省建设厅
【档案编号】 027-005-0120-（0020-0022）
【成文时间】 1948-03-08—1948-03-19
【收藏单位】 甘肃省档案馆

【涉及地域】 小陇山林区
【关 键 词】 小陇山
【内容提要】
　　甘肃省小陇山林区管理处呈文省政府报送公私有森林登记表、公私有林伐木申请书、伐木许可证按照森林地价征收5%手续费，省政府批示应准照办。

【叙录编号】 0557
【档案题名】
　　甘肃省小陇山林区管理处关于检发林业规则实施细则、森林法实施细则、森林登记条例
【发文单位】 小陇山林区管理处
【收文单位】 甘肃省建设厅
【档案编号】 027-005-0121-（0013-0018）
【成文时间】 1948-04
【收藏单位】 甘肃省档案馆
【涉及地域】 小陇山林区
【关 键 词】 小陇山
【内容提要】
　　小陇山林区登记林地发现契约多系空白，省政府训令小陇山林区管理处依据森林法、林权登记规则、土地法慎重办理。

【叙录编号】 0558
【档案题名】
　　甘肃省小陇山林区管理处关于报送民国三十七年（1948）下半年工作情况及拟办理事项
【发文单位】 小陇山林区管理处
【收文单位】 甘肃省建设厅
【档案编号】 027-005-0121-（0021-0024）
【成文时间】 1948-12-31—1949-04-27
【收藏单位】 甘肃省档案馆
【涉及地域】 小陇山林区
【关 键 词】 木料
【内容提要】
　　主要工作包括林权登记、更新树木、禁止

烧山伐木。拟办理事项包括提高林警待遇增加人数事宜。省政府指令小陇山林区管理处整理苗圃土地开展育苗，小陇山林区管理处移到天水城内办公。

【叙录编号】 0559
【档案题名】
　　甘肃省政府第1047次会议关于讨论大碌沟及见子沟两处林地划为林区事宜的议案
【发文单位】 小陇山林区管理处
【收文单位】 甘肃省建设厅
【档案编号】 027-005-0122-0001
【成文时间】 1943-05-14
【收藏单位】 甘肃省档案馆
【涉及地域】 天水县
【关 键 词】 林区
【内容提要】
　　甘肃省政府第1047次会议关于讨论大碌沟及见子沟两处林地划定为水源实验区。天水水土保持实验区一再调查小陇山一带森林，请派保安团保护。农林部水土保持实验区请省政府清理业权，林区因砍伐烧荒，日渐消减，因此，拟定管理办法1份。附送《小陇山森林查勘报告暨初步管理办法》《小陇山森林管理计划草案》《小陇山林区范围》《小陇山组织规程草案》各1份。省政府批示准予令县政府协助登记林权。

【叙录编号】 0560
【档案题名】
　　小陇山林区勘察报告及初步管理办法
【发文单位】 小陇山林区管理处
【收文单位】 甘肃省建设厅
【档案编号】 027-005-0122-0002
【成文时间】 1943
【收藏单位】 甘肃省档案馆
【涉及地域】 小陇山林区
【关 键 词】 林区
【内容提要】
　　《小陇山林区勘察报告及初步管理办法》包括小陇山范围、地质土壤、地脉水系、交通、调查地点、林况概述、森林分布概况、林木生长及蓄积、小陇山林区内社会情形、摧残森林之实况、产权地租情形、林区初步管理办法。

【叙录编号】 0561
【档案题名】
　　农林部水土保持实验区组织规程草案
【发文单位】 小陇山林区管理处
【收文单位】 甘肃省建设厅
【档案编号】 027-005-0126-0003
【成文时间】 1948
【收藏单位】 甘肃省档案馆
【涉及地域】 小陇山林区
【关 键 词】 水土保持
【内容提要】
　　第1条水土保持实验区之设立，是为防止倾斜地水土冲刷，增进农田生产起见，设立水土保持实验区。实验区执掌包括：区域内的土地利用调查研究、森林调查业权登记、森林测量整理、保安林编制、草地植被调查、森林及其他植被保护、水流池沼勘察测候、水防沙土保持及其他有关水土保持事宜。

【叙录编号】 0562
【档案题名】
　　农林部水土保持实验区小陇山森林管理计划草案，附草图1张
【发文单位】 小陇山林区管理处
【收文单位】 甘肃省建设厅
【档案编号】 027-005-0126-0004
【成文时间】 不详
【收藏单位】 甘肃省档案馆

【涉及地域】 小陇山林区
【关 键 词】 林区
【内容提要】
　　《小陇山森林管理计划草案》包括小陇山地理环境，位于天水南部秦岭支脉，山内人口稀少。小陇山森林为原生森林，主要树木为栎树、山杨、白桦树、松林。小陇山林区之重要性包括国土保安、国防建设、工业建设。另有森林破坏情形、烧山、垦荒、滥伐、樵采、保护规划、管理办法等内容。附《小陇山林区范围图》。

【叙录编号】 0563
【档案题名】
　　甘肃省政府关于社会部请协助中原垦殖社设立小梁山农场一事的公函呈文
【发文单位】 第四区行政督察专员公署
【收文单位】 甘肃省建设厅
【档案编号】 027-005-0225-（0001-006）
【成文时间】 1946-06-06—1946-11-13
【收藏单位】 甘肃省档案馆
【涉及地域】 第四区行政督察专员公署
【关 键 词】 小梁山林场
【内容提要】
　　社会处致函省政府，要求协助中原垦场设立小梁山农场。省政府训令第四区公署协助并回令社会部。第四区行政督察专员公署报送小梁山农场有乱伐林木、拷打人民情况，奏请取缔。农林部致函省政府，表示不再参股小梁山农场。

【叙录编号】 0564
【档案题名】
　　甘肃省第四区行政督察专员公署报送天水县政府调查西北垦殖社违法情况致甘肃省政府的呈文，附《中原垦殖社小梁山试验农场采伐木料区域略图》1张
【发文单位】 第四区行政督察专员公署
【收文单位】 甘肃省建设厅
【档案编号】 027-005-0225-（0007-0012）
【成文时间】 1946-09-05—1947-04-12
【收藏单位】 甘肃省档案馆
【涉及地域】 第四区行政督察专员公署
【关 键 词】 小梁山林场
【内容提要】
　　西北垦殖社职员持枪械拷打人民，私自给树木贴"小梁山"条牟利，假垦殖社美名牟利，影响人民生计，附《中原垦殖社小梁山试验农场采伐木料区域略图》。农林部要求省政府制止西北垦殖社违法采伐树木，省政府训令第四区行政督察专员公署强制制止砍伐。小梁山农场请省政府发垦务原则计划，并陈述该农场虽有伐木，亦按造林要求在本农场山林修正，并无滥伐。

【叙录编号】 0565
【档案题名】
　　甘肃省天水县县长高德卿关于南河堤工程、春季植树及发动民众修筑党川甘泉乡镇公路事宜致骆力学的函
【发文单位】 天水县政府
【收文单位】 甘肃省政府
【档案编号】 027-005-0415-0003
【成文时间】 1949-02-07
【收藏单位】 甘肃省档案馆
【涉及地域】 天水县
【关 键 词】 南河堤
【内容提要】
　　甘肃省政府致函甘肃省建设厅厅长报送南河堤工程开始水土保持，本年度春季植树遵照农林建设实施方法，拟发动民工修筑乡镇道路，完成西礼电话线架设。县苗圃面积为20亩，推广泾阳320号麦种成绩。

【叙录编号】 0566
【档案题名】
　　甘肃省通渭县政府关于报送保护公路沿线新植树苗情况致甘肃省政府、甘肃省建设厅的呈
【发文单位】 通渭县政府
【收文单位】 甘肃省政府；甘肃省建设厅
【档案编号】 027-006-0382-0006
【成文时间】 1943-08-18
【收藏单位】 甘肃省档案馆
【涉及地域】 通渭县
【关 键 词】 公路林；植树
【内容提要】
　　如题，通渭县政府呈报已令沿线保甲长对沿线公路加以保护，请省政府、省建设厅鉴核。

【叙录编号】 0567
【档案题名】
　　陇西县政府关于报送本县拟具保护林木办法同甘肃省政府的往来文件
【发文单位】 甘肃省政府；陇西县政府
【收文单位】 甘肃省政府；陇西县政府
【档案编号】 027-006-0383-（0007-0008）
【成文时间】 1943-12-13—1943-12-24
【收藏单位】 甘肃省档案馆
【涉及地域】 陇西县
【关 键 词】 偷拔树木；保护林木
【内容提要】
　　陇西县政府因气候干旱，林木不断被偷拔。根据省林业规则，报送本县拟具保护林木办法。附《陇西县保护林木办法》1份，其中包括13条内容。涉及对各地区林木保护权责的划分、禁止砍伐范围、擅自砍伐树木惩治措施、各乡镇保甲长及人民护林成就奖励等内容。省政府批准施行。

【叙录编号】 0568
【档案题名】
　　甘谷县政府关于报送造林护林公约及推行办理情况同甘肃省政府的往来文件
【发文单位】 甘谷县政府；甘肃省政府
【收文单位】 甘谷县政府；甘肃省政府
【档案编号】 027-006-0383-（0015-0016）
【成文时间】 1943-12-18—1944-01-03
【收藏单位】 甘肃省档案馆
【涉及地域】 甘谷县
【关 键 词】 造林护林；公约
【内容提要】
　　甘谷县政府就造林、护林拟具地方公约，呈文省政府。附《造林护林公约》1份。其中强调了造林护林的重要性，及生态协调价值。强调利用荒山、荒地造林，禁止砍伐天然林和公有林，各乡镇登记古木，将保林、育林成绩纳入各乡镇保长考核范围等内容。省政府对其准予备案。

【叙录编号】 0569
【档案题名】
　　天水县政府关于报送本县三岔区公私林产管制公约同甘肃省政府的往来文件
【发文单位】 天水县政府；甘肃省政府
【收文单位】 天水县政府；甘肃省政府
【档案编号】 027-006-0383-（0017-0018）
【成文时间】 1943-10-15—1943-11-24
【收藏单位】 甘肃省档案馆
【涉及地域】 天水县
【关 键 词】 公私林；产权
【内容提要】
　　天水县政府呈文甘肃省政府，报送《天水县政府三岔区公私林产管制公约》1份。其中包括天然林区主权属于甘肃省建设厅，私有林产需限期去乡区署办理登记手续，以确定其面积界限，林区发生纠纷由县政府处决等内容。

省政府对其准予备查。

【叙录编号】 0570
【档案题名】
　　天水县政府关于发动人民团体造林情况同甘肃省政府的往来文件
【发文单位】 天水县政府；甘肃省政府
【收文单位】 天水县政府；甘肃省政府
【档案编号】 027-006-0383-（0021-0022）
【成文时间】 1943-11-23—1943-12-13
【收藏单位】 甘肃省档案馆
【涉及地域】 天水县
【关 键 词】 植树；人民团体
【内容提要】
　　天水县政府呈文，民国三十二年（1943）11月12日发动人民团体在南门外植树，共植树5000余株，请省政府鉴核。省政府备查。

【叙录编号】 0571
【档案题名】
　　庄浪县政府关于报送民国三十三年（1944）春季造林护林计划与甘肃省政府的往来文件
【发文单位】 庄浪县政府；甘肃省政府
【收文单位】 庄浪县政府；甘肃省政府
【档案编号】 027-006-0384-（0017-0018）
【成文时间】 1944-07-07—1944-07-18
【收藏单位】 甘肃省档案馆
【涉及地域】 庄浪县
【关 键 词】 造林护林；计划
【内容提要】
　　庄浪县政府呈报民国三十三年（1944）春季造林护林计划1份。其中包括造林种类及株数、造林运动、奖惩等内容，内有具体细目。

【叙录编号】 0572
【档案题名】
　　秦安县政府、甘肃省政府关于维护公路行道树苗的往来文件
【发文单位】 秦安县政府；甘肃省政府
【收文单位】 秦安县政府；甘肃省政府
【档案编号】 027-006-0384-（0019-0020）
【成文时间】 1944-07-11—1944-07-26
【收藏单位】 甘肃省档案馆
【涉及地域】 秦安县
【关 键 词】 行道树；植树；成活率
【内容提要】
　　秦安县政府呈报发动民众协助供给公路行道树情况，令各乡镇栽植18600株，但因灌溉不力成活寥寥，请省政府转达西北公路局，务饬各道班及时灌溉。省政府对其准予备查。

【叙录编号】 0573
【档案题名】
　　静宁县政府、甘肃省政府关于筹办荒山造林育苗费的往来文件
【发文单位】 甘肃省建设厅；静宁县政府
【收文单位】 甘肃省建设厅；静宁县政府
【档案编号】 027-006-0385-（0016-0017）
【成文时间】 1944-07-12—1944-07-25
【收藏单位】 甘肃省档案馆
【涉及地域】 静宁县
【关 键 词】 荒山造林；育苗
【内容提要】
　　静宁县政府呈文甘肃省政府挖沟造林所需5万经费，请由甘肃省驿运管理处结束后余款项下拨发。省政府回文，余款已有指定用途，令其自行筹办。

【叙录编号】 0574
【档案题名】
　　静宁县政府报送岷屯乡被水淹没情况、水毁苗圃及保护林木情况同甘肃省政府的往来文件

【发文单位】 静宁县政府；甘肃省政府
【收文单位】 静宁县政府；甘肃省政府
【档案编号】
　　027-006-0393-（0012-0013、0020-0021）
【成文时间】 1944-07-27—1944-10-12
【收藏单位】 甘肃省档案馆
【涉及地域】 静宁县
【关 键 词】 冲毁林木
【内容提要】

　　静宁县政府报送，因7月11日晚间大雨，导致河滩造林被冲坏400余株，请省政府鉴核备查。省政府回文，令其迅速修复回报，并认真养护。静宁县政府呈报夏季暴雨侵损各保苗圃情况，报告已令各乡镇长整理。省政府回文迅速整理补植，若选址不当则及时改设他处，以免损失。

【叙录编号】 0575
【档案题名】
　　甘肃省政府、甘谷县政府关于制定及发放植树造林奖惩办法的往来文件
【发文单位】 甘肃省政府；甘谷县政府
【收文单位】 甘肃省政府；甘谷县政府
【档案编号】 027-007-0297-（0012-0013）
【成文时间】 1947-06-07—1947-06-20
【收藏单位】 甘肃省档案馆
【涉及地域】 甘谷县
【关 键 词】 植树造林；森林法
【内容提要】

　　甘谷县参议会制定植树造林奖惩办法1份，县政府转呈省政府请鉴核备查。省政府回文该办法多有不符，需根据森林法另订，发还甘谷县政府。

【叙录编号】 0576
【档案题名】
　　甘肃省农业改进所、甘肃省政府关于报送由二、四两区联防队保护天然林区以利林政的往来文件
【发文单位】 甘肃省政府；甘肃省农业改进所
【收文单位】 甘肃省政府；第二、第四区行政督察专员公署
【档案编号】 027-007-0297-（0020-0021）
【成文时间】 1947-06-07—1947-06-09
【收藏单位】 甘肃省档案馆
【涉及地域】 甘肃省
【关 键 词】 天然林区；林警；林木管委会
【内容提要】

　　甘肃省农业改进所报送由二、四区联防队保护天然林区一事，并呈报保护具体安排。省政府回文，令其在不违反林警规程与林木管理委员会章程的前提下进行办理。

【叙录编号】 0577
【档案题名】
　　甘肃省政府、静宁县政府关于报送县组织林会规程及造林护林办法的往来文件
【发文单位】 甘肃省政府；静宁县政府
【收文单位】 甘肃省政府；静宁县政府
【档案编号】 027-007-0299-（0001-0002）
【成文时间】 1947-06-24—1947-07-03
【收藏单位】 甘肃省档案馆
【涉及地域】 静宁县
【关 键 词】 造林护林；林会；荒山荒地
【内容提要】

　　静宁县政府报送《静宁县林会造林护林办法》《甘肃省静宁县林会组织规程》（其中包括荒山荒地开垦、公私育苗、造林办法、水旱天灾预防及救济、林业教育、林业改良、政府机关咨询及委托等内容）。省政府就其报送文件进行审核，指令静宁县政府修改。

【叙录编号】 0578
【档案题名】

漳县政府、甘肃省政府关于利用倾倒树木建筑学校的往来文件
【发文单位】　甘肃省政府；漳县政府
【收文单位】　甘肃省政府；漳县政府
【档案编号】　027-007-0299-（0009-0010）
【成文时间】　1947-08-16—1947-08-22
【收藏单位】　甘肃省档案馆
【涉及地域】　漳县
【关　键　词】　倾倒树木；建筑
【内容提要】
　　漳县政府呈请甘肃省政府用倾倒树木建筑学校，甘肃省政府令其查明倾倒林木数目及报送工程计划。

【叙录编号】　0579
【档案题名】
　　各县指导室人事情况；天兰铁路工赈处陇西县分处发给民工工资粮款副食姓名册
【发文单位】　第四区行政督察专员公署；武山县政府
【收文单位】　第四区行政督察专员公署；武山县政府
【档案编号】　027-007-0307-（0001-0003）
【成文时间】　1946-03-15—1946-04-05
【收藏单位】　甘肃省档案馆
【涉及地域】　武山县
【关　键　词】　天然林；装土
【内容提要】
　　甘肃省第四区行政督察专员公署电报武山县政府，令其准备土箕等装土工具，并报南山附近天然林区情况。武山县政府上报装土工具、可编织数量和价格，以及天然林面积为20方里，可以伐柴枯枝，供千人炊用。公署电报，令其告知汇款数额及装土工具情况。

【叙录编号】　0580

【档案题名】
　　甘肃省民政厅关于检送陇西县临时参议会会议记录致甘肃省建设厅的函
【发文单位】　甘肃省民政厅
【收文单位】　甘肃省建设厅
【档案编号】　027-007-0476-0001
【成文时间】　1944-07-06
【收藏单位】　甘肃省档案馆
【涉及地域】　陇西县
【关　键　词】　苗圃；植树
【内容提要】
　　民政厅检送陇西县临时参议会第1次大会会议记录，致函甘肃省建设厅，附会议记录1份。其中包括县政府建设科科员报告苗圃状况、议员提议筹备植树保护公路事宜。

【叙录编号】　0581
【档案题名】
　　民国三十二年（1943）甘肃水利林牧公司就制定渭河林场章程一事致渭河林场管理处的函
【发文单位】　甘肃水利林牧公司
【收文单位】　渭河林场管理处
【档案编号】　039-001-0227-（0009-0010）
【成文时间】　1943-05-01—1943-05-04
【收藏单位】　甘肃省档案馆
【涉及地域】　渭河林场
【关　键　词】　渭河林场；章程
【内容提要】
　　本卷共2份文件。含《甘肃水利林牧公司渭河林场章程》1份，内容如题。

【叙录编号】　0582
【档案题名】
　　西北公路工务局就宝天铁路工程局订购木材于宝鸡交货一事致宝天铁路工程局的电和函

【发文单位】 交通部西北公路工务局
【收文单位】 宝天铁路工程局
【档案编号】 039-001-0231-（0020-0021）
【成文时间】 1943-09-21—1943-09-23
【收藏单位】 甘肃省档案馆
【涉及地域】 天水县
【关 键 词】 木料运输；木材砍伐
【内容提要】
　　本卷共2份文件。内容如题。

【叙录编号】 0583
【档案题名】
　　甘肃水利林牧公司、宝天铁路局、宝天铁路枕木厂就西北枕木厂结束办法一事的函、电和呈
【发文单位】 甘肃水利林牧公司总管理处；宝天铁路枕木厂；宝天铁路工程局
【收文单位】 甘肃水利林牧公司总经理；甘肃水利林牧公司总管理处
【档案编号】 039-001-0274-（0001-0003）
【成文时间】 1943-11-06—1943-11-29
【收藏单位】 甘肃省档案馆
【涉及地域】 甘肃省
【关 键 词】 西北枕木厂；宝天铁路枕木厂
【内容提要】
　　本卷共3份文件。内容如题。

【叙录编号】 0584
【档案题名】
　　宝天铁路枕木厂为将工厂余料洽转至西北枕木厂事致甘肃水利林牧公司的呈和表
【发文单位】 宝天铁路枕木厂
【收文单位】 甘肃水利林牧公司总管理处
【档案编号】 039-001-0274-（0004-0006）
【成文时间】 1944-05-10
【收藏单位】 甘肃省档案馆
【涉及地域】 甘肃省
【关 键 词】 枕木；余料
【内容提要】
　　本卷共3份文件。其中包括林区木材移交、枕木成品数量表、宝天铁路枕木厂各个林区枕木成品数量表。

【叙录编号】 0585
【档案题名】
　　宝天铁路局与甘肃水利林牧公司关于移交余料价格的函
【发文单位】 宝天铁路工程局
【收文单位】 甘肃水利林牧公司总管理处
【档案编号】 039-001-0274-（0015-0017）
【成文时间】 1944-06-27—1944-06-29
【收藏单位】 甘肃省档案馆
【涉及地域】 甘肃省
【关 键 词】 余料价格
【内容提要】
　　本卷共3份文件。内容如题。

【叙录编号】 0586
【档案题名】
　　西北枕木厂与陇海铁路局就商定枕木价格的函、电
【发文单位】 西北枕木厂
【收文单位】 西安陇海铁路局
【档案编号】
　　039-001-0275-（0010、0013-0015）
【成文时间】 1943-02-17—1943-06-29
【收藏单位】 甘肃省档案馆
【涉及地域】 甘肃省
【关 键 词】 枕木
【内容提要】
　　本卷共4份文件。内容如题。

【叙录编号】 0587

【档案题名】
　　甘肃水利林牧公司、陇南牧场与甘肃政府交际科就甘肃省政府订购酥油一事的往来函
【发文单位】　甘肃省政府交际科；甘肃水利林牧公司
【收文单位】　甘肃水利林牧公司；陇南牧场
【档案编号】　039-001-0296-（0023-0024）
【成文时间】　1943-09-26—1943-09-28
【收藏单位】　甘肃省档案馆
【涉及地域】　陇南牧场
【关 键 词】　酥油；陇南牧场
【内容提要】
　　本卷共2份文件。内容如题。

【叙录编号】　0588
【档案题名】
　　甘肃科技馆为向陇南牧场订购酥油致甘肃水利林牧公司总务处的函
【发文单位】　甘肃科技馆
【收文单位】　甘肃水利林牧公司
【档案编号】　039-001-0296-0026
【成文时间】　1944-03-04
【收藏单位】　甘肃省档案馆
【涉及地域】　陇南牧场
【关 键 词】　酥油；陇南牧场
【内容提要】
　　本卷共1份文件。内容如题。

【叙录编号】　0589
【档案题名】
　　甘肃水利林牧公司就设置小陇山林区一事致森林部邓叔群经理
【发文单位】　甘肃水利林牧公司
【收文单位】　甘肃水利林牧公司森林部邓叔群
【档案编号】　039-001-0309-0001
【成文时间】　1942-07-01
【收藏单位】　甘肃省档案馆

【涉及地域】　小陇山林区
【关 键 词】　小陇山；林区
【内容提要】
　　本卷共1份文件。内容如题。

【叙录编号】　0590
【档案题名】
　　交通部天水铁路工程局与甘肃水利林牧公司就交通部天水铁路工程局出售木料一事的往来公文
【发文单位】　交通部天水铁路工程局；甘肃水利林牧公司
【收文单位】　甘肃水利林牧公司；交通部天水铁路工程局
【档案编号】　039-001-0312-0017
【成文时间】　1946-05-06
【收藏单位】　甘肃省档案馆
【涉及地域】　天水县
【关 键 词】　木料；出售
【内容提要】
　　本卷共2份文件。内容如题。

【叙录编号】　0591
【档案题名】
　　甘肃省政府为天水铁路局所需电杆枕木一事致天水铁路林牧公司的电
【发文单位】　甘肃省政府
【收文单位】　甘肃水利林牧公司
【档案编号】　039-001-0312-0028
【成文时间】　1946-07-06
【收藏单位】　甘肃省档案馆
【涉及地域】　天水县
【关 键 词】　木料；电杆
【内容提要】
　　本卷共1份文件。内容如题。

【叙录编号】　0592

叁 自然资源开发与生态保护类档案

【档案题名】

渭河林场筹备处、甘肃省建设厅、甘肃水利林牧公司就渭河林场在小陇山林区范围划定一事的往来公文

【发文单位】 甘肃水利林牧公司总管理处；渭河林场筹备处

【收文单位】 甘肃省建设厅；甘肃水利林牧公司总管理处

【档案编号】 039-001-0320-（0007-0008）

【成文时间】 1947-12-25—1947-12-29

【收藏单位】 甘肃省档案馆

【涉及地域】 天水县

【关 键 词】 小陇山；林区；渭河林场

【内容提要】

本卷共2份文件。内容如题。

【叙录编号】 0593

【档案题名】

甘肃水利林牧公司为抄送渭河林场经营、保育林场工作实施细则致甘肃水利林牧公司的函

【发文单位】 甘肃水利林牧公司

【收文单位】 甘肃省建设厅

【档案编号】 039-001-0321-（0012-0013）

【成文时间】 1943-09-13

【收藏单位】 甘肃省档案馆

【涉及地域】 临洮县

【关 键 词】 渭河林场

【内容提要】

本卷共2份文件。《渭河林场工作实施办法纲要》。

【叙录编号】 0594

【档案题名】

渭河林场、甘肃水利林牧公司、甘肃省政府就渭河林场自卫林警所需步枪支一事的往来公文

【发文单位】 渭河林场筹备处；甘肃水利林牧公司等

【收文单位】 甘肃省政府；渭河林场等

【档案编号】 039-001-0322-（0023-0036）

【成文时间】 1943-10-18

【收藏单位】 甘肃省档案馆

【涉及地域】 天水县

【关 键 词】 渭河林场；林警；林区

【内容提要】

本卷共14份文件。渭河林场为保护林区安全筹设林警，向甘肃水利林牧公司价领步枪。甘肃水利林牧公司为渭河林场代购步枪、子弹一事向甘肃省政府申请。甘肃省政府为准军政部咨复甘肃水利林牧公司请价发给枪支一事的训令。

【叙录编号】 0595

【档案题名】

《西北林业公司接收西北枕木厂、渭河林场资产清册》

【发文单位】 西北林业公司

【收文单位】 吴士思；吴清勋；赵英达

【档案编号】 039-001-0389-0003

【成文时间】 1946

【收藏单位】 甘肃省档案馆

【涉及地域】 甘肃省

【关 键 词】 林场；木料

【内容提要】

本卷共1份文件。涉及原生林购卖、木料转存。

【叙录编号】 0596

【档案题名】

通渭县政府印发本县各界城郊植树办法仰遵照由

【发文单位】 通渭县政府

【收文单位】 通渭县商会

【档案编号】 124-1-88-20
【成文时间】 1949-03-08
【收藏单位】 定西市档案馆
【涉及地域】 通渭县
【关 键 词】 树木
【内容提要】
　　通渭县政府通知县商会，本县为发动各界普遍造林起见，厘定本县各界城郊植树办法8种，将此办法发送给县商会1份。附该县城郊植树地段及机关分配植树表。

【叙录编号】 0597
【档案题名】
　　中国国民党甘肃省渭源县党部关于发《党员造林注意要点》的指令
【发文单位】 中国国民党甘肃省渭源县党部
【收文单位】 渭源县各党支部
【档案编号】 155-1-3-18
【成文时间】 1944-03-12
【收藏单位】 定西市档案馆
【涉及地域】 渭源县
【关 键 词】 植树造林；国民党党员
【内容提要】
　　中国国民党渭源县党部拟于民国三十三年（1944）3月29日革命先烈纪念日举行春季党员植树造林活动，因地方气候不宜植树，改在4月4日儿童节举行。后附《党员造林注意要点》1份。《要点》共7条，分别对时间、地点、树苗标准、植额、树苗来源、造林方式与培养方法做出了说明。

【叙录编号】 0598
【档案题名】
　　县党部令发总裁告印度民众书及研讨大纲、国家总动员、传阅中央重要文告、总裁训词、推行造林运动以及中央伪总清查告全国党员书

【发文单位】 中国国民党甘肃省渭源县党部
【收文单位】 国民党渭源县党部第十一区分部
【档案编号】 155-1-4-9
【成文时间】 1944-03-26
【收藏单位】 定西市档案馆
【涉及地域】 渭源县
【关 键 词】 植树造林
【内容提要】
　　本卷档案中有中国国民党甘肃省渭源县党部关于推行党员造林运动给第十一区分部的训令，包括党员造林运动总则并附注意要点1份。总则介绍此活动意义及实施大纲，注意要点包括日期、地点、树苗标准、植额、保护、命名、成绩考核、权益等项。

【叙录编号】 0599
【档案题名】
　　党员造林应注意要点
【发文单位】 中国国民党甘肃省渭源县党部
【收文单位】 国民党渭源县党部第一区分部
【档案编号】 155-1-7-4
【成文时间】 1944-03-26
【收藏单位】 定西市档案馆
【涉及地域】 渭源县
【关 键 词】 党员造林
【内容提要】
　　中国国民党甘肃省渭源县党部令第一区分部书记张士美切实推行党员植树造林运动，并附党员造林注意要点1份，令本党同志切实遵办，并将办理情形呈报。

【叙录编号】 0600
【档案题名】
　　本党部第四区分部会议记录、国民党区分部组织办法及第四区分部各项公文
【发文单位】 中国国民党甘肃省渭源县党部
【收文单位】 国民党渭源县党部第四区分部

【档案编号】 155-1-11-49
【成文时间】 1944-03-26
【收藏单位】 定西市档案馆
【涉及地域】 渭源县
【关 键 词】 植树造林
【内容提要】

本卷档案中有中国国民党甘肃省渭源县党部关于推行党员造林运动给第四区分部的训令，包括党员造林运动总则，并附注意要点1份。总则介绍此活动意义及实施大纲，注意要点包括日期、地点、树苗标准、植额、保护、命名、成绩考核、权益等项。

【叙录编号】 0601
【档案题名】
为发还前祁站长任内借用柴草提案
【发文单位】 渭源县参议会
【收文单位】 渭源县政府
【档案编号】 156-1-11-19
【成文时间】 1936
【收藏单位】 定西市档案馆
【涉及地域】 渭源县
【关 键 词】 柴草
【内容提要】

渭源县参议会第一届会议中，李发荣提案：查祁国栋站长任期内向保民借柴草2800斤，现借户催着讨要，归还提案有二：一是由前任祁站长负责归还；二是或抵顶本保缺少额。最后决定由县政府追前站长赔偿。

【叙录编号】 0602
【档案题名】
为开垦公荒栽种树株修筑道路桥梁案
【发文单位】 渭源县政府
【收文单位】 渭源县各乡保
【档案编号】 157-2-33-13
【成文时间】 1944
【收藏单位】 定西市档案馆
【涉及地域】 渭源县
【关 键 词】 开荒植树
【内容提要】

查各乡多有荒地，令各乡保甲长自查，如有能开垦的荒地，呈请开荒，山坡小埠应于春季植树。道路桥梁如有损坏，应立即修建。

【叙录编号】 0603
【档案题名】
参议会议员王俊林、汪锐等人关于设学校建筑、禁烟毒、节约、户籍干事、保甲、洮天公路、苗圃、纪念堂、教员、教育、军粮仓库、纺麻厂、陇渭差徭、禁伐森林、主计机构、军料、籽种、待遇、田赋、捐物、食粮、薪津、举行教师节、利用老仓院等提案
【发文单位】 渭源县参议会
【收文单位】 渭源县政府
【档案编号】 157-2-291-24
【成文时间】 1945
【收藏单位】 定西市档案馆
【涉及地域】 渭源县
【关 键 词】 植树造林；保苗圃
【内容提要】

本卷档案为议会议员提案合集，中有汪锐提案严饬各保限期择定保苗圃管理员并积极筹划薪粮俾利育苗案，其中言各保苗圃主任由保长兼任，恐无暇办理，建议择定专员管理，此页上钤有汪锐印章，并附审核意见。另有县苗圃主任冯世隆提案建议严禁偷伐森林，切实保护森林以免摧残，具体办法要求各学校政府配合、组建巡林班、有偷伐树木者送县政府从严法办。亦有众人联合提议因夏虫灾奇重，恳上峰减轻田赋。

【叙录编号】 0604
【档案题名】

甘肃省全省防空司令部关于动员民众参加植树节活动给渭源县防护团的训令
【发文单位】 甘肃省全省防空司令部
【收文单位】 渭源县防护团
【档案编号】 160-1-2-13
【成文时间】 1940-04-01
【收藏单位】 定西市档案馆
【涉及地域】 渭源县
【关 键 词】 植树节；防护团
【内容提要】
　　为加强抗战力量、增加农村生产，甘肃省全省防空司令部令渭源县防护团在植树节前动员民众利用荒地植树造林，积极参加植树节活动。

【叙录编号】 0605
【档案题名】
　　渭源县民众自卫总队队员王孝杰关于申请使用风雹摧折苗圃树木修缮碉堡给杨总队长的呈文
【发文单位】 渭源县民众自卫总队王孝杰
【收文单位】 渭源县民众自卫总队长
【档案编号】 160-2-5-20
【成文时间】 1949
【收藏单位】 定西市档案馆
【涉及地域】 渭源县
【关 键 词】 苗圃；碉堡；冰雹
【内容提要】
　　渭源县民众自卫总队队员王孝杰提议，城头堡年久失修，秋季多雨，多有倒塌，申请使用当月7日被风雹摧折的5株苗圃树木作为材料修缮碉堡，特此呈请。原文不具日期，前页同样有王孝杰给杨总队长的呈文，日期为7月10日，可供参考。

【叙录编号】 0606
【档案题名】

陇西县政府关于空地种菜植树的政令
【发文单位】 陇西县政府
【收文单位】 陇西县教育局
【档案编号】 170-1-13-1
【成文时间】 1928-01
【收藏单位】 定西市档案馆
【涉及地域】 陇西县
【关 键 词】 植树
【内容提要】
　　陇西县政府发布政令，令教育局局长闫邦庆于公共隙地种植树木、设圃育苗，并令其遵照指示办理。

【叙录编号】 0607
【档案题名】
　　陇西县政府、仁寿煤炭股份公司关于保护林木办法的政府公文
【发文单位】 陇西县政府；陇西县仁寿煤炭股份公司
【收文单位】 不详
【档案编号】 170-2-251-（0001-0014）
【成文时间】 1938
【收藏单位】 定西市档案馆
【涉及地域】 陇西县
【关 键 词】 保护林木
【内容提要】
　　陇西县政府、仁寿煤炭股份公司关于保护林木办法的训令、布告、函件、呈文、传票、诉愿书等。

【叙录编号】 0608
【档案题名】
　　甘肃省建设厅关于部分农林种苗、牲畜种类免运输转口税给陇西县政府的指令
【发文单位】 甘肃省建设厅
【收文单位】 陇西县政府
【档案编号】 170-2-418-2

叁　自然资源开发与生态保护类档案　169

【成 文 时 间】　1939-09-27
【收 藏 单 位】　定西市档案馆
【涉 及 地 域】　陇西县
【关 键 词】　免税；种苗
【内容提要】

为提倡生产，经云南省建设厅提议，国民政府财政部批准，现对部分农林种苗、牲畜种类免除运输税，特此训令。后附《免税运输官办农林种苗畜种类名称表》1份。其中包含造林用种苗、公路植树用苗木等事项。

【叙 录 编 号】　0609
【档 案 题 名】
　　甘肃省政府、陇西县政府关于畜牧兽医训练班事宜的指令、电报、呈文
【发 文 单 位】　甘肃省政府等
【收 文 单 位】　陇西县政府等
【档 案 编 号】　170-2-540-（0001-0010）
【成 文 时 间】　1940-10—1941-01
【收 藏 单 位】　定西市档案馆
【涉 及 地 域】　陇西县
【关 键 词】　兽医训练班
【内容提要】

本卷主要内容包括：《甘肃省畜牧兽医干部人员训练班招生简章》14条。训练班选送、递补学员进入省级学校事宜，学员旅费报查等。

【叙 录 编 号】　0610
【档 案 题 名】
　　陇西县政府关于处理该县粮商李秀山给陇西县党部、粮食同业公会的训令
【发 文 单 位】　陇西县政府
【收 文 单 位】　中国国民党陇西县党部；陇西县粮食同业公会
【档 案 编 号】　170-3-77-（0001-0002）
【成 文 时 间】　1941-03-27

【收 藏 单 位】　定西市档案馆
【涉 及 地 域】　陇西县
【关 键 词】　植树造林；罚款
【内容提要】

陇西县粮商李秀山假借县政府旗号，垄断粮食买卖、抬高物价，现已被政府拘押，处罚金2万元。此项罚金将用于粮食同业公会购买树苗造林，特此致文陇西县党部与粮食同业公会。后附粮食同业公会收领该项罚金的具文。

【叙 录 编 号】　0611
【档 案 题 名】
　　县政府行政会议记录、临时会议记录、命令、议案
【发 文 单 位】　陇西县政府
【收 文 单 位】　陇西县政府
【档 案 编 号】　170-3-183-3
【成 文 时 间】　1942
【收 藏 单 位】　定西市档案馆
【涉 及 地 域】　陇西县
【关 键 词】　保护森林
【内容提要】

本卷为民国三十一年（1942）陇西县政府召开行政会议与临时会议的记录。其中涉及生态环境的内容，如陇西县政府第11次行政会议记录讨论事项第4条：严密保护森林案，会议决议派各乡镇壮丁逐日勘察森林并上报结果。

【叙 录 编 号】　0612
【档 案 题 名】
　　陇西县长安乡公所奉陇西县政府训令及因奉此令仰该保长切实办理
【发 文 单 位】　陇西县长安乡公所
【收 文 单 位】　陇西县长安乡各保
【档 案 编 号】　170-3-216-14
【成 文 时 间】　1942-03-19

【收藏单位】 定西市档案馆
【涉及地域】 陇西县
【关 键 词】 植树造林
【内容提要】
　　陇西县长安乡公所从陇西县政府训令当中节选、总结出5项事务，下达给长安乡各保，令其积极办理。其中第3项为本年度植树办法。办法共5点：1.各乡公所及学校植树数额规定；2.植树地点，各自选择；3.树苗来源，自行筹备；4.树种类型，因地制宜；5.各保甲植树任务及上报规则。该文应为样文，文末有"此令第×保保长××"格式，方便日后填写。

【叙录编号】 0613
【档案题名】
　　甘肃省政府、第一区行政督察专员公署关于陇西县苗圃事务的指令及陇西县政府的呈文
【发文单位】 甘肃省政府；第一区行政督察专员公署
【收文单位】 陇西县政府
【档案编号】 170-3-257-（0001-0026）
【成文时间】 1941-07—1943-01
【收藏单位】 定西市档案馆
【涉及地域】 陇西县
【关 键 词】 苗圃
【内容提要】
　　陇西县苗圃的筹设、组织、经费、工作月报、计划纲要、督军实施等事务。

【叙录编号】 0614
【档案题名】
　　陇西县政府建设科关于保护林木的提案
【发文单位】 陇西县政府建设科
【收文单位】 陇西县政府
【档案编号】 170-3-349-（0014-0016）
【成文时间】 1943-12-04
【收藏单位】 定西市档案馆

【涉及地域】 陇西县
【关 键 词】 林木保护
【内容提要】
　　本卷为陇西县政府行政会议记录。其中，陇西县政府建设科在民国三十二年（1943）12月份召开的县行政会议上提出"厉行保护林木并拟定办法可否请公决案"。建议保护本县林木，并根据《甘肃省林业规则》，参酌本地情形，制定相应保护办法。决议"呈报省政府核准后施行"。后附《陇西县林木保护办法》13条。

【叙录编号】 0615
【档案题名】
　　陇西县政府关于临时参议会建议保护植树的公函、训令、呈报
【发文单位】 陇西县参议会
【收文单位】 陇西县政府
【档案编号】 170-4-66-（0017-0024）
【成文时间】 1944
【收藏单位】 定西市档案馆
【涉及地域】 陇西县
【关 键 词】 植树造林
【内容提要】
　　陇西县临时参议会议员刘荷、王安泰等人提出"保护植树，注重造林工作"案在第2次大会第10次会议议决。提案中的植树造林办法有：请县府严令各乡镇长督促保护公私植树，植树时间在春末秋初，大林场要派专员看守，等等。

【叙录编号】 0616
【档案题名】
　　陇西县政府为在仁寿山集中造林计划给保昌国民中心学校的训令
【发文单位】 陇西县政府
【收文单位】 陇西县保昌国民中心学校

叁　自然资源开发与生态保护类档案

【档案编号】170-5-76-4
【成文时间】1946-03-15
【收藏单位】定西市档案馆
【涉及地域】陇西县
【关 键 词】植树造林
【内容提要】
　　本卷为陇西县政府关于春雪融冻后在仁寿山荒地开展植树造林活动给保昌国民中心学校的训令，并附陇西县民国三十五年（1946）集中扩大造林计划。包括了造林地址、时间、计植树苗、树苗来源、采取方式、植树方法、保护方法等项。

【叙录编号】0617
【档案题名】
　　为转饬各级合作社发动造林工作由
【发文单位】陇西县政府
【收文单位】陇西县合作社
【档案编号】170-5-231-（0030-0031）
【成文时间】1947-03-10
【收藏单位】定西市档案馆
【涉及地域】陇西县
【关 键 词】植树造林
【内容提要】
　　本卷为陇西县政府抄发甘肃省政府扩大造林运动的训令，要求各合作社义务劳动时植树，每人不少于5株。

【叙录编号】0618
【档案题名】
　　陇西县政府、陇西县常备自卫队就烧柴问题的相关政府公文
【发文单位】陇西县政府；陇西县常备自卫队等
【收文单位】陇西县政府；陇西县常备自卫队等
【档案编号】170-5-419-（0008-0009、0018-0019、0027-0028、0036-0037、0046）
【成文时间】1948
【收藏单位】定西市档案馆
【涉及地域】陇西县
【关 键 词】烧柴
【内容提要】
　　陇西县政府、陇西县常备自卫队就烧柴情况及其预算与分配的相关训令指令、呈文、代电等。

【叙录编号】0619
【档案题名】
　　陇西县紫来乡关于该乡所属林区被盗伐致陇西县政府的呈文及陇西县政府关于此事的指令
【发文单位】陇西县紫来乡
【收文单位】陇西县政府
【档案编号】170-5-440-（0020-0022）
【成文时间】1948-05-10—1948-06-12
【收藏单位】定西市档案馆
【涉及地域】陇西县
【关 键 词】桦林山林区
【内容提要】
　　陇西县紫来乡乡长柴怀仁报称，该乡所属桦林山林区当年多被盗伐，上月大队附张治洲偷盗行为尤为严重，并请示该乡计划修建学校或公所事宜。陇西县政府派员勘察，将偷盗林木查缴。但未对该乡修建事宜有所批示。

【叙录编号】0620
【档案题名】
　　陇西县政府、陇西县商会、民众自卫总队常备第一中队关于自卫队烧柴事宜的代电、公函
【发文单位】陇西县政府等
【收文单位】陇西县商会等

【档案编号】
170-5-442-（0011-0020、0059-0060）
【成文时间】 1948-04
【收藏单位】 定西市档案馆
【涉及地域】 陇西县
【关 键 词】 烧柴
【内容提要】
　　民众自卫总队常备第一中队经费、燃料事宜，消耗巨大，陇西县政府联系商会等方共同筹办，所需柴火由陇西县各乡镇负担。陇西县商会表示开销过大，难以全部负担。民众自卫总队常备第一中队则提供索取粮食柴火数目清册。

【叙录编号】 0621
【档案题名】
　　陇西县政府县苗圃文卷
【发文单位】 甘肃省政府；甘肃省建设厅等
【收文单位】 陇西县政府等
【档案编号】 170-5-548（全案卷）
【成文时间】 1949
【收藏单位】 定西市档案馆
【涉及地域】 陇西县
【关 键 词】 苗圃
【内容提要】
　　甘肃省政府、甘肃省建设厅、陇西县政府关于苗圃组织规章、育苗经费、育苗造林护林办法、苗圃种植等相关事宜的政府训令、指令、代电、呈文。

【叙录编号】 0622
【档案题名】
　　陇西县第一至四区区队修筑定陇公路每日工作报告表及征购领取陇甘公路修筑材料的领单
【发文单位】 陇西县第一、二、三、四区队
【收文单位】 陇西县第一、二、三、四区队

【档案编号】 170-7-16-（0001-0010）
【成文时间】 1939
【收藏单位】 定西市档案馆
【涉及地域】 陇西县
【关 键 词】 木料
【内容提要】
　　陇西县修筑定陇公路10月31日—11月5日的工作报告表，包括分队名称、应到民夫数、实到民夫数、未到民夫数、修筑长度等。此外还有征购领取陇甘公路修筑材料的领单。其中有征购陇甘公路木料价值国币644.75元，陇甘公路桥梁涵洞木料应领官价洋200.4元。

【叙录编号】 0623
【档案题名】
　　陇西县政府军事科关于该县有关军事机关军务的公函、便条、收据
【发文单位】 兰肃师管区后方补充第二团团部
【收文单位】 陇西县政府
【档案编号】 170-10-29-（0002-0007）
【成文时间】 1940-04-10—1940-04-30
【收藏单位】 定西市档案馆
【涉及地域】 陇西县
【关 键 词】 运输木料
【内容提要】
　　陇西县境内兰肃师管区后方补充第二团，每日向陇西县政府代雇出柴车进行运输，部分车辆用于运输木料。围绕此事，陇西县政府与补充二团产生了一系列公文。

【叙录编号】 0624
【档案题名】
　　陇西县许某关于无意妨碍树苗灌溉致陇西县司法处的呈文
【发文单位】 许某
【收文单位】 陇西县司法处

【档案编号】 176-1-275-81
【成文时间】 1943-04
【收藏单位】 定西市档案馆
【涉及地域】 陇西县
【关 键 词】 林木灌溉
【内容提要】

许某呈文称，其在西郊外整理田堤，以防田苗被水淹没，不料妨碍了县政府灌溉林木。特此呈文，表示无意冒犯，以后再有此事，情愿受罚。已具结。

【叙录编号】 0625
【档案题名】
陇西县卸任县长聂迥凡呈送关于任内经手模范造林区树木造具清册致新任县长的咨文
【发文单位】 陇西县卸任县长聂迥凡
【收文单位】 陇西县新任县长
【档案编号】 170-5-51-7
【成文时间】 1946-03-28
【收藏单位】 定西市档案馆
【涉及地域】 陇西县
【关 键 词】 模范造林区
【内容提要】

本卷为陇西县已卸任县长为交接事务，发予新任县长的咨文，包含各类事务清册。其中第7号文件为聂迥几任期内经手的栽植模范造林区树木造具清册，详列栽植、成活树木的种类、树木数量。

【叙录编号】 0626
【档案题名】
为函送植树造林计划请查照办理由（附陇西县植树造林计划1份）
【发文单位】 陇西县政府
【收文单位】 陇西县政府
【档案编号】 174-1-172-10
【成文时间】 1947

【收藏单位】 定西市档案馆
【涉及地域】 陇西县
【关 键 词】 造林计划
【内容提要】

本卷为民国三十六年（1947）陇西县政府公函。该年春天，县政府拟订造林计划1份，集中全力在仁寿山风景区大量栽植树木。另附造林计划1份。该计划包括造林地区、造林时间、栽植数目、树苗来源、采取方式、栽植方法、保护方法等内容。

【叙录编号】 0627
【档案题名】
龙泉寺国民学校收获各民众所植树株数目
【发文单位】 陇西县政府
【收文单位】 张守信等人；陇西县龙泉寺国民学校
【档案编号】 170-9-85-16
【成文时间】 1942
【收藏单位】 定西市档案馆
【涉及地域】 陇西县
【关 键 词】 植树
【内容提要】

本卷包括两部分内容。其一为陇西县关于民众张守信与史怀瑾树木诉讼一案的批示，两人准予和解。其二为龙泉寺国民学校收获各民众所植树株数目表，表格内容包括史文俊、周玉堂、史怀瑾、张守信、汪献清、张明德、安仁等人于学校前滩地所种植的树木种类及其数目，杨柳树共计190棵。

【叙录编号】 0628
【档案题名】
函送大会决议筹集木料补助北三十里铺路桥一案请查照；函请县政府筹集木料补修桥梁案；函转建议筹集木料补筑北三十里铺路桥一案；函复建议筹集木料补筑北三十里

铺路桥请查照由；函送大会决议转呈省政府拨发巨款救济灾民请查照；建议县政府呈请省政府拨发巨款办理以工代赈俾资救济并推行建设工作案；函转建议拨发巨款救济灾民请查照；准嘱转呈省政府拨发巨款救济灾民一案请查照；函转县府答复拨发巨款救济灾民一案请查照；函达拨款救济灾民一案请查照由

【发文单位】 陇西县参议会等
【收文单位】 陇西县政府等
【档案编号】 171-1-51-（0015-0024）
【成文时间】 1948
【收藏单位】 定西市档案馆
【涉及地域】 陇西县
【关 键 词】 补筑路桥；以工代赈
【内容提要】

参议会呈请县政府筹集木料补筑北三十里铺路桥，此路为陇西—兰州、陇西—定西等地的必经之路，沟深路狭，历年来因技术不良屡筑屡废。民国三十年（1941），公路土桥修成后，来往商旅颇觉便利，但近来，已经坍塌不能行走，因此，不但影响交通，势必影响考绩，故提案恳请县政府筹集木料，征夫补修。民国三十七年（1948）5月23日，陇西县政府函复参议会同意补筑，议定于整修定陇公路桥涵时一并修建。民国三十七年（1948），陇西县参议会提案建议县政府呈请省政府拨发款项以工代赈，进行救济。陇西县政府将提案原件转呈省政府。民国三十七年（1948）6月17日，县政府转省政府代电，称天兰铁路已经列入本年工赈案内，正向中央申请款项，至定陇会天等路，已奉行辕电饬，列入本年第一期计划内，并编拟预算，迭请催发工款，待工款到账即行以工代赈。境内各河堤渠道应由受益人自行修理。

【叙录编号】 0629

【档案题名】
函请代购燃料5000斤由；函复代购燃料一案请查由；电饬代购燃料5000斤迳交新兵队收用仰遵办；电饬代购接兵部队燃料5000斤仰迳引送交；请供给1月份燃料以济军需；为官兵32名代购燃料由；请代购燃料1万斤
【发文单位】 甘肃师管区天水专管区第一新兵大队第一中队等
【收文单位】 陇西县政府等
【档案编号】
  170-7-78-（0014-0016、0030、0071、0083、0103）
【成文时间】 1948
【收藏单位】 定西市档案馆
【涉及地域】 陇西县
【关 键 词】 代购燃料
【内容提要】

民国三十七年（1948）7月，甘肃师管区天水专管区第一新兵大队第一中队致函陇西县政府，称该队新兵日渐增多，请求代购燃料5000斤。陇西县政府回函，称须该队来县面谈，后批准。新卅旅接兵组关于呈请供给1月份燃料以济军需的文件。平管区大队关于32名新兵到达后，呈请代购燃料一事向陇西县政府提交的文件。天水专管区第三新兵大队关于此前5000斤燃料已经用完，请求继续代购1万斤燃料的文件。

【叙录编号】 0630
【档案题名】
据化平县县长呈请倡议将煤矿保障森林一案仰对所属煤矿切实倡导开采以资代替而保森林
【发文单位】 甘肃省政府
【收文单位】 陇西县政府
【档案编号】 170-8-11-31

【成文时间】　1936
【收藏单位】　定西市档案馆
【涉及地域】　陇西县
【关 键 词】　保护森林；使用煤矿
【内容提要】

　　本卷为民国二十五年（1936）甘肃省政府致陇西县政府的训令，称化平县县长呈称，近来多有砍伐森林，烧制木炭的现象。在此培植森林之际，属于竭泽而渔，为害甚深，陇山、六盘山、关山各山林业遭民众砍伐，若不禁止，后果不堪设想。因此呈请省政府通令出示禁令，禁止挖掘树木烧制木炭，采用煤炭代替。

【叙录编号】　0631
【档案题名】
　　甘肃省陇西县党部、陇西县政府、三青团陇西师范关于建造党员林地、青年林地及筹发树苗等的训令、指令、公函、呈文、代电、布告
【发文单位】　国民党甘肃省执行委员会等
【收文单位】　陇西县政府等
【档案编号】　170-8-14（全案卷）
【成文时间】　1943—1944
【收藏单位】　定西市档案馆
【涉及地域】　陇西县
【关 键 词】　建造党员林地；青年林地
【内容提要】

　　民国三十二年（1943），国民党甘肃省执行委员会训令陇西县政府，命令筹拨适当林地，交由当地党部，建造党员林。民国三十二年（1943）甘肃省陇西县党部公函，主要内容为陇西县政府此前拨西关义园荒地1段29亩3分5厘，名为中山林，现请陇西县政府登记此党员林地址，县政府予以回复。陇西县政府关于甘肃省执行委员会就筹拨党员林一事的回复。甘肃省政府指令，批准陇西县政府筹拨党员林地。民国三十三年（1944）4月3日，陇西县党支部公函，恳请陇西县政府筹集杨柳树苗500株，并于当月10日交付，以便配发栽植。民国三十三年（1944）7月，甘肃省政府训令陇西县政府交付荒地给青年林场。陇西县划拨仁寿山荒地为青年林地。三民主义青年团甘肃支团陇西分会呈请陇西县政府拨发树苗，以资在仁寿山荒地栽种。青年团陇西分会呈请陇西县政府酌拨荒地，从而利用当地青年造林。三民主义青年团甘肃支团陇西分会称，民众私自开垦该会青年林，因此，该会呈请陇西县政府布告，严禁私垦该地林场基地，县政府从之。甘肃省政府令陇西县政府将划归青年团之青年林场地绘制地图，标明亩数以及四至等，陇西县遵办。陇西师范学校函请陇西县政府，给该校筹拨树秧600株以便栽植。陇西县青年团部恳请陇西县政府筹拨树苗3000株，以便在十里步营造青年林。国民党甘肃省陇西县执行委员会公函，恳请陇西县政府筹发树苗626株，以便营造党员林。

【叙录编号】　0632
【档案题名】
　　为请准予配发洋槐幼苗事由
【发文单位】　农林部天水水土保持实验区
【收文单位】　中国工业合作协会西北区天水纺织合作实验厂
【档案编号】　005-001-0167-0009
【成文时间】　1945-02-26—1945-03-09
【收藏单位】　天水市档案馆
【涉及地域】　天水县
【关 键 词】　纺织厂；种植树木；配发洋槐幼苗
【内容提要】

　　中国工业合作协会西北区天水纺织合作实验厂，位置在五铺，面积广袤，需要种植树木为数甚多。兹值春回地暖，植树正宜。农林部

天水水土实验区准予配发本厂洋槐幼苗百株以种植。

【叙录编号】 0633
【档案题名】
　　天水县粮食增产指导图、县农行办事处等关于推广优良麦种实施办法、赠拨树苗、花种的公函
【发文单位】 天水农业推广所
【收文单位】 农林部天水水土保持实验区
【档案编号】 010-001-027
【成文时间】 1943-09
【收藏单位】 天水市档案馆
【涉及地域】 天水县
【关 键 词】 洋槐苗；柏树；花种
【内容提要】
　　民国三十二年（1943），天水农业推广所致农林部天水水土保持实验区叶培忠的关于赠予洋槐苗600株、柏树20株，美国竹、兰美人等花种若干的公函。

【叙录编号】 0634
【档案题名】
　　省粮食增产总督导团、天水县农业推广所关于工作报告、工作成效编制格式、报送时间和呈送防治病虫害、开垦荒地利用休闲地、推广良种、肥料；民国三十二年（1943）工作总结报告等的训令、呈
【发文单位】 甘肃省粮食增产总督导团等
【收文单位】 天水农业推广所等
【档案编号】 010-001-030（全案卷）
【成文时间】 1943
【收藏单位】 天水市档案馆
【涉及地域】 天水县
【关 键 词】 病虫害；防治
【内容提要】
　　天水县民国三十二年（1943）防治麦病专门报告例表，及防治杂粮的专门报告。当地主要作物黑麦病极为严重，先后采用拔除法、温汤浸润法防治杂粮，目的是为减少作物病害损失、增加粮食产量。后附温汤防治杂粮病害面积报告表、产量报告表、成效报告表，及拔穗选种防治杂粮病害报告表。

【叙录编号】 0635
【档案题名】
　　甘肃省农业改进所、农林部水土保持实验区、天水县农业推广所关于合作繁殖推广优良牧草种子办法场地和民国三十五年（1946）农业推广计划、补助费预算等的指令、公函、呈、合同
【发文单位】 甘肃省农业改进所等
【收文单位】 农林部天水水土保持实验区
【档案编号】 010-001-090（全案卷）
【成文时间】 1946-03—1946-08
【收藏单位】 天水市档案馆
【涉及地域】 天水县
【关 键 词】 牧草
【内容提要】
　　民国三十五年（1946），农林部水土保持实验区（甲方）与甘肃省天水县农业推广所（乙方）合作推出繁殖优良牧草办法。相关办法推行1年，后期延续1年。

【叙录编号】 0636
【档案题名】
　　甘肃省政府、天水县政府、甘肃省教育厅、天水中学、县童子军筹备处、幼稚园关于拨发经费、成立幼稚园、拨归土地、借用教室、委任主任、校园树木砍伐的呈文、训令
【发文单位】 甘肃省立天水中学
【收文单位】 天水县政府
【档案编号】 民国天水县教育科503-103

【成 文 时 间】 1942-11
【收 藏 单 位】 麦积区档案馆
【涉 及 地 域】 天水县
【关 键 词】 砍伐槐树
【内 容 提 要】

本卷档案为甘肃省立天水中学与天水县政府关于砍伐教育局院所占前院幼稚园内槐树1株，以充作甘肃省立天水中学梁木一事的往来公文。天水中学提请后，天水县政府批准，将此槐树树身给予天水中学充作梁木，树枝给予天师师训班学生充作烧柴。

【叙 录 编 号】 0637
【档 案 题 名】

甘肃省政府、甘肃省教育厅关于民众教育馆行事历、工作概况、设备计划、中山公园风景、调整受训日期、应战职员名册的呈文、训令

【发 文 单 位】 天水县民众教育馆
【收 文 单 位】 天水县政府
【档 案 编 号】 民国天水县教育科503-113
【成 文 时 间】 1941-05
【收 藏 单 位】 麦积区档案馆
【涉 及 地 域】 天水县
【关 键 词】 培植树木
【内 容 提 要】

本卷档案为天水县民众教育馆给天水县政府关于组织学生在中山公园植树，以进行社会教育的呈文。

【叙 录 编 号】 0638
【档 案 题 名】

甘肃省政府、天水县政府、甘肃省教育厅、县立幼稚园关于建园经费单据表册、砍伐园内大树、修理桌凳、移交产权、拨归土地、委任保姆、承租房院、合并学校的呈文、训令

【发 文 单 位】 甘肃省立女子师范学院

【收 文 单 位】 天水县政府
【档 案 编 号】 民国天水县教育科503-170
【成 文 时 间】 1943-08
【收 藏 单 位】 麦积区档案馆
【涉 及 地 域】 天水县
【关 键 词】 砍伐树木
【内 容 提 要】

本卷档案为甘肃省立女子师范学院关于砍伐校园内摇摇欲坠大树1棵与天水县政府的往来公文，天水县县长不准砍伐。

【叙 录 编 号】 0639
【档 案 题 名】

县党部、县政府关于联络洮沙县农会发起组织者农会、征收农会会费、机场西北小角改农场、发动农民扩大生产、核桃调查表、成立农业推广站、省矿业有限公司投资办法的训令、呈文

【发 文 单 位】 天水县政府
【收 文 单 位】 天水县农会
【档 案 编 号】 民国天水农会504-19
【成 文 时 间】 1941-06
【收 藏 单 位】 麦积区档案馆
【涉 及 地 域】 天水县
【关 键 词】 核桃调查
【内 容 提 要】

本卷档案主体与生态环境无涉，唯卷内第15-17页为核桃调查表及训令1份，涉及核桃树来源、栽种地点、全县株数、全年产量等内容。

【叙 录 编 号】 0640
【档 案 题 名】

关子镇第二至第七保植树报告表，力行、玉阳二保富力底册

【发 文 单 位】 天水县关子镇各保
【收 文 单 位】 天水县关子镇

【档案编号】 民国天水县关子镇508-23
【成文时间】 1945-04
【收藏单位】 麦积区档案馆
【涉及地域】 天水县
【关 键 词】 植树报告表
【内容提要】

本卷档案主体为民国三十四年（1945）关子镇各保植树报告表，统计内容包括保别、甲别、植树地点、树木种类（白杨、柳树为主）、株数（平均为100株）、保管人姓名、备考等项。

【叙录编号】 0641
【档案题名】

天水县政府民国三十年（1941）造林计划、县政务检查守则、保甲编组、训令、航运办法、推行民政文化、禁烟报告、盘查哨办法、出席党政会提纲等；县司令部逃兵名册；关子镇运输工具调查表
【发文单位】 天水县政府
【收文单位】 天水县政府
【档案编号】 民国天水县关子镇508-57
【成文时间】 1942-01—1942-02
【收藏单位】 麦积区档案馆
【涉及地域】 天水县
【关 键 词】 植树造林
【内容提要】

本卷档案中有《天水县政府民国三十年（1941）扩大造林运动计划》，主要包括造林护林、公路沿线植树、各乡公所负责实施等项。

【叙录编号】 0642
【档案题名】

天水县政府、关子镇关于户口分配卡片工科费临时费下解、年度临时所需费收据、架设乡村电话、制止抢割林木、耕畜调查等的由、案

【发文单位】 天水县政府
【收文单位】 天水县关子镇
【档案编号】 民国天水县关子镇508-93
【成文时间】 1947-04—1947-05
【收藏单位】 麦积区档案馆
【涉及地域】 天水县
【关 键 词】 砍伐树木
【内容提要】

本卷档案有天水县政府给关子镇镇长关于不得抢割甘谷县西南一带林木的训令。

【叙录编号】 0643
【档案题名】

天水县政府、关子镇关于税捐委员开征、补修天甘公路、征缴市场租金、植树造林、小型农田水利施工由
【发文单位】 天水县政府
【收文单位】 天水县关子镇
【档案编号】 民国天水县关子镇508-120
【成文时间】 1945-03
【收藏单位】 麦积区档案馆
【涉及地域】 天水县
【关 键 词】 农田水利；植树造林
【内容提要】

本卷档案中有天水县政府民国三十四年（1945）发动植树运动给各乡镇的训令（主要包括种植数量、考核办法、填报表册等内容的规定、天水县政府给关子镇实行小型农田水利施工督导办法的训令（主要包括推广方法、动员宣传、技术要点等项内容的规定）。

【叙录编号】 0644
【档案题名】

天水县政府、关子镇关于培修河堤、植树造林、建筑职员、种子贷款、参议会选举、学校学生等的名册、报由
【发文单位】 天水县政府

【收文单位】 天水县关子镇
【档案编号】 民国天水县关子镇508-151
【成文时间】 1946-02
【收藏单位】 麦积区档案馆
【涉及地域】 天水县
【关 键 词】 水利；植树造林
【内容提要】
　　本卷档案中有天水县政府给关子镇公所抄发的水利委员会关于培修堤坝以杜洪灾的训令与天水县民国三十五年（1946）植树造林实施计划，并附植树地点、树苗分配表。

【叙录编号】 0645
【档案题名】
　　天水县政府、关子镇关于实施修路栽树、税捐稽、征兵、麦积崖修建、种植棉花等的布告、捐册、事由
【发文单位】 天水县政府
【收文单位】 天水县关子镇
【档案编号】 民国天水县关子镇508-177
【成文时间】 1947-03
【收藏单位】 麦积区档案馆
【涉及地域】 天水县
【关 键 词】 植树造林
【内容提要】
　　本卷档案有天水县政府给关子镇镇长的关于该年度义务劳动大量栽植树木的训令，规定植树地点（公路沿线、耤河岸边）、植树技术要点等。

【叙录编号】 0646
【档案题名】
　　天水县政府、关子镇关于征城防民工、绘乡镇图、催缴电话费、植树造林、公路抢修、修会天路、义务护林垦荒、完成秋季植树、架设电话器材、养路队名册、建碉楼费、建灶房预算等由

【发文单位】 天水县政府
【收文单位】 天水县关子镇
【档案编号】 民国天水县关子镇508-195
【成文时间】 1947—1948
【收藏单位】 麦积区档案馆
【涉及地域】 天水县
【关 键 词】 植树造林；挖掘水平沟
【内容提要】
　　本卷档案有：1.呈报民国三十七年（1948）植树实情；2.天水县政府给关子镇公所的因户口督导团途径康县、甘泉、安化等地，发现秋雨连绵，冲毁道路桥梁，要求挖掘水平沟的训令；3.天水县民国三十六年（1947）秋季植树造林实施计划。

【叙录编号】 0647
【档案题名】
　　天水县政府关于防治黑穗病、修治县乡公路、植树、修塘堤等的训令；金花乡呈县政府植树、公共器具、乡镇全图等文册
【发文单位】 天水县政府
【收文单位】 天水县金花乡
【档案编号】 民国天水县金花乡509-42
【成文时间】 1944
【收藏单位】 麦积区档案馆
【涉及地域】 天水县
【关 键 词】 苗圃；植树造林
【内容提要】
　　本卷档案有：1.天水县政府给金花乡的关于植树节临近呈报植树造林结果的训令；2.各乡镇征送树苗分配表；3.本乡设置苗圃情形；4.修筑塘堤暂行办法。

【叙录编号】 0648
【档案题名】
　　天水县政府关于植树、水利、慰问征属等训令；金花乡增加教员薪粮呈文、会议记录、

出征军属证明册
【发文单位】　天水县政府等
【收文单位】　天水县金花乡等
【档案编号】　民国天水县金花乡509-122
【成文时间】　1945-03—1945-04
【收藏单位】　麦积区档案馆
【涉及地域】　天水县
【关 键 词】　开修南河堤；植树造林
【内容提要】

　　本卷档案有：1.天水县政府开修南河堤征工会议记录，主要讨论了各乡镇征工、分工与工人酬劳等事；2.天水县金花乡乡公所会议记录，主要讨论了开修南河堤、植树造林等事；3.天水县政府给金花乡的关于植树造林实施办法的训令。规定了每人植树数量、种植地点、种植后保管等事宜；4.金花乡某保保长呈给金花乡乡长的关于某户拒不植树的呈文；5.天水县政府给金花乡的关于实行小型农田水利施工督导办法的训令。主要包括推广方法、动员宣传、技术要点等项内容的规定；6.金花乡各保植树报告清册。

【叙录编号】　0649
【档案题名】

　　士子镇关于拆毁木料改建筑、建校舍、召开校董会议、各种民事纠纷的记录、备案
【发文单位】　天水县士子镇中心学校
【收文单位】　天水县士子镇中心学校
【档案编号】　民国天水县士子镇510-40
【成文时间】　1947-03-05
【收藏单位】　麦积区档案馆
【涉及地域】　天水县
【关 键 词】　砍伐槐树
【内容提要】

　　本卷档案为士子镇中心学校讨论建筑校舍会议记录，其中有一项为赵校长提议院中有槐树1棵有碍建筑，应以砍伐，会议表决通过。

【叙录编号】　0650
【档案题名】

　　民国三十七年（1948）天水县政府、牡丹镇电线被盗，责令保长、护线队赔偿，修筑县乡公路、春季造林、水土保持、征调民工、禁伐行道树、催征赋粮、减灾、粮食管理条例、第3届民代会讨论各项由
【发文单位】　天水县政府等
【收文单位】　天水县牡丹镇等
【档案编号】　民国天水县士子镇510-91
【成文时间】　1948
【收藏单位】　麦积区档案馆
【涉及地域】　天水县
【关 键 词】　植树造林；洋槐
【内容提要】

　　本卷档案涉及生态环境的有：1.天水县民国三十七年（1948）春季植树造林实施办法，主要包括栽树地点、树种、植树活动组织办法等内容；2.天水县政府给牡丹镇公所关于切实办理水土保持、小麦黑穗病等事宜的训令；3.甘肃省各县局民国三十七年（1948）春季植树造林育苗实施办法。主要包括植树造林数量规定、技术要点提示等内容；4.牡丹镇公所呈给天水县政府的关于提请拨发洋槐以便来年种植的呈文；5.天水县政府给牡丹镇公所关于切实督饬所属植树的训令；6.牡丹镇公所呈给天水县政府的关于提请拨发洋槐以便来年种植的呈文（较前件更详，应俱为草稿）；7.严禁砍伐公路线行道树；8.牡丹镇镇长给各保保长关于将本年春季植树情况列表俱报的训令。

【叙录编号】　0651
【档案题名】

　　天水县政府、牡丹、铁炉、关子等镇国民学校追究失物、教职员汇总、学校选址、毕业生调查、整修校舍、学生名册、文化干事学历、生活补助费清册、学田收支清册、保民大

会伙食由。甘肃省政府小陇山林业局管理处提倡造林公告
【发文单位】 甘肃省政府小陇山林区管理处
【收文单位】 甘肃省政府小陇山林区管理处
【档案编号】 民国天水县士子镇510-93
【成文时间】 不详
【收藏单位】 麦积区档案馆
【涉及地域】 天水县
【关 键 词】 植树造林
【内容提要】

本卷档案有甘肃省政府小陇山林区管理处为提倡春假造林公告，主要内容为植树技术要点提示，并附2处图示。

【叙录编号】 0652
【档案题名】

民国三十七年（1948）天水县政府、牡丹镇令种植、架设电话线、防疫、编制乡镇图、推广杂粮蔬菜、挖掘水平沟、棉花种植、修筑城防、收缴电话费、李文元等32户抗不编入第四保、组织平衡物价委员会、查报侵占王文义房基案、发放合作贷款、粮食调查、受灾农户补种等由
【发文单位】 天水县政府
【收文单位】 天水县牡丹镇
【档案编号】 民国天水县士子镇510-97
【成文时间】 1948-01—1948-12
【收藏单位】 麦积区档案馆
【涉及地域】 天水县
【关 键 词】 植树造林；挖掘水平沟
【内容提要】

本卷档案涉及生态环境的有：1.天水县政府给牡丹镇关于植树造林的训令；2.天水县政府关于挖掘水平沟的训令。

【叙录编号】 0653
【档案题名】

民国三十六年（1947）天水县政府、牡丹镇公所核配自卫队食粮经费、副食费款夏服弹贷、民役自卫队员姓名、义务栽树修街等遵照办理由
【发文单位】 天水县政府
【收文单位】 天水县牡丹镇
【档案编号】 民国天水县士子镇
【成文时间】 1947-03—1947-09
【收藏单位】 麦积区档案馆
【涉及地域】 天水县
【关 键 词】 植树造林；修建河堤
【内容提要】

本卷档案涉及生态环境的有：1.天水县政府给牡丹镇的关于发动义务劳动为大量栽树并俱报的训令；2.牡丹镇给各保的关于发动义务劳动修筑街外小河堤的训令。

【叙录编号】 0654
【档案题名】

铁炉镇关于砍伐树木、粮食调查、修筑公路、整修校舍的令、由
【发文单位】 裴继昌
【收文单位】 天水县铁炉镇
【档案编号】 民国天水县铁炉镇513-15
【成文时间】 1948-10-17
【收藏单位】 麦积区档案馆
【涉及地域】 天水县
【关 键 词】 砍伐树木
【内容提要】

本卷档案为天水县铁炉镇第七保花户裴继昌因他人侵占祖产砍伐秋树而呈请镇长的公文。

【叙录编号】 0655
【档案题名】

铁炉镇关于养路及护线队、中签壮丁、天甘公路电杆倒壤、修筑县乡公路要点、采送柳

条、春季植树、春耕互助自助办法
【发文单位】 天水县政府
【收文单位】 天水县铁炉镇
【档案编号】 民国天水县铁炉镇513-62
【成文时间】 1949-03—1949-04
【收藏单位】 麦积区档案馆
【涉及地域】 天水县
【关 键 词】 植树造林；修建河堤
【内容提要】
　　本卷档案主要为修筑南河堤所需采集柳条的来往公文，以及天水县政府督饬铁炉镇开展春季植树造林的训令。

【叙录编号】 0656
【档案题名】
　　铁炉镇关于修筑道路奖励办法、派民夫、义务栽树、植树造林、电话网计划统计、督导会指示工作要点
【发文单位】 天水县铁炉镇等
【收文单位】 天水县政府等
【档案编号】 民国天水县铁炉镇513-65
【成文时间】 1947
【收藏单位】 麦积区档案馆
【涉及地域】 天水县
【关 键 词】 植树造林；修建河堤；保苗圃
【内容提要】
　　本卷档案涉及生态环境的有：1.铁炉镇关于天甘公路修建过程中派民夫修渠给天水县政府的报告；2.天水县政府关于发动群众义务劳动大量栽树给铁炉镇的训令；3.铁炉镇桥梁被冲毁提请砍伐树木以充木料给天水县政府的申请；4.天水县民国三十六年（1947）秋季植树造林实施计划；5.天水县政府给各乡镇关于挖掘水平沟的训令；6.行政督导会关于保苗圃工作的指示。

【叙录编号】 0657
【档案题名】
　　天水县政府、铁炉镇公所关于天甘公路竣工、护林、城防、清偿财务欠款的令、由
【发文单位】 天水县政府
【收文单位】 天水县铁炉镇
【档案编号】 民国天水县铁炉镇513-107
【成文时间】 1948-05-31
【收藏单位】 麦积区档案馆
【涉及地域】 天水县
【关 键 词】 林警；保护林木
【内容提要】
　　本卷档案为天水县政府给铁炉镇公所的关于组织义务林警队保护森林的训令。

【叙录编号】 0658
【档案题名】
　　牡丹镇保安团木柴、补给木柴、马秣、配借小麦、公教食粮清发训令
【发文单位】 天水县政府
【收文单位】 天水县牡丹镇
【档案编号】 民国天水县牡丹镇514-35
【成文时间】 1947-04—1948-09
【收藏单位】 麦积区档案馆
【涉及地域】 天水县
【关 键 词】 催缴木柴
【内容提要】
　　本卷档案有天水县政府给牡丹镇的关于给保安团催缴木柴、给养的训令，木柴来源不详。

【叙录编号】 0659
【档案题名】
　　牡丹镇催送料豆、民间输力编组、代购保安团木柴、中藏壮丁潜逃、补发民众木柴、马秣差价
【发文单位】 天水县政府
【收文单位】 天水县牡丹镇
【档案编号】 民国天水县牡丹镇514-47

【成文时间】 1948-01—1948-12
【收藏单位】 麦积区档案馆
【涉及地域】 天水县
【关 键 词】 催缴木柴

【内容提要】
　　本卷档案有天水县政府给牡丹镇的关于给保安团催缴、运输木柴与给养的训令，木柴来源不详。

六、生态环境相关的政区调整类档案

【叙录编号】 0660
【档案题名】
　　甘肃省政府等关于天水县与徽县就刘家河飞地、穆家沟划界两事的各类文件
【发文单位】 刘世杰；甘肃省政府；天水县政府等
【收文单位】 徽县政府；第四区行政督察专员公署；天水县政府等
【档案编号】 004-001-0355（全案卷）
【成文时间】 1947-06—1948-12
【收藏单位】 甘肃省档案馆
【涉及地域】 徽县；天水县
【关 键 词】 飞地；划界
【内容提要】
　　此案卷包含34份文件，均与划界有关。刘世杰等10人上呈省政府，请求将天水县平南镇刘家河飞地划归徽县。省政府就此事令天水、徽县两县测绘刘家河飞地地图上报；天水县认为刘家河并非飞地；省政府又令第四区行政督察专员公署调查飞地的情况，该署遵办，省政府收到该署的调查结果后，指令该署，飞地应划拨给徽县；徽县政府向省政府汇报接收飞地的情况，又报送会同西和县政府勘划飞地的情况，省政府回文，令第四区行政督察专员公署介入，会同两县继续勘定；第四区行政督察专员公署向省政府汇报天水县飞地村民不愿划归徽县的情况，甘肃省民政厅认为该区专署应再派专员勘察此事，省政府同意，该区遵办后向省政府报送勘察的情况；省政府综合考虑后，给第四区行政督察专员公署、天水县政府、徽县政府发文，飞地仍应属天水县管辖。徽县政府向省政府报送本县穆家沟公民张得成控告大门镇镇长张光前越界管辖一事，省政府经查，认为张光前并没有越界管辖；徽县又将穆家沟由天水划归徽县后的户口统计表、田赋统计表上报省政府，省政府又询问天水县穆家沟的表图是否已呈报第四区行政督察专员公署；省政府将穆家沟划归徽县管辖的地图及户口表呈报内政部；徽县政府又请示省政府，穆家沟人拒编户口，并拒绝纳粮，应如何处理，省政府令第四区行政督察专员公署与徽县政府查明此事，徽县查明后上报，省政府回文此事已令高专员妥善处理；第四区行政督察专员公署也遵令派遣专员前往穆家沟宣传政令，省政府遂令徽县严惩穆家沟拒不纳粮者；内政部回电省政府，穆家沟划归徽县一事准予备案；省政府将此事通报天水县政府、徽县政府；徽县政府后向省政府报告接收穆家沟的情况。

【叙录编号】 0661

【档案题名】
　　甘肃省政府等关于秦安、庄浪两县划拨插花地一事的各类文件

【发文单位】 秦安县民王维新等人；甘肃省政府；秦安县政府等

【收文单位】 甘肃省政府；秦安县政府；庄浪县政府等

【档案编号】 004-001-0486-（0001-0015）

【成文时间】 1945-01—1948-11

【收藏单位】 甘肃省档案馆

【涉及地域】 秦安县；庄浪县

【关 键 词】 王祁家山插花地

【内容提要】
　　此案卷包含18份文件，均与秦安、庄浪两县插花地一事有关。秦安县王祁家山民人王维新等呈报省政府，秦安县插入庄浪县的飞地，恳请编入庄浪县；省政府令秦安、庄浪两县速勘察该地，并绘具详细图说呈报。两县勘察后上报；省政府在第1245次委员会议上讨论将该地划拨给庄浪县，获得通过；民政厅也认为该将此地划归给庄浪县；省政府给秦安县、庄浪县发文，准予此事。民国三十五年（1946），秦安县政府向省政府补送与庄浪县政府划拨插花地的经过，省政府令秦安、庄浪两县速将王祁家山插花地保甲户口表册及田赋清册报核；庄浪县于民国三十六年（1947）向省政府报送交接该地的地图、田赋征册、户口简明表，省政府回文准予备查；民国三十七年（1948），内政部准予此事，省政府将此事通知秦安、庄浪两县，秦安县政府致电省政府，湫淋沟并未划拨给庄浪，请予更正。

【叙录编号】 0662
【档案题名】
　　甘肃省政府委员会第692次会议记录

【发文单位】 甘肃省政府

【收文单位】 甘肃省政府

【档案编号】 004-007-0160-0003

【成文时间】 1939-09-29

【收藏单位】 甘肃省档案馆

【涉及地域】 定西县；陇西县

【关 键 词】 飞地

【内容提要】
　　第692次会议涉及陇西、定西两县会勘飞地情形一事。

【叙录编号】 0663
【档案题名】
　　甘肃省政府委员会第859次会议记录；甘肃省政府委员会第692次会议议事日程，附会议材料

【发文单位】 甘肃省政府

【收文单位】 甘肃省政府

【档案编号】 004-007-0219（全案卷）

【成文时间】 1941-06-03

【收藏单位】 甘肃省档案馆

【涉及地域】 漳县；武山县

【关 键 词】 插花地

【内容提要】
　　第859次会议涉及漳县、武山两县插花地一事。

【叙录编号】 0664
【档案题名】
　　甘肃省政府委员会第1134次会议议事日程，附会议通报、讨论文件资料

【发文单位】 甘肃省政府

【收文单位】 甘肃省政府

【档案编号】 004-007-0347-0006

【成文时间】 1944-04-07

【收藏单位】 甘肃省档案馆

【涉及地域】 漳县；陇西县

【关 键 词】 飞地

【内容提要】

主要涉及审查讨论，将陇西县属壑岘里飞地划归漳县管辖等事宜。

【叙录编号】 0665
【档案题名】
甘肃省政府委员会第1245次会议议事日程，附会议资料
【发文单位】 甘肃省政府
【收文单位】 甘肃省政府
【档案编号】 004-007-0370-0008
【成文时间】 1945-06-01
【收藏单位】 甘肃省档案馆
【涉及地域】 秦安县；庄浪县
【关 键 词】 飞地
【内容提要】
关于审查秦安县属王祁家山飞地划归庄浪县管辖等事宜。

【叙录编号】 0666
【档案题名】
甘肃省政府委员会第1274次会议议事日程，附会议资料
【发文单位】 甘肃省政府
【收文单位】 甘肃省政府
【档案编号】 004-007-0372-0006
【成文时间】 1945-09-11
【收藏单位】 甘肃省档案馆
【涉及地域】 武山县；漳县
【关 键 词】 界务纠纷
【内容提要】
主要涉及审查、讨论、处理，武山、漳县两县人民争集场发生冲突以及两县交界孙家门地区的界务纠纷等事宜。

【叙录编号】 0667
【档案题名】
甘肃省政府委员会第1309次会议议事日程，附会议资料
【发文单位】 甘肃省政府
【收文单位】 甘肃省政府
【档案编号】 004-007-0378-0010
【成文时间】 1946-01-18
【收藏单位】 甘肃省档案馆
【涉及地域】 天水县；西和县；礼县等
【关 键 词】 插花飞地
【内容提要】
主要涉及第四区行政督察专员公署呈报调整天水、西和、礼县、徽县等县插花飞地办法两种及方案等事宜。

【叙录编号】 0668
【档案题名】
甘肃省政府委员会第1311次会议议事日程，附会议资料
【发文单位】 甘肃省政府
【收文单位】 甘肃省政府
【档案编号】 004-007-0379-0004
【成文时间】 1946-01-25
【收藏单位】 甘肃省档案馆
【涉及地域】 天水县；西和县；礼县等
【关 键 词】 插花飞地；渭源渠
【内容提要】
关于第四区行政督察专员公署呈拟调整天水、西和、礼县、徽县四县插花飞地办法一案意见3项；甘谷县县长征工督修渭源渠，省建设厅为其请功等事宜。

【叙录编号】 0669
【档案题名】
甘肃省政府委员会第1361次会议议事日程，附会议资料
【发文单位】 甘肃省政府
【收文单位】 甘肃省政府
【档案编号】 004-007-0386-0006

【成文时间】 1946-08-28
【收藏单位】 甘肃省档案馆
【涉及地域】 武山县；甘谷县
【关 键 词】 插花地界
【内容提要】
　　主要涉及核查第四区行政督察专员公署拟调整武山、甘谷两县石庙儿一带插花地地界意见两项，准许照办等事宜。

【叙录编号】 0670
【档案题名】
　　甘肃省政府委员会第1361次会议议事日程，附会议资料
【发文单位】 甘肃省政府
【收文单位】 甘肃省政府
【档案编号】 004-007-0475-0002
【成文时间】 1946-08-28
【收藏单位】 甘肃省档案馆
【涉及地域】 甘谷县
【关 键 词】 插花地界
【内容提要】
　　关于提会审查调整，武山、甘谷县石庙儿一带插花地地界意见两项等事宜。

【叙录编号】 0671
【档案题名】
　　甘肃省政府委员会第1134次会议记录
【发文单位】 甘肃省政府
【收文单位】 甘肃省政府
【档案编号】 004-007-0511-0007
【成文时间】 1944-04-07
【收藏单位】 甘肃省档案馆
【涉及地域】 陇西县；漳县
【关 键 词】 勘划飞地；划定归属
【内容提要】
　　会议涉及陇西、漳县会勘两县飞地、划定归属一事。

【叙录编号】 0672
【档案题名】
　　甘肃省政府委员会第960次会议关于提会讨论本省优待处出征抗敌军人家属条例及省社会处劝导服务规则等事项的会议记录
【发文单位】 甘肃省政府
【收文单位】 甘肃省政府
【档案编号】 004-007-0592-0006
【成文时间】 1942-06-16
【收藏单位】 甘肃省档案馆
【涉及地域】 第四区行政督察专员公署
【关 键 词】 插花飞地
【内容提要】
　　主要涉及第四区行政督察专员公署审查该区各县插花飞地划拨意见等事宜。

【叙录编号】 0673
【档案题名】
　　甘肃省政府委员会第942次会议关于提会报告国民参政会第2届第2次大会建议节减开支紧缩预算一案及编审县、市预算暂行办法等事项的会议记录
【发文单位】 甘肃省政府
【收文单位】 甘肃省政府
【档案编号】 004-007-0593-0006
【成文时间】 1942-04-07
【收藏单位】 甘肃省档案馆
【涉及地域】 第四区行政督察专员公署
【关 键 词】 插花飞地
【内容提要】
　　主要涉及审查第四区行政督察专员公署所属各县插花飞地，根据勘测结果划拨情形等事宜。

【叙录编号】 0674
【档案题名】
　　甘肃省政府委员会第937次会议关于提会

报告国营农矿事业发给员工奖金办法及粮商登记规则等事项的会议记录
【发文单位】 甘肃省政府委员会
【收文单位】 甘肃省政府
【档案编号】 004-007-0593-0011
【成文时间】 1942-03-20
【收藏单位】 甘肃省档案馆
【涉及地域】 第四区行政督察专员公署
【关 键 词】 插花飞地；牛鼻峡
【内容提要】

　　主要涉及审查第四区行政督察专员公署所属各县,如西和、礼县、成县、康县等县插花飞地勘测以凭调整情形及炸除牛鼻峡巨石险滩工程开标结果等事宜。

【叙录编号】 0675
【档案题名】
　　清水县政府第9次县政会议记录
【发文单位】 清水县政府
【收文单位】 甘肃省政府
【档案编号】 004-007-0614-（0011-0012）
【成文时间】 1935-05-05—1935-05-17
【收藏单位】 甘肃省档案馆
【涉及地域】 清水县
【关 键 词】 飞地；嵌地
【内容提要】

　　会议记录提及天水、秦安两县勘察飞地、嵌地情形。

【叙录编号】 0676
【档案题名】
　　甘肃省政府民国二十九年（1940）12月份工作报告
【发文单位】 甘肃省政府
【收文单位】 甘肃省政府
【档案编号】 004-008-0516-0001
【成文时间】 1940-12

【收藏单位】 甘肃省档案馆
【涉及地域】 甘肃省
【关 键 词】 插花地
【内容提要】

　　勘察庄浪、静宁两县畸形飞嵌插花地区；查勘隆德、静宁、庄浪、固原、海原五县畸形插花地。

【叙录编号】 0677
【档案题名】
　　甘肃省民政厅视察员张慎微关于报送视察靖远、海原、陇西、漳县、渭源、临洮等县政情况致甘肃省民政厅的报告
【发文单位】 甘肃省民政厅视察员
【收文单位】 甘肃省民政厅
【档案编号】 004-008-0592-0026
【成文时间】 不详
【收藏单位】 甘肃省档案馆
【涉及地域】 漳县；渭源县；岷县
【关 键 词】 县政；植树；界务纠纷
【内容提要】

　　漳县县政情况中录有漳县与岷县的界务纠纷；渭源县县政情况中录有县长认真推进植树事宜。

【叙录编号】 0678
【档案题名】
　　秦安县第三区天水飞地梨树梁划归秦安县管辖的各类文件
【发文单位】 秦安县政府；甘肃省政府；甘肃省民政厅等
【收文单位】 甘肃省民政厅；甘肃省政府；天水县政府等
【档案编号】 015-008-0143-（0021-0028）
【成文时间】 1930-05-31—1932-03-30
【收藏单位】 甘肃省档案馆
【涉及地域】 天水县；秦安县

【关 键 词】 地界调整
【内容提要】

　　甘肃省民政厅据秦安县政府呈报将县第三区天水飞地梨树梁划归秦安管辖一事呈文省政府，省政府训令派员勘察情况；省第四区行政督察专员公署委员查勘并令天水、秦安两县协同办理，查明属实并赍图请鉴核；省政府回文经提议，会议决议准予划归，并妥拟办法；秦安县政府呈文省民政厅称，民众反对，请暂缓划拨，省民政厅转呈省政府，省政府回文督饬天水县县长迅办；天水县政府代电省政府，呈赍梨树梁田赋花名清册及应纳牙贴年税数目，乞鉴核；转发秦安县政府，由民国二十一年（1932）起征；省政府回文查收，令秦安县接管后，按插花地管理办法绘具清册呈报备案。

【叙录编号】 0679
【档案题名】
　　甘肃省民政厅关于将隆德县与静宁县发生纠纷的牟宋李三庄飞嵌地划归静宁的各类文件
【发文单位】 甘肃省民政厅；隆德县政府；甘肃省政府等
【收文单位】 隆德县政府；静宁县政府；甘肃省民政厅等
【档案编号】 015-008-0145-（0001-0005）
【成文时间】 1941-09-22—1944-05-15
【收藏单位】 甘肃省档案馆
【涉及地域】 隆德县；静宁县
【关 键 词】 地界调整；飞嵌地；插花地
【内容提要】

　　甘肃省政府委员会议报告民政厅签呈，请将隆德县与静宁县发生纠纷的牟宋李三庄飞嵌地划归静宁，以利管辖，请鉴核。省政府令省第二区行政督察专员公署派员同两县会勘。省第二区行政督察专员公署会勘后，呈文省政府，申请准予，划拨，附图1份。省政府回文，令两县县长迅疾办理，并造各项清册转呈，以凭核办。隆德县政府呈请转发本县县图及静宁县县图以利用，省政府回文，令其按价，向陆地测量局购买。

【叙录编号】 0680
【档案题名】
　　渭源县请将本县与临洮县飞嵌及插花地划定经界的各类文件
【发文单位】 渭源县政府；甘肃省政府；第一区行政督察专员公署等
【收文单位】 渭源县政府；甘肃省政府；第一区行政督查专员公署等
【档案编号】 015-008-0145-（0012-0018）
【成文时间】 1939-06-20—1940-12-14
【收藏单位】 甘肃省档案馆
【涉及地域】 渭源县；临洮县
【关 键 词】 地界调整；飞嵌地；插花地
【内容提要】

　　渭源县政府呈文省政府，请将本县与临洮县飞嵌及插花地尚未划定一事由陆军测量局详确地图划定经界，以咨遵循，省政府回文，由两县所属官堡镇经界会勘。渭源县政府呈文省政府，会勘困难，须测绘专业人员确定；省政府回文，令第一区行政督察专员公署会同办理，绘具图说查复；第一区行政督察专员公署呈文省政府，此案先令两县切实遵办，汇报情形到署，再拟派员。省政府回文，令其切实督同办理。

【叙录编号】 0681
【档案题名】
　　甘肃省民政厅关于调整庄浪、静宁两县地界的各类文件
【发文单位】 甘肃省政府；第二区行政督察专员公署；内政部等
【收文单位】 庄浪县政府；静宁县政府；甘肃省民政厅等

叁 自然资源开发与生态保护类档案 189

【档案编号】 015-008-0291-（0001-0011）
【成文时间】 1940-10-02—1944-11-27
【收藏单位】 甘肃省档案馆
【涉及地域】 静宁县；庄浪县
【关 键 词】 插花地；飞地；县界划分
【内容提要】
　　甘肃省民政厅呈文省政府，据庄浪县政府呈请，将静宁、庄浪两县插花飞地一案已饬第二区行政督察专员公署查勘，请调整划拨区域，迁移县治；另请将秦安县龙山、陇城两镇及清水县韩头山等地划入一事删除；省政府回文照办；甘肃省第二区行政督察专员公署呈省政府，拟调整两县地区办法，具附地图，请鉴核示遵，省政府回文知照，令其另造各项表册图说呈赍；第二区行政督察专员公署呈报清册，请钧鉴核转，省政府转呈内政部；省政府另据内政部函，令庄浪政府、静宁县政府呈赍划界地图3份，以报省政府核转；两县呈报5份，请钧鉴核转；省政府回文，转呈内政部。省政府转内政部，已将划界之事备案的代电知照两县。

【叙录编号】 0682
【档案题名】
　　甘肃省民政厅关于漳县、陇西县划定地界的各类文件
【发文单位】 漳县政府；甘肃省政府；陇西县政府
【收文单位】 漳县政府；甘肃省政府；陇西县政府
【档案编号】 015-008-0294-（0012-0017）
【成文时间】 1941-12-23—1942-02-24
【收藏单位】 甘肃省档案馆
【涉及地域】 漳县；陇西县
【关 键 词】 插花地；土地划拨；边界
【内容提要】
　　漳县政府呈请将陇西县属白化里等庄划入漳县管辖，以利行政，附赍《漳县三岔镇全图》1份，省政府回文，令陇西县政府、漳县政府会勘呈复，以凭核办；漳县政府呈省政府会勘后所涉各地当归漳县管辖，乞鉴核施行；省政府回文应与陇西县政府会呈再行划拨。陇西县政府呈文省政府会勘结果并请鉴核，附《菜子镇略图》1张；省政府回文此事已由漳县政府呈报在案，令两县拟具调整办法会呈，再行核夺。

【叙录编号】 0683
【档案题名】
　　甘肃省民政厅关于划拨临洮、渭源两县插花地的各类文件
【发文单位】 临洮县政府；甘肃省政府；渭源县政府
【收文单位】 临洮县政府；临洮县土地陈报处；甘肃省政府等
【档案编号】 015-008-0295-（0010-0013）
【成文时间】 1941-01-15—1941-02-06
【收藏单位】 甘肃省档案馆
【涉及地域】 临洮县；渭源县
【关 键 词】 插花地；土地划拨；县界
【内容提要】
　　临洮县政府呈文省政府请会勘临洮、渭源两县插花地情形，并绘具详图查报鉴核。省政府回文知悉，令两县政府赍临洮县土地陈报处根据勘界条例详陈情况，拟具划拨办法，绘图以备查；渭源县政府会勘后，会呈省政府飞嵌插花地情形并绘图呈报，附《渭源县全图》1张，请省政府分割以免纠纷；省政府回文，待土地陈报处会勘报告至日，再行核夺。

【叙录编号】 0684
【档案题名】
　　勘察整理各县插花地区及畸形区域
【发文单位】 甘肃省政府；第四区行政督察专

员公署；甘肃省民政厅

【收文单位】 甘肃省政府；第四区行政督察专员公署；甘肃省城市土地测量队等

【档案编号】 015-008-0302-（0010-0013）

【成文时间】 1941-04-03—1941-06-06

【收藏单位】 甘肃省档案馆

【涉及地域】 第四区行政督察专员公署

【关 键 词】 插花地；畸形区域；土地测量

【内容提要】

甘肃省第四区保安司令部呈文省政府及民政厅，请派员清查各县插花地，以便整齐规划。省民政厅据甘肃省第四区行政督察专员公署电请会勘各县插花地一事呈文省政府，请组织甘肃省各县畸形区域勘测队，进行地界清查，以便县界安宁、推广度政；附《甘肃省整理各县畸形区域勘测队组织规则》1份，其中包括勘测队长确定、队员设置、勘察经费、勘察绘图规范、勘察备案等内容。省政府令第四区行政督察专员公署、甘肃省城市土地测量队测绘员组织办理。

【叙录编号】 0685

【档案题名】

甘肃省政府、陇西县政府关于临时参议会提议：组织军属代耕队、首阳山共管、导河修车道、提案处理情形的指令、训令、公函和呈报

【发文单位】 陇西县参议会等

【收文单位】 陇西县政府等

【档案编号】 170-4-265-7

【成文时间】 1945

【收藏单位】 定西市档案馆

【涉及地域】 陇西县

【关 键 词】 植树造林；砍伐树木

【内容提要】

此案卷主要为陇西县参议员的诸提案及其处理情形，其中有提议将划拨给渭源县的首阳山改为渭源、陇西两县共管，因其山上乡贤祠及植被均为陇西县民众所建，另有导河修汽车道等提案，并附草图1幅。

七、水土保持类档案

【叙录编号】 0686

【档案题名】

农林部关于各专员县长协助傅焕光勘察设立水土保持实验区给甘肃省政府的电报

【发文单位】 农林部；甘肃省政府；军事委员会军令部甘肃省陆地测量局等

【收文单位】 甘肃省政府；天水县政府等

【档案编号】

027-002-0013-（0001-0007、0015-0016）

【成文时间】 1942-09-11—1942-10-15

【收藏单位】 甘肃省档案馆

【涉及地域】 天水县等

【关 键 词】 苗圃；地图

【内容提要】

农林部致函省政府，请协助黄河水利委员会在天水设立水土保持实验区，并派中央农林试验所傅焕光在渭水上游勘察，省政府因此训令天水县等9县协助傅焕光勘察工作。傅焕光

致函省政府请协助寻找办公房屋、苗圃地点，省政府训令各县协助。傅焕光请购买渭水流域及其支流各县地图，省政府批示拟准照购。甘肃省政府训令水土保持实验区给军事委员会军令部甘肃省陆地测量局将渭河干支流域各县地图价目寄给傅焕光，该局致函实验区直接向其购买，并回复地图已经寄出。农林部水土保持实验区致函省政府发给或价让县图并检发甘肃省气象、农林、水利报告，省政府回电悉已转送。

【叙录编号】 0687
【档案题名】
　　甘肃省建设厅关于美国水土保持专家罗氏（罗德民）到华后先来甘肃勘察筹划致甘肃省政府的签呈
【发文单位】 农林部；甘肃省建设厅等
【收文单位】 农林部；甘肃省政府等
【档案编号】
　　027-002-0013-（0008-0010、0016-0019）
【成文时间】 1942-10-26—1943-02-16
【收藏单位】 甘肃省档案馆
【涉及地域】 天水水土保持实验区
【关 键 词】 罗德民；水土保持
【内容提要】
　　农林部致函省政府，言水土保持实验区待美国水土保持专家罗氏到来之后再开展，甘肃省建设厅厅长签呈省政府傅焕光来甘调查，推荐政府聘用的美国水土保持专家罗氏来甘调查开展水土保持工作。省政府代电农林部，本省多地土壤受冲刷严重，等罗氏来甘勘察筹划。农林部致电省政府要求接待罗氏，建设厅签呈省政府，罗氏4—9月在省工作，望接见。省政府训令农林部、甘肃省第一至九区行政督察专员兼保安司令公署随时协助保护。

【叙录编号】 0688
【档案题名】
　　甘肃省天水县政府关于报送农林部水土保持实验区租用本县土地情况给甘肃省政府的呈，附租用地亩图
【发文单位】 天水县政府；甘肃省建设厅等
【收文单位】 甘肃省农业改进所；甘肃省政府；甘肃省建设厅
【档案编号】 027-002-0013-（0011-0014）
【成文时间】 1942-11-20—1943-02-12
【收藏单位】 甘肃省档案馆
【涉及地域】 天水水土保持实验区
【关 键 词】 水土保持；租地
【内容提要】
　　甘肃省农业改进所汇报水土保持实验区与甘肃省农业改进所拟定办法，省政府回令准予备查。附合作办法1张。天水县县长张仰文报送农林部水土保持实验区租用本县土地情况，因为是公共财产没有租借，并罗列7条理由。附实验区地图1张，省政府回令准予备查，并批示繁种树苗事关重大，拟予准租借。省政府回令农林部水土保持实验区租用天水县土地17亩。

【叙录编号】 0689
【档案题名】
　　甘肃省政府、农林部水土保持实验区关于租用南门口外公地给甘肃省建设厅的文件
【发文单位】 天水水土保持实验区；甘肃省建设厅等
【收文单位】 天水水土保持实验区等
【档案编号】 027-002-0014-（0002-0005）
【成文时间】 1942-02-22—1943-03-17
【收藏单位】 甘肃省档案馆
【涉及地域】 天水水土保持实验区
【关 键 词】 罗德民；水土保持
【内容提要】

农林部水土保持实验区傅焕光致函甘肃省建设厅租用天水南门土地，附草拟罗德民博士西北视察行程表1份，建设厅回令详细罗德民考察路线后再租地。农林部水土保持实验区致函省政府，请速办天水中山公园东部公地租用苗圃一事，甘肃省气象测候所向实验区递送气象报告以资参考。

【叙录编号】　0690
【档案题名】
　　甘肃省政府、农林部水土保持实验区关于将吕二沟三台寺拨归实验用地给甘肃省政府的公函
【发文单位】　甘肃省政府、天水水土保持实验区
【收文单位】　甘肃省政府；天水水土保持实验区
【档案编号】
　　027-002-0014-（0006-0007、0009-0012）
【成文时间】　1943-03-20—1943-04-01
【收藏单位】　甘肃省档案馆
【涉及地域】　甘肃省
【关 键 词】　水土保持；租地
【内容提要】
　　农林部水土保持实验区致函省政府，要求收购二沟三台寺拨归实验用地117.9亩。省政府回令，要求天水县政府协助收购，并妥善办理，暂准拨发。附《农林部水土保持实验区附拟征天水吕二沟山坡民地地亩清册》《地亩平面图》。水土保持实验区致电省政府，协助拟定实验场范围，批示为令县政府尽可能在全县范围内协助购买，省政府训令天水县政府协助购买。水土保持实验区致函省政府报送本区组织规程，附规程10条。省政府回令准予备查。

【叙录编号】　0691
【档案题名】
　　甘肃省政府关于协助购买土地如有困难可按征用办理给天水县政府的代电
【发文单位】　甘肃省政府
【收文单位】　天水县政府
【档案编号】　027-002-0014-0013
【成文时间】　1943-10-22
【收藏单位】　甘肃省档案馆
【涉及地域】　甘肃省
【关 键 词】　购买土地
【内容提要】
　　如题。

【叙录编号】　0692
【档案题名】
　　甘肃省政府关于彻查天水水土保持实验区勘占民用田一事给甘肃省第四区行政督察专员兼保安司令公署的训令
【发文单位】　甘肃省政府
【收文单位】　第四区行政督察专员公署
【档案编号】　027-002-0014-0014
【成文时间】　1944-03-25
【收藏单位】　甘肃省档案馆
【涉及地域】　天水县
【关 键 词】　占用民田
【内容提要】
　　如题。

【叙录编号】　0693
【档案题名】
　　甘肃省建设厅、甘肃省政府保安处关于彻查天水水土保持实验区征购实验土地一事致甘肃省政府的签呈
【发文单位】　甘肃省建设厅；甘肃省政府保安处
【收文单位】　天水水土保持实验区
【档案编号】　027-002-0014-0015

【成文时间】 1944-03-20
【收藏单位】 甘肃省档案馆
【涉及地域】 天水水土保持实验区
【关 键 词】 实验土地
【内容提要】
　　如题。

【叙录编号】 0694
【档案题名】
　　甘肃钟玉兰关于报送天水水土保持实验区勘占民田企图从中舞弊情况的呈
【发文单位】 钟玉兰
【收文单位】 甘肃省建设厅
【档案编号】 027-002-0014-0016
【成文时间】 1944-01-28
【收藏单位】 甘肃省档案馆
【涉及地域】 甘肃省
【关 键 词】 勘占民田
【内容提要】
　　如题。

【叙录编号】 0695
【档案题名】
　　甘肃罗德民博士关于迟到达水土保持局日期给甘肃省政府的电报
【发文单位】 罗德民
【收文单位】 甘肃省政府
【档案编号】 027-002-0014-0017
【成文时间】 1944-06-26
【收藏单位】 甘肃省档案馆
【涉及地域】 天水水土保持实验区
【关 键 词】 罗德民
【内容提要】
　　如题。

【叙录编号】 0696
【档案题名】
　　甘肃省天水县政府关于报送解决水土保持实验用地纠纷办法致甘肃省政府的呈
【发文单位】 天水县政府
【收文单位】 甘肃省政府
【档案编号】 027-002-0014-0018
【成文时间】 1944-05-29
【收藏单位】 甘肃省档案馆
【涉及地域】 天水水土保持实验区
【关 键 词】 用地纠纷
【内容提要】
　　如题。

【叙录编号】 0697
【档案题名】
　　甘肃省政府关于同意用解决水土保持实验用地纠纷办法给天水县政府的指令
【发文单位】 甘肃省政府
【收文单位】 天水县政府
【档案编号】 027-002-0014-0019
【成文时间】 1944-01-21
【收藏单位】 甘肃省档案馆
【涉及地域】 天水水土保持实验区
【关 键 词】 用地纠纷
【内容提要】
　　如题。

【叙录编号】 0698
【档案题名】
　　农林部水土保持实验区关于拟请地方协助垦殖工作给甘肃省政府的函
【发文单位】 天水水土保持实验区；甘肃省政府
【收文单位】 甘肃省政府；天水县政府
【档案编号】 027-002-0015-（0002-0013）
【成文时间】 1943-10-16
【收藏单位】 甘肃省档案馆
【涉及地域】 天水水土保持实验区

【关 键 词】 水土保持；场地
【内容提要】
　　农林部请协助办理租用土地致函省政府。农林部水土保持实验区傅焕光致函省政府请地方协助垦殖工作，并汇报农林部水土保持实验区场地购置及与农民合作原则。天水县政府罗德民亟待实验，请示如何办理购地。甘肃李庆达请建设厅协助购买试验场。省政府训令天水县政府尽快与地主洽谈购买土地一事。省政府训令天水县政府，地主如不同意租用土地，当依法征收。

【叙录编号】 0699
【档案题名】
　　农林部关于抄发第二次全国生产会议决议有关农林提案及决议办法致甘肃省政府的公函
【发文单位】 农林部；甘肃省政府
【收文单位】 甘肃各县局；甘肃省政府
【档案编号】 027-002-0015-（0013-0016）
【成文时间】 1943-11-08
【收藏单位】 甘肃省档案馆
【涉及地域】 天水水土保持实验区
【关 键 词】 水土保持；农林
【内容提要】
　　农林部关于抄发第2次全国生产会议决议内容，为水土保持实验区与国外专家合作训练人才选择合适地点并以此方式推进水土保持事业，甘肃省政府回函农林部开展宣传水土保持工作并训令各县局。

【叙录编号】 0700
【档案题名】
　　农林部水土保持实验区关于派技术员张绍纺筹设兰山区工作站给甘肃省政府的公函
【发文单位】 天水水土保持实验区；甘肃省政府
【收文单位】 天水水土保持实验区；甘肃省政府
【档案编号】 027-002-0016-（0001-0002）
【成文时间】 1943-07-25—1944-08-03
【收藏单位】 甘肃省档案馆
【涉及地域】 天水水土保持实验区
【关 键 词】 水土保持；兰山
【内容提要】
　　平凉设置工作站有困难，缺经营人才。派技术员张绍纺筹设兰山区工作站。甘肃省政府训令兰州市政府、皋兰县政府协助水土保持实验区在兰山设立工作站。

【叙录编号】 0701
【档案题名】
　　甘肃省第四区行政督察专员兼保安司令公署关于将清理小陇山林地工作交由水土保持实验区接班办致甘肃省政府的呈
【发文单位】 第四区行政督察专员公署
【收文单位】 甘肃省政府
【档案编号】 027-002-0016-0004
【成文时间】 1943-11-07
【收藏单位】 甘肃省档案馆
【涉及地域】 天水水土保持实验区
【关 键 词】 水土保持；小陇山
【内容提要】
　　如题。

【叙录编号】 0702
【档案题名】
　　甘肃省政府关于同意将清理小陇山林地交由水土保持实验区给甘肃省第四区行政督察专员兼保安司令公署的指令
【发文单位】 甘肃省政府
【收文单位】 第四区行政督察专员公署
【档案编号】 027-002-0016-0005
【成文时间】 1943-11-21
【收藏单位】 甘肃省档案馆

【涉及地域】　天水水土保持实验区
【关　键　词】　水土保持；小陇山
【内容提要】
　　如题。

【叙录编号】　0703
【档案题名】
　　甘肃省建设厅关于调技术员蒋德麒办理水土保持区工作给农林部的代电
【发文单位】　甘肃省建设厅
【收文单位】　农林部
【档案编号】　027-002-0016-0008
【成文时间】　1944-12-01
【收藏单位】　甘肃省档案馆
【涉及地域】　天水水土保持实验区
【关　键　词】　水土保持
【内容提要】
　　甘肃省政府致电农林部钱次长，甘肃水土保持急需推进，可否派蒋德麒来甘办理水土保持，不必再赴陕西省。

【叙录编号】　0704
【档案题名】
　　甘肃省政府关于送小型水利督导办法及保护水土浅说给农林部水土保持实验区的函
【发文单位】　甘肃省建设厅
【收文单位】　天水水土保持实验区
【档案编号】　027-002-0016-0009
【成文时间】　1944-12-13
【收藏单位】　甘肃省档案馆
【涉及地域】　天水水土保持实验区
【关　键　词】　小型水利；水利督导
【内容提要】
　　甘肃省建设厅致函傅焕光，年度农田水利设施工程办法需要编印保护水土浅说分发，兰山洮渭林区缺乏人才。

【叙录编号】　0705
【档案题名】
　　甘肃省政府、甘肃省建设厅、天水县政府关于农林部水土保持实验区租用天水土地一事的文件
【发文单位】　甘肃省政府；甘肃省建设厅
【收文单位】　天水县政府；天水水土保持实验区
【档案编号】　027-002-0016-（0010-0020）
【成文时间】　1943-12-18—1944-03-07
【收藏单位】　甘肃省档案馆
【涉及地域】　天水水土保持实验区
【关　键　词】　天水土地
【内容提要】
　　甘肃万正怙、韩启业、萧茂棠致函甘肃省建设厅，水土保持实验区有计划占据的郭周家团庄周围数百亩田地为地主坟墓，同时又有几百户清贫人家赖以为生，请实验区另找土地。省政府批示已缩小范围，不同意。建设厅督促天水县政府早日完成农林部征地手续，天水县政府报告正在办理租用手续。农林部水土保持实验区主任傅焕光因租金问题致函省建设厅，商议地价款，甘肃省建设厅厅长张心一回函租金问题，请租用土地推进水土保持。天水县政府致电省政府租用梁家坪土地，省政府指令天水县政府协助租用土地。

【叙录编号】　0706
【档案题名】
　　农林部水土保持实验区、天水水土保持实验区关于报送实验区工作简报表、工作进度检讨报告的公函、呈文、训令
【发文单位】　天水水土保持实验区；甘肃省政府
【收文单位】　天水水土保持实验区；甘肃省政府
【档案编号】
　　027-002-0033-（0001-0002、0004-0007）；

027-002-0034-（0001-0004）；
027-002-0035-（0001-0002）；
027-002-0036-0001；
027-002-0037-0001；
027-002-0038-（0001-0009）；
027-002-0039-（0001-0004）
【成文时间】 1946-02—1946-06
【收藏单位】 甘肃省档案馆
【涉及地域】 天水水土保持实验区
【关 键 词】 水土保持；报表
【内容提要】
　　农林部天水水土保持实验区民国三十四年（1945）1—5月工作简报表编缮完竣送建设厅1份；农林部水土保持实验区民国三十五年（1946）上半年工作进度检讨报告。甘肃省政府回令准予备查，并附工作简报1份。包括行政、业务，其中有实验区干湿、高低温风雪天气表格，省政府回电准予备查。

【叙录编号】 0707
【档案题名】
　　甘肃省政府等关于农林部天水水土保持实验区民国三十五年（1946）10—11月工作简报的各类文件
【发文单位】 天水水土保持实验区
【收文单位】 甘肃省政府
【档案编号】 027-002-0040-（0001-0004）
【成文时间】 1946-11-05—1946-12-23
【收藏单位】 甘肃省档案馆
【涉及地域】 天水县；平凉县
【关 键 词】 水土保持实验区
【内容提要】
　　本卷档案包含4份文件，均与农林部天水水土保持实验区的工作简报有关。农林部天水水土保持实验区向省政府致函，送交民国三十五年（1946）10月工作简报1份。简报内容包括行政部分与业务部分，行政部分包括叶培忠主任赴京汇报工作、编拟明年工作计划、规划扩充平凉兰州工作站、召开农事座谈会、照例开小组会议、参加天水农林机关联席会议、解决工作站柳树淤堤问题、陕西韩城县农业职业学校赠送书刊、擢升实验区技术人员的职称、补发经费。业务部分包括收获牧草整理种子、进行种子发芽、脱粒实验、梯田修整灌溉、开掘水平沟、翻犁冬季闲地、记载冬季作物生长情况、移植、观察牧草情况、采收种子、苗圃管理等内容。省政府回令报表已收到，已保存。农林部天水水土保持实验区向省政府致函，送交民国三十五年（1946）11月工作简报1份，分为行政部分与业务部分，并附该区平凉工作站此月的气象月报表。

【叙录编号】 0708
【档案题名】
　　甘肃省建设厅、陇东各县关于甘肃省政府派员督导陇东水利工程建设的文件
【发文单位】 甘肃省政府等
【收文单位】 天水水土保持实验区等
【档案编号】
　　027-002-0041-（0001-0003、0007-0008）
【成文时间】 1945-03-17—1945-03-20
【收藏单位】 甘肃省档案馆
【涉及地域】 天水水土保持实验区等地
【关 键 词】 水利工程；督导
【内容提要】
　　甘肃省政府关于派技术人员协助甘谷、武山、秦安、天水、通渭县政府督导实施小型水利工程的文。天水叶忠培致函建设厅第四科，各县正在督导工作似宜延期。第四科致电农林部水土保持实验区，将派张绍钫、魏章根到县指导。甘肃省政府派黄希周到县督导工作，致函平凉、泾川、隆德县电文，派张绍钫、魏章根到5县督导电文。

叁 自然资源开发与生态保护类档案

【叙录编号】 0709
【档案题名】
甘肃省政府、甘肃省农业改进所与农林部水土保持实验区合作繁殖推广优良牧草的文件
【发文单位】 甘肃省农业改进所；甘肃省政府
【收文单位】 天水水土保持实验区
【档案编号】 027-002-0041-（0013-0014）
【成文时间】 1946-04-02—1946-04-10
【收藏单位】 甘肃省档案馆
【涉及地域】 天水水土保持实验区
【关 键 词】 牧草
【内容提要】
甘肃省农业改进所与农林部水土保持实验区合作繁殖推广优良牧草致函省政府，附办法7条。省政府训令办法当属可行，准予备查。

【叙录编号】 0710
【档案题名】
甘肃省政府关于天水水土保持实验区工作得该员协助进展水利给予嘉奖给甘肃省第四区行政督察专员公署、天水县政府的训令、公函
【发文单位】 天水水土保持实验区、甘肃省政府
【收文单位】 第四区行政督察专员公署；天水县政府
【档案编号】 027-002-0042-（0001-0003）
【成文时间】 1946-11-21—1946-11-29
【收藏单位】 甘肃省档案馆
【涉及地域】 天水水土保持实验区
【关 键 词】 工务所；差旅费
【内容提要】
农林部感谢省政府协助天水水土保持实验区工作，建设厅转报省政府，附《甘肃省政府建设厅工程处工务所组织规程》《甘肃省建设厅工程处工务所办事细则》《甘肃省政府建设厅工程处工务所职员服务规则》《甘肃省政府建设厅工程处工务所员工请假规则》《甘肃省政府建设厅工程处工务所出差旅费规则》《甘肃省政府建设厅工程处工务所采办及调拨工程材料办法》《甘肃省政府建设厅工程处工务所处理工程材料办法》《承揽书》《甘肃省政府建设厅水利工程处工务所投标细则》《甘肃省政府建设厅水利工程处工务所征雇民夫暂行办法》各2份。

【叙录编号】 0711
【档案题名】
甘肃省政府等关于农林部天水水土保持实验区民国三十六年（1947）2、3月份的工作简报
【发文单位】 天水水土保持实验区、甘肃省政府
【收文单位】 天水水土保持实验区、甘肃省政府
【档案编号】 027-002-0059-（0001-0004）
【成文时间】 1947-03-10—1947-04-18
【收藏单位】 甘肃省档案馆
【涉及地域】 天水水土保持实验区
【关 键 词】 水土保持实验区；工作简报
【内容提要】
本卷档案包含4份文件，均与工作简报有关。农林部天水水土保持实验区叶主任向省政府上报民国三十六年（1947）2月份工作简报。内容包括：重整工作机构、规划工作程序、召开会议、植物实验与繁殖、农田水利、径流实验、植树造林、开垦种试、气象情况等，省政府回令准予备查。该区又向省政府报送该年3月份的工作简报，包括行政部分与业务部分。业务部分包括保土植物试验与繁殖，如天水本区的保土植物繁殖、白杨人工杂交育种、果树繁殖与推广、苗圃管理；平凉工作站的播种牧草、牧草种子配赠、苗圃管理；兰州工作站的播种牧草、护城淤堤。农田水利的修整耕地、引水留淤、保护管理及推造新堤、保土护坡与沟冲控制。植树造林中的植造新林及

保护管理与苗木推广。还有山田耕作方法试验与良种繁殖、气象等方面的报告。附当月天水本区苗木推广表、气象月报表。省政府回令准予备查。

【叙录编号】 0712
【档案题名】
　　甘肃省政府等关于农林部天水水土保持实验区民国三十六年（1947）1、4、5、7月各月份的工作简报
【发文单位】 天水水土保持实验区；甘肃省政府
【收文单位】 天水水土保持实验区；甘肃省政府
【档案编号】
　　027-002-0060-（0001-0002）；
　　027-002-0061-（0001-0004）；
　　027-002-0062-（0001-0002）；
　　027-002-0063-（0001-0002）；
　　027-002-0065-（0001-0004）
【成文时间】 1947-02-05—1947-02-24
【收藏单位】 甘肃省档案馆
【涉及地域】 天水水土保持实验区
【关 键 词】 水土保持实验区；工作简报
【内容提要】
　　农林部天水水土保持实验区叶主任向省政府上报民国三十六年（1947）1、4、5、7、10、11月各月份工作简报。内容包括：重整工作机构、规划工作程序、召开会议、植物实验与繁殖、农田水利、径流实验、植树造林、开垦种试、气象情况等，省政府回令准予备查。当年上半年度工作进度检讨报告，省政府回令准予备查。

【叙录编号】 0713
【档案题名】
　　甘肃省政府等关于农林部天水水土保实

验区报送民国三十三年（1944）至民国三十七年（1948）各年度政绩比较表的各类文件
【发文单位】 天水水土保持实验区
【收文单位】 甘肃省政府
【档案编号】
　　027-002-0072-（0001-00020）；
　　027-002-0073-0001；
　　027-002-0074-0001；
　　027-002-0075-0001；
　　027-002-0076-（0001-0002）
【成文时间】 1945-01-13—1949-04-23
【收藏单位】 甘肃省档案馆
【涉及地域】 天水水土保持实验区
【关 键 词】 工作简报
【内容提要】
　　农林部天水水土保持实验区向省政府致函，报送1949年1—3月的工作简报，分为行政部分与业务部分，并附1—2月的气象月报表，报送各年度政绩比较表。农林部水土保持处汇报民国三十七年（1948）1—3月、4—7月、8—9月工作简报，省政府回令准予备查。《农林部水土保持实验区三十三年（1944）政绩比较表》包含甲行政部分：法规之奉行与修正、会议之召集、与各区联系情形、人事变动情形、经费收支情形。乙业务部分：保土植物试验与繁殖、水土保持试验、径流区试验、缓冲控制试验、农田水利、柳篱挂淤、植树造林、《民国三十四年（1945）天水本区春季植树秋季成活概况表》、水文、垄作示范观察试验、带状耕作示范区、黍麦品种观察区、小麦抗寒试验、高粱品种观察。其余表格大同小异。

【叙录编号】 0714
【档案题名】
　　农林部水土保持实验区关于报送民国三十七年（1948）、三十八年（1949）各月份工作

叁 自然资源开发与生态保护类档案

简报表的呈文
【发文单位】 天水水土保持实验区
【收文单位】 甘肃省政府
【档案编号】
  027-002-0077-（0001-0006）；
  027-002-0078-（0001-0004）；
  027-002-0079-（0001-0004）；
  027-002-0080-（0001-0002）；
  027-002-0081-（0001-0003）；
  027-002-0082-（0001-0005）
【成文时间】 1945-01-13—1945-02-05
【收藏单位】 甘肃省档案馆
【涉及地域】 天水水土保持实验区
【关 键 词】 工作简报
【内容提要】
  农林部水土保持实验区报送本区民国三十七年（1948）1—9月份工作简报表，民国三十八年（1949）1—3月份工作简报表。《农林部水土保持实验区民国三十八年（1949）1月份工作简报表》17页，包含行政部分1月以来鸟瞰、法规之奉行与修订、与各方之联系、人事变动、经费收支概况。工作项目：水土保持（保育苗圃、植树造林）、农林水利、农田水利、农田水土保持。附《农林部水土保持实验区民国三十七年（1948）1月份气象月报表》《农林部水土保持实验区平凉工作站民国三十六年（1947）气象年报表》《农林部水土保持实验区平凉工作站民国三十六年（1947）气象12月份气象月报表》，其余表格类似。

【叙录编号】 0715
【档案题名】
  江苏省农矿厅、国民革命军第三司令部赈灾委员会等关于聘任任承统的公函
【发文单位】 江苏省农矿厅；国民革命军第三司令部赈灾委员会等
【收文单位】 任承统

【档案编号】 009-011-001（全案卷）
【成文时间】 1928-12—1930-04
【收藏单位】 天水市档案馆
【涉及地域】 天水水土保持实验区
【关 键 词】 任承统
【内容提要】
  本卷档案为江苏省农矿厅、绥远省县长考试典试委员会等部门聘请任承统的文件。国民革命军第三集团军司令部阎锡山，私立金陵大学、国民政府考试院等聘请任承统为相关部分负责人的文件。

【叙录编号】 0716
【档案题名】
  国民政府经济建设委员会农业处等关于农村工业化、职工聘任、公务员任用、支薪办法等的便函
【发文单位】 萨县政府；全国经济委员会农业处；天水县水土保持委员会等
【收文单位】 任承统等
【档案编号】 009-011-002（全案卷）
【成文时间】 1932-04—1936-12
【收藏单位】 天水市档案馆
【涉及地域】 农林部天水水土保持实验区
【关 键 词】 任承统
【内容提要】
  本卷档案为萨县县长聘任任承统担任干渠及第八道支渠工人指导员的聘请书、全国经济委员会农业处聘请任承统为萨韩区首蓿采种圃主任的聘书、天水县水土保持委员会聘请任承统为本会委员的聘书等文件。

【叙录编号】 0717
【档案题名】
  国民政府、农林部、农业实验所、绥远省政府关于人事管理、职员任免、经费预算等的训令、公函

【发文单位】 农林部；绥远省政府等
【收文单位】 萨韩区等
【档案编号】 009-011-003（全案卷）
【成文时间】 1937-07—1939-01
【收藏单位】 天水市档案馆
【涉及地域】 天水水土保持实验区
【关 键 词】 经费预算；人事任免
【内容提要】
　　本卷档案为萨韩区首蓿采种圃民国二十六年（1937）的支付预算。经济部中央农业实验部的训令。绥远省政府关于国民经济建设运动的章程、议案等。国民政府、农林部、国民政府文官处等机关的人事任免办法等。

【叙录编号】 0718
【档案题名】
　　林垦设计委员会第一次林垦设计会议材料
【发文单位】 黄委会林垦设计委员会
【收文单位】 黄委会林垦设计委员会
【档案编号】 009-011-004（全案卷）
【成文时间】 1940-06—1940-09
【收藏单位】 天水市档案馆
【涉及地域】 农林部天水水土保持实验区
【关 键 词】 林垦会议；会议材料
【内容提要】
　　本卷档案为林垦设计委员会第1次林垦设计会议的相关材料，包括寄会议旅差费、通讯地址、会议通知、会议费、与会人员名单、开会词、会议记录等材料。

【叙录编号】 0719
【档案题名】
　　林垦设计委员会第1次林垦设计会议的各项提案
【发文单位】 黄委会林垦设计委员会
【收文单位】 黄委会林垦设计委员会
【档案编号】 009-011-005（全案卷）
【成文时间】 1940-07—1940-08
【收藏单位】 天水市档案馆
【涉及地域】 天水水土保持实验区
【关 键 词】 林垦会议；提案
【内容提要】
　　本卷档案为林垦设计委员会第1次林垦会议提出的各项提案，包括整理渭河河槽，利用难民开垦荒滩并进行渭河上游各支流水土保持；成立黄河上游林垦工程处；拟成立水土保持试验场；拟成立水土保持协进会；为请林垦会派员协助测动队研究设施渭河上游的工程计测；拟请中央主管机关特请美国水土保持局派罗德民博士来华指导；拟成立黄河上游林垦工程处以推动各自然环境区域之水土保持实验区案等。

【叙录编号】 0720
【档案题名】
　　林垦设计委员会第2、3次工作报告
【发文单位】 黄河水利委员会林垦设计委员会
【收文单位】 黄河水利委员会林垦设计委员会
【档案编号】 009-011-006（全案卷）
【成文时间】 1940-07
【收藏单位】 天水市档案馆
【涉及地域】 农林部天水水土保持实验区
【关 键 词】 林垦会议
【内容提要】
　　本卷档案为黄河水利委员林垦设计委员会第2、3次工作报告的相关资料。第2次工作报告包括：一是本会筹备实验区情形：1.水土保存试验区之查勘；2.林垦工作之进行；3.林垦工作土地改进之方法；4.与外机关合作之推动。二是合作合同之签订及研究工作。三是举办改良土地利用贷款。第3次工作报告包括：一是野外勘察；二是搜集文献；三是筹备林垦设计委员会首次会议。

【叙录编号】 0721
【档案题名】
　　经济部中央农业实验所、黄河水利委员会等关于任承统免联月薪汇寄、林恳设计会等华县农校合作的训令公函、信件
【发文单位】 经济部中央农业实验所；黄委会林垦设计委员会等
【收文单位】 华县等
【档案编号】 009-011-007（全案卷）
【成文时间】 1940-04—1940-09
【收藏单位】 天水市档案馆
【涉及地域】 农林部天水水土保持实验区
【关 键 词】 任承统
【内容提要】
　　本卷档案主要为技正任承统免职、辞职、复级，任承统给凌道扬的信件、黄委会林垦设计委员会与华县学校合作事宜、各机关人事管理等内容。

【叙录编号】 0722
【档案题名】
　　林垦委员会关于林垦委员会委员名单、职员委任的电函和寻找辞退工作的私人来往信件
【发文单位】 黄委会林垦设计委员会
【收文单位】 黄委会林垦设计委员会
【档案编号】 009-011-008（全案卷）
【成文时间】 1940-05—1940-12
【收藏单位】 天水市档案馆
【涉及地域】 农林部天水水土保持实验区
【关 键 词】 自荐信；委员名单；行踪报告
【内容提要】
　　本卷档案主要为自荐工作信函、机关内部人员的情况报告、黄委会经费开支的规定及具体实施项、黄委会林垦委员会委员名单、职员表以及岷县繁殖场主任周宗威等人的行踪报告等内容。

【叙录编号】 0723
【档案题名】
　　农林部天水水土保持实验区、林垦设计委员会、天水县水土保持委员会组织规程、章程草案
【发文单位】 黄委会林垦设计委员会；天水县水土保持委员会；农林部天水水土保持实验区等
【收文单位】 黄委会林垦设计委员会；天水县水土保持委员会；农林部天水水土保持实验区等
【档案编号】 009-011-009（全案卷）
【成文时间】 1940-01—1940-02
【收藏单位】 天水市档案馆
【涉及地域】 农林部天水水土保持实验区
【关 键 词】 黄委会林垦设计委员会；天水县水土保持委员会；农林部天水水土保持实验区
【内容提要】
　　本卷档案主要包括：1.林垦设计委员会的筹设及组织章程。该章程包括成员名单、水土保持实验区勘实、林垦委员会苗圃预算等。2.甘肃省天水县水土保持委员会章程草案。该草案包括定名、宗旨、会址、任务、成员、经费等。3.农林部天水水土保持实验区组织规程草案。该草案包括实验区设立原因（农林部为防止倾斜地水土冲刷）、实验区掌管事项。

【叙录编号】 0724
【档案题名】
　　黄河上游林垦工程筹备处实施计划草案和关中水土保持实验区工作计划大纲
【发文单位】 黄河上游林垦工程处；关中水土保持实验区
【收文单位】 黄河上游林垦工程处；关中水土保持实验区
【档案编号】 009-011-010（全案卷）

【成文时间】 1940-06
【收藏单位】 天水市档案馆
【涉及地域】 农林部天水水土保持实验区
【关 键 词】 黄河上游林垦工程处；关中水土保持实验区
【内容提要】
　　本卷档案主要包括：1.黄河上游林垦工程处（筹备处）实施计划草案。该草案包括案由、主要事业、工作原则、工作程序、经费等内容。2.关中水土保持实验区工作计划大纲。该大纲包括引言、关中区之地势及自然概况、保持水土之普通方法、工作程序等内容。3.关中水土保持实验区工作计划大纲。该大纲包括有关风景古迹名胜区域之保护及造林计划、渭河沿岸滩地之固滩及护岸计划、残余天然林之保护管理及更新计划、有关国防之核桃经济林施业计划、深厚黄土山区域之防冲计划、果树园艺示范计划。

【叙录编号】 0725
【档案题名】
　　黄河林垦委员会任承统关于西北保存水土办法大纲和勘定保存水土实验区之调查及实施计划大纲
【发文单位】 金陵大学农学院；黄委会林垦设计委员会等
【收文单位】 金陵大学农学院；黄委会林垦设计委员会等
【档案编号】 009-011-011（全案卷）
【成文时间】 1940-04
【收藏单位】 天水市档案馆
【涉及地域】 农林部天水水土保持实验区
【关 键 词】 金陵大学农学院；黄委会林垦设计委员会；勘定保存水土实验区
【内容提要】
　　本卷档案包括：1.金陵大学农学院、黄河林垦委员会合作促进西北保存水土办法大纲草案。该草案包括双方商定合作办法、合作范围、金陵大学农学院委派教授等内容。2.勘定保存水土实验区之调查及实施计划大纲，该大纲包括目的、调查路线及行程、工作计划、进行程序、实施办法等内容。

【叙录编号】 0726
【档案题名】
　　任承统、袁义田合编的《陕境治渭水土保持试验区之勘察报告》
【发文单位】 任承统；袁义田
【收文单位】 任承统；袁义田
【档案编号】 009-011-012（全案卷）
【成文时间】 1940-05-09
【收藏单位】 天水市档案馆
【涉及地域】 天水水土保持实验区
【关 键 词】 水土保持试验区
【内容提要】
　　勘察报告介绍了终南山森林公园、扶风县金陵河流域之勘察、渭河南鄩县之勘察情形，主要分为勘察动机、地理现况、重要问题与初步建议。

【叙录编号】 0727
【档案题名】
　　林垦设计委员会关于筹建各水土保持试验区、水文站、勘察观测水文，开展水土保持和日常杂物的训令、报告、往来信件
【发文单位】 黄委会林垦设计委员会；任承统等
【收文单位】 经济部等
【档案编号】 009-011-013（全案卷）
【成文时间】 1940-09—1940-12
【收藏单位】 天水市档案馆
【涉及地域】 天水水土保持实验区
【关 键 词】 水土保持试验区
【内容提要】

黄委会林垦设计委员会日常工作便函（含有凌道扬、张炳权、翁文灏赴渝）；林垦委员会与经济部往来；渭河、耤河设水文站和鸳鸯镇水文站人员配备情况安排；关于勘察、赈济、调查水土流失、水土保持计划训令及报告；任承统关于水土保持勘察情形的报告。

【叙录编号】 0728
【档案题名】
林垦设计委员会关于筹建草木繁殖场、采收树种、育苗造林工作的训令、报告、来往信件
【发文单位】 黄委会林垦设计委员会
【收文单位】 黄委会林垦设计委员会
【档案编号】 009-011-014（全案卷）
【成文时间】 1940-07—1940-12
【收藏单位】 天水市档案馆
【涉及地域】 农林部天水水土保持实验区
【关 键 词】 苗木种子繁殖场；清水繁殖场；水土保持试验区
【内容提要】
筹建清水繁殖场；筹建平凉、岷县苗木种子繁殖场；天水郡至田家新庄和兴隆一带地表侵蚀情况及沿途水土保持造林情况；考察陕甘平原主要树种；人事任免两则；筹建陇南区水土保持试验区、平凉岷县苗木草子繁殖场注意事项。

【叙录编号】 0729
【档案题名】
林垦设计委员会关于财务预算、开支、捐款、储蓄等的训令和职员名单收据
【发文单位】 黄委会林垦设计委员会
【收文单位】 黄委会林垦设计委员会
【档案编号】 009-011-015（全案卷）
【成文时间】 1940-05—1940-12
【收藏单位】 天水市档案馆
【涉及地域】 农林部天水水土保持实验区
【关 键 词】 委任名单；报销
【内容提要】
本卷档案包括：财务预算表；林垦委员会职员名单（含孔祥榕、凌道扬、朱墉、周昌芸、吴南凯、陈焕镛、卜凯、任承统、李恩普、袁义田、孙子方、张炳权等）；储蓄存款；张炳权账务报销；任承统旅费报销。

【叙录编号】 0730
【档案题名】
有关单位向林垦委员会人员约稿、出刊、索取资料等的私人来往信函
【发文单位】 黄委会林垦设计委员会等
【收文单位】 黄委会林垦设计委员会等
【档案编号】 009-011-016（全案卷）
【成文时间】 1940-08—1940-09
【收藏单位】 天水市档案馆
【涉及地域】 农林部天水水土保持实验区
【关 键 词】 西南实业通讯；经济情况；图书出版
【内容提要】
本卷档案包括：张岳军致凌道扬信称中国西南实业协会特出版《西南实业通讯》；将四省之森林、水利、矿产农业等有关经济之书籍、刊物、照片、图片、统计等资料；推广《西南实业通讯》杂志；林垦设计委员会约稿出刊。

【叙录编号】 0731
【档案题名】
黄河水利委员会关于推进上游修防林垦工程及实施保持水土工作的会议记录及关中区的工作计划大纲
【发文单位】 黄河水利委员会
【收文单位】 黄河水利委员会
【档案编号】 009-011-017（全案卷）

【成文时间】 1941-06—1941-07
【收藏单位】 天水市档案馆
【涉及地域】 农林部天水水土保持实验区
【关 键 词】 水利；林业
【内容提要】
　　本卷档案计有2件，共17页。其中第1~11页为黄河水利委员会关于推进上游修防林垦工程及实施保持水土工作的会议记录，共商议提案22件，包括修建新渠及堤坝事宜；其中第12~17页为关中区的工作计划大纲，主要包括：缘起、关中区地势及自然情形、保持水土之普通办法、工作程序、结论。

【叙录编号】 0732
【档案题名】
　　黄河水利委员会关于推进上游修防林垦工程及实施保持水土工作的会议议案目次及有关提案
【发文单位】 黄河水利委员会
【收文单位】 黄河水利委员会
【档案编号】 009-011-018（全案卷）
【成文时间】 1941-02—1941-06
【收藏单位】 天水市档案馆
【涉及地域】 农林部天水水土保持实验区
【关 键 词】 工程；林业；水利
【内容提要】
　　本卷档案计有23件，共57页。首件文书为本次会议议案目次，其余皆为会议各项提案内容，提案内容涉及工作方案、各项堤坝及工程项目与经费情况。

【叙录编号】 0733
【档案题名】
　　行政院颁布的敌国人民处理条例施行细则和国有林管理处组织规程
【发文单位】 农林部国有林场管理处
【收文单位】 农林部国有林场管理处
【档案编号】 009-011-019-0001
【成文时间】 1941-05-30
【收藏单位】 天水市档案馆
【涉及地域】 农林部天水水土保持实验区
【关 键 词】 林业；工程
【内容提要】
　　本卷档案为农林部国有林场管理处下发文件，仅有目次，无正文，主要涉及林区管理事宜。

【叙录编号】 0734
【档案题名】
　　天水水土保持协进会、天水水土保持试验区、林垦工程处组织章程、议事规则和预算以及黄河水利委员会对此的指令、往来信件
【发文单位】 天水水土保持协进会；天水水土保持试验区等
【收文单位】 黄河水利委员会
【档案编号】 009-011-020（全案卷）
【成文时间】 1941-02
【收藏单位】 天水市档案馆
【涉及地域】 农林部天水水土保持实验区
【关 键 词】 人事；财务；行政
【内容提要】
　　本卷档案为天水水土保持协进会、天水水土保持试验区、林垦工程处组织章程、议事规则和预算以及黄委会对此的指令、往来信件，主要涉及人事、行政与财务内容。

【叙录编号】 0735
【档案题名】
　　黄河水利委员会关于委派斯炜、李家琛、陈其翰、任玮、袁述之、贾铭钰、陶玉田、马麟瑞、李重十、黄中立、江良游为技术员的文
【发文单位】 黄河水利委员会
【收文单位】 斯炜等
【档案编号】 009-011-021（全案卷）

【成文时间】 1941-06—1941-07
【收藏单位】 天水市档案馆
【涉及地域】 农林部天水水土保持实验区
【关 键 词】 委任令
【内容提要】
　　本卷档案全为黄河水利委员会关于委派斯炜、李家琛、陈其翰、任玮、袁述之、贾铭钰、陶玉田、马麟瑞、李重十、黄中立、江良游为技术员、技佐的委任令，共11件，每件分别有一个信封和委任令。

【叙录编号】 0736
【档案题名】
　　林垦设计委员会关于召开会议成立机构、启用印章、推荐招聘、委任职员
【发文单位】 凌道扬等
【收文单位】 黄委会林垦设计委员会等
【档案编号】 009-011-022（全案卷）
【成文时间】 1941-01—1941-11
【收藏单位】 天水市档案馆
【涉及地域】 农林部天水水土保持实验区
【关 键 词】 凌道扬；任承统；孙宋武
【内容提要】
　　凌道扬发给农林部伯部长有关林业实验所信函；凌道扬呈请召开林垦设计委员会第二会议的信函；凌道扬呈请与金陵大学续签合作研究办法；人事变动两则；陇南区水土保持试验区挂牌启用做章；孙宋武、任承统（建三）、季威、星垣、张孔怀等往来信件；人事变动两则；任承统、孙宋武之间关于清水苗圃成立的往复信件。

【叙录编号】 0737
【档案题名】
　　林垦设计委员会民国三十年（1941）7—12月职员薪俸报表
【发文单位】 黄委会林垦设计委员会

【收文单位】 黄委会林垦设计委员会
【档案编号】 009-011-023（全案卷）
【成文时间】 1941-07—1942-02
【收藏单位】 天水市档案馆
【涉及地域】 农林部天水水土保持实验区
【关 键 词】 薪俸
【内容提要】
　　林垦委员会公务人员7—12月薪俸报表、上年职工生活补助费下发通知。

【叙录编号】 0738
【档案题名】
　　陇南实验区民国三十年（1941）1—6月份薪津报表
【发文单位】 林垦陇南实验区
【收文单位】 林垦陇南实验区
【档案编号】 009-011-024（全案卷）
【成文时间】 1941-01—1941-06
【收藏单位】 天水市档案馆
【涉及地域】 农林部天水水土保持实验区
【关 键 词】 薪俸
【内容提要】
　　陇南实验区民国三十年（1941）1—6月份薪津报表（黄瑞来、和克俭、徐学训）。

【叙录编号】 0739
【档案题名】
　　林垦陇南实验区民国三十年（1941）7—12月薪俸报表
【发文单位】 林垦陇南实验区
【收文单位】 林垦陇南实验区
【档案编号】 009-011-025（全案卷）
【成文时间】 1941-07—1941-12
【收藏单位】 天水市档案馆
【涉及地域】 农林部天水水土保持实验区
【关 键 词】 薪俸
【内容提要】

林垦陇南实验区民国三十年（1941）7—12月薪俸报表（黄瑞来、和克俭、王泽霖、周恒等）。

【叙录编号】 0740
【档案题名】
　　黄委会林垦设计委员会关于民国三十年（1941）1—3月职员及家属平价米、食粮补助费的呈、清册
【发文单位】 黄委会林垦设计委员会
【收文单位】 黄委会林垦设计委员会
【档案编号】 009-011-026（全案卷）
【成文时间】 1941-01—1941-12
【收藏单位】 天水市档案馆
【涉及地域】 农林部天水水土保持实验区
【关 键 词】 平价米；职员家书
【内容提要】
　　本卷档案包括平价米另请册业、平价米核办情形、平价米代金册、食粮补助费、1—10月份清册。

【叙录编号】 0741
【档案题名】
　　林垦设计委员会关于民国三十年（1941）4—6月平价米食粮补助费的呈清册
【发文单位】 黄委会林垦设计委员会
【收文单位】 黄委会林垦设计委员会
【档案编号】 009-011-027（全案卷）
【成文时间】 1941-04—1941-06
【收藏单位】 天水市档案馆
【涉及地域】 农林部天水水土保持实验区
【关 键 词】 公务员；家属；平价米
【内容提要】
　　本卷档案为民国三十年（1941）黄河水委林垦设计委公务员及其家属4—6月份买平价米，及米食粮补助费的名单清册。

【叙录编号】 0742
【档案题名】
　　林垦设计委员会关于民国三十年（1941）7月职员及其家属平价米及食粮补助费的呈请册
【发文单位】 黄委会林垦设计委员会
【收文单位】 黄委会林垦设计委员会
【档案编号】 009-011-028（全案卷）
【成文时间】 1941-07
【收藏单位】 天水市档案馆
【涉及地域】 农林部天水水土保持实验区
【关 键 词】 公务员；家属；平价米
【内容提要】
　　本卷档案为民国三十年（1941）黄委会林垦设计委公务员及其家属7月份买平价米，及米食粮补助费的名单清册。

【叙录编号】 0743
【档案题名】
　　林垦设计委员会关于民国三十年（1941）11月职员及其家属平价米的清册
【发文单位】 黄委会林垦设计委员会
【收文单位】 黄委会林垦设计委员会
【档案编号】 009-011-029（全案卷）
【成文时间】 1941-08
【收藏单位】 天水市档案馆
【涉及地域】 农林部天水水土保持实验区
【关 键 词】 公务员；家属；平价米
【内容提要】
　　本卷档案为民国三十年（1941）黄委会林垦设计委公务员及其家属11月份买平价米及米食粮补助费的名单清册。

【叙录编号】 0744
【档案题名】
　　林垦设计委员会关于民国三十年（1941）9月职员及其家属平价米清册
【发文单位】 黄委会林垦设计委员会

【收文单位】黄委会林垦设计委员会
【档案编号】009-011-030（全案卷）
【成文时间】1941-09
【收藏单位】天水市档案馆
【涉及地域】农林部天水水土保持实验区
【关 键 词】公务员；家属；平价米
【内容提要】

本卷档案为民国三十年（1941）黄委会林垦设计委公务员及其家属9月份买平价米，及米食粮补助费的名单清册。

【叙录编号】0745
【档案题名】
林垦设计委员会关于民国三十年（1941）10月职员及其家属平价米清册
【发文单位】黄委会林垦设计委员会
【收文单位】黄委会林垦设计委员会
【档案编号】009-011-031（全案卷）
【成文时间】1941-10
【收藏单位】天水市档案馆
【涉及地域】农林部天水水土保持实验区
【关 键 词】公务员；家属；平价米
【内容提要】

本卷档案为民国三十年（1941）黄委会林垦设计委公务员及其家属10月份买平价米，及米食粮补助费的名单清册。

【叙录编号】0746
【档案题名】
林垦设计委员会关于民国三十年（1941）10—11月职员及其家属平价米代金清册
【发文单位】黄委会林垦设计委员会
【收文单位】黄委会林垦设计委员会
【档案编号】009-011-032（全案卷）
【成文时间】1941-11—1941-12
【收藏单位】天水市档案馆
【涉及地域】农林部天水水土保持实验区

【关 键 词】公务员；家属；平价米
【内容提要】

本卷档案为民国三十年（1941）黄委会林垦设计委员会公务员及其家属10、11月平价米代金的名单清册。

【叙录编号】0747
【档案题名】
黄委会林垦设计委员会关于民国三十年（1941）12月职员及其家属平价未清册
【发文单位】黄委会林垦设计委员会
【收文单位】黄委会林垦设计委员会
【档案编号】009-011-033（全案卷）
【成文时间】1941-12
【收藏单位】天水市档案馆
【涉及地域】农林部天水水土保持实验区
【关 键 词】职员；家属；平价米
【内容提要】

本卷档案主要为黄委会及林垦设计委员会职员及家属领平价米清册等内容。

【叙录编号】0748
【档案题名】
黄委会林垦设计委员会关于民国三十年（1941）1—12月职员食粮补助费平价米代金的呈
【发文单位】黄委会林垦设计委员会
【收文单位】黄委会林垦设计委员会
【档案编号】009-011-034（全案卷）
【成文时间】1942-01—1942-03
【收藏单位】天水市档案馆
【涉及地域】农林部天水水土保持实验区
【关 键 词】食粮补助费；代金数目
【内容提要】

本卷档案为黄委会及林垦设计委员会职员及其家属食粮补助费、及水利会代电准行政院秘书处审核通知单注明应发代金数目等内容。

【叙录编号】 0749
【档案题名】
黄委会、林垦设计委员会关于民国三十年（1941）1—12月职员及其家属食米代金、差旅费的训令、呈、函
【发文单位】 黄委会林垦设计委员会
【收文单位】 黄委会林垦设计委员会
【档案编号】 009-011-035（全案卷）
【成文时间】 1942-05—1942-07
【收藏单位】 天水市档案馆
【涉及地域】 农林部天水水土保持实验区
【关　键　词】 米册；平价米；差旅费
【内容提要】
　　本卷档案包括各机关造送民国三十年（1941）各月份米册的训令、非常时期改善公务员生活办法、平价米代金发放办法、差旅费办理等内容。

【叙录编号】 0750
【档案题名】
黄委会林垦设计委员会关于民国三十年（1941）7—12月份平价米代金领取的指令、训令、名册
【发文单位】 黄委会林垦设计委员会
【收文单位】 黄委会林垦设计委员会
【档案编号】 009-011-036（全案卷）
【成文时间】 1941-01—1942-07
【收藏单位】 天水市档案馆
【涉及地域】 农林部天水水土保持实验区
【关　键　词】 平价米；报表；训令
【内容提要】
　　本卷档案包括黄委会林垦设计委员会7—12月份平价米代金名册报表、训令等内容。

【叙录编号】 0751
【档案题名】
林垦设计委员会关于筹建各水土保持实验区水文站、勘察观测水文、开展水土保持工作的训令、呈、往来信件
【发文单位】 黄委会林垦设计委员会等
【收文单位】 甘肃省政府等
【档案编号】 009-011-037（全案卷）
【成文时间】 1941-01—1941-07
【收藏单位】 天水市档案馆
【涉及地域】 农林部天水水土保持实验区
【关　键　词】 谷坊工程；拨款赈济；防河患方案
【内容提要】
　　本卷档案包括：1.兴隆镇之护河床坡度甚大，且河床乱石多，因此，建筑谷坊工程；2.报送并勘察陇南区水土保持实验区的平凉岷县水草子繁殖场的计划通知；3.天水三阳川侯家庄等村被水冲房屋500余间塌，良田8000余亩，请拨款赈济；4.黄河水利委员会林垦设计委员会关于赤峪川测量图底已面送的通知；5.西北公路工务局委托黄河水利委员会林垦设计委员会绘制赤峪川测量图底的函；6.天水三原川侯家庄被水赈灾拨款已由甘肃省政府统筹拨款办理；7.报送陇南水土保持实验区拟添设水文站位置图的报告；8.建议省政府转呈中央采择沿黄水系各山原用掘沟造林之根本沿河方法以清水源而防河患案；9.调往测验陇南水土保持实验区各河水文人员情况的报告。

【叙录编号】 0752
【档案题名】
林垦设计委员会陇南水土保持实验区关于林垦设计委员会章程、水土保持、工程预算等的训令、呈、函
【发文单位】 黄委会林垦设计委员会陇南水土保持实验区等
【收文单位】 黄委会林垦设计委员会陇南水土保持实验区等
【档案编号】 009-011-038（全案卷）

【成 文 时 间】 1941-07—1941-12
【收 藏 单 位】 天水市档案馆
【涉 及 地 域】 农林部天水水土保持实验区
【关 键 词】 勘察麻皮沟森林；工作报告；工作章程
【内 容 提 要】

本卷档案包括：1.林垦设计委员会被邀请勘察麻皮沟森林并设计合法管理计划需多费时3日的通知；2.相关工作人员周文光、屠鸿远等工作人员的工作报告及工作安排；3.推动黄河上游水土保持工作的报告；4.林垦设计委员会工作章程；5.陇南水土保持实验区水文站流量站雨量站组织草案，该草案包括皂郊镇水文站、天水郡流量站、峡口流量站、三阳川流量站、雨量站工作人数、基本情况及经费预算；6.推荐栽植行道树的报告、黄河上游修防林垦工程及预算的函。

【叙 录 编 号】 0753
【档 案 题 名】
黄委会林垦设计委员会关于林垦设计工作计划、工程进展。一、二测验队合并勘测等的呈、函、信件
【发 文 单 位】 黄委会林垦设计委员会等
【收 文 单 位】 任承统等
【档 案 编 号】 009-011-039（全案卷）
【成 文 时 间】 1941-12
【收 藏 单 位】 天水市档案馆
【涉 及 地 域】 农林部天水水土保持实验区
【关 键 词】 黄委会林垦设计委员会；勘测；甘肃省农业改进所
【内 容 提 要】

本卷档案共8个文件：1.黄委林垦设计工作计划关于工作计划和经费情况的报告；2."黄河上游修防林垦工程处、各测队各实验区取员名册备查等情"的报告；3.任承统与凌道扬有关股东会与交通银行的信件；4.封路开支及各实验区自测队落实办法；5.关于设立水土保持实验六处被批驳消息的情况；6.从岷县转赴兰州发任承统的通知；7.甘肃省农业改进所移交、天水水土保持工作进展等情况；8.治黄根本之所在（以下缺文）。

【叙 录 编 号】 0754
【档 案 题 名】
农林部黄河水利委员会等关于农林部、黄河水利委员会西北林垦水利合作实施计划大纲、办法、呈
【发 文 单 位】 黄河水利委员会；农林部；任承统等
【收 文 单 位】 任承统；农林部；黄河水利委员会等
【档 案 编 号】 009-011-040（全案卷）
【成 文 时 间】 1941-04—1941-11
【收 藏 单 位】 天水市档案馆
【涉 及 地 域】 农林部天水水土保持实验区
【关 键 词】 西北林垦水利实施计划
【内 容 提 要】

本卷档案包含多个文件：1.黄委会与农林部合作已妥，要求任承统速拟合作地点与实施计划寄渝的电报；2.任承统寄送农林部、黄委会与西北林垦水利实施计划大纲草案的公函件与函、大纲草案；3-5.西北林垦水利合作进行办法；6.陶玉田与任承统工作安排信件；7.林垦水利合作事项电报（凌道扬）；8.任承统给重庆农林所陶荆山信函，请求主持陇南水土保持工作；9.送转农林部指令；10.关于推动西北林垦工作的公函；11.李顺卿发任承统有关两处合作的信函；12.凌道扬与任承统关于洮西、陇东两极化大纲的函；13.钱天鹤发任承统关于两处合作工作已审订的公函；14.凌道扬报与农林部合作实施办法；15-17.任承统发到小陇山天然林一带勘察的便函，及勘察详细计划、公函；18-21.与各机构、金陵大学合作

安排、进展情况公函。

【叙录编号】 0755
【档案题名】
　　陇南实验区计划大纲
【发文单位】 陇南实验区水土保持试验区
【收文单位】 陇南实验区水土保持试验区
【档案编号】 009-011-041（全案卷）
【成文时间】 1941
【收藏单位】 天水市档案馆
【涉及地域】 农林部天水水土保持实验区
【关 键 词】 水土保持；工作计划
【内容提要】
　　陇南实验区水土保持试验区民国三十年（1941）工作计划大纲，以任承统在黄河上游各地的勘察了解、当地现状的不容乐观为基础，将各区进行工作地点和工作中心的划分，并计划开展以测勘队、水文站、苗圃水土保持试验场为主要工作场所。

【叙录编号】 0756
【档案题名】
　　天水水土保持实验区民国三十年（1941）工作计划大纲
【发文单位】 黄河上游天水水土保持实验区
【收文单位】 黄河上游天水水土保持实验区
【档案编号】 009-011-042（全案卷）
【成文时间】 1941-12
【收藏单位】 天水市档案馆
【涉及地域】 农林部天水水土保持实验区
【关 键 词】 天水水土保持试验区；工作计划
【内容提要】
　　黄河上游天水水土保持实验区民国三十年（1941）工作计划大纲，将工作范围划分为关中区、兰山区、陇南区、陇东区、洮西区、河西区。后附黄河上游天水水土保持实验区民国三十年（1941）工作计划大纲手写草案。

【叙录编号】 0757
【档案题名】
　　黄河水利委员会、天水县二等测候所等关于灾情、陇南区查勘黄河上游林垦设计工作等的呈、信函
【发文单位】 黄河水利委员会等
【收文单位】 任承统等
【档案编号】 009-011-043（全案卷）
【成文时间】 1941-08—1941-12
【收藏单位】 天水市档案馆
【涉及地域】 农林部天水水土保持实验区
【关 键 词】 孙宗武；灾情；气象测候站
【内容提要】
　　本卷档案共5个文件：1-2.清水苗木草子繁殖场孙宗武给任承统关于经费困难的文件；3.任承统给季威（孙宗武）关于拨款陇南区查勘工作的文件；4.气象测候站改组兰州测候站；5.任承统关于推动黄河上游林垦设计工作的公函。

【叙录编号】 0758
【档案题名】
　　天水县水土保持筹委会第一、二次会议的通知单记录；成立天水县水土保持委员会及推定委员的决议
【发文单位】 天水县水土保持筹委会
【收文单位】 天水县水土保持筹委会
【档案编号】 009-011-044（全案卷）
【成文时间】 1941-03—1941-04
【收藏单位】 天水市档案馆
【涉及地域】 农林部天水水土保持实验区
【关 键 词】 筹委会；会议通知单；会议记录
【内容提要】
　　本卷档案为天水县水土保持筹委会相关文件，共4个。1.民国三十年（1941）关于召开第1次天水县水土保持筹委会的通知单与此次会议的会议记录；2.关于召开第2次天水县水

土保持筹委会的通知单与此次会议的会议记录；3.兹经修筑南河堤工第1、2次筹备会议决议成立甘肃省天水县水土保持委员会，并推定康晓民等人为委员；4.关于召开第2次筹备会议的通知单。

【叙录编号】　0759
【档案题名】
　　天水县水土保持委员会关于水保会章程、委员名单、会议记录及修建南河堤工程的办法计划合同
【发文单位】　天水县水土保持委员会；天水中国银行等
【收文单位】　天水县水土保持委员会；天水中国银行等
【档案编号】　009-011-045（全案卷）
【成文时间】　1941-04
【收藏单位】　天水市档案馆
【涉及地域】　农林部天水水土保持实验区
【关 键 词】　水土保持委员会；章程
【内容提要】
　　本卷档案为天水县水土保持筹委会与天水中国银行等机构的往来文件。包括：1.水土保持委员会章程草案20条，及相关修改意见；2.天水县水土保持委员会委员刘汉珊等15人名单；3.第1次常会的会议记录以及会议的商讨事项；4.修建南河堤工程的施工办法12条；5.关于修建城南河河堤的合同（甲方：天水中国银行；乙方：天水县水土保持委员会）；6.关于将天水堤工全部设计图表送会审核的命令；7.天水水土保持委员会章程5条；8.饬令皂郊镇、高桥镇等地区镇长、保长协助林垦设计委员会工作的命令。

【叙录编号】　0760
【档案题名】
　　天水县南河堤工程沿革摘要勘察研究设计及实验经过的说明书、平面图
【发文单位】　任承统
【收文单位】　任承统
【档案编号】　009-011-046（全案卷）
【成文时间】　1941-04—1941-09
【收藏单位】　天水市档案馆
【涉及地域】　农林部天水水土保持实验区
【关 键 词】　南河堤工程；任承统
【内容提要】
　　本卷档案为任承统所书关于天水南河堤工的相关文件。包括：1.对于天水南河堤工程之勘察研究及实验经过说明书；2.民国三十年（1941）"最近对天水南河堤工程之商讨实验勘察及设计"，有"6月末在西安之会商决议""7月中旬返秦后之实验""8月间山洪暴发后之勘察""最近之设计"；3.天水县南河筑堤工程平面图；4.甘肃省天水县南河堤工程沿革摘要。

【叙录编号】　0761
【档案题名】
　　黄委会林垦设计委员会、第四区行政督察专员公署关于南河堤工程的勘察设计、工程经费预算及南河堤造林的会议记录、呈、信件
【发文单位】　黄委会林垦设计委员会；第四区行政督察专员公署等
【收文单位】　黄委会林垦设计委员会；第四区行政督察专员公署等
【档案编号】　009-011-047（全案卷）
【成文时间】　1941-02—1941-12
【收藏单位】　天水市档案馆
【涉及地域】　农林部天水水土保持实验区
【关 键 词】　黄委会；修堤；造林
【内容提要】
　　本卷档案为民国三十年（1941）黄委会林垦设计委员会、第四区行政督察专员公署等机构文件。包括：1.黄委会呈请预支天水南河堤

工程经费；2.林垦设计委员会呈报天水郡至七里墩渠堤两岸造林经费预算，计有植树、播种、运树等方面的费用；3.孙宗武致任承统的信件，提及天水郡至七里墩渠堤两岸造林经费问题；4.任承统给季威的信件，提及林垦设计委相关问题；5.关于天水士绅会议修筑南河堤工程问题的记录及天水士绅为修南河堤工会议记录；6.电请批准天水南河堤工程；7.召开南河堤工程会议；8.李宝泰致任承统的信件；9.关于南河堤工程的代电、勘察设计的呈报等文件。

【叙录编号】 0762
【档案题名】
　　林垦设计委员会关于筹建草木繁殖场、采收树种、育苗造林工作的训令、呈、来往信件
【发文单位】 黄河水利委员会；任承统等
【收文单位】 黄河水利委员会；清水苗木草子繁殖场等
【档案编号】 009-011-048（全案卷）
【成文时间】 1941-01—1941-07
【收藏单位】 天水市档案馆
【涉及地域】 农林部天水水土保持实验区
【关 键 词】 苗木种子繁殖场；人事调动
【内容提要】
　　本卷档案主要包括黄河水利委员会关于筹建陇南水土保持试验区及平凉岷县两苗木草子繁殖场给林垦设计委员会的训令及林垦设计委员会关于此事给黄河水利委员会的呈；另有任承统与清水苗木草子繁殖场主任孙宗武及技术员李秉锟关于此事的来往信件，并有李秉锟致任承统的《采集林木种子报告表》。

【叙录编号】 0763
【档案题名】
　　林垦设计委员会关于清水苗木繁殖场防空洞工程的训令、往来信件
【发文单位】 黄委会林垦设计委员会；清水县苗木繁殖场等
【收文单位】 黄委会林垦设计委员会；清水县苗木繁殖场等
【档案编号】 009-011-049（全案卷）
【成文时间】 1940-01—1941-02
【收藏单位】 天水市档案馆
【涉及地域】 农林部天水水土保持实验区
【关 键 词】 防空洞
【内容提要】
　　本卷档案主要包括黄河水利委员会关于清水苗木繁殖场防空洞工程的训令，以及任承统及干事孙子方关于此事提请验收的呈，并无信件。

【叙录编号】 0764
【档案题名】
　　军委运输统制局西北公路处关于各路沿线民国三十年（1941）水害的统计表
【发文单位】 军事委员会运输统制局西北公路管理处
【收文单位】 任承统
【档案编号】 009-011-050（全案卷）
【成文时间】 1941
【收藏单位】 天水市档案馆
【涉及地域】 农林部天水水土保持实验区
【关 键 词】 灾害调查；公路
【内容提要】
　　军事委员会运输统制局西北公路管理处将各路民国三十年（1941）水害统计表送任承统参考的目次及全表。计有川陕、西兰、华双、甘川、汉白、甘青、甘新、平宝、徽白、烈阳9路。列表项分别为：工程项别、地名或里程、冲毁日期、冲毁情形、冲毁数量、单位、抢修办法、修复日期、修复造价、损失数值、备考等。

【叙录编号】 0765

【档案题名】

任承统等关于林垦、水土保持、肥料、天然林区情况、育苗等的往来信函

【发文单位】 凌道扬等

【收文单位】 任承统等

【档案编号】 009-011-051（全案卷）

【成文时间】 1941-06—1941-11

【收藏单位】 天水市档案馆

【涉及地域】 农林部天水水土保持实验区

【关 键 词】 信件

【内容提要】

本卷档案全为信件。有凌道扬、杜为惠、牛春山、石达等中国林学会等人给任承统的信件，涉及肥料公司入股、林垦人事等事宜。

【叙录编号】 0766

【档案题名】

任承统等关于林垦、肥料公司问题的往来信函

【发文单位】 任承统等

【收文单位】 不详

【档案编号】 009-011-052（全案卷）

【成文时间】 1941-04—1941-11

【收藏单位】 天水市档案馆

【涉及地域】 农林部天水水土保持实验区

【关 键 词】 信件

【内容提要】

如题。

【叙录编号】 0767

【档案题名】

黄委会关于财务预算、决算、财务报表等的训令

【发文单位】 黄河水利委员会

【收文单位】 黄河水利委员会

【档案编号】 009-011-053（全案卷）

【成文时间】 1941-07—1941-09

【收藏单位】 天水市档案馆

【涉及地域】 农林部天水水土保持实验区

【关 键 词】 财务；法规

【内容提要】

本卷档案为黄河水利委员会印发林垦设计委员会关于预算编写规范的各种文件。

【叙录编号】 0768

【档案题名】

黄河水利委员会洮西、兰山、关中、河西、陇东、水土保持试验区水文站、水位站、雨量站关于各站组织草案、位置图、民国三十年（1941）经费预算、开办费的呈、报表

【发文单位】 黄河水利委员会

【收文单位】 黄河水利委员会

【档案编号】 009-011-054（全案卷）

【成文时间】 1941-07

【收藏单位】 天水市档案馆

【涉及地域】 农林部天水水土保持实验区

【关 键 词】 财务

【内容提要】

本卷档案中包含有洮西、兰山、关中、河西、陇东、水土保持试验区水文站、水位站、雨量站的组织草案、位置图、民国三十年（1941）经费预算、开办费、工资俸禄的报表。

【叙录编号】 0769

【档案题名】

林垦设计委员会关于各实验区开办费概算书的呈报表

【发文单位】 黄委会林垦设计委员会

【收文单位】 黄委会林垦设计委员会

【档案编号】 009-011-055（全案卷）

【成文时间】 1941

【收藏单位】 天水市档案馆

【涉及地域】 农林部天水水土保持实验区

【关 键 词】 开办费；概算书；概算表

【内容提要】

本卷档案为林垦设计委员会关于各实验区开办费概算书及概算表。

【叙录编号】 0770
【档案题名】

黄河水利委员会上游修防林垦工程处7—12月陇南水土保持实验区民国三十年（1941）4、6月份经费支出预算书及附属表
【发文单位】 黄河水利委员会上游修防林垦工程处；黄河水利委员会陇南区水土保持实验区等
【收文单位】 黄河水利委员会上游修防林垦工程处；黄河水利委员会陇南区水土保持实验区等
【档案编号】 009-011-056（全案卷）
【成文时间】 1941-04—1941-07
【收藏单位】 天水市档案馆
【涉及地域】 农林部天水水土保持实验区
【关 键 词】 经费预算书；经费支出
【内容提要】

本卷档案为：1.民国三十年（1941）7—12月份黄河水利委员会上游修防林垦工程处经费预算书；2.黄河水利委员会陇南区水土保持实验区民国三十年（1941）4月经费支出附属表；3.黄河水利委员会陇南区水土保持实验区民国三十年（1941）6月经费支出计算附属表。

【叙录编号】 0771
【档案题名】

黄河水利委员会陇南区水土保持实验区民国三十年（1941）7、8、9月份经费支出、计算附属表
【发文单位】 黄河水利委员会陇南区水土保持实验区
【收文单位】 黄河水利委员会陇南水土保持实验区
【档案编号】 009-011-057（全案卷）
【成文时间】 1941-07—1941-09
【收藏单位】 天水市档案馆
【涉及地域】 农林部天水水土保持实验区
【关 键 词】 经费支出计算附属表
【内容提要】

本卷档案为黄河水利委员会陇南区水土保持实验区民国三十年（1941）7、8、9月份经费支出计算附属表。

【叙录编号】 0772
【档案题名】

黄河水利委员会陇南区水土保持实验区民国三十年（1941）10、11、12月份经费支出、计算附属表
【发文单位】 黄河水利委员会陇南区水土保持实验区
【收文单位】 黄河水利委员会陇南水土保持实验区
【档案编号】 009-011-058（全案卷）
【成文时间】 1941-10—1941-12
【收藏单位】 天水市档案馆
【涉及地域】 农林部天水水土保持实验区
【关 键 词】 经费支出计算附属表
【内容提要】

本卷档案为黄河水利委员会陇南区水土保持实验区民国三十年（1941）10、11、12月份经费支出计算附属表。

【叙录编号】 0773
【档案题名】

林垦苗圃民国三十年（1941）经费预算及批准电函
【发文单位】 孙宗武等
【收文单位】 任承统等
【档案编号】 009-011-059（全案卷）

【成文时间】 1941
【收藏单位】 天水市档案馆
【涉及地域】 农林部天水水土保持实验区
【关 键 词】 林垦苗圃；清场经费；地租
【内容提要】

本卷档案主要为：1.林垦苗圃民国三十年（1941）经费奉令核实并附核定各单位预算调整办法（经费每月4836元，全年58132元）；2.孙宗武给任承统的信（清场经费及地租问题）。

【叙录编号】 0774
【档案题名】
　　林垦设计委员会等关于财务开支结算的电函、清单和往来信件
【发文单位】 黄委会林垦设计委员会
【收文单位】 黄委会林垦设计委员会
【档案编号】 009-011-060（全案卷）
【成文时间】 1941-01—1941-06
【收藏单位】 天水市档案馆
【涉及地域】 农林部天水水土保持实验区
【关 键 词】 办公费；差旅费；工程费
【内容提要】

本卷档案主要为：1.补发卢蔚林10—12月份薪俸；2.黄河水利委员会林垦设计委员会民国三十年（1941）1、2月份办公费实支清单；3.报销差旅费；4.修理办公费；5.借拨或垫陇南区水土保持实验区经费；6.南河堤工程事业工程费用；7.顾主任给年世兄问候工资、拨款的信。

【叙录编号】 0775
【档案题名】
　　林垦设计委员会等关于财务开支结算的电函和往来信件
【发文单位】 黄委会林垦设计委员会
【收文单位】 黄委会林垦设计委员会

【档案编号】 009-011-061（全案卷）
【成文时间】 1941-06—1941-07
【收藏单位】 天水市档案馆
【涉及地域】 农林部天水水土保持实验区
【关 键 词】 开办费；概算书；概算表
【内容提要】

林垦设计委员会所属民国二十九年（1940）各项报支单，共计2784109元；临时生活补助费款回单；孙宗武给任承统的信，关于民国三十年（1941）1—7月份经费支出何处领回问题请示；加薪、加粮食补助的请示；民国三十年（1941）7月份开会费、开办费收据；本会驻蓉办事处房租电灯电话、生活补助费报销。

【叙录编号】 0776
【档案题名】
　　林垦设计委员会等关于财务开支结算的电函和往来信件
【发文单位】 黄委会林垦设计委员会；陇南水土保持实验区
【收文单位】 黄委会林垦设计委员会；陇南水土保持试验区
【档案编号】 009-011-062（全案卷）
【成文时间】 1941-08
【收藏单位】 天水市档案馆
【涉及地域】 农林部天水水土保持实验区
【关 键 词】 生活补助费；开办费；差旅费
【内容提要】

本卷档案主要为天水林垦委员会、陇南水土保持实验区及相关人员报销生活补助费、开办费概算、报送差旅费、经常费等各项财务开支结算。

【叙录编号】 0777
【档案题名】
　　林垦设计委员会等关于财务开支结算的电

函和往来信件
【发文单位】 黄委会林垦设计委员会
【收文单位】 黄委会林垦设计委员会
【档案编号】 009-011-063（全案卷）
【成文时间】 1941-07—1941-09
【收藏单位】 天水市档案馆
【涉及地域】 农林部天水水土保持实验区
【关 键 词】 经费；开会差旅费；生活费
【内容提要】
　　本卷档案主要为催补各月经费、开会差旅费、生活费、经费等领款书。

【叙录编号】 0778
【档案题名】
　　林垦设计委员会等关于财务开支结算的电函和往来信件
【发文单位】 黄委会林垦设计委员会
【收文单位】 黄委会林垦设计委员会
【档案编号】 009-011-064（全案卷）
【成文时间】 1941-10—1941-11
【收藏单位】 天水市档案馆
【涉及地域】 农林部天水水土保持实验区
【关 键 词】 花圈费；生活补助费；经费
【内容提要】
　　本卷档案主要为购花圈费、发放工资生活补助费、本会10月份经费、水苗木场10月份经费、本会及陇南地区10月份经费领款书、陇南清水苗木坊10月份经费等。

【叙录编号】 0779
【档案题名】
　　林垦设计委员会等关于财务开支结算的电函和往来信件
【发文单位】 黄委会林垦设计委员会；陇南水土保持实验区等
【收文单位】 黄委会林垦设计委员会；陇南水土保持实验区等
【档案编号】 009-011-065（全案卷）
【成文时间】 1941-11—1941-12
【收藏单位】 天水市档案馆
【涉及地域】 农林部天水水土保持实验区
【关 键 词】 月薪；预算书；领款书
【内容提要】
　　自民国三十年（1941）11月份起，陇南水土保持实验区每月垫发经费由3000元转为4000元；增加孙宗武、王霭堂事务员月薪；呈送陇南区水文站、雨量站及关中等5个实验区水文水位雨量各站组织草案及经常开办各费预算书；黄河水利委员会林垦设计委员会收支清册；林委会12月经费、林委会及陇南区清水苗木坊11月份经费及领款书。

【叙录编号】 0780
【档案题名】
　　林垦设计委员会等关于财务开支结算的电函和往来信件
【发文单位】 黄委会林垦设计委员会等
【收文单位】 黄委会林垦设计委员会等
【档案编号】 009-011-066（全案卷）
【成文时间】 1941-12
【收藏单位】 天水市档案馆
【涉及地域】 农林部天水水土保持实验区
【关 键 词】 月薪；经费
【内容提要】
　　本卷档案包括凌道扬给伍建三关于薪俸、邮票费的信；本会12月经费、陇南11、12月份经费；相关工作人员的薪俸；黄委会电复据呈送民国三十年（1941）1—10月份收支清册收到贷方实支数目因报销未到无从核对仰凡将1—10月份支出计算编呈再凭核办；任承统给凌道扬、盛藻、皓东的信；林委会及陇南水土保持实验区12月经费。

【叙录编号】 0781

【档案题名】

陇南水土保持实验区民国三十年（1941）1—6月支出凭证簿册和经费支出附属表

【发文单位】　陇南水土保持实验区
【收文单位】　陇南水土保持实验区
【档案编号】　009-011-067（全案卷）
【成文时间】　1941-01—1941-06
【收藏单位】　天水市档案馆
【涉及地域】　农林部天水水土保持实验区
【关 键 词】　陇南水土保持试验区；支出
【内容提要】

陇南水土保持实验区民国三十年（1941）1—6月支出凭证簿册和经费支出附属表（经费累计表主要包括俸给费、俸薪、工饷、文具、水电等；经费支出附属表主要包括公役、消耗、个人旅费、临时生活补助费等）。

【叙录编号】　0782
【档案题名】

陇南水土保持实验区民国三十年（1941）7—12月支出凭证簿册和经费支出附属表

【发文单位】　陇南水土保持实验区
【收文单位】　陇南水土保持实验区
【档案编号】　009-011-068（全案卷）
【成文时间】　1941-07—1941-12
【收藏单位】　天水市档案馆
【涉及地域】　农林部天水水土保持实验区
【关 键 词】　陇南水土保持试验区；支出
【内容提要】

陇南水土保持试验区民国三十年（1941）7—12月支出凭证簿册和经费支出附属表（经费累计表主要包括俸给费、俸薪、工饷、文具、水电等；经费支出附属表主要包括公役、消耗、个人旅费、临时生活补助费等）。

【叙录编号】　0783

【档案题名】

任承统等关于交纳会费、购买肥料、公司股票、入学、一般问候等的来往信件

【发文单位】　冯道纯；沈怊；任承统等
【收文单位】　任承统等
【档案编号】　009-011-069（全案卷）
【成文时间】　1941-08—1941-11
【收藏单位】　天水市档案馆
【涉及地域】　农林部天水水土保持实验区
【关 键 词】　中华农学会；凌道扬；张含英
【内容提要】

本卷档案共10个文件。1.冯道纯与任承统关于报考西北农学院的信件；2.观看宜川地势情形；3.沈怊给任承统感谢与面见信；4.任承统发给叶镜沅个人信件；5.中华农学会会报愆期道歉；6.中国肥料公司入股函；7.任承统中华农学会会费收据；8.凌道扬与任承统有关重庆实业公司成立的私人往来信件；9.张含英与任承统私人往来信件；10.救国通告（受通告人任承统）。

【叙录编号】　0784
【档案题名】

任承统等关于家事一般问候等的往来信件

【发文单位】　任承时；任承章；任承法等
【收文单位】　任承统
【档案编号】　009-011-070（全案卷）
【成文时间】　1941-06—1941-11
【收藏单位】　天水市档案馆
【涉及地域】　农林部天水水土保持实验区
【关 键 词】　任承统；信件
【内容提要】

任承时、任承章、任承法、任承志、任承德给任承统的信，闫嘉绩、周振帮、王瑷给任承统的信。

【叙录编号】　0785

【档案题名】

  黄委会每周会务摘要

【发文单位】 水利委员会；黄河水利委员会等

【收文单位】 水利委员会；黄河水利委员会等

【档案编号】 009-011-071（全案卷）

【成文时间】 1942-11—1943-01

【收藏单位】 天水市档案馆

【涉及地域】 农林部天水水土保持实验区

【关 键 词】 黄河水利委员会；会务

【内容提要】

  水利委员会抄发本会修正组织法及黄河水利委员会每周会务摘要：民国三十一年（1942）10月19日—10月21日，11月2日—11月7日，后日期相连，至民国三十二年（1943）1月2日。

【叙录编号】 0786

【档案题名】

  农林部天水水土保持实验区会议记录

【发文单位】 农林部天水水土保持实验区

【收文单位】 农林部天水水土保持实验区

【档案编号】 009-011-072（全案卷）

【成文时间】 1942-10—1942-11

【收藏单位】 天水市档案馆

【涉及地域】 农林部天水水土保持实验区

【关 键 词】 天水水土保持实验区；会议

【内容提要】

  天水水土保持实验区10月会议记录，出席人员魏继武、薛志忠、傅焕光等，列席人员徐学训、吴敬立、吴中伦、孟传楼、赵从新、李成烈等。主要事项有水土环境勘测、相关组织成立、荒地造林、人事任免等工作事项及挑水等生活事项。

【叙录编号】 0787

【档案题名】

  农林部天水水土保持实验区关于呈送民国三十一年（1942）9、10、11月份工作月报、气象月报、兰州荒山勘察等指令、呈

【发文单位】 农林部；傅焕光等

【收文单位】 农林部等

【档案编号】 009-011-073（全案卷）

【成文时间】 1942-05—1943-02

【收藏单位】 天水市档案馆

【涉及地域】 农林部天水水土保持实验区

【关 键 词】 农林部；工作月报；气象月报；荒山勘察

【内容提要】

  本卷档案是与农林部、傅焕光等相关的文件。包括农林部关于呈送民国三十一年（1942）9月份各项工作报表的指令；傅焕光呈报的9月与10月份的工作报表；农林部所发上报10月份工作报表与造林注意事项文件；民国三十一年（1942）11月份甘肃省天水县气象检测月报；农林部关于呈送民国三十一年（1942）11月份工作报告及兰州荒山勘察报告指令。

【叙录编号】 0788

【档案题名】

  甘肃省政府、农林部天水水土保持实验区关于呈送民国三十一年（1942）政绩比较表、1—12月份工作月报、勘察工作计划的指令、呈

【发文单位】 甘肃省政府；农林部天水水土保持实验区

【收文单位】 甘肃省政府；农林部天水水土保持实验区

【档案编号】 009-011-074（全案卷）

【成文时间】 1942-11—1943-03

【收藏单位】 天水市档案馆

【涉及地域】 农林部天水水土保持实验区

【关 键 词】 工作月报；勘测计划

【内容提要】

本卷档案为甘肃省政府、农林部、农林部天水水土保持实验区等机构文件。包括数份民国三十一年（1942）省政府、农林部关于命天水水土保持实验区呈送当年各月政绩报表的命令，以及水土保持实验区关于上报各月报表的记录；水土保持实验区的工作计划方案；农林部勘测调查工作计划。

【叙录编号】 0789
【档案题名】
　　农林部中央林业实验所、黄河水利委员会关于水土保持、水利法等的训令、公函
【发文单位】 农林部中央林业实验所；黄河水利委员会
【收文单位】 黄委会林垦设计委员会等
【档案编号】 009-011-075（全案卷）
【成文时间】 1942-05—1942-09
【收藏单位】 天水市档案馆
【涉及地域】 农林部天水水土保持实验区
【关 键 词】 派遣书；实施办法；水利法
【内容提要】
　　本卷档案为农林部中央林业实验所、黄河水委会文件。包括林业部派遣任承统兼任西北工作站主任，前往勘察水土保持的相关文件；水委会检发本会小组会议等项实施办法1份、抄发水利法1份；黄河水利委员会训令林垦设计委员会列举5点共相勖勉的条令。

【叙录编号】 0790
【档案题名】
　　黄委会关于抄发国民参政会组织条例、征募寒衣、保密等的训令
【发文单位】 黄河水利委员会
【收文单位】 黄河水利委员会
【档案编号】 009-011-076（全案卷）
【成文时间】 1942-04—1942-05
【收藏单位】 天水市档案馆
【涉及地域】 农林部天水水土保持实验区
【关 键 词】 组织条例；征募寒衣；保密
【内容提要】
　　本卷档案为黄河水利委员会文件。包括抄发修正国民参政会组织条例；令知全国征募寒衣运动委员会总会及分支会应结束运动；奉令近来各机关职员争议不能公用之秘密，私人函件内作笔谈资料应予以告诫制止以保机密。

【叙录编号】 0791
【档案题名】
　　黄河水利委员会关于抄发国家总动员法、战时军律、缩减缓役、保密、防止邮件夹寄反动宣传品、查缉逃员、募捐等的训令
【发文单位】 黄河水利委员会
【收文单位】 黄河水利委员会
【档案编号】 009-011-077（全案卷）
【成文时间】 1942-05—1942-11
【收藏单位】 天水市档案馆
【涉及地域】 农林部天水水土保持实验区
【关 键 词】 防范鼠疫；法令
【内容提要】
　　本卷档案为黄河水委会文件。包括转发中华民国暂时军律的训令及暂时军律1份；关于防范鼠疫的文件；关于水利委员会查办逃员的命令与文件；关于抄发国家总动员法的文件；关于确认社会部组织法内目的事业外一般活动之含义的文件；关于全国统一募捐、加强兵役推行、防止利用邮件夹寄反动宣传材料等有关文件。

【叙录编号】 0792
【档案题名】
　　黄河水利委员会等关于召开纪念会、公文抄写、销毁、补发证书、借书、订购交换刊物等训令
【发文单位】 黄河水利委员会；宁夏农林局等

【收文单位】 黄河水利委员会等
【档案编号】 009-011-078（全案卷）
【成文时间】 1942-06—1942-09
【收藏单位】 天水市档案馆
【涉及地域】 农林部天水水土保持实验区
【关 键 词】 改善公文；寄送出版书籍
【内容提要】
　　本卷档案为黄河水委会、宁夏农林局、农林部金沙江管理处文件。包括黄河水委会奉令改善公文缺点；请求补发证明书应登报申明文件遗失并上报；文件销毁时防止泄露；黄河水委会图书借用暂行规定；合行抄发水委会固定纪念日日期；修正公文改良办法及公文用纸、格式等文件。宁夏农林局请求黄河水委会寄送出版的指导农林技术方面的书籍及相关材料；农林部金沙江流域国有林区管理处请求黄河水利委员会寄送有关森林刊物以供参考的文件。

【叙录编号】 0793
【档案题名】
　　农林部关于抄、发人事管理条例、机构设置通则、办事规则、处务规程、报到须知、值日暂行规则、公务员不准经商等的训令
【发文单位】 农林部
【收文单位】 黄委会林垦设计委员会
【档案编号】 009-011-079（全案卷）
【成文时间】 1942-03—1942-11
【收藏单位】 天水市档案馆
【涉及地域】 农林部天水水土保持实验区
【关 键 词】 政策法规
【内容提要】
　　农林部关于抄、发人事管理条例、机构设置通则、办事规则、处务规程、报到须知、值日暂行规则、公务员不准经商等给林垦设计委员会的训令，计有9件。

【叙录编号】 0794

【档案题名】
　　黄河水利委员会关于通缉罪犯、查处贪污诉讼、水陆检查、妨碍国家总动员惩罚等的训令
【发文单位】 黄河水利委员会
【收文单位】 黄委会林垦设计委员会
【档案编号】 009-011-080（全案卷）
【成文时间】 1942-04—1942-09
【收藏单位】 天水市档案馆
【涉及地域】 农林部天水水土保持实验区
【关 键 词】 政策法规
【内容提要】
　　黄委会关于通缉罪犯、查处贪污诉讼、水陆检查、妨碍国家总动员惩罚等给林垦设计委员会的训令，计有13件。

【叙录编号】 0795
【档案题名】
　　农林部中央农林实验所、天水水土保持实验区等关于职员委任、委派、送审、到职视事的训令、呈、公函
【发文单位】 农林部中央农林实验所；农林部天水水土保持实验区
【收文单位】 农林部中央农林实验所；农林部天水水土保持实验区
【档案编号】 009-011-081（全案卷）
【成文时间】 不详
【收藏单位】 天水市档案馆
【涉及地域】 农林部天水水土保持实验区
【关 键 词】 人事
【内容提要】
　　本卷档案主要为农林部中央农林实验所、天水水土保持实验区等关于职员委任、委派、到职视事的公文。涉及叶培忠、魏继武、徐学训、傅焕光等人。

【叙录编号】 0796

【档案题名】
黄委会关于人事管理、职员调动录用等的通令、训令
【发文单位】 黄河水利委员会
【收文单位】 黄委会林垦设计委员会
【档案编号】 009-011-082（全案卷）
【成文时间】 1942-02—1942-12
【收藏单位】 天水市档案馆
【涉及地域】 农林部天水水土保持实验区
【关 键 词】 人事
【内容提要】
　　黄委会关于人事管理、职员调动录用等给林垦设计委员会的通令、训令。主要包括薪资标准、技术人员登记表填写规范、请假规范等内容。

【叙录编号】 0797
【档案题名】
农林部、黄河水利委员会等关于技术人员考试、受训学员供给物料文具限期办案、编造工作月报等的训令
【发文单位】 农林部；黄河水利委员会
【收文单位】 农林部；黄河水利委员会
【档案编号】 009-011-083（全案卷）
【成文时间】 1942-07—1942-11
【收藏单位】 天水市档案馆
【涉及地域】 农林部天水水土保持实验区
【关 键 词】 人事
【内容提要】
　　农林部、黄委会等关于技术人员考试、受训学员供给物料文具限期办案、编造工作月报规范等的训令。其中，编造工作月报部分，包括"政务"（含重要设施、人事情况、经费概况3个小项）；"业务"（含工作项目、预期进度及成效、工作实施情形及效果、原定进度、工作实施与检讨等9个小项）。

【叙录编号】 0798
【档案题名】
黄委会林垦设计委员会关于职员兼任、停职、请假、考勤、迁址、交接等的训令、公函
【发文单位】 孙宗武；荣世升等
【收文单位】 任承统等
【档案编号】 009-011-084（全案卷）
【成文时间】 1941-01—1942-10
【收藏单位】 天水市档案馆
【涉及地域】 农林部天水水土保持实验区
【关 键 词】 辞职；搬迁
【内容提要】
　　本卷档案共24个文件。1.孙宗武因伤风卧病肺痛请病假7日；2.将李家琛等21人予以停职的训令；3.电复技术员屠鸿远假满辞职，工资发至上年12月13日；4.电送黄委会职员名册2份敬请核验，附黄委会三十年（1941）职员名册；5.为工作便利节省经费计，计划迁兰州办公，所有职员依组织章程暂由本会派员兼任，兹将派兼情形及兰山区等4个水土保持实验区，因未经核准暂缓组织的通知（含有冯道纯、孙子方、王盛藻、吴中孙、徐富贵，附陇南、关中区水土保持实验区及平凉、岷县苗木草子繁殖场现有职员名单）；5.荣世升因痔疮请假；6.黄委会暂迁兰州办公，所有笨重家具交由陇南水土保持实验区接管并造册具报；7.电送吴中禄训令、委令各1件并通知照办，吴中禄因父亲生病请准假1个月，任承统准假，吴中禄收到并希望停薪留职回信，准假1月电报，准予停薪留职电报，吴中禄发任承统信；8.黄委会办公处及陇南区各处工作安排通知（调换林垦组组长任承统为陇南水土保持实验区主任等）；9.人事登记表已填送知会；10.准许上游修防林垦工程处民国三十年（1941）考核成绩优良工作人员加薪20元；11.修防林垦工程处孙子方未能按期到差办公应即免职的电报；12.修防林垦工程处徐福贵、李植三辞

职；13. 查孙子方俸薪截止日期的通知；14. 为奉委员长手谕林委会仍在兰州办公，该会职员应限期来兰，转饬各职员统限5月底来兰报到由；15. 任承统发信历数修防林垦工程处调任、辞职情况；16. 任承统发孙子方信；17. 李植三辞呈；18. 徐福贵、李植三辞职事宜，荣世升调为陇南水土保持实验区事务员事宜；19. 徐福贵所经手事务与冯道纯交接；20. 孙子方相关事宜电报；21. 技士王盛藻辞职电报、通知；22. 朱翦鹏因病致任承统信；23-24. 王瑗、周振帮请求任承统帮忙找工作的信函。

【叙录编号】 0799
【档案题名】
黄委会关于职员考核、考试、请假、薪津等的训令
【发文单位】 黄河水利委员会等
【收文单位】 黄河水利委员会等
【档案编号】 009-011-085（全案卷）
【成文时间】 1942-03—1942-12
【收藏单位】 天水市档案馆
【涉及地域】 农林部天水水土保持实验区
【关 键 词】 人事；薪俸；职业技术考核
【内容提要】
　　本卷档案共14个文件。1. 令发本会人事登记表；2. 黄河水利委员会训令各单位遇有工作优良或能力薄弱职员都应上报以奖惩；3. 黄委会令发非常时期公务员考绩暂行条例补充办法（附非常时期公务员考绩暂行条例补充办法、任存记状）；4. 奉须加强中央党政各机关人事考核办法转饬知照（附《加强中央党政各机构人事考核办法》）；5. 中央派驻各地工作人员谨慎从事、关联一体等的文件（附抄发本院令各省政府原文、中央公务人员出差戒条）；6. 专门职业及技术人员考试法；7-9. 出席中国工程师学会年会请给公假；10. 黄河水利委员附属机构职员请假办法；11. 行政院水利委员会电，战时后方服务政府机关人员直系亲属至沦陷区死亡者，事平之后准予公假归葬；12. 抄发中央各机构公务人员俸薪报告及填表通知（附报告原文及公务人员员额俸薪循环月报表）；13. 电令非常时期二等委任以下人员晋级办法；14. 要求提交职员名单俸薪公费数目表及职员俸薪公费变动数目表。

【叙录编号】 0800
【档案题名】
黄委会、林垦设计委员会关于职员薪津的呈、代电
【发文单位】 黄河水利委员会等
【收文单位】 黄河水利委员会等
【档案编号】 009-011-086（全案卷）
【成文时间】 1942-01—1942-04
【收藏单位】 天水市档案馆
【涉及地域】 农林部天水水土保持实验区
【关 键 词】 薪俸
【内容提要】
　　本卷档案共5个文件。1. 民国三十一年（1942）1月份工资发放表；2. 黄委会及陇南区11月份俸薪表，关于人事及薪额不尽相同，敬请查明；3. 民国三十一年（1942）2月份工资发放表；4. 要求呈送去年8—10月份俸薪表；5. 要求呈送领款书、俸薪表、缴款书等9项表格（附存根）。

【叙录编号】 0801
【档案题名】
陇南水土保持实验区关于职员薪津的呈
【发文单位】 陇南水土保持实验区
【收文单位】 陇南水土保持实验区
【档案编号】 009-011-087（全案卷）
【成文时间】 1942-01—1942-02
【收藏单位】 天水市档案馆
【涉及地域】 农林部天水水土保持实验区

【关 键 词】 薪俸；任承统
【内容提要】
本卷档案包括关于陇南区薪俸表的呈（任承统、徐福贵提交），及陇南水土保持试验区1—2月份俸薪表。

【叙录编号】 0802
【档案题名】
黄委会关于职员购领平价米、平价米代金、食粮补助费等的训令
【发文单位】 行政院水利委员会等
【收文单位】 行政院水利委员会等
【档案编号】 009-011-088（全案卷）
【成文时间】 1942-01—1942-04
【收藏单位】 天水市档案馆
【涉及地域】 农林部天水水土保持实验区
【关 键 词】 平价米；平价米代金
【内容提要】
本卷档案包括行政院水利委员会令发各机关购领平价米暂行办法；领取平价米凭证由机关单位自定，平价米代金由各职员本人签章的通知；民国三十年（1941）1—12月食粮补助费；平价米代金订立办法；平价米及平价米代金核对、领取、催发的有关通知。

【叙录编号】 0803
【档案题名】
粮食部、黄委会关于职员平价米代金、生活补助费等的训令
【发文单位】 粮食部；黄河水利委员会
【收文单位】 粮食部；黄河水利委员会
【档案编号】 009-011-089（全案卷）
【成文时间】 1942-04—1942-10
【收藏单位】 天水市档案馆
【涉及地域】 农林部天水水土保持实验区
【关 键 词】 平价米；平价米代金
【内容提要】
本卷档案包括制定职员及其家属实领平价米代金清册及各项通知；重庆市区以外各中央机关平价米代金发放办法；考核各地调查员报粮食情况调查表；非常时期改善公务员生活办法的通知；平价米发放情况、领取情况等的通知。

【叙录编号】 0804
【档案题名】
黄委会关于职员食米代金、生活补助费等的训令
【发文单位】 黄河水利委员会
【收文单位】 黄河水利委员会
【档案编号】 009-011-090（全案卷）
【成文时间】 1942-11—1942-12
【收藏单位】 天水市档案馆
【涉及地域】 农林部天水水土保持实验区
【关 键 词】 人事
【内容提要】
本卷档案全为黄委会奉令抄发中央关于食米代金标准、办法及暂时生活补助办法给林垦设计委员会的训令。

【叙录编号】 0805
【档案题名】
林垦设计委员会关于职员及其家属平价米清册的呈
【发文单位】 黄河水利委员会；黄委会林垦设计委员会
【收文单位】 黄河水利委员会；黄委会林垦设计委员会
【档案编号】 009-011-091（全案卷）
【成文时间】 1942-01—1942-08
【收藏单位】 天水市档案馆
【涉及地域】 农林部天水水土保持实验区
【关 键 词】 人事；平价米
【内容提要】

本卷档案主要涉及林垦设计委员会职员及家属平价米清册上报事宜，有黄委会给林垦设计委员会的训令及林垦设计委员会给黄委会的呈，题名不确。

【叙录编号】 0806
【档案题名】
　　黄委会、陇南水土保持实验区关于职员平价米金、食粮补助费的训令、代电、呈
【发文单位】 黄河水利委员会；陇南水土保持实验区
【收文单位】 黄河水利委员会；陇南水土保持实验区
【档案编号】 009-011-092（全案卷）
【成文时间】 1942-01—1942-04
【收藏单位】 天水市档案馆
【涉及地域】 农林部天水水土保持实验区
【关 键 词】 人事、平价米
【内容提要】
　　本卷档案主要涉及陇南水土保持试验区职员及其家属平价米清册、职员食粮补助费事宜，包括黄委会关于此事给林垦设计委员会的训令、林垦设计委员会关于此事与陇南水土保持试验区的往来公文、表册。

【叙录编号】 0807
【档案题名】
　　林垦设计委员会关于水土保持试验区、林垦设计委组织章程、勘察测量、采购树种树苗、苗林繁殖等的代电
【发文单位】 农林部水土保持试验区；黄委会林垦设计委员会；黄委会岷县苗木草籽繁殖场
【收文单位】 军事委员会运输统制局西北公路管理处等
【档案编号】 009-011-093（全案卷）
【成文时间】 1942-01—1942-07
【收藏单位】 天水市档案馆
【涉及地域】 农林部天水水土保持实验区
【关 键 词】 勘测；树苗
【内容提要】
　　本卷档案包括农林部水土保持试验区组织章程草案、黄河水利委员会林垦设计委员会修正组织章程、黄河水利委员会岷县苗木草子繁殖场民国三十一年（1942）2—5月份工作日记表（包括日期、工作人数、工作成绩、雨雪、效率、备考6个统计项），林垦设计委员会为筹设苗圃并计划栽种各路沿线行道树请军事委员会运输统制局西北公路管理处将赤峪川沿岸公路被冲及小陇山天然林区调查资料及所采集种子连同赤峪川测量图表一并检送的公函、西北公路管理处派员商议购买侧柏10万株及臭椿和洋槐幼苗3万株一事给林垦设计委员会的公函。

【叙录编号】 0808
【档案题名】
　　黄委会关于西北公路管理处合作林垦护路、进行水土保持的代电、呈
【发文单位】 黄河水利委员会；任承统
【收文单位】 黄委会林垦设计委员会；黄河水利委员会
【档案编号】 009-011-094（全案卷）
【成文时间】 1942-02
【收藏单位】 天水市档案馆
【涉及地域】 农林部天水水土保持实验区
【关 键 词】 护路；财务支出
【内容提要】
　　本卷档案共计2件，有黄委会关于与西北公路管理处合作林垦护路、进行水土保持对林垦设计委员会的训令及任承统对此的呈文，主要涉及合作经费支出情况。

【叙录编号】 0809
【档案题名】

傅焕光等人关于汶川县白龙池垦区、中国西北部地势气候调查及民国三十一年（1942）采集苗木种子的呈、报告表
【发文单位】　傅焕光
【收文单位】　傅焕光
【档案编号】　009-011-095（全案卷）
【成文时间】　1942
【收藏单位】　天水市档案馆
【涉及地域】　农林部天水水土保持实验区
【关　键　词】　环境调查；苗木种子
【内容提要】

本卷档案有傅焕光著《汶川白龙池视察记》（上下）初稿，包括地理位置、交通、荒地面积、地势、海拔、地质土壤、气候植物、历史等方面内容，共5页；另有中国西北部地势气候雨雪等相关情况调查。包括地势、雨量、土壤、农作物及熟制等方面；还有民国三十一年（1942）采集苗木种子报告表。分为已收到和已订购两个部分，记录苗木、种子名称、产地、数量、备注等4个小项。

【叙录编号】　0810
【档案题名】

陇南区水土保持实验区关于民国三十一年（1942）瓦窑沟水土保持实验、芦子庄苗圃的设计草案
【发文单位】　陇南区水土保持实验区
【收文单位】　陇南区水土保持实验区
【档案编号】　009-011-096（全案卷）
【成文时间】　1942
【收藏单位】　天水市档案馆
【涉及地域】　农林部天水水土保持实验区
【关　键　词】　苗圃设计；水土保持实验
【内容提要】

本卷档案题名不确定，应有3份设计草案。分别为：瓦窑沟水土保持实验设计草案、芦子庄苗圃设计草案、山西会馆苗圃设计草案。其中，瓦窑沟水土保持实验设计草案包括缘起、自然环境与水土保持之关联、设计原则、设计纲要（包括集流区、集流槽区、沙积堆区），对实验方法、实验设备、实验选址、实验经费等方面皆做了详细分析，并附图纸3张。芦子庄和山西会馆苗圃设计草案均包括苗圃概况、苗床之区划、灌溉工事及设施、苗木的分区排列以及苗木数量等事宜的规定，并各附图纸1张。

【叙录编号】　0811
【档案题名】

黄河水利委员会关于建国储金、土地赋税免、差旅费报销、抑制物价上涨、邮政电报价格、审计等的训令
【发文单位】　黄河水利委员会等
【收文单位】　黄河水利委员会等
【档案编号】　009-011-097（全案卷）
【成文时间】　1942-06—1942-12
【收藏单位】　天水市档案馆
【涉及地域】　农林部天水水土保持实验区
【关　键　词】　建国储金；土地赋税减免；抑制物价上涨
【内容提要】

本卷档案包括黄委会关于抄披修正节约建国储金条例第5、6条的训令；黄委会关于修正土地赋税减免规程的训令；黄委会关于工程师李清华等罚薪1个月的训令；关于抑制物价上涨、因公损失物补偿金、蒋明祺等赴陕、甘、川3省稽查、全文抄邮政法第4条、修正非常时间国内电报价目表等的训令。

【叙录编号】　0812
【档案题名】

黄委会天水水土保持实验区关于经费预算购置土地租借土地等的呈、契约
【发文单位】　黄委会林垦设计委员会；农林部

天水水土保持实验区
【收文单位】 黄委会林垦设计委员会；农林部天水水土保持实验区
【档案编号】 009-011-098（全案卷）
【成文时间】 1942-03
【收藏单位】 天水市档案馆
【涉及地域】 农林部天水水土保持实验区
【关 键 词】 预算书；土地购置；租地协约
【内容提要】
　　本卷档案包括黄委会林垦设计委员会民国三十一年（1942）甲种预算书、概算书；农林部天水水土保持实验区试验场土地购置及与农民合作原则、与地主合作契约、租地协约；注销租地合同请查照由。

【叙录编号】 0813
【档案题名】
　　农林部天水水土保持实验区关于订购白菜、取米等的信函
【发文单位】 农林部天水水土保持实验区
【收文单位】 农林部天水水土保持实验区
【档案编号】 009-011-099（全案卷）
【成文时间】 1942-11
【收藏单位】 天水市档案馆
【涉及地域】 农林部天水水土保持实验区
【关 键 词】 订购白菜
【内容提要】
　　本卷档案包括民国三十一年（1942）11月磨房、取米、定菜暂记账以及订购白菜的收据。

【叙录编号】 0814
【档案题名】
　　黄委会每周会务摘要
【发文单位】 黄河水利委员会
【收文单位】 黄河水利委员会
【档案编号】 009-011-100（全案卷）
【成文时间】 1943-01—1943-03
【收藏单位】 天水市档案馆
【涉及地域】 农林部天水水土保持实验区
【关 键 词】 会务摘要
【内容提要】
　　黄河水利委员会每周会务摘要：该会议时间为民国三十二年（1943）1月4日—9日、11日—16日、18日—23日、25日—30日、2月1日—6日、8日—13日、15日—20日、22日—27日、3月8日—13日。

【叙录编号】 0815
【档案题名】
　　农林部天水水土保持实验区关于民国三十二年（1943）考绩的比较表，1、5、7、8、10月份工作报告、陇南区重要树种概况表的报告、呈
【发文单位】 农林部；农林部天水水土保持实验区
【收文单位】 黄河水利委员会陇南水土保持实验区
【档案编号】 009-011-101（全案卷）
【成文时间】 1943-03—1944-03
【收藏单位】 天水市档案馆
【涉及地域】 农林部天水水土保持实验区
【关 键 词】 工作简报；重要树种开叶放花时期调查表；政绩比较表
【内容提要】
　　本卷档案包括：农林部关于呈报民国三十二年（1943）1月份、5月份工作简表的指令；农林部天水水土保持实验区民国三十二年（1943）7月份、10月份工作简报表，该报表主要包括政务及业务两部分；农林部关于补报黄河水利委员会陇南水土保持实验区概况等的指令；农林部关于民国三十二年（1943）当地重要树种开叶放花时期调查表的指令；农林部关于呈报民国三十二年（1943）政绩比较表2

份的指令。

【叙录编号】 0816
【档案题名】
　　黄委会关于抄发水利法细则等的训令
【发文单位】 黄河水利委员会
【收文单位】 黄河水利委员会
【档案编号】 009-011-102（全案卷）
【成文时间】 1943-05
【收藏单位】 天水市档案馆
【涉及地域】 农林部天水水土保持实验区
【关 键 词】 水利法施行细则
【内容提要】
　　黄河水利委员会关于抄发水利法施行的细则。该细则主要包括总则、水利区及水利机关、水权、水权之登记、水利事业、水之蓄泄、水道防护、罚则、附则等9项。

【叙录编号】 0817
【档案题名】
　　黄委会关于五届十中全会宣言宣传保密厉行法治整饬行政纪律同英美签订新约、悬挂总裁肖像、国旗等的训令
【发文单位】 黄河水利委员会
【收文单位】 黄河水利委员会
【档案编号】 009-011-103（全案卷）
【成文时间】 1943-02—1943-05
【收藏单位】 天水市档案馆
【涉及地域】 农林部天水水土保持实验区
【关 键 词】 第五届十中全会会议宣言；振作行政精神整饬行政纪律纲要
【内容提要】
　　本卷档案包括：黄河水利委员会关于抄发第五届十中全会会议宣言的训令；关于泄密问题的训令；关于转发第三届国民参政会第一次会议建议厉行法治以清政本而定人心一案的训令；关于转发本国已与美英政府分别签订新约并废除英美在华治外法权及其他一切特权的训令；关于转发各机关阅读委员长训词小册应注意的两点；关于抄发振作行政精神整饬行政纪律纲要的训令。

【叙录编号】 0818
【档案题名】
　　农林部关于抄转各机关职员应研读委座讲演训词、行政三联制实施情形、五届中央全会宣言、国庆纪念词等的训令、代电
【发文单位】 行政院等
【收文单位】 农林部；农林部林业司等
【档案编号】 009-011-104（全案卷）
【成文时间】 1943-02—1943-04
【收藏单位】 天水市档案馆
【涉及地域】 农林部天水水土保持实验区
【关 键 词】 演讲词；行政三联制；宣言
【内容提要】
　　本卷档案为农林部林业司机关文件。包括行政院关于训示农林部等机构职员研读委座演讲词；林业司关于函示行政三联制实施的重要性及应注意的问题；农林部关于检讨行政三联制实施情形的命令；关于抄发第五届中央全会宣言的训令；关于抄发民国三十二年（1943）国庆纪念词的代电。

【叙录编号】 0819
【档案题名】
　　农林部关于抄发中宣部法令讲习大纲、第2至第13号训令
【发文单位】 农林部
【收文单位】 农林部天水水土保持实验区
【档案编号】 009-011-105（全案卷）
【成文时间】 1943-01—1943-12
【收藏单位】 天水市档案馆
【涉及地域】 农林部天水水土保持实验区
【关 键 词】 讲习大纲

【内容提要】

本卷档案为农林部文件。包括农林部训令天水水土保持实验区抄发中宣部法令讲习大纲的命令，以及抄发第2至第13号法令讲习大纲的文件。

【叙录编号】 0820
【档案题名】
黄委会关于防奸、水陆检查、交通运输、军工企业、职工缓役、抢劫或其他纠纷案件报县政府及司法机关等的训令
【发文单位】 黄河水利委员会
【收文单位】 黄委会林垦设计委员会
【档案编号】 009-011-106（全案卷）
【成文时间】 1943-03—1943-05
【收藏单位】 天水市档案馆
【涉及地域】 农林部天水水土保持实验区
【关 键 词】 水陆检查；职工缓役；防奸
【内容提要】

本卷档案为黄委会相关文件。包括饬令各机关凡因工地发生抢劫或其他纠纷案件除呈报外均须立即向县政府及司法机关报案；关于抄发参政会议决请政府严饬各机关协防汉奸潜入活动；黄委会训令林垦设计委员会关于抄发运输工人缓服兵役暂行办法11条；黄委会训令林垦设计委员会关于抄发战事国防军需工矿业及交通运输技术员工缓服兵役暂行办法10条；黄委会训令林垦设计委员会关于抄发修正水陆交通统一检查条例及水陆交通统一检查所设置地点表等法令17条。

【叙录编号】 0821
【档案题名】
黄委会关于抄转防毒演讲记录的训令
【发文单位】 黄河水利委员会
【收文单位】 黄委会林垦设计委员会
【档案编号】 009-011-107（全案卷）
【成文时间】 1943-01
【收藏单位】 天水市档案馆
【涉及地域】 农林部天水水土保持实验区
【关 键 词】 防毒演讲；防毒办法
【内容提要】

本卷档案为黄委会关于抄转防毒演讲记录的文件，主要包括黄委会致林垦设计委员会的训令1份，以及防毒演讲的内容，即第一，防毒的简易办法：毒气的种类及性能、毒气的施放与判别、防毒的简易办法；第二，个人之防毒器材及使用办法；第三，集团防毒的设备及应注意事项等等。

【叙录编号】 0822
【档案题名】
农林部关于抄发敌国人民收容所管理、废除官厅对人民不平等契约、不平等待遇、尽量容纳残废官兵、嘉奖防匪防疫人员、地籍整理、总预算编审、协同外国专家工作等的训令
【发文单位】 行政院；农林部等
【收文单位】 西北羊毛改进处；天水水土保持实验区
【档案编号】 009-011-108（全案卷）
【成文时间】 1943-02—1943-12
【收藏单位】 天水市档案馆
【涉及地域】 农林部天水水土保持实验区
【关 键 词】 收容所；官厅不平等条文；嘉奖令；战时预算
【内容提要】

本卷档案为农林部与国民政府文件。包括关于抄发敌国人民收容所管理规程的训令；行政院秘书处通知抄发关于国民参政会建议废除官厅对人民各种不平等之契约及不平等待遇的训令；关于规定中央党政机关应尽量宽纳残废官兵不得引用适龄壮丁的训令；农林部关于嘉奖西北羊毛改进处处长顾谦吉、主任俞保权等防匪有方的训令；关于嘉奖前中央畜

牧实验所川黔西湘鄂四省边区防疫站主任吴赓荣治事有方的训令；农林部对天水水土保持实验区关于勋章条例规定与抄发兴办建设事业地区地籍整理办法的训令；国防最高委员会关于战时国家总预算编审办法；农林部关于抄发研究员或译员协同外籍专家工作研究学问办法的法令。

【叙录编号】　0823
【档案题名】
　　农林部、天水水土保持实验区关于更改办公时间、报送国文纪念周、国民月会报告表的指令、呈
【发文单位】　农林部；天水水土保持实验区
【收文单位】　天水水土保持实验区
【档案编号】　009-011-109（全案卷）
【成文时间】　1943-09—1943-12
【收藏单位】　天水市档案馆
【涉及地域】　农林部天水水土保持实验区
【关　键　词】　纪念日日期表；工作月报；办公时间；国文纪念周
【内容提要】
　　本卷档案包括国定纪念日日期表、农林部关于呈送民国三十二年（1943）9月份工作月报以备复查的命令，与水土保持实验区呈报9月份工作月报的记录；农林部天水水土保持实验区小组会议报告表；关于要求呈送国文纪念周及小组会改举行情形表的命令公函；农林部天水水土保持实验区关于重新更改办公时间的通知；水土保持实验区呈报本年11月份国文纪念周国民月会报告表的公函。

【叙录编号】　0824
【档案题名】
　　农林部、黄河水利委员会关于新闻记者法、杂志登记、管制、减免纠纷的训令
【发文单位】　农林部；黄河水利委员会
【收文单位】　天水水土保持实验区；黄委会林垦设计委员会
【档案编号】　009-011-110（全案卷）
【成文时间】　1943-03—1943-11
【收藏单位】　天水市档案馆
【涉及地域】　农林部天水水土保持实验区
【关　键　词】　新闻记者法令；登记管制暂行办法
【内容提要】
　　本卷档案为农林部、黄河水委会文件。包括农林部训令天水水土保持实验区抄发新闻记者法令；农林部训令天水水土保持实验区抄发非常时期报社、通讯社、杂志社登记管制暂行办法；农林部训令天水水土保持实验区为准联合新闻社函嘱订阅敌伪研究通讯一案；黄河水利委员会训令林垦设计委员会工作人员应与当地人民、士绅减少纠纷。

【叙录编号】　0825
【档案题名】
　　农林部关于人事管理、毕业生录用、委任技术员、解送人犯、废止烟犯服役规程等的训令
【发文单位】　农林部
【收文单位】　天水水土保持实验区
【档案编号】　009-011-111（全案卷）
【成文时间】　1943-04—1943-11
【收藏单位】　天水市档案馆
【涉及地域】　农林部天水水土保持实验区
【关　键　词】　人事管理条例；毕业生；技术人员；烟犯
【内容提要】
　　本卷档案为农林部训令天水水土保持实验区的文件。包括农林部训令天水水土保持实验区按行政院令一人事管理条例施行后尚有未能划归人事机构办理者应从速设置或指派人员办理并修正其组织法案；农林部训令水土保持实

验区凡军医学校毕业生不得录用；农林部训水土保持实验区准西北大学介绍本年暑假毕业生就业一案令酌予录用；农林部训令水土保持实验区照组织章程尽量任用技术人员以利工作；农林部训水土保持实验区抄发解送人犯办法；农林部训令水土保持实验区烟犯服役赎罪规程应即废止。

【叙录编号】 0826
【档案题名】
农林部关于人事管理、职员保密、公务员不准经商、离职人员给予资历证明、改善公务员生活、人事案件处理等的训令
【发文单位】 农林部；行政院
【收文单位】 天水水土保持实验区
【档案编号】 009-011-112（全案卷）
【成文时间】 1943-02—1943-10
【收藏单位】 天水市档案馆
【涉及地域】 农林部天水水土保持实验区
【关 键 词】 人事管理；职员保密；资历证明；改善生活
【内容提要】
本卷档案为农林部相关文件，包括各机关职员应保守本机关之一切秘密；印发非常时期改善公务员生活办法；修正农林部职员考勤规则；农林部训令水土保持实验区抄发人事管理条例释义；农林部训令水土保持实验区奉行行政院令，以后各级文武机关对于职员离职时必须给予资历证明等；农林部训令严禁公务员经商；行政院训令整饬必须迅速予造职员题名录；关于人事管理条例自民国三十二年（1943）7月1日开始实施，并废止此前暂行办法；因物价高涨导致公务员生活艰难，因此，重申此前关于改善公务员生活的办法。

【叙录编号】 0827
【档案题名】
农林部关于公务员、专利人员、备用人员登记、呈报人事调查报表等的训令
【发文单位】 农林部；行政院
【收文单位】 不详
【档案编号】 009-011-113（全案卷）
【成文时间】 1943-01—1943-08
【收藏单位】 天水市档案馆
【涉及地域】 农林部天水水土保持实验区
【关 键 词】 备用人员登记表；公务员
【内容提要】
本卷档案为农林部训令备用人员登记条例施行日期；行政院各机关人士调查表加列三民主义相关内容一栏；行政院关于编造职员录；准中央建议会先后呈送第12、13、14专利人员，抄发有关人员的简历；有关抄发公务员登记规则及规则释义的训令。

【叙录编号】 0828
【档案题名】
农林部关于有军事经历公务员向当地登记、赴边地工作人员管理奖励、进修考察选送、公务员退休、抚恤服务的训令
【发文单位】 农林部
【收文单位】 不详
【档案编号】 009-011-114（全案卷）
【成文时间】 1943-02—1943-10
【收藏单位】 天水市档案馆
【涉及地域】 农林部天水水土保持实验区
【关 键 词】 赴边工作人员；公务员退休；考察选送
【内容提要】
本卷档案为农林部相关文件。包括行政院关于公务员有在乡军官员身份应向当地军官会申请登记；中央派赴边地工作人员管理办法；颁发公务员进修及考察选送条例；奉院令抄发公务员抚恤法及公务员退休法；奉院令抄发修正公务员服务法相关条例；为颁发本部及直属

机关工作人员执行职务应行注意事项；抄发边疆行政人员奖励体例。

【叙录编号】 0829
【档案题名】
农林部关于公务员叙级、薪津等的训令
【发文单位】 农林部
【收文单位】 铨叙部
【档案编号】 009-011-115（全案卷）
【成文时间】 1943-04—1943-12
【收藏单位】 天水市档案馆
【涉及地域】 农林部天水水土保持实验区
【关 键 词】 铨叙部；公务员
【内容提要】
　　本卷档案为农林部准铨叙部咨办理铨叙案件注意事项；准铨叙部咨送公务员任用审查表案送审；关于公务员叙级条例的训令；准铨叙部函送公务员叙级条例的训令；准铨叙部函为考试及格先以高级委任职任用人员起叙级条例规定应为委任三级至一级；铨叙部函送修正人事管理相关文件；铨叙部检送公务员叙级条例。

【叙录编号】 0830
【档案题名】
农林部关于抄发民国三十二年（1943）考绩及非常时期公务员考绩条例、办法须知等的训令
【发文单位】 农林部
【收文单位】 铨叙部
【档案编号】 009-011-116（全案卷）
【成文时间】 1943-12—1944-02
【收藏单位】 天水市档案馆
【涉及地域】 农林部天水水土保持实验区
【关 键 词】 成绩考核；密报表；政绩比较表
【内容提要】
　　本卷档案包括：农林部关于阅任用高等考试及格人员起叙级俸的训令；关于准铨叙部咨送关于各机关办理民国三十二年（1943）考绩应行注意事项的训令；关于准铨叙部咨送人事管理人员成绩考核实施办法的训令；关于抄发中央党政机关工作奖惩标准的训令；关于转发中央党政军各机关民国三十二年（1943）考绩结果呈阅办法的训令；关于奉发中央党政军各机关民国三十二年（1943）特保最优人员密报表等格式的训令；关于奉院令委员长电饬民国三十二年（1943）年终考绩应注意有关法规规定的工作成绩效能外并应注意工作精神的训令；关于奉令废止非常时期公务员考绩暂行条例补充办法及非常时期公务员考绩晋级限制变通办法的训令；关于准铨叙部函送办理民国三十二年（1943）公务员年终考绩时应行注意事项的训令；关于限年前赶编民国三十二年（1943）政绩比较表的电令。

【叙录编号】 0831
【档案题名】
农林部关于干部职员训练、培训人才情况调查等的训令
【发文单位】 农林部
【收文单位】 不详
【档案编号】 009-011-117（全案卷）
【成文时间】 1943-03—1943-12
【收藏单位】 天水市档案馆
【涉及地域】 农林部天水水土保持实验区
【关 键 词】 干部人员训练大纲；人才数调查表
【内容提要】
　　本卷档案包括：农林部关于现任及新派赴边地工作人员其为受训者之受训办法的训令；关于抄发修正县各级干部人员训练大纲的训令；关于准教育部函送训练经济建设人才数调查表请并赐查填的训令；关于准教育部函为归国留学生应先入中训团党受训令的训令；关于奉行政院令中央训练团受训学员结业回职后至少6个月暂非有重大过失不得免职或停职的训

令；关于催迅填训练经济建设人才数调查表的训令；关于奉院令抄发训练机关管理办法的训令；关于准社会部咨送中训团社训班名册及调查表格式的训令；关于为颁发党务活动及政治训练办法大纲的训令。

【叙录编号】 0832
【档案题名】
农林部考试院考选委会关于农业技师县公职候选人考试县长挑选的训令
【发文单位】 农林部考试院考选委会
【收文单位】 不详
【档案编号】 009-011-118（全案卷）
【成文时间】 1943-01—1943-11
【收藏单位】 天水市档案馆
【涉及地域】 农林部天水水土保持实验区
【关 键 词】 农业技师；省县公职候选人考试法施行细则
【内容提要】
　　本卷档案包括：高等考试农业技师考试申请检核须知；奉院令抄发省县公职候选人考试法令训令；关于奉行政院抄发高等考试及格人员县长挑选条例令训令；奉行政院令发省县公职候选人考试法施行细则及检核办法各1份转饬的训令。

【叙录编号】 0833
【档案题名】
农林部关于雇员支薪考成规则清册的训令及农林部各附属机关设置中山室、公役训练班的办法
【发文单位】 农林部
【收文单位】 不详
【档案编号】 009-011-119（全案卷）
【成文时间】 1943-10—1943-12
【收藏单位】 天水市档案馆
【涉及地域】 农林部天水水土保持实验区

【关 键 词】 雇员支薪考成规则；考成表及考成清册格式；中山室
【内容提要】
　　本卷档案包括：农林部关于奉行政院抄发雇员支薪考成规则令仰遵照并转饬所属一体的训令；关于抄发雇员薪支考成规则仰遵照并转饬遵照的训令；关于准铨叙部咨送雇员考成表及考成清册格式的训令；农林部各附属机关设置中山室办法。

【叙录编号】 0834
【档案题名】
农林部关于通缉汉奸犯人及撤销通缉的训令
【发文单位】 农林部
【收文单位】 不详
【档案编号】 009-011-120（全案卷）
【成文时间】 1943-02—1943-12
【收藏单位】 天水市档案馆
【涉及地域】 农林部天水水土保持实验区
【关 键 词】 通缉汉奸；犯人
【内容提要】
　　本卷档案皆为通缉汉奸、犯人及撤销通缉等的训令。

【叙录编号】 0835
【档案题名】
黄委会关于人事任免裁员、参政员名额分配、公务员考绩备用人员登记、全民教育、制止录用军医学校毕业生、修改政府组织法、公务员服务法的训令
【发文单位】 黄河水利委员会
【收文单位】 不详
【档案编号】 009-011-121（全案卷）
【成文时间】 1943-01—1943-05
【收藏单位】 天水市档案馆
【涉及地域】 农林部天水水土保持实验区

【关　键　词】　备用人员登记条例；制止录用军医学校；公务员考绩

【内容提要】

　　本卷档案包括：黄河水利委员会关于抄发备用人员登记条例并令知本条例施行日期及区域的训令；关于为奉水利委员会亥俭代电奉院令饬制止录用军医学校等的训令；关于奉水利委员会子刚电转奉行政院令转发修正国民政府组织法第24条记36条又抄荐修正条等训令；关于奉电抄发五届十中全会对于教育部工作报告之指示第3节原文的训令；关于奉行政院水利委员会电知恤金养老金过渡办法训令；关于奉发修正公务员服务法第13条、第22条、第23条、第24条各条文抄发修正的训令；关于奉水利委员会电转知各级机关各项人事调查表应加列团训令；关于奉行政院水利委员会代电以奉院令特派李书田为本会副委员长的训令；关于抄发非常时期公务员考绩条例的训令；关于奉电关于参政会建议动员全国工程人员的训令；抄国秘厅原甬；拟请动员全国工程人员以增强建国效率案；关于奉水利委员会代电抄发参政会建议厉行裁员以节开支；各省市应出参政员名额表。

【叙录编号】　0836

【档案题名】

　　黄委会关于转发公务员战时生活补助、请领平价米、生活必需品及共代金的训令、代电

【发文单位】　黄河水利委员会

【收文单位】　不详

【档案编号】　009-011-122（全案卷）

【成文时间】　1943-01—1943-05

【收藏单位】　天水市档案馆

【涉及地域】　农林部天水水土保持实验区

【关　键　词】　人事；战时生活补助

【内容提要】

　　本卷档案全为黄河水利委员会抄发关于战时生活补助、请领平价米、生活必需品及代金、俸薪加成办法等事由给林垦设计委员会的训令、代电，计有13件。

【叙录编号】　0837

【档案题名】

　　农林部天水水土保持实验区等关于成立机构、启用印章、职员委任的指令、呈、公文

【发文单位】　农林部

【收文单位】　天水水土保持实验区

【档案编号】　009-011-123（全案卷）

【成文时间】　1940-01—1943-11

【收藏单位】　天水市档案馆

【涉及地域】　农林部天水水土保持实验区

【关　键　词】　人事

【内容提要】

　　本卷档案包括聘任吕本顺、董新民为技佐的相关材料（含农林部指令、人事履历表、经济调查表等）、傅焕光给农林部甘肃省推广繁殖站汪站长履新的贺信、农林部关于成立会计处给水土保持实验区的训令、农林部关于雷法章的到任给水土保持实验区的指令。

【叙录编号】　0838

【档案题名】

　　农林部天水水土保持实验区关于招考录事、稳定雇员名额、职员责任、雇用练习生、呈送履历表、调查表的指令、呈、公函

【发文单位】　农林部天水水土保持实验区

【收文单位】　农林部天水水土保持实验区

【档案编号】　009-011-124（全案卷）

【成文时间】　1943-01—1943-04

【收藏单位】　天水市档案馆

【涉及地域】　农林部天水水土保持实验区

【关　键　词】　人事

【内容提要】

本卷档案主体为水土保持实验区关于雇用职员与农林部的往来公文，附招考情况、各职员履历表、调查表等文件。

【叙录编号】 0839
【档案题名】
农林部天水水土保持实验区关于委任委派技工、会计人员、职员薪津、呈送履历表等的训令、呈函
【发文单位】 农林部天水水土保持实验区
【收文单位】 农林部天水水土保持实验区
【档案编号】 009-011-125（全案卷）
【成文时间】 1943-01—1943-07
【收藏单位】 天水市档案馆
【涉及地域】 农林部天水水土保持实验区
【关 键 词】 罗德民博士；人事
【内容提要】
本卷档案包含调派会计事宜、罗德民赴川西事宜的往来信件及公文（涉及叶培忠、冯兆林、傅焕光、任承统、凌道扬等人）、张兴创、冯兆林等人的履历表及薪津表。

【叙录编号】 0840
【档案题名】
农林部天水水土保持实验区关于各场圃工人服务规划、报送民国三十二年（1943）1月、3月、4月份场圃工人异动、到差等的指令、呈
【发文单位】 农林部天水水土保持实验区
【收文单位】 农林部天水水土保持实验区
【档案编号】 009-011-126（全案卷）
【成文时间】 1943-02—1943-05
【收藏单位】 天水市档案馆
【涉及地域】 农林部天水水土保持实验区
【关 键 词】 人事
【内容提要】
本卷档案主要涉各场圃工人的管理规则（规定工人的上班时间、不准赌博斗殴等事宜）、民国三十二年（1943）的工人异动和到差情况（统计姓名、年龄、籍贯及入职和离职日期）。

【叙录编号】 0841
【档案题名】
农林部天水水土保持实验区关于裁减人员、使用毕业生等的训令、代电、呈
【发文单位】 农林部天水水土保持实验区
【收文单位】 农林部天水水土保持实验区
【档案编号】 009-011-127（全案卷）
【成文时间】 1943-02—1943-06
【收藏单位】 天水市档案馆
【涉及地域】 农林部天水水土保持实验区
【关 键 词】 人事
【内容提要】
本卷档案主要为人事档案，涉及裁减水土保护实验区1/4人员以及酌情聘用西北工学院多名毕业生的往来公文。

【叙录编号】 0842
【档案题名】
农林部天水水土保持实验区关于整饬人事提要办理情形、职工奖励、请假的指令、呈
【发文单位】 农林部天水水土保持实验区
【收文单位】 农林部天水水土保持实验区
【档案编号】 009-011-128（全案卷）
【成文时间】 1943-04—1943-11
【收藏单位】 天水市档案馆
【涉及地域】 农林部天水水土保持实验区
【关 键 词】 人事；请假
【内容提要】
本卷档案包括整饬人员提要办理情形指令，呈报人事提要相关指令，农林部对于人事提要办理情形的指令；关于整饬人员工作勤奋应予以嘉奖的训令、公函，及奖励人员的训令3份；农林部训令令水土保持实验区将每月新

进人员列表上报，及本年7月水土保持实验区任用情报表上报情况（附表）；呈报练习生王槐林相关报告；呈报刘毅、虎志刚请假的指令、函；刘毅、虎志刚请长假的函；戈武因事请假的函。

【叙录编号】　0843
【档案题名】

农林部天水水土保持实验区关于民国三十年（1941）未参加考成人员名单、民国三十二年（1943）考绩考成的指令、呈、函
【发文单位】　农林部天水水土保持实验区
【收文单位】　农林部天水水土保持实验区
【档案编号】　009-011-129（全案卷）
【成文时间】　1943-05—1944-08
【收藏单位】　天水市档案馆
【涉及地域】　农林部天水水土保持实验区
【关　键　词】　考绩考成
【内容提要】

本卷档案包括民国三十一年（1942）年终考绩考成表件，令呈送未参加考成人员清单准予备查的指令，及考绩考成文件9份；民国三十二年（1943）考绩考成表件不合规范、返还更正的指令，及9份公务员考绩表；农林部天水水土保持实验区呈考绩考成表及新格式公务员考绩表9份；农林部称，部分人员考绩考成表未经送核，请速送核的指令，及主任傅焕光回复；考绩考成结果。

【叙录编号】　0844
【档案题名】

农林部、天水水土保持实验区关于职员委任、薪津、生活困难补助、请拨粮食，呈报天水县境中央各机关调查表、职员资历各录名册等的代电、呈、函
【发文单位】　第四区行政督察专员公署；农林部等

【收文单位】　天水县政府；天水水土保持实验区
【档案编号】　009-011-130（全案卷）
【成文时间】　1943-03—1943-12
【收藏单位】　天水市档案馆
【涉及地域】　农林部天水水土保持实验区
【关　键　词】　调查表；事表
【内容提要】

本卷档案主要包括甘肃省第四区行政督察专员兼保安司令公署关于填报天水县中央各机关调查表的代电，填制天水县辖中央各机关调查表遴呈的公函，呈送人事调查表的公函，徐学训调任、填报技士的派令及履历表、调查表，水土保持试验区民国三十二年（1943）4月份、6月份职员清册、职员资历记录，农业人才调查表，民国三十二年（1943）上半年员工粮食情况及生计困难请求补助。

【叙录编号】　0845
【档案题名】

农林部、垦务总局等关于珠江水源林区管理处，红水河分区任承统等的职务委任委派、经费收支、财产交接等的训令、公函
【发文单位】　农林部；江水源林区管理处红水河分区等
【收文单位】　农林部；江水源林区管理处红水河分区等
【档案编号】　009-011-131（全案卷）
【成文时间】　1943-02—1943-09
【收藏单位】　天水市档案馆
【涉及地域】　农林部天水水土保持实验区
【关　键　词】　珠江；红水河
【内容提要】

本卷档案主要包括珠江水源林区管理处红水河分区新旧任交接事宜并派监察的训令，派杨任农为该团团员的通知，为呈报业绩就职并派周技正代理红水河分区务必继续勘察（贵州

林业），辞去红水河分区主任并研讨水土保持的公函，及相关工作交接的公函。

【叙录编号】 0846
【档案题名】
农林部、中国肥料公司关于中国肥料股份有限公司缘起、章程草案和农场登记规则的训令
【发文单位】 农林部；中国肥料公司
【收文单位】 农林部；中国肥料公司
【档案编号】 009-011-132（全案卷）
【成文时间】 1943-09
【收藏单位】 天水市档案馆
【涉及地域】 农林部天水水土保持实验区
【关 键 词】 农场登记规则；中国肥料股份有限公司
【内容提要】
本卷档案主要包括颁发农场登记规则（附《农场登记规则》），《中国肥料股份有限公司缘起》，《中国肥料股份有限公司章程草案》，对中国肥料股份有限公司的公司定位、机构设置、营业模式等作了说明。

【叙录编号】 0847
【档案题名】
甘肃省政府、农业部林业司、天水水土保持实验区关于民国三十三年（1944）施政计划纲要及分月进度大纲的指令、呈、函
【发文单位】 甘肃省政府；农业部林业司等
【收文单位】 天水水土保持实验区等
【档案编号】 009-011-133（全案卷）
【成文时间】 1942-12—1943-11
【收藏单位】 天水市档案馆
【涉及地域】 农林部天水水土保持实验区
【关 键 词】 施政计划；月进度表
【内容提要】
本卷档案主要包括96号公函附送各件应予备查由，呈送本部民国三十二年（1943）施政计划等的公函，呈送编制民国三十三年（1944）市政纲要及分月进度表，附《农林部天水水土保持实验区民国三十二年度（1943）施政纲要》；农林部天水水土保持实验区民国三十二年（1943）施业方案大纲及分月进度表，农林部天水水土保持实验区发文登记表，民国三十二年（1943）工作大纲，农林部天水水土保持实验区民国三十二年（1943）施业方案大纲及分月进度表，本年度开业视察报告。

【叙录编号】 0848
【档案题名】
农林部、陇南水土保持实验区关于水土保持、林务推动、陇南水土保持协进会组织章程的训令、报告
【发文单位】 农林部等
【收文单位】 陇南水土保持实验区等
【档案编号】 009-011-134（全案卷）
【成文时间】 1943-03
【收藏单位】 天水市档案馆
【涉及地域】 农林部天水水土保持实验区
【关 键 词】 淮河；水患；陇南水土保持实验区
【内容提要】
本卷档案包括：1.拟请协助推展淮河水系区域水土保持事业案；2.准军令部代电抄送马步鸾报告两节一案仰遵照办理由；3.拟请列水土保持为治水计划之一部分以期根治水患发展，农林水利事业案；4.《陇南水土保持实验区林务推动报告》；5.《甘肃陇南水土保持协进会组织章程草案》，内有12条内容，列举本会宗旨、工作范围、职员构成、会长推举、会费缴纳、主要任务等。

【叙录编号】 0849

【档案题名】
　　农林部、天水水土保持实验区关于天水中山公园改进草图、草案说明初稿
【发文单位】　农林部
【收文单位】　天水水土保持实验区
【档案编号】　009-011-135（全案卷）
【成文时间】　1943
【收藏单位】　天水市档案馆
【涉及地域】　农林部天水水土保持实验区
【关 键 词】　中山公园
【内容提要】
　　本卷档案包括：1.《改进天水中山公园草图说明初稿》2份，改进说明将中山公园分为南濠官泉区、儿童游玩区、古式图景区等8个区，将其职能分别区分、设计；2.农林部天水水土保持实验区《改进天水中山公园草图说明书》；3.《天水中山公园改进计划草案说明》，将天水中山公园分为南北二部，分别进行改造，并附工程统计。

【叙录编号】　0850
【档案题名】
　　小陇山森林管理、天然林经营计划及调查报告
【发文单位】　不详
【收文单位】　不详
【档案编号】　009-011-136（全案卷）
【成文时间】　1943
【收藏单位】　天水市档案馆
【涉及地域】　农林部天水水土保持实验区
【关 键 词】　小陇山；林木
【内容提要】
　　本卷档案包括：1.《小陇山调查报告》，附录主要林木学名英汉名对照表（英文名与中文名对照）；2.《小陇山天然林经营简明计划》，内含工作计划及进度、民国三十二年（1943）至民国三十五年（1946）主要工作事项，民国三十二年（1943）至民国三十六年（1947）之生产收额列表，损益计算预算书；3.《小陇山森林管理计划草案》，分为小陇山之地理环境、林况概述、林区重要情况、森林破坏情形、管理计划。

【叙录编号】　0851
【档案题名】
　　傅焕光关于森林测勘、保持水土、造林等的信函
【发文单位】　傅焕光
【收文单位】　中国农民银行等
【档案编号】　009-011-137（全案卷）
【成文时间】　1943-01—1943-03
【收藏单位】　天水市档案馆
【涉及地域】　农林部天水水土保持实验区
【关 键 词】　森林测勘经费
【内容提要】
　　本卷档案包括：1.傅焕光给中国农民银行乔映东处长关于森林测勘经费的信函；2.感谢皓东先生对于保土工作的建议，关于水土保持交换意见；3.给陛勋先生关于水土保持工作的文件。

【叙录编号】　0852
【档案题名】
　　农林部、罗氏考察团关于罗德明博士在华行程、研究西北水土保持事宜人员名单等的训令记录
【发文单位】　农林部等
【收文单位】　不详
【档案编号】　009-011-138（全案卷）
【成文时间】　1943-01—1943-04
【收藏单位】　天水市档案馆
【涉及地域】　农林部天水水土保持实验区
【关 键 词】　罗德民；会议记录；陪同考察
【内容提要】

本卷档案包括：1.讨论重订罗德民博士在华工作行程会议记录，罗德民、凌道扬、李顺卿等于重庆商讨罗德民在华行程；2.罗德民博士等勘察西北水土保持工作行程，根据农林部、水利委员会会商工作地点分两期进行，合6个月（附西北视察行程表）；3.令陪同罗德民顾问考察研究西北水土保持事宜。

【叙录编号】 0853
【档案题名】
行政院顾问罗德民博士关于中国水土保持问题节略，对天水水土保持实验区工作计划的建议，美国政府赠送牧草种子试种结果报表及甘南、河西风沙问题的建议
【发文单位】 行政院等
【收文单位】 天水水土保持实验区等
【档案编号】 009-011-139（全案卷）
【成文时间】 1943-10
【收藏单位】 天水市档案馆
【涉及地域】 农林部天水水土保持实验区
【关 键 词】 罗德民；水土保持；风沙问题
【内容提要】

本卷档案主要包括罗德民所写《中国水土保持问题节略》《罗德民博士对于天水水土保持实验区工作计划草案的意见》《美国政府赠送牧草种子试种结果报告表》及《推广沙蒿种植防止流沙之建议》、郭可詹《甘南河西的风沙问题》。

【叙录编号】 0854
【档案题名】
农林部天水水土保持实验区关于报道随罗德民博士考察西北水土保持工作情况及罗玉河改造荒地主权的提案公函
【发文单位】 天水水土保持实验区
【收文单位】 罗德民等
【档案编号】 009-011-140（全案卷）
【成文时间】 1943
【收藏单位】 天水市档案馆
【涉及地域】 农林部天水水土保持实验区
【关 键 词】 考察报告；踏勘；经营管理
【内容提要】

本卷档案主要包括：1.天水水土保持实验区技士冯兆麟陪同行政院顾问罗德民博士考察西北水土保持工作检讨报告：（1）水土保持就是合理的土地利用；（2）水土保持不是古典式的研究对象，而是一个解决现实土地利用问题的推行工作；（3）配合农林牧水利垦之技术与互商经济之协调，普遍推行水土保持。2.罗博士西北水土保持考察初步报告由傅主任提要说明：罗博士建议中国应改良耕作制度，使少数农夫生产多量粮食，以抽出一部分人民从事工业。该报告包括经过路径、考察所得材料：（1）河西注意保护祁连山森林，山沟中筑堤、蓄水，利用地下水以资灌溉；（2）青海注意牧场管理，使农牧二者更得其宜；（3）黄河区域即陕甘一带注意将天雨之水储蓄在土中。3.地方政府邀请罗德民与水利等各有关技术机关共同踏勘研究规划罗玉河改道问题案。4.解决天水城郊公私生熟荒地主权经营管理问题案。

【叙录编号】 0855
【档案题名】
罗氏考察团关于罗德民来华考察安全保护、乘车住宿等的信函
【发文单位】 任承统；罗氏考察团等
【收文单位】 任承统；罗氏考察团等
【档案编号】 009-011-141（全案卷）
【成文时间】 1943
【收藏单位】 天水市档案馆
【涉及地域】 农林部天水水土保持实验区
【关 键 词】 傅志章；罗德民；张乃凤
【内容提要】

本卷档案包括：任承统写给傅志章关于罗

德民考察行程呈报的信；罗德民由西安再返天水，沿途要求保护的公函；罗德民乘车需用油的公函；傅志章随骆氏来电文；罗博士一行人去陕的电文；如何与罗博士取得联系的电文；张乃凤致李司长的电文；罗博士考察费用的电文；傅志章致歉罗博士的电文，及罗博士离开天水去兰的公函。

【叙录编号】 0856
【档案题名】
　　罗氏考察团关于罗氏考察汇款的代电及罗博士所拟中国水土保持问题结略
【发文单位】 罗氏考察团；行政院水利委员会等
【收文单位】 罗氏考察团等
【档案编号】 009-011-142（全案卷）
【成文时间】 1943-02—1943-10
【收藏单位】 天水市档案馆
【涉及地域】 农林部天水水土保持实验区
【关 键 词】 汇款；罗德民；水土保持手册
【内容提要】
　　本卷档案包括：张乃凤关于罗博士等一行9人离天水赴皋兰的费用汇款的要求电文；天水农林部为颁发行政院顾问罗德民博士所拟中国水土保持问题节略令（附农林部关于为颁发行政院顾问罗德民博士所拟中国水土保持问题节略令的训令）；关于罗博士转赴西安考察的代电；行政院水利委员会要求得到罗德民水土保持手册的公函。

【叙录编号】 0857
【档案题名】
　　各有关单位关于罗德民考察团在天水失窃财物的有关材料
【发文单位】 不详
【收文单位】 不详
【档案编号】 009-011-143（全案卷）
【成文时间】 1943-09
【收藏单位】 天水市档案馆
【涉及地域】 农林部天水水土保持实验区
【关 键 词】 罗德民失窃
【内容提要】
　　本卷档案主要为罗德民考察团在天水失窃财物的相关材料。

【叙录编号】 0858
【档案题名】
　　农林部天水水土保持实验区关于罗德民博士在天水设训练班的公函代电计划实习材料
【发文单位】 国立西北技艺专科学校；天水水土保持实验区等
【收文单位】 农林部等
【档案编号】 009-011-144（全案卷）
【成文时间】 1943-04—1943-11
【收藏单位】 天水市档案馆
【涉及地域】 农林部天水水土保持实验区
【关 键 词】 设训练班；演讲记录；实习报告
【内容提要】
　　本卷档案包括：关于罗德民民国三十二年（1943）9月在天水水土保持实验区设训练班及所需设班经费的公函、各相关单位派员参加训练班的相关公函（含参加人员名单、作息表）；国立西北技艺专科学校关于询罗德民先生何日来西北调查，如在天水讲学，本校拟派学生前往听讲，所用旅膳费可否由农林部天水水土保持实验区补助的公函；农林部关于为令将水土保持训练班演讲记录及实习报告呈报的训令；呈报水土保持训练班筹办经过；学员实习：天水南山坡地土壤冲刷初步调查、护土植物观察、水土保持试验场整个设计、等高宽埂宽沟防冲试验、沟洫蓄水试验、农场雨水疏导网之布置、小区冲刷试验地之配列、截水堰构筑兴囊砂坝之设计；民国三十二年（1943）罗德民博士演讲会记录。

【叙录编号】 0859
【档案题名】
　　美国水土保持局训练新职员之计划日程
【发文单位】 美国水土保持局
【收文单位】 美国水土保持局
【档案编号】 009-011-145（全案卷）
【成文时间】 1943
【收藏单位】 天水市档案馆
【涉及地域】 农林部天水水土保持实验区
【关 键 词】 美国水土保持局训练新职员之计划日程
【内容提要】
　　如题。

【叙录编号】 0860
【档案题名】
　　黄河水利委员会关于经费开支、节约变卖财产等的训令
【发文单位】 黄河水利委员会
【收文单位】 不详
【档案编号】 009-011-146（全案卷）
【成文时间】 1943-04—1943-05
【收藏单位】 天水市档案馆
【涉及地域】 农林部天水水土保持实验区
【关 键 词】 经费开支；节约；变卖财产
【内容提要】
　　黄河水利委员会关于经费开支、节约、变卖财产等相关的训令。

【叙录编号】 0861
【档案题名】
　　黄河水利委员会关于各机关经营工程购买财物、管制物价、募捐购买国债等的训令
【发文单位】 黄河水利委员会
【收文单位】 不详
【档案编号】 009-011-147（全案卷）
【成文时间】 1943-02
【收藏单位】 天水市档案馆
【涉及地域】 农林部天水水土保持实验区
【关 键 词】 经营工程；购置变卖财物；加强管制物价
【内容提要】
　　黄河水利委员会关于各机关经营工程及购置变卖财物、加强管制物价方案实施办法、非常时期募捐购买国债等训令。

【叙录编号】 0862
【档案题名】
　　农林部、天水水土保持实验区关于天水城郊防冲计划、实验场征地、经费概算的训令、呈、契约
【发文单位】 农林部；农林部洮河流域国有林区管理处等
【收文单位】 天水水土保持实验区等
【档案编号】 009-011-148（全案卷）
【成文时间】 1943-01—1943-11
【收藏单位】 天水市档案馆
【涉及地域】 农林部天水水土保持实验区
【关 键 词】 防冲计划；征购；经费；地主；农民
【内容提要】
　　本卷档案为农林部与水土保持实验区相关文件，包括农林部训令水土保持实验区关于呈送天水城郊防冲实验计划及预算指令；农林部天水水土保持实验区组织规模；民国三十二年（1943）农林部天水水土保持实验区实验场征购地暂行办法；水土保持实验区编民国三十二年（1943）支出经费概算与另编经费概算；农林部洮河流域国有林区管理处民国三十二年（1943）经常费分配预算；农林部天水水土保持实验区征购实验场地经过；农林部天水水土保持实验区与地主合作契约；农林部天水水土保持实验区试验场土地购置与农民合作之原则。

【叙录编号】 0863
【档案题名】
　　农林部、垦务总局、岷县垦区管理局关于天水部分购买耕牛、驴等情形的清册、公函
【发文单位】 农林部垦务总局；岷县垦区管理局等
【收文单位】 天水水土保持实验区等
【档案编号】 009-011-149（全案卷）
【成文时间】 1943-09—1943-12
【收藏单位】 天水市档案馆
【涉及地域】 农林部天水水土保持实验区
【关 键 词】 垦务局；岷县；耕牛
【内容提要】
　　本卷档案为农林部垦务总局与农林部天水水土保持实验区等机构文件。包括甘肃岷县垦区管理局呈送购置耕牛清册；农林部甘肃岷县垦区管理局天水部分购买耕牛数目清册；甘肃岷县垦区管理局天水部分购呈耕牛役驴情形；农林部甘肃垦区管理局天水部分购置役驴清册；农林部甘肃岷县垦区管理局任胡局长汇报死亡牛驴清册。

【叙录编号】 0864
【档案题名】
　　农林部黄河水源林区管理处渭水分区、甘肃甘肃省农业改进所等关于建筑新办公房舍的指令、呈、函
【发文单位】 农林部黄河水源林区管理处渭水分区等
【收文单位】 农林部等
【档案编号】 009-011-150（全案卷）
【成文时间】 1942-09—1943-06
【收藏单位】 天水市档案馆
【涉及地域】 农林部天水水土保持实验区
【关 键 词】 傅焕光；办公室；灯盏
【内容提要】
　　本卷档案包括委任傅焕光为黄河水源林区管理处渭水分区主任的命令，并有傅焕光关于在天水县南关苗圃内新建办公室的公函、用工用料等相关文件。天水县农业推广所关于渭水分区建筑房舍的信件；甘肃省农业改进所关于修建房屋、合作办法的文件；关于甘肃甘肃省农业改进所与农林部合作办法的附件；天水县农业推广所关于修理旧屋的材料；傅焕光关于搬迁建修中山公园的报告；关于申请安装灯盏的便函。

【叙录编号】 0865
【档案题名】
　　农林部、天水水土保持实验区、小陇山林垦管理处关于合营小陇山示范林场办法、土地改良放款合约的草案
【发文单位】 小陇山农林管理处
【收文单位】 农林部天水水土保持实验区
【档案编号】 009-011-151（全案卷）
【成文时间】 1943
【收藏单位】 天水市档案馆
【涉及地域】 农林部天水水土保持实验区
【关 键 词】 小陇山；管理办法；草案
【内容提要】
　　本卷档案为小陇山农林管理处与农林部天水水土保持实验区的文件。包括农林部小陇山林垦管理处、水土保持实验区合营小陇山示范林场办法的草案8则；农林部天水水土保持实验区关于小陇山林场土地改良放款合约草案。

【叙录编号】 0866
【档案题名】
　　傅焕光等关于催要经费的信函
【发文单位】 傅焕光
【收文单位】 各部门
【档案编号】 009-011-152（全案卷）
【成文时间】 1943-02—1943-03

【收藏单位】 天水市档案馆
【涉及地域】 农林部天水水土保持实验区
【关 键 词】 傅焕光；经费
【内容提要】
　　本卷档案为傅焕光的相关函件，为傅焕光致各部门关于补发、催要经费、米代金的各种信件。

【叙录编号】 0867
【档案题名】
　　甘肃省政府、农林部、天水水土保持实验区关于呈报民国三十三（1944）年1—2月份第1季度工作报告表的代电、公函、训令
【发文单位】 农林部；甘肃省政府
【收文单位】 天水水土保持实验区
【档案编号】 009-011-153（全案卷）
【成文时间】 1944-03—1944-08
【收藏单位】 天水市档案馆
【涉及地域】 农林部天水水土保持实验区
【关 键 词】 工作报表
【内容提要】
　　本卷档案为农林部、甘肃省政府、农林部天水水土保持实验区等机构文件。包括农林部训令天水水土保持实验区催报本年度1、2月两月工作报告及第1期工作季报表；甘肃省政府呈赍本年1月及2月工作月报的代电；农林部天水水土保持实验区1月份业务检讨会议报告表；农林部要求呈送第1季度报告的指令，以及实验区呈送第1季度工作表的文件；关于赠送资料的公函。

【叙录编号】 0868
【档案题名】
　　甘肃省政府、农林部天水水土保持实验区关于呈报民国三十三年（1944）4月、5月第2季度工作进程报告表的代电、公函、简报表
【发文单位】 甘肃省政府；农林部
【收文单位】 农林部天水水土保持实验区
【档案编号】 009-011-154（全案卷）
【成文时间】 1944-07—1944-08
【收藏单位】 天水市档案馆
【涉及地域】 农林部天水水土保持实验区
【关 键 词】 工作报表
【内容提要】
　　本卷档案为甘肃省政府、农林部天水水土保持实验区相关文件。主要包括关于农林部训令水土保持实验区上报第2季度工作报表的命令，以及水土保持实验区关于呈报相关工作报表的文件。

【叙录编号】 0869
【档案题名】
　　甘肃省政府、农林部、天水水土保持实验区等关于呈报民国三十三年（1944）7、8月份工作简报表的呈、代电
【发文单位】 甘肃省政府；农林部
【收文单位】 天水水土保持实验区
【档案编号】 009-011-155（全案卷）
【成文时间】 1944-07—1944-12
【收藏单位】 天水市档案馆
【涉及地域】 农林部天水水土保持实验区
【关 键 词】 工作简报；水土保持实验数据
【内容提要】
　　本卷档案主要涉及甘肃省政府、农林部、天水水土保持实验区等关于呈报民国三十三年（1944）7—8月份工作简报表的往来公文，及工作报表。其中，工作报表统计内容主要包括两部分："行政部分"含1月来工作鸟瞰、法规奉行与修改情况、与各方之关联、人事异动、经费概况等。"业务部分"主要对各小区内水土保持实验运行情况进行介绍，并附实验数据表、气象统计表及测绘地图等。

【叙录编号】 0870

【档案题名】

农林部、天水水土保持实验区等关于呈报民国三十三年（1944）第3季度工作进度检讨表的指令、公函

【发文单位】　农林部

【收文单位】　天水水土保持实验区

【档案编号】　009-011-156（全案卷）

【成文时间】　1944-11—1944-12

【收藏单位】　天水市档案馆

【涉及地域】　农林部天水水土保持实验区

【关　键　词】　工作简报；水土保持实验数据

【内容提要】

本卷档案主要涉及农林部、天水水土保持实验区等关于呈报民国三十三年（1944）第3季度工作进度检讨表的往来公文及工作报表。其中，工作进度检讨统计内容主要包括"行政部分"含法规奉行与修改情况、会议召集情况、与各方之关联、人事异动、经费收支概况等。"业务部分"主要对各小区内水土保持实验及植物繁殖实验运行情况进行介绍，并附实验数据表、气象统计表等。

【叙录编号】　0871

【档案题名】

农林部、天水水土保持实验区等关于民国三十三年（1944）10、11月工作简报表、会议记录、小区实验、管理工友办法、图书、仪器等的指令、代电、公函

【发文单位】　农林部

【收文单位】　农林部天水水土保持实验区

【档案编号】　009-011-157（全案卷）

【成文时间】　1944-03—1944-11

【收藏单位】　天水市档案馆

【涉及地域】　农林部天水水土保持实验区

【关　键　词】　工作简报；水土保持实验数据

【内容提要】

本卷档案主要涉及农林部、农林部天水水土保持实验区等关于呈报民国三十三年（1944）10—11月份工作简报表、管理工友办法、图书仪器的往来公文及工作报表。其中，工作简报表统计内容主要包括"行政部分"含1月来工作之鸟瞰、与各方之关联、人事异动、经费收支概况等。"业务部分"主要对各小区内水土保持实验及植物繁殖实验运行情况进行介绍，并附实验数据表、气象统计表等。

【叙录编号】　0872

【档案题名】

农林部天水水土保持实验区平凉工作站民国三十三年（1944）工人工作日志簿、10月工作简报表

【发文单位】　农林部天水水土保持实验区平凉工作站

【收文单位】　农林部天水水土保持实验区平凉工作站

【档案编号】　009-011-158（全案卷）

【成文时间】　1944-10

【收藏单位】　天水市档案馆

【涉及地域】　农林部天水水土保持实验区

【关　键　词】　工作简报；水土保持实验数据；工人工作日志

【内容提要】

本卷档案包括2个文件。1.农林部天水水土保持实验区平凉工作站民国三十三年（1944）10月工作简报表，统计工作项目、预定进度工作、工作实施效果及检讨、备考4个大项，包括整理苗圃、播种牧草种子、宣传水土保持事业、采集标本、采购树种草种、气候观测及报表；2.民国三十三年（1944）10月农林部天水水土保持实验区平凉工作站工人工作日志簿，包含日期、工作项目、工作地点、工人数、领工姓名、工作效果、备考7个项目。

【叙录编号】　0873

【档案题名】

农林部关于令准中宣部函送法令讲习大纲第14、15、16、18、20号的训令

【发文单位】 农林部

【收文单位】 农林部天水水土保持实验区

【档案编号】 009-011-159（全案卷）

【成文时间】 1944-02—1944-08

【收藏单位】 天水市档案馆

【涉及地域】 农林部天水水土保持实验区

【关 键 词】 法律法规

【内容提要】

本卷档案包括农林部关于令准中宣部函送法令讲习大纲第14、15、16、18、20号给水土保持实验区的训令，主要包括政治纪律、整饬官纪、惩治贪污等事宜。

【叙录编号】 0874

【档案题名】

农林部关于令准中宣部函送法令讲习大纲第21到25号令的训令

【发文单位】 农林部

【收文单位】 农林部天水水土保持实验区

【档案编号】 009-011-160（全案卷）

【成文时间】 1944-08—1944-12

【收藏单位】 天水市档案馆

【涉及地域】 农林部天水水土保持实验区

【关 键 词】 法律法规

【内容提要】

本卷档案包括农林部关于令准中宣部函送法令讲习大纲第21到25号给水土保持实验区的训令，主要包括公证事项、行政诉讼等事宜。

【叙录编号】 0875

【档案题名】

农林部关于拨发文化劳军运动实施办法和国防机密材料未经发表禁止刊载的训令

【发文单位】 农林部

【收文单位】 天水水土保持实验区

【档案编号】 009-011-161（全案卷）

【成文时间】 1944-04

【收藏单位】 天水市档案馆

【涉及地域】 农林部天水水土保持实验区

【关 键 词】 文化劳军运动

【内容提要】

本卷档案包括：1.《文化设备捐募劳军运动（简称文化劳军运动）实施办法》。分为旨趣、捐募目标、捐募要点、捐募对象、捐募组成、推动机构与人士、元首及领袖之号召、宣传、捐募推行及竞赛9部分；2.中央国书杂志审查委员会原呈关于国防机密材料数案未经主管机关正式发表禁止刊载一案。

【叙录编号】 0876

【档案题名】

农林部关于转发省参议会组织和参议员选举条例的训令

【发文单位】 农林部

【收文单位】 天水水土保持实验区

【档案编号】 009-011-162（全案卷）

【成文时间】 1944-12

【收藏单位】 天水市档案馆

【涉及地域】 农林部天水水土保持实验区

【关 键 词】 省参议会、选举

【内容提要】

本卷档案为奉令抄发省参议会组织条例及省参议员选举条例令仰知照电的训令，内附公布于民国三十三年（1944）12月8日的省参议会组织条例。

【叙录编号】 0877

【档案题名】

农林部关于抄发各县政府、金库设计委、东南麻业改进所，农会组织、设计考核委办事

组织规程及抗战损失调查等的训令
【发文单位】 农林部
【收文单位】 天水水土保持实验区
【档案编号】 009-011-163（全案卷）
【成文时间】 1944-05—1944-11
【收藏单位】 天水市档案馆
【涉及地域】 农林部天水水土保持实验区
【关 键 词】 东南麻业；抗战调查
【内容提要】
　　本卷档案包括：1.抄发战区各县政府组织规程通知，附《战区各县政府组织规程》；2.中央合作金库各省（市）分金库设计委员会组织规程印发原附件令仰知照由，附《中央合作金库各省（市）分金库设计委员会组织规程》；3.抄发东南麻业改进所组织条例；4.行政院令抄发加强农会组织及业务办法令；5.农林部设计考核委员会办事细则；6.抗战损失调查委员会组织规程。

【叙录编号】 0878
【档案题名】
　　农林部关于抄发中央农业实验所、农业推广委员会、垦务局组织条例、农场登记规则的训令
【发文单位】 农林部
【收文单位】 天水水土保持实验区
【档案编号】 009-011-164（全案卷）
【成文时间】 1944-11—1944-12
【收藏单位】 天水市档案馆
【涉及地域】 农林部天水水土保持实验区
【关 键 词】 中央农业实验所；农业推广委员会
【内容提要】
　　本卷档案主要包括农林部中央农业实验所、农业推广委员会、垦务局组织条例、农场登记规则的训令。

【叙录编号】 0879
【档案题名】
　　农林部关于抄发修正公务员任用法施行细则、驻外使馆人员任用条例的训令
【发文单位】 农林部
【收文单位】 天水水土保持实验区
【档案编号】 009-011-165（全案卷）
【成文时间】 1944-04—1944-11
【收藏单位】 天水市档案馆
【涉及地域】 农林部天水水土保持实验区
【关 键 词】 行政院；公务员
【内容提要】
　　本卷档案主要包括奉行政院训令发公务员任用法施行细则、修正公务员任用法施行细则、驻外使馆人员任用条例的通知及文件。

【叙录编号】 0880
【档案题名】
　　农林部关于抄发警官登记、聘派人员、蒙古族、藏族人员保送中央服务公职候选人检复等的训令
【发文单位】 农林部
【收文单位】 天水水土保持实验区
【档案编号】 009-011-166（全案卷）
【成文时间】 1944-05—1944-12
【收藏单位】 天水市档案馆
【涉及地域】 农林部天水水土保持实验区
【关 键 词】 警官；公职人员
【内容提要】
　　农林部奉令抄发聘用人员管理条例、内政部函送修正举办全国警官总登记办法案、各机关人员机构应并入各机关组织法内、管理人员相关条例、蒙古族、藏族人员保送中央服务办法、省县公职候选人检覆办法更正条文。

【叙录编号】 0881
【档案题名】
　　农林部关于公务员任用、送审、薪津、案

件同姓名处理，呈报资历证明、成绩审查表不得歧视女性职员等的训令

【发文单位】　农林部
【收文单位】　天水水土保持实验区
【档案编号】　009-011-167（全案卷）
【成文时间】　1944-01—1944-12
【收藏单位】　天水市档案馆
【涉及地域】　农林部天水水土保持实验区
【关 键 词】　公务员；章程办法
【内容提要】
　　抄发委任公务员改叙级俸办法、拟订改进简荐任职公务员送审办法3点、案件同姓名处理规则、公务员资历处理办法、填报动态登记荐任人员、非常时期战地公务员任用条例、国民参政令建议各机关不得歧视女性职员。

【叙录编号】　0882
【档案题名】
　　农林部关于农学院、军校、党政军管理人员训练班毕业生录用、赴疆工作、无离职证明书技术人员不准录用等的训令、代电
【发文单位】　农林部
【收文单位】　天水水土保持实验区
【档案编号】　009-011-168（全案卷）
【成文时间】　1944-07—1944-09
【收藏单位】　天水市档案馆
【涉及地域】　天水水土保持实验区
【关 键 词】　人事
【内容提要】
　　农林部关于农学院、军校、党政军管理人员训练班毕业生录用、赴疆工作、无离职证明书技术人员不准录用等的训令和代电，附毕业生名册、论文题目表及服务志愿表。

【叙录编号】　0883
【档案题名】
　　农林部关于公务员登记、技术人员管制、聘派人员调查、职员资历、家庭情况调查等的训令

【发文单位】　农林部
【收文单位】　天水水土保持实验区
【档案编号】　009-011-169（全案卷）
【成文时间】　1944-02—1944-12
【收藏单位】　天水市档案馆
【涉及地域】　农林部天水水土保持实验区
【关 键 词】　人事
【内容提要】
　　本卷档案为农林部关于公务员登记、技术人员管制、聘派人员调查、职员资历、家庭情况调查等事宜给水土保持实验区的训令，并附以上诸表样表。

【叙录编号】　0884
【档案题名】
　　农林部关于职员试用委任委派薪津、奖励、指纹代相片、学历证明、见习生考核等的训令
【发文单位】　农林部
【收文单位】　天水水土保持实验区
【档案编号】　009-011-170（全案卷）
【成文时间】　1944-01—1945-01
【收藏单位】　天水市档案馆
【涉及地域】　农林部天水水土保持实验区
【关 键 词】　人事
【内容提要】
　　本卷档案为农林部关于职员试用委任委派薪津、奖励、指文代相片、学历证明、见习人员成绩考核办法等给水土保持实验区的训令。

【叙录编号】　0885
【档案题名】
　　农林部关于工作人员公假待遇、薪津、救济、医药、奔丧等的训令
【发文单位】　农林部

【收文单位】 天水水土保持实验区
【档案编号】 009-011-171（全案卷）
【成文时间】 1944-03—1944-12
【收藏单位】 天水市档案馆
【涉及地域】 农林部天水水土保持实验区
【关 键 词】 人事
【内容提要】
　　本卷档案为农林部抄发给水土保持实验区的关于工作人员加强人员管理、战时后方服务政府机关人员及其直系尊亲死亡不能奔丧准于和平后公假归葬、国营事业机关人员待遇调整区别、奉发公务员支给薪俸限制办法及公务员叙定薪俸为册遣送、战时公务员因公伤病发给医药费办法等的训令。

【叙录编号】 0886
【档案题名】
　　农林部关于抄发公务员退休抚恤办法、抚恤金等的训令
【发文单位】 农林部
【收文单位】 天水水土保持实验区
【档案编号】 009-011-172（全案卷）
【成文时间】 1944-04—1944-12
【收藏单位】 天水市档案馆
【涉及地域】 农林部天水水土保持实验区
【关 键 词】 人事；退休金；抚恤金
【内容提要】
　　本卷档案为农林部抄发给水土保持实验区的关于抄发公务员退休抚恤办法、抚恤金等的训令，主要涉及退休金、抚恤金发放及退休、抚恤事实表填写办法等事宜。

【叙录编号】 0887
【档案题名】
　　农林部关于抄发战时技术员工管制、进修规则、勋章条例、员司进修、训练办法等的训令

【发文单位】 农林部
【收文单位】 天水水土保持实验区
【档案编号】 009-011-173（全案卷）
【成文时间】 1944-01—1944-07
【收藏单位】 天水市档案馆
【涉及地域】 农林部天水水土保持实验区
【关 键 词】 人事
【内容提要】
　　本卷档案为农林部抄发给水土保持实验区的关于战时技术员工管制条例、战地公务员补办考绩办法、检送修正勋章体例实行细则、勋章条例（包括勋绩事实表、勋章证书、职员资历职（掌调查表索引）、学术进修、训练办法等的训令。

【叙录编号】 0888
【档案题名】
　　农林部关于抄发高等考试、特等考试规则等的训令
【发文单位】 农林部
【收文单位】 天水水土保持实验区
【档案编号】 009-011-174（全案卷）
【成文时间】 1994404—1944-12
【收藏单位】 天水市档案馆
【涉及地域】 农林部天水水土保持实验区
【关 键 词】 人事；考试
【内容提要】
　　本卷档案为农林部抄发给水土保持实验区的关于高等考试初试及格人员带薪受训办法、特种考试文书人员考试规则等的训令，包括考试科目、考试范围、考试规则等事宜。

【叙录编号】 0889
【档案题名】
　　农林部关于抄发公职候选人赴美农业人员实习选送考试的训令
【发文单位】 农林部

【收文单位】 天水水土保持实验区
【档案编号】 009-011-175（全案卷）
【成文时间】 1944-07—1944-10
【收藏单位】 天水市档案馆
【涉及地域】 农林部天水水土保持实验区
【关 键 词】 人事；考试
【内容提要】
　　本卷档案为农林部抄发给水土保持实验区的关于选考赴美农业见习人员实习科目及名额分配及保荐合格人员以便选考，并附赴美实习人员志愿书及保送书的样表及填写规范。

【叙录编号】 0890
【档案题名】
　　农林部关于抄转公务员进修及考察选送、平时成绩考核、党政工作考核等的训令
【发文单位】 农林部
【收文单位】 天水水土保持实验区
【档案编号】 009-011-176（全案卷）
【成文时间】 1944-01—1944-11
【收藏单位】 天水市档案馆
【涉及地域】 农林部天水水土保持实验区
【关 键 词】 人事；平时成绩
【内容提要】
　　本卷档案为农林部抄发给水土保持实验区的关于抄转公务员进修及考察选送条例、平时成绩考核、党政工作考核等的训令。包括其样表及填写规范。

【叙录编号】 0891
【档案题名】
　　农林部、甘肃省政府关于人事管理人员考核、派驻省办事人员监督考察、各机关工作考核、联络等的训令
【发文单位】 甘肃省政府；农林部
【收文单位】 天水水土保持实验区
【档案编号】 009-011-177（全案卷）
【成文时间】 1944-06—1944-12
【收藏单位】 天水市档案馆
【涉及地域】 农林部天水水土保持实验区
【关 键 词】 人事
【内容提要】
　　本卷档案为甘肃省政府、农林部抄发给水土保持实验区的关于人事管理人员考核、各部会署派驻省办事人员监督考察、各机关工作考核、联络等的训令、代电。

【叙录编号】 0892
【档案题名】
　　农林部关于抄发协缉汉奸、敌产处理、军人投敌处分
【发文单位】 农林部
【收文单位】 天水水土保持实验区
【档案编号】 009-011-178（全案卷）
【成文时间】 1944-01—1944-02
【收藏单位】 天水市档案馆
【涉及地域】 农林部天水水土保持实验区
【关 键 词】 人事；协缉汉奸
【内容提要】
　　本卷档案为农林部抄发给水土保持实验区的关于抄发协缉汉奸、敌产处理、军人投敌处分办法等的训令。

【叙录编号】 0893
【档案题名】
　　天水县政府、农林部、天水水土保持实验区等单位关于成立机构、启用关防、职员委任、委派接铃视事的公函、代电及天水农业界第1次谈话会记录
【发文单位】 农林部；国民政府；安徽省农业改进所；中国工业合作协会西北区天水纺织合作实验厂等
【收文单位】 天水水土保持实验区
【档案编号】 009-011-179（全案卷）

【成 文 时 间】 1944-01—1944-11
【收 藏 单 位】 天水市档案馆
【涉 及 地 域】 农林部天水水土保持实验区
【关 键 词】 褒奖令；接铃视事；谈话记录
【内容提要】

本卷档案为农林部等机构文件。包括国民政府命令政府褒扬前农产促进委员会生任委员穆藕初通令；兰州关天水支关关于接铃视事的文件；安徽省农业改进所代电；中国工业合作协会西北区天水纺织合作实验厂公函；天水农林各界第1次谈话会记录。

【叙 录 编 号】 0894
【档 案 题 名】
农林部天水水土保持实验区关于会计人员委派的训令指令公函
【发 文 单 位】 农林部
【收 文 单 位】 天水水土保持实验区
【档 案 编 号】 009-011-180（全案卷）
【成 文 时 间】 1944-01—1944-07
【收 藏 单 位】 天水市档案馆
【涉 及 地 域】 农林部天水水土保持实验区
【关 键 词】 人事任免
【内容提要】

本卷档案为农林部、天水水土保持实验区相关文件。主要包括农林部训令天水水土保持实验区关于会计主任及其他职务人员的任免委派等文件。

【叙 录 编 号】 0895
【档 案 题 名】
农林部天水水土保持实验区关于吕本顺、冯兆麟、董祥、闫文光、张绍钫、叶培忠、李茂栩、盖庆章、高继善、郎维杰、贾思潘等职务任免的指令、公函
【发 文 单 位】 农林部天水水土保持实验区
【收 文 单 位】 吕本顺等
【档 案 编 号】 009-011-181（全案卷）
【成 文 时 间】 1944-05—1944-11
【收 藏 单 位】 天水市档案馆
【涉 及 地 域】 农林部天水水土保持实验区
【关 键 词】 人事任免
【内容提要】

本卷档案为农林部天水水土保持实验区人事任免相关文件，包括技士冯兆麟辞职，由吕本顺充技佐一职；关于将技佐吕本顺免职另用的文件；关于任用董祥、闫文光等人的文件；关于任用张绍钫的文件；关于任用叶培忠的文件；关于解雇临时员工李茂栩、盖庆章等人的文件；任高继善为技佐的文件；关于会计贺子仁因病辞职，任免郎维杰之文件；关于贾思潘因病请长假的文件。

【叙 录 编 号】 0896
【档 案 题 名】
农林部天水水土保持实验区关于张绍钫、李贡玥等任用的审查书及增加长工名额、徐学训薪津等的指令公函
【发 文 单 位】 农林部天水水土保持实验区
【收 文 单 位】 张绍钫等
【档 案 编 号】 009-011-182（全案卷）
【成 文 时 间】 1944-03—1945-01
【收 藏 单 位】 天水市档案馆
【涉 及 地 域】 农林部天水水土保持实验区
【关 键 词】 人事任免
【内容提要】

本卷档案为农林部天水水土保持实验区关于人事任免与薪津的相关文件。主要包括任命张绍钫为技正、关于任命李宁经、王昌、李贡玥、赵从新、吴杰等人为实验区员工的文件；关于任用阎文光、董祥华为实验区职员的文件；关于任命张德常为水土保持实验区技正、徐学训为水土保持实验区技士的文件。

【叙录编号】 0897
【档案题名】
农林部天水水土保持实验区关于职员委任委派、雇佣临时雇员、职员病故请假等的指令公函
【发文单位】 农林部天水水土保持实验区
【收文单位】 王昌等
【档案编号】 009-011-183（全案卷）
【成文时间】 1943-12—1944-07
【收藏单位】 天水市档案馆
【涉及地域】 农林部天水水土保持实验区
【关 键 词】 人事任免
【内容提要】
　　本卷档案为农林部天水水土保持实验区关于职员委任雇佣的指令和公函。主要包括任用王昌为该区事务员及王昌另有任免予以免职的文件；关于技正叶培忠、袁义生等人的任免文件；关于委派李贡玥为事务员，雇佣李茂枬为临时雇员的指令；农林部训令水土保持实验区派专门委员任承统在该区工作；关于雇佣盖庆章为临时雇员的文件；关于西北技术专科学校借聘叶培忠到学校任课的文件，及水土保持实验区因事务繁忙拒绝借聘的回函；关于张德常、袁义生等人的人事文件；关于张德常补任袁义生为技正的相关文件；关于核查职员李成烈病故的相关文件等。

【叙录编号】 0898
【档案题名】
农林部天水水土保持实验区关于民国三十三年（1944）职员薪津、考绩、雇员考成等的指令、训令、公函、请册
【发文单位】 农林部天水水土保持实验区
【收文单位】 不详
【档案编号】 009-011-184（全案卷）
【成文时间】 1944-04—1945-09
【收藏单位】 天水市档案馆
【涉及地域】 农林部天水水土保持实验区
【关 键 词】 职员薪津；人事提要；职员考绩及雇员考成表、职员名单
【内容提要】
　　本卷档案主要包括：农林部天水水土保持实验区关于职员薪津、人事提要公函及训令；民国三十三年（1944）职员考绩及雇员考成表及清单及训令；农林部天水水土保持实验区民国三十三年（1944）1—4月份职员名单。

【叙录编号】 0899
【档案题名】
农林部天水水土保持实验区关于呈报组织沿革、业务概况、机关团体概况、职员雇员、资历职掌等的呈、名册、报表
【发文单位】 农林部天水水土保持实验区
【收文单位】 不详
【档案编号】 009-011-185（全案卷）
【成文时间】 1944-02—1944-12
【收藏单位】 天水市档案馆
【涉及地域】 农林部天水水土保持实验区
【关 键 词】 组织沿革；业务概况；各机关及团体概况调查表；职员名录
【内容提要】
　　本卷档案包括：农林部天水水土保持实验区关于呈报组织沿革、业务概况等的公函；各机关及团体概况调查表；呈送本区职员题名录的公函（内含职员题名录）、雇员名册、职员资历职掌调查表、职员证明单；农林部天水水土保持实验区组织及工作人员概况。

【叙录编号】 0900
【档案题名】
农林部关于工作计划、林业建设计划、施业方案、月份预算、工作进度月报表等的训令
【发文单位】 农林部
【收文单位】 农林部天水水土保持实验区

【档案编号】 009-011-186（全案卷）
【成文时间】 1944-04—1944-12
【收藏单位】 天水市档案馆
【涉及地域】 农林部天水水土保持实验区
【关 键 词】 林业建设计划纲要；各机关工作计划编造办法；工作计划分月进度表
【内容提要】

本卷档案包括：关于印发农林部民国三十二年（1943）林业建设计划纲要的代电（内含纲要）；农林部关于修改中央党政军机关业务检讨会议与工作进度改核办法及战时各机关工作计划编造办法及抄发年度工作计划分月进度表的训令；农林部关于呈报民国三十三年（1944）第2季度的报表指令；关于印发农林技术计划问题纲要（含纲要）；农林部关于各机关编造工作报表办法及格式的训令；农林部关于催填报民国三十三年（1943）事业实施进度等报表的训令；农林部关于准工作竞赛推行委员会电送该会民国三十三年（1944）工作计划分月进度表，请参照举办各项工作竞赛，并定期举行工作竞赛优胜人员给奖典礼的训令。

【叙录编号】 0901
【档案题名】

农林部关于对西北水土保持考察报告、提要、工作节略的代电指令
【发文单位】 农林部等
【收文单位】 农林部天水水土保持实验区等
【档案编号】 009-011-187（全案卷）
【成文时间】 1944-02—1944-12
【收藏单位】 天水市档案馆
【涉及地域】 农林部天水水土保持实验区
【关 键 词】 西北水土保持考察初步报告；西北水土保持事宜提要报告；任承统工作签呈
【内容提要】

本卷档案包括：农林部电发罗德民博士所编《西北水土保持考察初步报告》；农林部关于据呈赍西北水土保持事宜提要报告指令；申述民国三十三年（1944）水土保持小区试验荞麦区之径流量较休闲区为多之理由；农林部关于据呈赍工作概况节略指复的指令；任承统关于随行政院顾问、美国水土保持专家罗德民博士考察陕甘黄土层区域、渭河、泾河流域水土保持工作、兼管小陇山林区事宜之工作之重要性的签呈。

【叙录编号】 0902
【档案题名】

农林部水土保持实验区关于呈报民国三十三年（1944）中心工作计划及月进度表的公函、指令
【发文单位】 农林部天水水土保持实验区
【收文单位】 农林部天水水土保持实验区
【档案编号】 009-011-188（全案卷）
【成文时间】 1944
【收藏单位】 天水市档案馆
【涉及地域】 农林部天水水土保持实验区
【关 键 词】 水土保持实验区工作计划；植被；土壤；坡田
【内容提要】

本卷档案主要包括农林部天水水土保持实验区民国三十三年（1944）中心工作计划（土壤方面包括保土植物试验与繁殖、单种植物与多种混合栽培、坡田保土蓄水试验、径流小区试验、土壤渗滴测验、沟冲控制，另有植被状况等）；保土植物试验与繁殖计划；河滩荒坡造林计划；柳篱、挂淤示范计划；民国三十三年（1944）中心工作分月进度表；保土植物试验与繁殖、坡田保土蓄水试验与径流小区试验等主要工作项目分月进度表。

【叙录编号】 0903
【档案题名】

甘肃省政府、农林部、农林部天水水土保

持实验区等关于催要、呈报民国三十三年（1944）政绩比较表的代电、报令、呈、公函

【发文单位】　甘肃省政府；农林部
【收文单位】　农林部天水水土保持实验区
【档案编号】　009-011-189（全案卷）
【成文时间】　1944-03—1945-05
【收藏单位】　天水市档案馆
【涉及地域】　农林部天水水土保持实验区
【关　键　词】　政绩比较表
【内容提要】

本卷档案主要包括：1.呈送民国三十三年（1944）政绩比较表；2.农林部代电催上交政绩比较表；3.水土保持实验区民国三十三年（1944）政绩比较表复查公函；4.民国三十三年度（1944）政绩比较表全文（内含行政部分与业务部分）。

【叙录编号】　0904
【档案题名】

农林部、农林部天水水土保持实验区关于将永昌站改设皋兰、派员筹备兰山工作站、兰山站民国三十三年（1944）工作纲要、设计提要、月份进度、测绘等的训令、指令、呈、公函

【发文单位】　农林部天水水土保持实验区；农林部天水水土保持实验区兰山区工作站等
【收文单位】　农林部等
【档案编号】　009-011-190（全案卷）
【成文时间】　1944-06—1944-12
【收藏单位】　天水市档案馆
【涉及地域】　农林部天水水土保持实验区
【关　键　词】　兰山区；皋兰区；全家山
【内容提要】

本卷档案主要包括：1.呈送兰山区工作站本年度工作纲要指令，附工作纲要；2.农林部天水水土保持实验区兰山区工作站民国三十三年（1944）月份进度表；3.农林部天水水土保持实验区兰山区民国三十三年（1944）调查实验设计提要；4.兰山区请派技正1名的公函；5.因兰山区水土保持确为重要，拟设兰山区工作站并请允开始筹备的函；6.已向兽医防治处租地筹设兰山区与皋兰区；7.筹办兰山站进行工作进展及日后计划；8.8项请示事项；9.给志章先生感谢协助相关工作，并希望他前来工作的信；10.函送双方合作水土保持示范推广办法草案，并附草案原文；11.将永昌站改设皋兰准备查；12.宗文田给志章主任关于全家山测绘一事工作进展的信；13.阎文光给志章主任有关月薪办法的信，并附8月份工作报告；14.任承统给培忠的信；15～17.关于测量全家山的计划及测绘费用等的呈、函。

【叙录编号】　0905
【档案题名】

农林部天水水土保持实验区关于冬季举办研讨会的呈、纲目、演讲程序、时间分配及商请宋文田、陈志德讲学的函

【发文单位】　农林部天水水土保持实验区
【收文单位】　农林部天水水土保持实验区
【档案编号】　009-011-191（全案卷）
【成文时间】　1944-09—1944-11
【收藏单位】　天水市档案馆
【涉及地域】　农林部天水水土保持实验区
【关　键　词】　研讨会
【内容提要】

本卷档案主要包括：1.天水水土保持实验区希举办冬季研讨班，并恰好冬季利用地冻不能实施工作，并附《民国三十三年（1944）农林部天水水土保持实验区冬研讨会纲目》；2.举办冬季研讨会指令，冬季研讨会请柬，冬季研讨会演讲程序；3.商讨派宗文田先生来讲学的公函；及研讨会相关事项文件。

【叙录编号】　0906

叁 自然资源开发与生态保护类档案 253

【档案题名】

农林部关于抄发眷属生产合作推进、筹借资金、储蓄等的训令

【发文单位】 农林部
【收文单位】 农林部天水水土保持实验区
【档案编号】 009-011-192（全案卷）
【成文时间】 1944-04—1944-10
【收藏单位】 天水市档案馆
【涉及地域】 农林部天水水土保持实验区
【关 键 词】 章程文件
【内容提要】

本卷档案主要包括：农林部关于抄发眷属生产合作推进、战时合作社筹借生产消费业务特种资金办法、各县市推进乡镇公益储蓄考核办法、机关团体及各业员工储蓄办法、修正前的建国储金条例的训令。

【叙录编号】 0907
【档案题名】

甘肃省政府第四区行政督察专员公署保安司令公署天水水土保持实验区关于抽派保安队维护治安、护林签订租约等的公函、训令

【发文单位】 第四区行政督察专员公署；农林部；甘肃省政府等
【收文单位】 农林部天水水土保持实验区等
【档案编号】 009-011-193（全案卷）
【成文时间】 1944-04—1944-06
【收藏单位】 天水市档案馆
【涉及地域】 农林部天水水土保持实验区
【关 键 词】 保护植造林木；实验区租田契约
【内容提要】

本卷档案包括：甘肃省第四区行政督察专员兼保安司令公署关于抽派保安队轮流巡视保护植造林木的公函；农林部关于天水土保持实验区关于抽派保安队轮流巡视以保护本区植造林木的请求公函；甘肃省第四区行政督察专员兼保安司令关于准水土保持实验区出请令饬该县政府特饬各地主限日签订租约以清手续的公函（附实验区租田契约）；甘肃省政府及甘肃省第四区行政督察专员兼保安司令公署关于将农林部天水水土保持实验区勘点民田企图从中舞弊的公函；行政院水委会电派员视察水土保持等工程。

【叙录编号】 0908
【档案题名】

农林部关于征收土地垦殖荒地等的训令

【发文单位】 农林部
【收文单位】 农林部天水水土保持实验区
【档案编号】 009-011-194（全案卷）
【成文时间】 1944-06—1944-09
【收藏单位】 天水市档案馆
【涉及地域】 农林部天水水土保持实验区
【关 键 词】 征收土地；荒地垦殖；补偿费
【内容提要】

本卷档案包括：农林部关于各机关征收土地务须依照法定手续办理的训令；关于奉行政院转发土地管业执照办法的训令；关于抄发荒地垦殖应披土地情形予以合理利用的训令；关于解释需用土地人不依土地法第3、6、8条规定限发给补偿费应如何补救疑义准地政署的训令。

【叙录编号】 0909
【档案题名】

傅焕光、傅志章等关于工作的往来信件

【发文单位】 沈宗瀚；吴桢祥；陈骥等
【收文单位】 傅焕光；傅志章等
【档案编号】 009-011-195（全案卷）
【成文时间】 1944-11—1944-12
【收藏单位】 天水市档案馆
【涉及地域】 农林部天水水土保持实验区
【关 键 词】 傅焕光；傅志章；陈骥
【内容提要】

本卷档案主要包括：沈宗瀚写给傅焕光的信，其内容主要关于蒋德麒技正的工作安排；吴桢祥写给傅焕光的信，其内容主要关于屠焕生调任后的衣物保存；陈骥写给傅焕光的信，其内容主要为陈骥因上课想与任承统对调工作的请求；段有恒写给傅志章的信；沈学年写给傅志章的信。

【叙录编号】 0910
【档案题名】
农林部黄河水源林管理处泾水分区民国三十三年（1944）8、10、11月份，第2、3季度工作进度检讨简报表、公函
【发文单位】 农林部黄河水源林管理处泾水分区；农林部天水水土保持实验区平凉工作站
【收文单位】 农林部黄河水源林管理处泾水分区；农林部天水水土保持实验区平凉工作站
【档案编号】 009-011-196（全案卷）
【成文时间】 1944-09—1945-02
【收藏单位】 天水市档案馆
【涉及地域】 农林部天水水土保持实验区
【关 键 词】 报告表；工作简报
【内容提要】

本卷档案主要包括：农林部黄河水源林管理处泾水分区民国三十三年（1944）第2季工作进度检讨报告表。该报表主要包括缑伦元在平凉代觅临时房屋、傅焕光商议租平凉地基问题、拨发员工食补及经费；农林部黄河水源林管理处泾水分区民国三十三年（1944）第3季工作进度检讨报告表。该报表主要包括租地契约、苗圃入商租、经费等内容；农林部天水水土保持实验区平凉工作站民国三十三年（1944）9月份工作简报。该简报主要包括测绘本站苗圃地、踏勘大统山、采集标本、采集树种及草种、修筑道路及整理原地等5部分；农林部黄河水源林管理处泾水分区民国三十三年（1944）8月份工作简报。该简报主要包括政务和业务两部分；平凉工作站民国三十三年（1944）8月份工作报告，该报告主要包括勘定工作站站址、勘定林苗牧草繁殖场址、开掘梯田水平沟、踏勘大统山工作地址、购置应用器物等5部分；农林部黄河水源林管理处泾水分区民国三十三年（1944）10月工作简报。

【叙录编号】 0911
【档案题名】
甘肃省政府、农林部黄河水源林管理处关于泾水分区民国三十三年（1944）中心工作计划考绩比较表和概况节略的指令、代电、公函
【发文单位】 甘肃省政府；农林部黄河水源林管处泾水分区
【收文单位】 农林部黄河水源林管处泾水分区
【档案编号】 009-011-197（全案卷）
【成文时间】 1944-03—1945-03
【收藏单位】 天水市档案馆
【涉及地域】 农林部天水水土保持实验区
【关 键 词】 工作计划；政绩比较表；泾水分区概况节略
【内容提要】

本卷档案主要包括：民国三十三年（1944）农林部黄河水源林管理处泾水分区中心工作计划（含计划分月进度表）：勘察林苗牧场繁殖草地、梯田水平沟之示范、调查附近山岭坡地水流农牧气候社会等情形、整辟林苗牧草繁殖场；甘肃省政府准函送民国三十三年（1944）政绩比较表应予备查代电；农林部关于呈送三十三年（1944）政绩比较表的指令；农林部黄河水源林管理处泾水分区民国三十三年（1944）政绩比较表。此表包括工作项目、工作计划、工作实施等几项；农林部黄河水源林管理处泾水分区概况节略，主要分为名称、地点、成立日期、技术人员、经费、地亩、工作等7项。

【叙录编号】 0912
【档案题名】
　　农林部黄河水源林管处泾水分区、国立西北技艺专科学校、西北兽疫防治处关于租用平凉农场田亩、房舍的呈、租约、信函
【发文单位】 农林部黄河水源林管理处泾水分区；国立西北技艺专科学校等
【收文单位】 西北兽疫防治处等
【档案编号】 009-011-198（全案卷）
【成文时间】 1944-05—1944-09
【收藏单位】 天水市档案馆
【涉及地域】 农林部天水水土保持实验区
【关 键 词】 保土实验；平凉农场；农林部西北兽疫防治处
【内容提要】
　　本卷档案主要包括：农林部黄河水源林管理处泾水分区关于前往平凉设立苗圃繁殖适宜保土草木在缓坡田地作保土实验的公函；国立西北技艺专科学校关于该校将平凉农场水田20亩借给农林部天水水土保持实验区应用并请西北兽疫防治处转饬平凉血清厂的公函；国立西北技艺专科学校关于派员接收本校平凉农场水田20亩并希将接收情形见复的公函；承租国立西北技艺专科学校平凉农牧场原则7条；农林部西北兽疫防治处关于函送租约草案的公函；农林部黄河水源林管理处泾水分区本部西北兽疫防治处平凉农牧场订立租约草案；黄希周写给叶培忠的信，主要内容关于平凉物价、本站员工待遇、本站地租等相关问题；阎文光写给傅志章的信，主要内容为平凉区地平面图（附图1张）。

【叙录编号】 0913
【档案题名】
　　农田水利工程处、小陇山天然林管理处关于小陇山天然林管处概况节略、民国三十三年（1944）政绩比较表的函、报表
【发文单位】 农林部；甘肃省政府等
【收文单位】 农林部天水水土保持实验区等
【档案编号】 009-011-199（全案卷）
【成文时间】 1944—1945
【收藏单位】 天水市档案馆
【涉及地域】 农林部天水水土保持实验区
【关 键 词】 政绩报表；小陇山；兰山区
【内容提要】
　　本卷档案主要包括：1.函送天然林管理处民国三十三年（1944）政绩的报表一案的函复查照由；2.农林部、甘肃省政府合办小陇山天然林管理处民国三十三年（1944）政绩比较表（2份）；3.农林部天水水土保持实验区公函，兰山区工作站民国三十三年（1944）政绩比较表业绩已经编纂完成；4.合办小陇山天然林管理处概况节略。

【叙录编号】 0914
【档案题名】
　　甘肃省政府、甘肃省第四区行政督察专员公署、西北林业有限公司、小陇山林地清理委员会关于职员委派，清理小陇山林地、确定产权等的布告、电文、训令
【发文单位】 甘肃省政府；第四区行政督察专员公署等
【收文单位】 农林部天水水土保持实验区等
【档案编号】 009-011-200（全案卷）
【成文时间】 1944-04—1944-08
【收藏单位】 天水市档案馆
【涉及地域】 农林部天水水土保持实验区
【关 键 词】 小陇山；测绘图；清理工作
【内容提要】
　　本卷档案主要包括：1.请增人员经费，附收发经费表；2.派员前来贵队洽商将有关小陇山测绘图检送1份或借阅；3.小陇山林地清理委员会交来卷宗统计；4.为呈明农林部天水水土保持实验区傅焕光擅掘民众坟墓请派员查

办、甘肃省第四区行政督察专员兼保安司令公署批示；5.天水卫生院发给山内普通应用药品各两份以备不时之需的函，并附药品清单，及小陇山林地清理委员会呈请发给入山应带药品令；7.为清理小陇山林地布告及须知专件，令乡镇保甲张贴并告知居民，并附通知、训令；8.小陇山林地陈报须知；9.选派精干官兵6员随带枪弹保护小陇山清查人员入山工作；10.甘肃省保安第六团第二大队第四中队选派士兵姓名册；11.关于派往小陇山林地的技术员等经费支付等的电文；12-13.函请将清理小陇山林地办法、林地营业执照存根、林地呈报须知及布告公函；14.小陇山清理工作人手不足、急待推动，回复技术员韩迁栋另有任用早经改派，杨林源前往需旅费，着仍在原经费内匀支建地的函（及电报）；15.建地一事来电奉悉，清理人员已入山，10余日后将抵达，所需旅费碍于预算未便支给；16.前派天水县小陇山林区技术员韩迁栋另有任用，兹改派杨林源接手的训令；17.清理小陇山林地布告等令准备的指令（并附电报）；18.请派员复查小陇山林地确定产权的公函，并附山契清单。

【叙录编号】　0915
【档案题名】
　　甘肃省政府、甘肃省第四区行政督察专员公署、小陇山林地清理委员会关于颁发清理小陇山林地、仇池山地等的训令、公函、会议记录
【发文单位】　甘肃省政府；第四区行政督察专员公署等
【收文单位】　农林部天水水土保持实验区等
【档案编号】　009-011-201（全案卷）
【成文时间】　1944-02—1944-07
【收藏单位】　天水市档案馆
【涉及地域】　农林部天水水土保持实验区
【关　键　词】　清理小陇山林地

【内容提要】
　　本卷档案主要包括：清理小陇山林地办法及通知（附清理小陇山林区3个月经费预算表、林地执业存根），会商清理小陇山工作决定，清理小陇山林地产权会议记录，修正清理小陇山林地办法并清查协助进行的公函（附清理小陇山林地办法），电令从速开始小陇山林区清理工作，清理小陇山林地第2次谈话会议记录，将贵局路线图及测量记录借阅并派员前来洽商的公函及便条，第四区行政督察专员公署张专员密查陇南匪患的代电，准许农林部及甘肃省合办小陇山林区一案。

【叙录编号】　0916
【档案题名】
　　农林部、甘肃省政府、农林部天水水土保持实验区关于民国三十年（1941）1月、2月份工作的简报表、呈
【发文单位】　农林部；甘肃省政府；农林部天水水土保持实验区等
【收文单位】　农林部天水水土保持实验区等
【档案编号】　009-011-202（全案卷）
【成文时间】　1945-01—1945-04
【收藏单位】　天水市档案馆
【涉及地域】　农林部天水水土保持实验区
【关　键　词】　月报表；工作简报表；气象月报表
【内容提要】
　　本卷档案主要包括：农林部要求呈送1月份工作月报的指令，农林部天水水土保持实验区函送本站1月份工作月报的代电、呈，附农林部天水水土保持实验区民国三十四年（1945）1月份工作简报表。内含政务部分、业务部分，天水水土保持实验区气候月报表，农林部天水水土保持实验区山区工作站民国三十四年（1945）1月份工作简报表、农林部天水水土保持实验区民国三十四年（1945）1月工作简报表；函送2月份工作简报电报、农林

部要求呈送2月份工作月报的指令、农林部天水水土保持实验区民国三十四年（1945）2月份工作简报表、气象月报表。工作简报表主要包括两部分，行政部分有1月来工作鸟瞰、法视之奉行与修订、会议之召集、各地方联系、人事异动情形、经费收支概况；业务部分有工作项目、原定进度、工作实施情形及效果和备注。

【叙录编号】 0917
【档案题名】
农林部天水水土保持实验区关于民国三十四年（1945）3、4月份工作的简报表、呈
【发文单位】 农林部天水水土保持实验区
【收文单位】 农林部天水水土保持实验区
【档案编号】 009-011-203（全案卷）
【成文时间】 1945-03—1945-06
【收藏单位】 天水市档案馆
【涉及地域】 农林部天水水土保持实验区
【关 键 词】 月报表；工作简报表；气象月报表
【内容提要】
本卷档案主要包括：提交3、4月份工作简报表电报；要求提交3、4月份工作简报表；要求函送3、4月份工作简报表；农林部农业推广委员会公函请函送3、4月份工作简报表；民国三十四年（1945）3、4月份工作简报表（2份）；3、4月份气象月报表（2份）。

【叙录编号】 0918
【档案题名】
农林部、甘肃省政府、农林部天水水土保持实验区等关于民国三十四年（1945）5、7月份工作的简报表、呈
【发文单位】 农林部天水水土保持实验区等
【收文单位】 农林部；甘肃省政府等
【档案编号】 009-011-204（全案卷）
【成文时间】 1945-06—1945-10
【收藏单位】 天水市档案馆
【涉及地域】 农林部天水水土保持实验区
【关 键 词】 工作报表
【内容提要】
本卷档案包括：甘肃省政府、农林部天水水土保持实验区等机构相关文件。主要为农林部天水水土保持实验区向上级呈送的该区民国三十四年（1945）5月份和7月份的工作报表。该报表主要包括甲乙两部分，甲部分为行政部分，主要有1月份以来工作鸟瞰、法规的奉行与编订、会议召集、与各方面之联系、人事变动经费收支报销；乙部分为业务部分，主要有保土植物之试验与繁殖、农田水利方面、植树造林、气象记录、水文记录、农作保土试验与山田良种繁殖等相关内容。

【叙录编号】 0919
【档案题名】
甘肃省政府、农林部、农田水利工程处、农林部天水水土保持实验区关于报送民国三十四年（1945）上半年工作进度检讨的报告、表、呈
【发文单位】 农林部天水水土保持实验区等
【收文单位】 甘肃省政府；农林部等
【档案编号】 009-011-205（全案卷）
【成文时间】 1945-08—1945-09
【收藏单位】 天水市档案馆
【涉及地域】 农林部天水水土保持实验区
【关 键 词】 工作报表
【内容提要】
本卷档案包括：甘肃省政府、农林部天水水土保持实验区等机构相关文件。主要为农林部天水水土保持实验区向上级呈送的该区民国三十四年（1945）上半年工作进度检讨报告表。该报表主要包括甲乙两部分，甲部分为行政部分法规的奉行与编订、会议召集、与各方面之联系、人事变动经费收支报销；乙部分为

业务部分，主要有保土植物之试验与繁殖、农田水利方面、植树造林、气象记录、水文记录、农作保土试验与山田良种繁殖等相关内容。

【叙录编号】 0920
【档案题名】
　　农林部、甘肃省政府、农林部天水水土保持实验区关于民国三十四年（1945）8、9月份工作的简表、呈
【发文单位】 农林部天水水土保持实验区等
【收文单位】 农林部；甘肃省政府等
【档案编号】 009-011-206（全案卷）
【成文时间】 1945-08—1945-11
【收藏单位】 天水市档案馆
【涉及地域】 农林部天水水土保持实验区
【关 键 词】 工作报表
【内容提要】
　　本卷档案包括：甘肃省政府、农林部天水水土保持实验区等机构相关文件。主要为农林部天水水土保持实验区向上级呈送的该区民国三十四年（1945）8、9月份的工作报表。该报表主要包括甲乙部分，甲部分为行政部分，主要有1月份以来工作鸟瞰、法规的奉行与编订、会议召集、与各方面之联系、人事变动经费收支报销；乙部分为业务部分，主要有保土植物之试验与繁殖、农田水利方面、植树造林、气象记录、水文记录、农作保土试验与山田良种繁殖等相关内容。

【叙录编号】 0921
【档案题名】
　　农林部、甘肃省政府、农林部天水水土保持实验区关于民国三十四年（1945）10、11月工作简报表、呈
【发文单位】 农林部天水水土保持实验区等
【收文单位】 农林部；甘肃省政府等
【档案编号】 009-011-207（全案卷）
【成文时间】 1945-11—1946-01
【收藏单位】 天水市档案馆
【涉及地域】 农林部天水水土保持实验区
【关 键 词】 工作报表
【内容提要】
　　本卷档案包括：甘肃省政府、农林部天水水土保持实验区等机构相关文件。主要为农林部天水水土保持实验区向上级呈送的该区民国三十四年（1945）10、11月份的工作报表。该报表主要包括甲乙两部分，甲部分为行政部分，主要有1月份以来工作鸟瞰、法规的奉行与编订、会议召集、与各方面之联系、人事变动经费收支报销；乙部分为业务部分，主要有保土植物之试验与繁殖、农田水利方面、植树造林、气象记录、水文记录、农作保土试验与山田良种繁殖等相关内容。

【叙录编号】 0922
【档案题名】
　　农林部关于抄转中央党政军提高行政效能及行政三联制总检讨会议决案的训令
【发文单位】 农林部
【收文单位】 农林部天水水土保持实验区
【档案编号】 009-011-208（全案卷）
【成文时间】 1945-05
【收藏单位】 天水市档案馆
【涉及地域】 农林部天水水土保持实验区
【关 键 词】 训令；行政三联制；行政效能
【内容提要】
　　本卷档案包括：农林部训天水水土保持实验区令，主要指关于奉行政院令抄发中央党政军提高行政效能及行政三联制总检讨会议之决案，主要包括行政效能3则、设计2则、考核4则、附录1则。

【叙录编号】 0923

【档案题名】

农林部关于抄发胜利勋章条例、施行细则、补充解释等的训令

【发文单位】 农林部
【收文单位】 农林部天水水土保持实验区
【档案编号】 009-011-209（全案卷）
【成文时间】 1945-03—1945-12
【收藏单位】 天水市档案馆
【涉及地域】 农林部天水水土保持实验区
【关 键 词】 胜利勋章
【内容提要】

本卷档案包括：农林部相关文件。主要包括铨叙部关于请勋毋庸的函件；关于抄发颁给胜利勋章的条例；关于抄发会同公布修正勋章条例实施细则的训令；关于公务员在抗战期间服务8年考绩优异者可请授胜利勋章又补充4点的相关训令；关于颁给胜利勋章条例第3条及同条第4款之解释的训令。

【叙录编号】 0924
【档案题名】

农林部关于抄发战时统一管理运输、陆海空军勋奖章佩戴、广征通谍人才、知青从军优待、壮丁服役、禁止越权受理案件等的训令

【发文单位】 农林部
【收文单位】 农林部天水水土保持实验区
【档案编号】 009-011-210（全案卷）
【成文时间】 1945-02—1945-12
【收藏单位】 天水市档案馆
【涉及地域】 农林部天水水土保持实验区
【关 键 词】 行政
【内容提要】

农林部抄发给水土保持实验区的关于抄发战时统一管理运输、陆海空军勋奖章佩戴、云南起义纪念恢复举行、广征通谍人才、知青从军优待、壮丁服役、禁止越权受理案件等的训令。

【叙录编号】 0925
【档案题名】

农林部关于解释法令、政令执行、国家总动员会撤销后业务有主管会署执行、户口普查、行文、档案管理保密、出版物送中央图书馆等的训令

【发文单位】 农林部
【收文单位】 农林部天水水土保持实验区
【档案编号】 009-011-211（全案卷）
【成文时间】 1945-03—1945-09
【收藏单位】 天水市档案馆
【涉及地域】 农林部天水水土保持实验区
【关 键 词】 行政
【内容提要】

本卷档案包括：农林部抄发给水土保持实验区的关于解释法令、政令执行、国家总动员会撤销后业务有主管会署执行、户口普查、行文、档案管理保密、出版物送中央图书馆等的训令，并附拟毁档案清册样表。

【叙录编号】 0926
【档案题名】

农林部关于法令讲习大纲第26—30号的训令

【发文单位】 农林部
【收文单位】 农林部天水水土保持实验区
【档案编号】 009-011-212（全案卷）
【成文时间】 1945-01—1945-06
【收藏单位】 天水市档案馆
【涉及地域】 农林部天水水土保持实验区
【关 键 词】 行政
【内容提要】

本卷档案包括：农林部关于令准中宣部函送法令讲习大纲第26—30号给水土保持实验区的训令，主要包括艰苦抗战、考试规则、抚恤家属等事宜。

【叙录编号】 0927
【档案题名】
　　农林部关于法令讲习大纲第31—37号的训令
【发文单位】 农林部
【收文单位】 农林部天水水土保持实验区
【档案编号】 009-011-213（全案卷）
【成文时间】 1945-06—1945-12
【收藏单位】 天水市档案馆
【涉及地域】 农林部天水水土保持实验区
【关 键 词】 行政
【内容提要】
　　本卷档案包括：农林部关于令准中宣部函送法令讲习大纲第31—37号给水土保持实验区的训令，主要包括特种刑事案件诉讼条例、行政三权含义、改善市区交通、户籍登记、勘测荒地等事宜。

【叙录编号】 0928
【档案题名】
　　农林部关于抄发国民政府组织法、市参议会组织条例、市参议院选举条例的训令
【发文单位】 农林部
【收文单位】 农林部天水水土保持实验区
【档案编号】 009-011-214（全案卷）
【成文时间】 1945-02
【收藏单位】 天水市档案馆
【涉及地域】 农林部天水水土保持实验区
【关 键 词】 行政；市参议会
【内容提要】
　　农林部抄发给水土保持实验区的关于政府组织法、市参议会组织条例、市参议院选举条例的训令。主要包括选举资格、选举权等内容。

【叙录编号】 0929
【档案题名】
　　农林部关于抄发联合国粮食与农业组织之组织法译本和善后总署组织法的训令
【发文单位】 农林部
【收文单位】 农林部天水水土保持实验区
【档案编号】 009-011-215（全案卷）
【成文时间】 1945-03
【收藏单位】 天水市档案馆
【涉及地域】 农林部天水水土保持实验区
【关 键 词】 联合国；善后救济总署
【内容提要】
　　本卷档案主要包括：农林部抄发给水土保持实验区的关于抄发联合国粮食与农业组织之组织法译本和善后总署组织法的训令。

【叙录编号】 0930
【档案题名】
　　农林部关于抄发县农业推广所、农林场、中央实验所、畜牧实验所、农田水利工程处、工程队工作纲领、组织条例、章程、大纲的训令
【发文单位】 农林部
【收文单位】 农林部天水水土保持实验区
【档案编号】 009-011-216（全案卷）
【成文时间】 1945-03—1945-07
【收藏单位】 天水市档案馆
【涉及地域】 农林部天水水土保持实验区
【关 键 词】 训令；农业推广所；农田水利工程处
【内容提要】
　　本卷档案包括：农林部训令，主要为农林部训令水土保持实验区抄发县农业推广所组织规程又县农业推广所组织大纲及县农林场组织章程业也废止；农林部训令水土保持实验区抄发农林部中央林业实验所及畜牧实验所组织条例；农林部训令水土保持实验区抄发本部农田水利工程处工程队工作纲领及服务须知。

【叙录编号】 0931

【档案题名】

农林部关于抄发西北兽疫防治处、役畜改良繁殖场、羊毛改进处、西南兽疫防治处、农业推广繁殖站、耕牛繁殖场组织规程、条例的训令

【发文单位】 农林部

【收文单位】 黄河水源区管理处；农林部天水水土保持实验区

【档案编号】 009-011-217（全案卷）

【成文时间】 1945-02—1945-11

【收藏单位】 天水市档案馆

【涉及地域】 农林部天水水土保持实验区

【关 键 词】 训令；兽疫防治；农业推广

【内容提要】

本卷档案包括：农林部训令。主要为农林部训令黄河水源区管理处抄发西北兽疫防治处组织条例；农林部训令天水水土保持实验区抄发农林部西北役畜改良繁殖场组织条例；农林部训令水土保持实验区抄发农林部西北羊毛改进处组织条例；农林部训令水土保持实验区抄发西南兽疫防治处组织条例；农林部训令水土保持实验区本部各区农业推广繁殖站组织规程奉令准予备案；农林部训令农林部天水水土保持实验区耕牛繁殖场组织规程奉院令准予备案。

【叙录编号】 0932

【档案题名】

农林部关于抄发还都计划、讲读人事法令、职员平时成绩考核、农业生产竞赛原则等的训令

【发文单位】 农林部

【收文单位】 农林部天水水土保持实验区

【档案编号】 009-011-218（全案卷）

【成文时间】 1945-01—1945-11

【收藏单位】 天水市档案馆

【涉及地域】 农林部天水水土保持实验区

【关 键 词】 训令；还都计划；平时成绩考核；工作竞赛

【内容提要】

本卷档案主要为农林部训令，包括训令水土保持实验区抄发"还都计划"初稿及地方复员时行政机构调整计划初稿，及中央党政军机职员工役及其眷属调查表；农林部训令水土保持实验区抄送还都计划纲要1份；农林部致水土保持实验区关于铨叙部训令各机关在孙中山先生逝世纪念周时讲读人事法令及工作报告；农林部致水土保持实验区关于铨叙部训令于本年7月20日以前办送本年上半年成绩考核结果汇报册及雇员考成清册；农林部训令水土保持实验区颁发本部订宣民国三十四年（1945）农业生产竞赛原则；农林部训令水土保持实验区准工作竞赛推行委员会函以全国各项工作竞赛优胜人员给奖典礼日改为5月5日举行一案；农林部训令水土保持实验区工作竞赛委员会饬令经常举办工作竞赛。

【叙录编号】 0933

【档案题名】

农林部关于简化公务员委任调任手续、公务员职员调任委任、平时成绩考核、蒙藏人员报送中央服务、选择英语人员担任美军翻译等的训令

【发文单位】 农林部

【收文单位】 农林部天水水土保持实验区

【档案编号】 009-011-219（全案卷）

【成文时间】 1945-04—1945-12

【收藏单位】 天水市档案馆

【涉及地域】 农林部天水水土保持实验区

【关 键 词】 简化公务员调任手续；成绩考核；蒙藏人员；翻译工作

【内容提要】

本卷档案为农林部训令，主要包括农林部

训令水土保持实验区关于简化公务员调任手续、厘定本部各机关工作人员任用办法；关于铨叙部咨请于7月20日以前办送本年上半年公务员平时成绩考核汇报册及雇员考成清册；关于任官手续简化的训令；关于公布公务员内外调任条例、废止公务员内外互调条例，及其实施细则的训令；农林部关于本部各附属机关人员任用办法着予废止的训令；农林部关于国民政府规定公务员任用补充办法5项的训令；国民政府令饬对于蒙古族、藏族人员任用条例及蒙古族、藏族人员保送中央服务的办法切实遵照执行的训令；农林部关于奉令征调擅长英语职员配合美军担任翻译的训令。

【叙录编号】 0934
【档案题名】
农林部关于人事工作计划、建议、机构裁撤、归并、战时技术人员管理、业务人员与事务人员划分、机关编制名称、人事机构条文程式、公务员不准兼职等的训令
【发文单位】 农林部
【收文单位】 农林部天水水土保持实验区
【档案编号】 009-011-220（全案卷）
【成文时间】 1945-04—1945-11
【收藏单位】 天水市档案馆
【涉及地域】 农林部天水水土保持实验区
【关 键 词】 机构裁撤；技术人员；机关名称
【内容提要】

本卷档案主要为农林部致水土保持实验区的训令，包括准铨叙部咨检送人事机构条文程式、训令抄发各机关组织法规内人事机构条文程式；奉院令以中央应规定业务人员与事务人员之区分标准，各机关人员应以业务人员为主体；国民政府对于战时技术人员管制条例的训令；关于公务员不得兼职的训令；关于考选委员会请通行各机关及人民团体不得与该会相混之名称的训令；关于奉令各机关人事不得更动的训令。

【叙录编号】 0935
【档案题名】
农林部关于调整机构、职员职务、公务员送审、被控违法失职、机关人员与会计人员联系、公文呈报等的训令
【发文单位】 农林部
【收文单位】 农林部天水水土保持实验区
【档案编号】 009-011-221（全案卷）
【成文时间】 1945-03—1945-12
【收藏单位】 天水市档案馆
【涉及地域】 农林部天水水土保持实验区
【关 键 词】 违法失职
【内容提要】

本卷档案为农林部训令。主要包括农林部为检发本部所处各机关人员与会计人员工作联系应行注意事项的训令；农林部关于出差时所呈送文电应注明公出某代的训令；关于所属人员如有被控违法失职事务应遵令彻查的训令；关于奉令调整各机关机构员工职务办法5项的训令；关于铨叙部要求将应送审而未送审的公务员一律送审的训令；关于各机关学校嗣后凡填写年龄之证件年、月、日都用汉字的训令；关于准铨叙部关于任用名单审查表内出身经历两项应详为填写的训令。

【叙录编号】 0936
【档案题名】
农林部关于聘用人员管理、职员委任委派、视事、薪津、使用聘期人员、退休抚恤、重病后特别护士费等的训令
【发文单位】 农林部
【收文单位】 农林部天水水土保持实验区
【档案编号】 009-011-222（全案卷）
【成文时间】 1945-02—1945-12

【收藏单位】 天水市档案馆
【涉及地域】 农林部天水水土保持实验区
【关 键 词】 人事
【内容提要】
　　本卷档案为农林部抄发给水土保持实验区的关于原有聘用人员整理办法、试用人员之退休抚恤办法、指定四川等5省中央驻省办公人员及指导员、警长警士薪饷、重病后特别护士费、公务员停厝亲属、收复地区劳工福利、农林部部长周诒春、次长彭吉元、严慎予到部视事，宋子文、翁文灏就职的训令，另有农林部祁连山国有林区管理处关于处长李树滋到任视事的公函，及农林部西江水土保持实验区关于迁移柳州办公的呈文。

【叙录编号】 0937
【档案题名】
　　农林部关于抄发党政工作考核委员会组织通则、规程、实施考核、杜绝虚伪和中央设计考核主计机关工作联系办法等的训令
【发文单位】 农林部
【收文单位】 农林部天水水土保持实验区
【档案编号】 009-011-223（全案卷）
【成文时间】 1945-01—1945-12
【收藏单位】 天水市档案馆
【涉及地域】 农林部天水水土保持实验区
【关 键 词】 人事
【内容提要】
　　本卷档案为农林部与水土保持实验区关于党政各机关设计考核委员会组织通则、组织规程、联系办法、实施考核以杜绝虚伪而提高效率的往来公文。

【叙录编号】 0938
【档案题名】
　　农林部关于抄发考核实施细则、考察各机关会计工作、加强设计考核与统计工作联系等的训令
【发文单位】 农林部
【收文单位】 农林部天水水土保持实验区
【档案编号】 009-011-224（全案卷）
【成文时间】 1945-02—1945-10
【收藏单位】 天水市档案馆
【涉及地域】 农林部天水水土保持实验区
【关 键 词】 人事
【内容提要】
　　本卷档案为农林部抄发给水土保持实验区的关于实施细则、考察各机关会计工作、加强设计考核与统计工作联系等的训令。

【叙录编号】 0939
【档案题名】
　　农林部关于抄发公务员考绩条例施行细则、考绩注意事项的训令、函
【发文单位】 农林部
【收文单位】 农林部天水水土保持实验区
【档案编号】 009-011-225（全案卷）
【成文时间】 1945-12
【收藏单位】 天水市档案馆
【涉及地域】 农林部天水水土保持实验区
【关 键 词】 人事
【内容提要】
　　本卷档案为农林部与水土保持实验区的关于公务员考绩条例施行细则、考绩注意事项及其填表规范等的往来公文。

【叙录编号】 0940
【档案题名】
　　农林部关于职员考绩、考绩呈阅、各机关三十三年（1944）最优员额分官计秝、职员委任送审、呈送专业技术人员简历、考试初试及格人员发给食粮等的训令
【发文单位】 农林部
【收文单位】 农林部天水水土保持实验区

【档案编号】 009-011-226（全案卷）
【成文时间】 1945-01—1945-08
【收藏单位】 天水市档案馆
【涉及地域】 农林部天水水土保持实验区
【关 键 词】 人事
【内容提要】
　　本卷档案为农林部抄发给水土保持实验区的关于职员考绩、考绩呈阅、各机关民国三十三年（1944）最优员额分官计秩、职员委任送审、呈送专业技术人员简历、考试初试及格人员发给食粮等的训令职员考绩、考绩呈阅、各机关三十三年（1944）最优员额分官记秩、职员委任送审、呈送专业技术人员简历、考试初试及格人员发给食粮等的训令。

【叙录编号】 0941
【档案题名】
　　农林部关于抄发海外党务研究班招生、职业训练班实施办法、调度司法警察、条例的训令
【发文单位】 农林部
【收文单位】 农林部天水水土保持实验区
【档案编号】 009-011-227（全案卷）
【成文时间】 1945-03—1945-10
【收藏单位】 天水市档案馆
【涉及地域】 农林部天水水土保持实验区
【关 键 词】 海外党务研究班；短期职业训练班
【内容提要】
　　本卷档案主要包括：1.农林部抄发海外党务研究班招生简章令执行的训令，民国三十四年（1945）工作计划，列有训练海外干部1项，为适应南洋反攻军军事需要，推出各项优惠政策，并研究班招生简章一同抄发，附招生简章（2份）；2.农林部训令抄发短期职业训练班实施办法，附《短期职业训练班实施办法》；3.农林部训令抄发调度司法警察条例案，附《调度司法警察条例》。

【叙录编号】 0942
【档案题名】
　　农林部关于抄发公务员学术文考课、特种考试、社会工作人员考试、公营事业主计人员考试规则等的训令
【发文单位】 农林部
【收文单位】 农林部天水水土保持实验区
【档案编号】 009-011-228（全案卷）
【成文时间】 1945-01—1945-02
【收藏单位】 天水市档案馆
【涉及地域】 农林部天水水土保持实验区
【关 键 词】 公务员；考试
【内容提要】
　　本卷档案为农林部奉令抄发的相关训令，主要包括公务员学术文考课规则、公告事项、特种考试规则、公营事业主计人员考试规则。

【叙录编号】 0943
【档案题名】
　　农林部关于抄发度量衡检定员升等考试、省县公职候选人检查、考试、外国人应矿业技师考试、应考人呈缴伪造或变造证件处理办法、规则等的训令
【发文单位】 农林部
【收文单位】 农林部天水水土保持实验区
【档案编号】 009-011-229（全案卷）
【成文时间】 1945-01—1945-12
【收藏单位】 天水市档案馆
【涉及地域】 农林部天水水土保持实验区
【关 键 词】 公务员；检定员；考试
【内容提要】
　　本卷档案为农林部奉令抄发的相关训令。主要包括考试院函送度量衡检定员升学考试规则、省县公职候选人检查方法更正条文、函请将现任本机关公务员依公职候选人考试检查办法规定积极办理、应考人呈缴伪造或变造证件处理办法、农工矿业技师考试条例。

【叙录编号】 0944
【档案题名】
　　农林部关于惩治贪污、拘捕人犯、缉获烟毒、通缉汉奸、惩戒案件处理及军警机关协助检察官维护地方秩序、钱正宇等永不录用的训令
【发文单位】 农林部
【收文单位】 农林部天水水土保持实验区
【档案编号】 009-011-230（全案卷）
【成文时间】 1945-01—1945-12
【收藏单位】 天水市档案馆
【涉及地域】 农林部天水水土保持实验区
【关 键 词】 惩治贪污；烟毒
【内容提要】
　　本卷档案为农林部奉令抄发的相关训令。主要包括列举惩治贪污办法，查报拘捕人案件办法及表式各机关缉获烟毒及解决办法，通缉汉奸案件除军人外应一律改用司法行政部办理，注意惩戒案件之处理及执行；钱正宇、胡忠信永不录用；撤销梅哲之通缉案；禁烟禁毒治罪暂行条例；关于何种机关之组织应以法律制定或不必经过立法程序一案，关于军警机关协助检察官维护地方秩序。

【叙录编号】 0945
【档案题名】
　　农林部、水土保持实验区关于免设设计考核机构，袁义田、陈焕章等人职务任免、兼任统计业务，乔迁恭贺的训令、公函
【发文单位】 农林部
【收文单位】 农林部天水水土保持实验区
【档案编号】 009-011-231（全案卷）
【成文时间】 1945-01—1945-12
【收藏单位】 天水市档案馆
【涉及地域】 农林部天水水土保持实验区
【关 键 词】 人员调动；人事任免
【内容提要】
　　本卷档案为农林部、水土保持实验区的指令、公函、训令等有关内容。主要包括与袁义田有关的6份调动文件，农林部人事任免、调动文件4份，甘肃省畜牧兽疫研究院成立恭贺的公函，令指派专员办理统计业务的4份相关文件。

【叙录编号】 0946
【档案题名】
　　农林部、农林部天水水土保持实验区关于吕本顺、高继善、鄂列庆、闫文光等人委任、薪津、试署期满成绩审查的指令、训令、呈、函
【发文单位】 农林部
【收文单位】 农林部天水水土保持实验区
【档案编号】 009-011-232（全案卷）
【成文时间】 1945-02—1945-12
【收藏单位】 天水市档案馆
【涉及地域】 农林部天水水土保持实验区
【关 键 词】 人事任用；送审表
【内容提要】
　　本卷档案主要包括：人事任免、调动的文件。具体为拟任技士吕本顺、技佐高继善等二员任用审查表件存转的指令。经农林部审查结果合格的复函。审查结果准予试用的训令，鄂列庆任用审查表件及相关公函。拟任人员送审书，鄂列庆未在法定期间内送审成绩表。原表不予核转的指令。公务员试用期满成绩送审书。闫文光等试署及试用成绩审查表。技佐高继善任用训令及相关报告。相关公务员试用期满成绩送审书3份，袁义田、穆可培薪津工作指令。

【叙录编号】 0947
【档案题名】
　　农林部、农林部天水水土保持实验区关于张德常、董祥华、张绍钫、徐学训、李贡珊、

李守经、王昌委任的指令、训令、呈、公函
【发文单位】　农林部
【收文单位】　农林部天水水土保持实验区
【档案编号】　009-011-233（全案卷）
【成文时间】　1945-02—1945-06
【收藏单位】　天水市档案馆
【涉及地域】　农林部天水水土保持实验区
【关　键　词】　人事
【内容提要】
　　本卷档案为农林部与农林部天水水土保持实验区关于张德常、董祥华、张绍钫、徐学训、李贡珊、李守经、王昌委任的指令、训令、呈、公函，主要包括委任通知书、履历审查表。

【叙录编号】　0948
【档案题名】
　　农林部等关于填报农业人才、机关人事资料、技师登记、职员及眷属、林警编制、实有员额调查表等的公函、训令
【发文单位】　农林部；国民政府军事委员会委员长侍从室三处等
【收文单位】　天水水土保持实验区
【档案编号】　009-011-234（全案卷）
【成文时间】　1945-02—1945-12
【收藏单位】　天水市档案馆
【涉及地域】　农林部天水水土保持实验区
【关　键　词】　人事
【内容提要】
　　本卷档案为农林部、国民政府军事委员会委员长侍从室三处等关于填报农业人才、机关人事资料、技师登记、职员及眷属、林警编制、实有员额调查表、颁发全国农林研究实验及调查简报表等的公函、训令。

【叙录编号】　0949
【档案题名】
　　农林部、农林部天水水土保持实验区关于民国三十四年（1945）职员考绩考成的指令、呈、报表
【发文单位】　农林部
【收文单位】　农林部天水水土保持实验区
【档案编号】　009-011-235（全案卷）
【成文时间】　1946-01—1946-10
【收藏单位】　天水市档案馆
【涉及地域】　农林部天水水土保持实验区
【关　键　词】　人事；年度考核
【内容提要】
　　本卷档案为农林部、农林部天水水土保持实验区关于民国三十四年（1945）职员考绩考成的指令、呈、报，报表。内容主要包括姓名、年龄、现职、职掌、籍贯、工作、操行、学识、主管长官复核、备注等多项信息，并附长官评语。

【叙录编号】　0950
【档案题名】
　　农林部、农林部天水水土保持实验区关于填送民国三十四年（1945）职员及眷属名册、技术人员考试、赴美实习、林警、安置编余军官官佐属、农业人才、现有员额调查等的指令、呈
【发文单位】　农林部
【收文单位】　农林部天水水土保持实验区
【档案编号】　009-011-236（全案卷）
【成文时间】　1945-07—1946-03
【收藏单位】　天水市档案馆
【涉及地域】　农林部天水水土保持实验区
【关　键　词】　人事
【内容提要】
　　本卷档案为农林部、农林部天水水土保持实验区关于填送民国三十四年（1945）职员及眷属名册、技术人员考试、赴美实习、林警、安置编余军官官佐属、农业人才、现有员额调

查等的指令、呈。

【叙录编号】 0951
【档案题名】
　　农林部关于编造工作表报、政绩比较表、工作报告、计划等的训令
【发文单位】 农林部
【收文单位】 农林部天水水土保持实验区
【档案编号】 009-011-237（全案卷）
【成文时间】 1945-01—1945-04
【收藏单位】 天水市档案馆
【涉及地域】 农林部天水水土保持实验区
【关 键 词】 工作报表
【内容提要】
　　本卷档案包括：农林部关于抄发本部所属各机关编造工作报表办法修正条支及表式；农林部关于各附属机关遵照工作报表格式及说明上报工作报表的代电；农林部关于农林部天水水土保持实验区为人员报告及计划应力求进速确实，指示应引注意各点的训令。

【叙录编号】 0952
【档案题名】
　　农林部、农林部天水水土保持实验区关于报送民国三十四年度（1945）工作分月进度表；民国三十四年（1945）、三十五年（1946）工作计划、预算、概要等的代电、训令、呈
【发文单位】 农林部
【收文单位】 农林部天水水土保持实验区
【档案编号】 009-011-238（全案卷）
【成文时间】 1944-08—1945-11
【收藏单位】 天水市档案馆
【涉及地域】 农林部天水水土保持实验区
【关 键 词】 工作计划；分月工作进度表；工作纲要预算
【内容提要】
　　本卷档案包括：农林部关于农林部天水水土保持实验区呈报民国三十四年（1945）工作计划及分月工作进度表的代电；农林部关于补递本年度工作月份进度表请鉴核示的指令；农林部天水水土保持实验区呈报本年度工作月份进度表2份；农林部关于呈送民国三十四年（1945）中心工作纲要预算概要的指令；农林部天水水土保持实验区工作进度表主要包括保土植物试验与繁殖、农田水利、植树造林、气象、水文、农作保土试验与山田良种繁殖等项；农林部天水水土保持实验区关于呈报本区民国三十四年（1945）中心工作纲要预算概要，包括本区中心工作及兰山区工作站中心工作、平凉工作站中心工作、华家岭工作站中心工作、本区民国三十四年（1945）执行计划之人员配备、员工公粮预算数；农林部关于呈报水土保持试验区本年业务检讨会议记录的训令。

【叙录编号】 0953
【档案题名】
　　农林部天水水土保持实验区工作总报告纲要、实施概况及成果节略
【发文单位】 农林部天水水土保持实验区
【收文单位】 农林部天水水土保持实验区
【档案编号】 009-011-239（全案卷）
【成文时间】 1945
【收藏单位】 天水市档案馆
【涉及地域】 农林部天水水土保持实验区
【关 键 词】 工作总报告纲要；工作概况；概况节略
【内容提要】
　　本卷档案包括：农林部天水水土保持实验区的工作总报告纲要。该报告主要包括本区简要：该区成立于民国三十一年（1943）8月、场地面积共137.56亩、工作人员共26人、经费共100万元、工作概况主要为果家坪堡土试验场、河南苗圃、河北苗圃、平凉工作站、兰

州工作站几项。工作地点与面积主要包括全家山试验场、皋兰山四墩坪示范地、七里河坡地试验等地。工作状况包括全家山试验场、皋兰山四墩坪示范地、七里河坡地试验等地的工作状况。农林部天水水土保持实验区工作概况主要包括场地勘择、工作场地、经费、业务等内容。农林部天水水土保持实验区概况节略主要包括名称、地点、成立日期、工作使命、技术人员、地亩、图书仪器、农林用具、标本、建筑、经费、工作进行概况、合作事业、训练指导、兰山区工作概况及结论等内容。其中工作进行概况主要为测量设计、试验效果、气象记录、调查等4部分内容。农林保土试验与山田良种繁殖进行情形与结果一览表。

【叙录编号】 0954
【档案题名】
　　甘肃省政府、农林部天水水土保持实验区关于民国三十四年（1945）天水水土保持实验区政绩比较表的指令、代电、呈
【发文单位】 甘肃省政府；农林部
【收文单位】 农林部天水水土保持实验区
【档案编号】 009-011-240（全案卷）
【成文时间】 1945—1946
【收藏单位】 天水市档案馆
【涉及地域】 农林部天水水土保持实验区
【关 键 词】 政绩比较表；梁家坪测候站气象年报表；12月份气象月报表
【内容提要】
　　本卷档案包括：甘肃省政府关于函送民国三十四年（1945）政绩比较表请查照的代电；农林部关于呈送天水水土保持实验区民国三十四年（1945）政绩比较表的指令；农林部林业司为函催提前编送政绩比较表的公函；农林部农田水利工程处关于函送民国三十四年（1945）政绩比较表的公函；农林部天水水土保持实验区民国三十四年（1945）政绩比较表，该表主要含法规之奉行与修订、会议召集情形、与各方联络情形、人事异动及考绩情形、经费收支情形等政务内容以及保土植物之试验与繁殖、农田水利、植树造林、水土保持试验与山田良种繁殖等业务部分。其中含有表1：台阶梯田水平沟之尺寸与容蓄量；表2：宽埂水平沟之尺寸与容蓄量；表3：梯田水平沟蓄水淤土量记载表；表4：民国三十四年（1945）各小区作物产量及生长情形表；表5：筑有沉泥积水泥各小区全年径流冲刷量比较表；表6：民国三十四年（1945）天水本区春植树造林生长成活概况表。民国三十四年（1945）农林部天水水土保持实验区梁家坪测候站气象年报表；农林部天水水土保持实验区12月气象月报表，该报表地点为天水南门外梁家坪。

【叙录编号】 0955
【档案题名】
　　农林部、农林部天水水土保持实验区牧草栽培试验报告表
【发文单位】 农林部天水水土保持实验区
【收文单位】 农林部天水水土保持实验区
【档案编号】 009-011-241（全案卷）
【成文时间】 1945
【收藏单位】 天水市档案馆
【涉及地域】 农林部天水水土保持实验区
【关 键 词】 牧草栽培
【内容提要】
　　本卷档案为农林部天水水土保持实验区牧草栽培试验报告表，以表格形式分列号码、学名（英文）、种名、产地或来源、性状及生长情况、适合地区。

【叙录编号】 0956
【档案题名】
　　农林部天水水土保持实验区水利工程处等

单位关于荞麦区与休闲地径流量比较、梯田沟洫、育苗造林、试种牧草试验及租地、询问美国菜种等的呈、公函
【发文单位】　农林部天水水土保持实验区
【收文单位】　农林部天水水土保持实验区
【档案编号】　009-011-242（全案卷）
【成文时间】　1945-05—1945-12
【收藏单位】　天水市档案馆
【涉及地域】　农林部天水水土保持实验区
【关 键 词】　径流量；育苗造林
【内容提要】

本卷档案主要包括：1.关于申递民国三十三年（1944）试验荞麦区径流量比较的公函；2.函送水土保持实验区梯田沟洫报告及图表各1份一案交查的公函；3.关于本站育苗造林试种牧草的年终报告暂不报出；4.水土保持中造林之业务；5.关于美国菜种业已分发无余的公函。

【叙录编号】　0957
【档案题名】

农林部天水水土保持实验区民国三十四年（1945）2—12月份气象月报表及气象情况图表
【发文单位】　农林部天水水土保持实验区
【收文单位】　农林部天水水土保持实验区
【档案编号】　009-011-243（全案卷）
【成文时间】　1945-02—1945-12
【收藏单位】　天水市档案馆
【涉及地域】　农林部天水水土保持实验区
【关 键 词】　气象月报表
【内容提要】

本卷档案主要为农林部天水水土保持实验区民国三十四年（1945）2—12月份气象月报表，1—2月份表格包括时间、地点（天水城南梁家坪）、河流（渭水流域）、海拔、日期、气温（最高温、最低温）、风力、云量、雨量（1次最大雨量、1次最急雨量）、蒸发量、能见度与天气；后表格包括干球、湿球、气温、相对湿度、风、云量、降水量、蒸发、能见度及天气。

【叙录编号】　0958
【档案题名】

农林部寡女非常时期工商业及团体管制、外贸进出口物资管理、简化手续、食糖专卖、桐油猪鬃、生丝、羊毛统购统销、桐油转运、封锁区购销、民生日用品、财政预算、献粮献金、接收国际捐赠财物、借用国防材料、市造产等的训令
【发文单位】　农林部
【收文单位】　农林部天水水土保持实验区
【档案编号】　009-011-244（全案卷）
【成文时间】　1945-01—1945-12
【收藏单位】　天水市档案馆
【涉及地域】　农林部天水水土保持实验区
【关 键 词】　训令
【内容提要】

本卷档案为农林部致水土保持实验区的训令，主要包括战时食粮专卖暂行条例停止施行，献粮献金等宜应努力宣导协助进行，非常时期工商业及团体管制办法，桐油管理区内特运手续，商化桐油转运手续，战时国际捐赠财务接收处理办法，战时管理封锁区有后方购销民生日用品办法订购器材注意事项，桐油、猪鬃、生丝、羊毛、茶叶等管理及统购统销办法，第4届第1次大会关于主席团决议送请政府注意预防，特许进口出口物品领证报运办法，各行政机关复员建设拨借国防材料，市造产办法。

【叙录编号】　0959
【档案题名】

农业部关于抄发战时公私财产损失调查、处理敌产、接收财物注明价额、日期等的训令
【发文单位】　农林部

【收文单位】　农林部天水水土保持实验区
【档案编号】　009-011-245（全案卷）
【成文时间】　1945-07—1945-12
【收藏单位】　天水市档案馆
【涉及地域】　农林部天水水土保持实验区
【关　键　词】　训令
【内容提要】
　　本卷档案为农林部致天水水土保持实验区的训令，主要包括调查敌人罪行应于8月前办理，战时公私财产损失调查，收复区处理敌产应行注意等项，战时公私损失抄发实施要点查报，接收财物并注明购置日期。

【叙录编号】　0960
【档案题名】
　　农林部、农林部天水水土保持实验区关于实验区、兰山区经费预算、汇款购置仪器、平凉站租借、拨让西北兽疫防治处房屋、地亩、家具及其租金的公函、呈
【发文单位】　农林部；农林部天水水土保持实验区；西北兽疫防治处等
【收文单位】　甘肃省畜牧兽医研究所；天水水土保持实验区等
【档案编号】　009-011-246（全案卷）
【成文时间】　1945-01—1945-12
【收藏单位】　天水市档案馆
【涉及地域】　农林部天水水土保持实验区
【关　键　词】　兽疫防治处；平凉站；经费
【内容提要】
　　本卷档案为农林部致天水水土保持实验区及甘肃省畜牧兽医研究所相关通知、训令、公函。主要包括畜牧兽医研究所函请农林部天水水土保持实验区转知张技正绍舫将占用房间即日让出；因小麦价格较贵、经费困难，农林部天水水土保持实验区希望防疫处惠予免收地租；叶培忠给德麒发信，希望以他与罗处长的私人关系，请免去今年水保区在平凉租用的牧场及办公房屋的租金；农林部天水水土保持区发重庆农林部盛文才部长电，称今年麦价飞涨，本年度预算只列种苗地租1.2万元，但如今麦价折算已经超过10万元，请其停收租金或另拨地租费；西北兽疫防治处函请农林部天水水土保持实验区交纳所租房屋田地租金的公函；农林部天水水土保持实验区交纳今年租金、希望重新订立租约，减少租金的公函；西北兽疫防治处函复所请改定租约请与本处平凉兽疫站洽谈；给兽疫防治处的信称兽疫防治处否认前次商定结果，要求以较高价格结算租金，但上次商议结果为900元/亩，现水土保持实验区持租金12万余元，希暂缓3天缴纳，同意在900—1050元内协商（写信人不明）；叶培忠写给菊逸的信，称西北防疫处今年地租交付事宜，既有租约存案，但该处坚执不让，殊不近人情，但无法与之抗争，希望以与该站李会计商议的标准交付租金，并希望在可能范围内商议同意减租，并希望免于受到物价的影响；叶培忠写给干忱司长的信称因平凉工作站租用兽疫防治处牧场价格过高，虽拟将平凉工作站业务扩大，但苦于无适当场地，现听闻兽疫防治站有撤销的消息，希望能为双方工作便利，将该站全部场地及房屋家具划拨水保区平凉站。农林部天水水土保持实验区民国三十四年（1945）工作分配草案；相关单据钱款已由农民银行汇出，及回执；叶培忠给守经先生的信；水土保持实验区三十四年（1945）5、6、9月经费预算分配表；请宽筹民国三十五年（1946）经费以便购置仪器。

【叙录编号】　0961
【档案题名】
　　农林部天水水土保持实验区叶培忠等关于实验区工作、经费等的往来信件
【发文单位】　傅焕光；叶培忠等
【收文单位】　蒋德祺；叶培忠等

叁 自然资源开发与生态保护类档案　271

【档案编号】 009-011-247（全案卷）
【成文时间】 1945-03—1945-05
【收藏单位】 天水市档案馆
【涉及地域】 农林部天水水土保持实验区
【关 键 词】 信件；傅焕光；叶培忠；徐存仁
【内容提要】

本卷档案主要为信件。其中有傅焕光梳理1年工作情况的信；明年工作情况草案；叶培忠给夔良副座的信；叶培忠给蒋德祺的信；叶培忠给士林的信；黄希周和叶培忠的往复信；叶培忠给傅志章的信；徐存仁给叶培忠的信；闫文光和叶培忠的往复信；成甫隆和叶培忠、袁义田的往复信、叶培忠和黄希周的往复信。

【叙录编号】 0962
【档案题名】
　　农林部天水水土保持实验区叶培忠等关于实验区工作经费的往来信件
【发文单位】 叶培忠；蒋德祺等
【收文单位】 黄希周；石德彰等
【档案编号】 009-011-248（全案卷）
【成文时间】 1945-05—1945-08
【收藏单位】 天水市档案馆
【涉及地域】 农林部天水水土保持实验区
【关 键 词】 叶培忠；傅焕光；信件
【内容提要】

本卷档案为民国三十四年（1945）5—8月份农林部天水水土保持实验区技正叶培忠关于工作、经费与他人的往来信件。包括叶培忠与黄希周、石德彰、康祖、胡学仁、张心一等人的往来信件，另有蒋德祺、傅焕光、黄希周、叶培忠等人关于平凉兽防站借地问题的往复信。

【叙录编号】 0963
【档案题名】
　　农林部天水水土保持实验区叶培忠等关于实验区工作、经费等的往来信件
【发文单位】 叶培忠等
【收文单位】 徐存仁等
【档案编号】 009-011-249（全案卷）
【成文时间】 1945-09—1945-11
【收藏单位】 天水市档案馆
【涉及地域】 农林部天水水土保持实验区
【关 键 词】 叶培忠；信件
【内容提要】

本卷档案为民国三十四年（1945）9—11月份农林部天水水土保持实验区技正叶培忠关于工作、经费与他人的往来信件，主要包括叶培忠与徐存仁、李守经、黄希周、李顺卿等人的信件。

【叙录编号】 0964
【档案题名】
　　农林部天水水土保持实验区任承统等关于实验区工作经费等的往来信件
【发文单位】 任承统等
【收文单位】 李顺卿；李茂等
【档案编号】 009-011-250（全案卷）
【成文时间】 1945-04—1945-11
【收藏单位】 天水市档案馆
【涉及地域】 农林部天水水土保持实验区
【关 键 词】 任承统；信件；照片
【内容提要】

本卷档案为民国三十四年（1945）4—11月份农林部天水水土保持实验区任承统关于工作、经费与他人的往来信件。主要包括任承统与李顺卿、李茂、罗德祺、钱天鹤、傅焕光等人的往来信件，其中另有民国三十四年（1945）任承统出国前准备的检验照，以及在美国的照片。

【叙录编号】 0965

【档案题名】

农林部天水水土保持实验区傅焕光等关于实验区工作、经费等的往来信件

【发文单位】 洪文瀚；李国伟等

【收文单位】 傅焕光；韩安灯

【档案编号】 009-011-251（全案卷）

【成文时间】 1945-03—1945-12

【收藏单位】 天水市档案馆

【涉及地域】 农林部天水水土保持实验区

【关 键 词】 信件；傅焕光

【内容提要】

本卷档案为天水水土保持实验区傅焕光等人关于工作、经费的往来信件。主要包括洪文瀚致傅焕光、李国伟致傅焕光、韩安等人的信件。

【叙录编号】 0966

【档案题名】

甘肃省政府、农林部、黄河水源林管理处泾水分区民国三十四年（1945）1、2月份工作月报的代电、呈

【发文单位】 甘肃省政府；农林部黄河水源林管理处泾水分区等

【收文单位】 农林部黄河水源林管理处泾水分区等

【档案编号】 009-011-252（全案卷）

【成文时间】 1945-01—1945-04

【收藏单位】 天水市档案馆

【涉及地域】 农林部天水水土保持实验区

【关 键 词】 泾水分区；工作报表

【内容提要】

本卷档案为农林部黄河水源林管理处泾水分区民国三十四年（1945）1月份工作简报及其相关文件。工作报表主要包括甲、乙两部分。甲政务部分主要有1月份以来工作鸟瞰、法规之奉行与修订、会议之召开；乙业务部分包括集采与观测。

【叙录编号】 0967

【档案题名】

小陇山天然林管理处民国三十四年（1945）1月份工作简报表

【发文单位】 小陇山天然林管理处

【收文单位】 小陇山天然林管理处

【档案编号】 009-011-253（全案卷）

【成文时间】 1945-01

【收藏单位】 天水市档案馆

【涉及地域】 农林部天水水土保持实验区

【关 键 词】 小陇山林管处；工作报表

【内容提要】

本卷档案为小陇山天然林管理处民国三十四年（1945）1月份工作简报，主要为甲行政部分：1月以来工作鸟瞰，法规之奉行与修订、会议之召开；乙业务部分包括继续调查小陇山森林概况，主要是小陇山森林的树种，强调小陇山森林区在薪料、水土保持等方面的重要价值。

【叙录编号】 0968

【档案题名】

农林部天水水土保持实验区关于小陇山林区管理、区划、勘察、林木调查、主要林木学名、径流冲刷量试验等的办法、计划、呈、图

【发文单位】 农林部天水水土保持实验区

【收文单位】 农林部天水水土保持实验区

【档案编号】 009-011-254（全案卷）

【成文时间】 1945

【收藏单位】 天水市档案馆

【涉及地域】 农林部天水水土保持实验区

【关 键 词】 小陇山林区；勘察报告；管理办法

【内容提要】

本卷档案实为1个文件，即《小陇山林区勘察报告及初步管理办法》，分为4个部分：1.小陇山林区勘察报告，包括小陇山范围、地质土壤、山脉水系、交通、调查地点、林况概

述、森林分布概况、林木生长及蓄积、小陇山林区内社会情形（含有人口、风俗、人情、生活、疾病）、小陇山之重要（有关国防建设、工业建设、民生、国土保安、造林及其他问题）、摧残森林之实况、产权及租地情形、小陇山开垦问题；2.为林区初步管理办法，含国有林管理区和民有林管理区；3.小陇山天然林管理区划图及筑有沉泥积水池各小区民国三十四年（1945）全年径流冲刷量比较表；4.小陇山调查报告附录：主要林木学名汉名对照表（即主要林木中英文名称对照表）。

【叙录编号】 0969
【档案题名】
　　甘肃省政府、农林部、农田水利工程处、农林推广委员会、农林部天水水土保持实验区关于民国三十五年（1946）1、2月份农林部天水水土保持实验区工作简报表的指令、呈
【发文单位】 农林部；甘肃省政府等
【收文单位】 农林部天水水土保持实验区等
【档案编号】 009-011-255（全案卷）
【成文时间】 1946-02—1946-04
【收藏单位】 天水市档案馆
【涉及地域】 农林部天水水土保持实验区
【关 键 词】 工作简报；水土保持实验数据
【内容提要】
　　本卷档案主要涉及农林部、农林部天水水土保持实验区等关于呈报民国三十五年（1946）1—2月份工作简报表。工作简报表统计内容主要包括两部分，行政部分：含1月来工作之鸟瞰、法规之奉行与修订、会议之召集、与各方之关联、人事异动、经费收支概况等；业务部分：主要对各小区内水土保持实验及植物繁殖实验运行情况进行介绍，并附气象统计表等。

【叙录编号】 0970
【档案题名】
　　甘肃省政府、农林部、农田水利工程处、农林推广委员会、农林部天水水土保持实验区关于民国三十五年（1946）3、4月份农林部天水水土保持实验区工作简报表的指令、呈
【发文单位】 农林部；甘肃省政府等
【收文单位】 农林部天水水土保持实验区等
【档案编号】 009-011-256（全案卷）
【成文时间】 1946-04—1946-07
【收藏单位】 天水市档案馆
【涉及地域】 农林部天水水土保持实验区
【关 键 词】 工作简报；水土保持实验数据
【内容提要】
　　本卷档案主要涉及农林部、农林部天水水土保持实验区等关于呈报民国三十五年（1946）3—4月份工作简报表，工作简报表统计内容主要包括两部分，行政部分：含1月来工作之鸟瞰、法规之奉行与修订、会议之召集、与各方之关联、人事异动、经费收支概况等；业务部分：主要对各小区内水土保持实验及植物繁殖实验运行情况进行介绍，并附气象统计表等。

【叙录编号】 0971
【档案题名】
　　甘肃省政府、农林部、农田水利工程处、农林推广委员会、农林部天水水土保持实验区关于民国三十五年（1946）3、4月份农林部天水水土保持实验区工作简报表的指令、呈
【发文单位】 农林部；甘肃省政府等
【收文单位】 农林部天水水土保持实验区等
【档案编号】 009-011-257（全案卷）
【成文时间】 1946-04—1946-08
【收藏单位】 天水市档案馆
【涉及地域】 农林部天水水土保持实验区
【关 键 词】 工作简报；水土保持实验数据
【内容提要】

本卷档案主要涉及农林部、农林部天水水土保持实验区等关于呈报民国三十五年（1946）8月份工作简报表，工作简报表统计内容主要包括两部分，行政部分：含1月来工作之鸟瞰、法规之奉行与修订、会议之召集、与各方之关联、人事异动、经费收支概况等；业务部分：主要对各小区内水土保持实验及植物繁殖实验运行情况进行介绍，并附小区实验径流及冲刷量统计表与气象统计表等。

【叙录编号】　0972
【档案题名】
　　甘肃省政府、农林部、农田水利工程处、农林推广委员会、农林部天水水土保持实验区关于民国三十五年（1946）9、11月份天水水土保持实验区工作简报表的指令、呈
【发文单位】　农林部；甘肃省政府等
【收文单位】　农林部天水水土保持实验区等
【档案编号】　009-011-258（全案卷）
【成文时间】　1946-10—1947-01
【收藏单位】　天水市档案馆
【涉及地域】　农林部天水水土保持实验区
【关　键　词】　工作简报；水土保持实验数据
【内容提要】
　　本卷档案主要涉及农林部、农林部天水水土保持实验区等关于呈报民国三十五年（1946）11月份工作简报表，工作简报表统计内容主要包括两部分，行政部分：含1月来工作之鸟瞰、法规之奉行与修订、会议之召集、与各方之关联、人事异动、经费收支概况等；业务部分：主要对各小区内水土保持实验及植物繁殖实验运行情况进行介绍，并附小区实验径流及冲刷量统计表与气象统计表等。题名不确，未见9月份工作报表。

【叙录编号】　0973
【档案题名】
　　农林部、甘肃省政府等关于报送三十五年（1946）工作报告、政绩比较表的代电、指令、公函
【发文单位】　农林部；甘肃省政府等
【收文单位】　农林部天水水土保持实验区等
【档案编号】　009-011-259（全案卷）
【成文时间】　1946-04—1947-02
【收藏单位】　天水市档案馆
【涉及地域】　农林部天水水土保持实验区
【关　键　词】　工作报告；政绩比较表
【内容提要】
　　本卷档案为甘肃省政府、农林部天水水土保持实验区等机构关于报送民国三十五年（1946）上半年度工作报表的文件。主要包括省政府请函送本年度上半年工作进度检讨报告表的代电、函送工作总报告的代电；农林部训令农林部天水水土保持实验区呈送该年上半年度工作检讨报告表的训令；甘肃省政府请函送该年度政绩比较表的代电；农林部农田水利工程处关于收到该年度政绩比较表的公函；农业部关于迅速呈报该年度政绩比较表的公函；农林部关于限期编造该年度政绩比较表的代电。另附该年度政绩比较表1份，包括甲行政部分：法规之奉行与修订、会议召集情形、与各方面联系情形、人事异动、经费收支情形；乙业务部分：工作办法、范围、成绩、经费、人事等。

【叙录编号】　0974
【档案题名】
　　农林部天水水土保持实验区兰州工作站关于民国三十五年（1946）6—11月份及年度工作简报表的呈
【发文单位】　农林部天水水土保持实验区兰州工作站
【收文单位】　农林部天水水土保持实验区兰州工作站

【档案编号】 009-011-260（全案卷）
【成文时间】 1946-06—1946-12
【收藏单位】 天水市档案馆
【涉及地域】 农林部天水水土保持实验区
【关 键 词】 兰州站；工作报表
【内容提要】

本卷档案为民国三十五年（1946）农林部天水水土保持实验区兰州工作站6—11月份及该年度的工作简报。主要包括兰山工作6月份的工作报表，甲行政部分包括整理5月份报销、经事费收支；乙业务部分包括梯田沟洫、植物繁殖、观察记载。7月份报表包括，甲行政部分编民国三十五年（1946）上半年工作简报、整理6月份报销、奉甘肃省建设厅命令甘肃保安第四团开水平沟、经事费收支；乙业务部分包括梯田沟洫、播种牧草、采集种子、观察记载。8月份报表，甲行政部分整理7月份报告、经事收支；乙业务部分包括梯田沟洫、播种牧草、观察记载。9月份报表，甲行政部分包括整理8月份经费报销、外人参观工作、经费收入；乙业务部分包括梯田沟洫、采集种子、牧草观察、苗木统计。10月份报表，甲行政部分包括整理9月份经费报销、向甘农所函索树苗，拟秋季造林、经费收入；乙业务部分包括梯田沟洫、采集种子、观察记载。11月份报表，甲行政部分包括整理10月份报销、向甘农所函索秋季造林树苗500株、人事移动；乙业务部分包括荒山造林、观察记载。兰州工作站该年度工作简报表，包括前言，甲行政部分有逐月之工作鸟瞰；乙业务部分包括保土植物繁殖、逐年造林之树苗成活统计、水土保持成效、采购牧草种子、观察记载等。

【叙录编号】 0975
【档案题名】

农林部天水水土保持实验区平凉工作站民国三十五年（1946）政绩比较表和6—11月工作月报表
【发文单位】 农林部天水水土保持实验区平凉工作站
【收文单位】 农林部天水水土保持实验区平凉工作站
【档案编号】 009-011-261（全案卷）
【成文时间】 1946-06—1946-11
【收藏单位】 天水市档案馆
【涉及地域】 农林部天水水土保持实验区
【关 键 词】 平凉工作站；工作报表
【内容提要】

本卷档案为农林部天水水土保持实验区平凉工作站民国三十五年（1946）政绩比较表与6—11月份工作报表。政绩比较表主要包括：保土植物实验与繁殖、农田水利、植树造林、气象。6月份工作月报包括管理苗圃、播种苜蓿、田间观察、测观气候、布置庭园；7月份工作月报包括管理苗圃、播种牧草、筑晒场、收割苜蓿、田间观察、测观气候；8月工作月报包括管理苗圃、草种播种、采收牧草、田间观察、测观气候；9月份工作月报包括采收牧草、草种脱粒、播种苜蓿、管理苗圃、田间观察、观测气候；10月份工作月报包括管理苗圃、收割草木、种子脱粒、植树、采收树种、播种、修筑水沟、修筑堤坝、测观气候。

【叙录编号】 0976
【档案题名】

农林部关于抄发国家施政方针、政治协商会议办法、"耻"字教育、贯彻法治、革新政治、肃清贪污、停止国共冲突、恢复交通、保障人身自由、执行国共签订协定、禁止地方滥施禁令、部队政治工作等的训令
【发文单位】 农林部
【收文单位】 农林部天水水土保持实验区
【档案编号】 009-011-262（全案卷）

【成文时间】 1946-01—1946-10
【收藏单位】 天水市档案馆
【涉及地域】 农林部天水水土保持实验区
【关 键 词】 训令；国民参政会
【内容提要】

本卷档案为农林部训令，主要包括关于抄发召开政治协商会议办法及会员名单；农林部奉院令为国民参政会建议请以"耻"字教育国人；关于抄发国民参政会建议请决心改革政治、肃清贪污的训令；关于抄发国民参政会建议剔除时弊贯彻法治精神的训令；关于抄发国民参政会建议厉行革新政治的训令；关于民国三十五年（1946）国家施政方针的训令；关于发绥靖时期各部队政治工作计划纲要饬令切实办理的训令；关于行政院通知政府代表与中共代表商定停止冲突与恢复交通办法的训令；关于废止保障人民身体自由办法及其实施规定等22种法规的训令；关于政府代表与中共代表以及美方代表或其他各党派所签订之协定的训令；关于参政会建议严禁地方当局滥施禁令的训令。

【叙录编号】 0977
【档案题名】

农林部关于修正发放警报、电信监察实施办法的训令

【发文单位】 农林部
【收文单位】 农林部天水水土保持实验区
【档案编号】 009-011-263（全案卷）
【成文时间】 1946-03—1946-06
【收藏单位】 天水市档案馆
【涉及地域】 农林部天水水土保持实验区
【关 键 词】 训令；警报；电信监察
【内容提要】

本卷档案为农林部训令。主要包括奉发修正发放警报办法通令的训令；关于奉行政院令抄发电信监察实施办法的训令。

【叙录编号】 0978
【档案题名】

农林部关于韩国人不宜录用、台湾人民恢复国籍、台侨国籍处理、港口开放的训令

【发文单位】 农林部
【收文单位】 农林部天水水土保持实验区
【档案编号】 009-011-264（全案卷）
【成文时间】 1946-01—1946-07
【收藏单位】 天水市档案馆
【涉及地域】 农林部天水水土保持实验区
【关 键 词】 训令；韩国人；国籍；港口开放
【内容提要】

本卷档案为农林部训令。主要包括韩国人不宜录为我用的训令；有关奉院令九龙、烟台、营口、安东4处港口暂缓开放的训令；有关奉院令发在外台侨国籍处理办法的训令。

【叙录编号】 0979
【档案题名】

农林部关于战时公私财产损失、优待从军知青、青年军委员会组织规程、青年复员军人安置等的训令

【发文单位】 农林部
【收文单位】 农林部天水水土保持实验区
【档案编号】 009-011-265（全案卷）
【成文时间】 1946-01—1946-11
【收藏单位】 天水市档案馆
【涉及地域】 农林部天水水土保持实验区
【关 键 词】 战时公私损失；发青年军复员办法；青年军复员会组织规程
【内容提要】

本卷档案包括：农林部关于催填报战时公私损失的训令；农林部关于切实优待从军青年的训令；农林部关于抄发青年军复员办法的训令；军事委员会青年军复员办法；农林部关于抄发青年军复员会组织规程的训令；抄陈诚、蒋经国、彭位仁、邓文仪民国三十五年

（1946）3月签呈；军事委员会青年军复员委员会组织规程；农林部关于各机关对复员志愿兵尽量收容安置的训令；农林部关于各机关团欢迎复员转业及退除役军官佐办法案的训令。

【叙录编号】 0980
【档案题名】
　　农林部关于抗战死难军民追悼、国殇募园设置、军人抚恤金、收复地人民救济、收抚安置等的训令
【发文单位】 农林部
【收文单位】 农林部天水水土保持实验区
【档案编号】 009-011-266（全案卷）
【成文时间】 1946-03—1946-11
【收藏单位】 天水市档案馆
【涉及地域】 农林部天水水土保持实验区
【关 键 词】 救济事宜；国殇园；志愿军
【内容提要】
　　本卷档案包括：农林部关于奉院令各机关部队应尽力协助善后救济事宜的训令；农林部关于奉令转知国殇园设置办法自民国三十五年（1946）1月8日起施行的训令；农林部关于志愿从军人员还都各费应的情发的训令；农林部关于抄发再修正军事委员会抚恤委员会委托邮政机关发给恤金办法签发恤金支付书须知及附表的训令；农林部关于奉行院令通令施行匪区归来人民收抚安置办法的训令；农林部给雇员给恤办法的训令；农林部关于抄发本年"七七"抗战死难军民追悼大会举行办法及仪式的训令。

【叙录编号】 0981
【档案题名】
　　农林部关于更迁办公室地址、通用中心宣传标语、呈递文书贴印花刊登公告调整著作审查费、刊物编印、开办职业学校、职业训练现提倡国术体育等的训令

【发文单位】 农林部
【收文单位】 农林部天水水土保持实验区
【档案编号】 009-011-267（全案卷）
【成文时间】 1946-02—1946-12
【收藏单位】 天水市档案馆
【涉及地域】 农林部天水水土保持实验区
【关 键 词】 通用中心宣传标语；统一刊物编印办法；和平日报社
【内容提要】
　　本卷档案包括：农林部关于颁发民国三十三年（1944）通用中心宣传标语的训令；农林部关于凡人民向官署呈递文书应饬贴足印花的训令；农林部关于在沪刊登公告或启事须刊登上海中央日报的训令；农林部关于准铨叙部函以自本年8月1日起著作审查费用每种调整为8000元的训令；农林部关于制定农林部统一刊物编印办法及刊物编辑委员会组织规程的训令；农林部关于为和平日报社扩大优待公教人员直接订阅办法的训令；农林部关于发实业机关或职业团体办理职业学校或职业训练班奖励办法的训令；农林部关于准教育部函送职业机关团体办理职业学校或职业训练班奖励办法的训令1份；农林部关于为奉令国民参政会四届二次大会建议请宽列经费积极提倡国术体育的训令；农林部关于收复区接收及善后救济事项以及其他紧急重要文件的代电；关于还都自4月20日起所有对农林部行文应寄南京大石桥农林部的代电；农林部天水水土保持实验区关于自4月25日起在南京开始办公的公函；农林部农田水利工程处关于本处还都办公地址的代电；农林部关于天水水土保持实验区本部还都后暂在行政院内的代电。

【叙录编号】 0982
【档案题名】
　　农林部关于抄发农业复员委、西北羊毛改进处、无锡农具厂、垦业农场牛种改良场、农

田水利、渔业处、水土保持实验区农场登记等组织规则及国有林管理须知的训令
【发文单位】　农林部
【收文单位】　农林部天水水土保持实验区
【档案编号】　009-011-268（全案卷）
【成文时间】　1946-01—1946-10
【收藏单位】　天水市档案馆
【涉及地域】　农林部天水水土保持实验区
【关　键　词】　西北羊毛改进处组织条例；无锡农具实验制造厂组织规程；农林部河水垦业农场管理委员会组织规程
【内容提要】

本卷档案包括：农林部关于抄发本部农业移员委员会组织规程的训令；农林部关于西北羊毛改进处组织条例第5条技正6人的训令；农林部关于抄发农林部无锡农具实验制造厂组织规程的训令；农林部关于抄发农林部河北垦业农场管理委员会组织规程及农林部河北垦业农场组织规程的训令；农林部关于为本部牛种改良繁殖场组织条例业经中华民国政府公布令的训令；农林部关于奉院令修正为各省小型农田水利工程督导兴修办法的训令；农林部国有林区管理处实施管理须知；农林部关于印发修正农场登记规则的训令；农林部关于施行海洋渔业制定海洋渔业督导处组织条例的训令；农林部关于市县佃租委员会组织规程的训令。

【叙录编号】　0983
【档案题名】
　　农林部关于人事管理、裁撤机构、公务员、职员委任委派、聘用、送审、公假奔丧归葬、申请题词、抚恤等的训令
【发文单位】　农林部
【收文单位】　农林部天水水土保持实验区
【档案编号】　009-011-269（全案卷）
【成文时间】　1946-01—1946-11
【收藏单位】　天水市档案馆
【涉及地域】　农林部天水水土保持实验区
【关　键　词】　农林部；公务员；聘用派用人员
【内容提要】

本卷档案包括：农林部关于准铨叙部咨以凡聘用派用人员动态之造报应将是否超过员额等详加叙明的训令；农林部关于公务员战时不能让奔丧事后申请题词办法的训令；农林部关于奉令通饬各机关严督所属不得违反公务员服务法第13条之规定的训令；农林部奉行政院令关于废止抗战期内受免职停职任用处分公务员暂缓执行办法的训令；农林部关于奉令以订定公务员直系尊亲属在沦陷区域内死亡不能奔丧成服事平之后准予公假归丧办法的训令；农林部奉行政院令查明曾将级以上之军官佐而现任荐任级以上之行政官吏的训令；农林部关于伪组织或其所属机关体任职人员候选任用限制办法的训令；农林部院令为规定核特公务员声讨题词手续的训令；农林部关于准铨叙部资以公务员恤金条例规定请恤年限自复员令颁行后1年内仍准请求的训令；农林部关于准铨叙部咨以地方及中央在地方各机关原有聘派人员整理登记经呈准统限于民国三十五年（1946）9月底截止的训令；农林部准铨叙部函以民国三十四年（1945）6月1日公布聘用派用人员管理条例实施办法的训令；农林部解释公务员服务法第13条第2项异义的训令；农林部关于修正聘用派用人员管理条例实施办法的训令；农林部关于重申保障事务官前令通饬切实的训令；农林部关于为抄发修正公务员登记规则的训令；农林部关于准内政部代电为裁撤韶关市一案代电请查照的训令；农林部关于奉令废止各省市举行动员会议通则及裁撤各省市县动员会议的训令；农林部关于各机关拟定或修改组织法规关于人事管理机关组织条文应与铨叙部洽商的训令。

【叙录编号】 0984
【档案题名】
　　农林部、省审计处关于裁并机构、汰除冗员、公务员委任委派、送审不准兼职、工人受雇解雇、释放反奸人员、颁发胜利勋章、废除指纹代替证件等的训令、公函
【发文单位】 农林部
【收文单位】 农林部天水水土保持实验区
【档案编号】 009-011-270（全案卷）
【成文时间】 1946-01—1946-12
【收藏单位】 天水市档案馆
【涉及地域】 农林部天水水土保持实验区
【关 键 词】 胜利勋章；公务员法；冗员；反奸人员
【内容提要】
　　本卷档案包括：农林部关于转知修改颁给胜利勋章条例内之勋章两字为勋奖章的训令；农林部关于转知关于胜利勋章颁发期间及办法的训令；农林部关于奉院令关于颁发给胜利奖章其无特殊勋绩者可不必呈核以免腐烂的训令；审计部甘肃审计处关于奉令各机关严督所处不得违反公务员法第13条大规定的公函；审计部甘肃省审计处关于奉令重申各机关公务员不得兼职一案除随时派员抽查外的公函；农林部关于重申前令公务员不得兼职的训令；农林部关于公务员不依法令不得兼任他项职务的训令；农林部关于抗战期间各级公务员现仍在职送请铨叙遇有未尽合法定资格者以准本年底以前之年资作为曾任年资予以从宽任用的训令；农林部关于为废止照片代替证件办法的训令；农林部关于为抄发修订公务员任用审查表等件的训令；农林部关于参政会建议裁并机构汰除冗员的训令；农林部关于释放反奸人员须由各部队或特工人员之最上级正式证明事前委派有案方予准许的训令；农林部关于准社会部函规定各厂矿工人受雇解雇遵守事项的训令；国立西北农业专科学校关于校长曾济宽辞职的公函；农林部西江水土保持实验区关于函达接印视事日期的训令；农林部秦岭国有林区管理处关于函达到职视事的公函。

【叙录编号】 0985
【档案题名】
　　农林部关于教职员考核考试、考试及格尚未就业人员酌用、考试及格人员复员、派遣人员出国考察、实习、留学、教职员应试作为公假、劳资纠纷评断等的训令
【发文单位】 农林部
【收文单位】 农林部天水水土保持实验区
【档案编号】 009-011-271（全案卷）
【成文时间】 1946-01—1946-12
【收藏单位】 天水市档案馆
【涉及地域】 农林部天水水土保持实验区
【关 键 词】 考试；出国
【内容提要】
　　本卷档案主要为农林部下发的训令。内容包括考试及格尚未就业人员酌用办法及通知；专门就业及技术人员考试申请检复履历；考核工作检讨会议；考试及格人员复原办法；各机关派遣人员出国考察；三十四中赵美农业技术实习人员表；重申公务员学校教职员等依法参加考试应因公请假应注意；派遣人员出国考察或实习办法的通知；主考及格人员对于具备规定条件准予派遣出国的通知；重申公务员学校教职员等依法参加考试应作为公假的通知；复员期间劳资纠纷评断办法。

【叙录编号】 0986
【档案题名】
　　农林部关于填报各种报表、派定兼办统计人员、备用人员、专业技术人员登记、公务员考绩、工作竞赛等的训令
【发文单位】 农林部

【收文单位】 农林部天水水土保持实验区
【档案编号】 009-011-272（全案卷）
【成文时间】 1946-02—1946-12
【收藏单位】 天水市档案馆
【涉及地域】 农林部天水水土保持实验区
【关 键 词】 人员
【内容提要】

本卷档案主要为农林部下发的训令。内容包括机关组织及员工人数年报表式及举例；迅速派定兼办统计工作人员并将该员详细履历呈核；催填报机关组织及员工人数年报表（附年报表举例）；扩大备用人员登记施行区域；检发民国三十五年（1946）下期农业人才调查表式（2份）；指派办理统计工作人员履历；函送修正政绩表册送达期间表（附考绩表册送达期间表）；公务员年终考绩与平时考绩应严格执行；函送全国技术员工申请登记各种表册（附表册注意事项）；填具森林警察调查表（附森林警察机构概况调查表）；填报机关组织及员工报表年报表；党政工作考核委员会代电；催造本年度事业实施进度等表（3份）；催造本年度工业实施进度等表；有关工作竞赛的相关通知及报表填写（附工作竞赛推行委员会生产机构调查表）；行政院训令；各级党政机构编造表报应行注意事项（附各级党政机构编造表报应行注意事项）；转发公职候选人申请认定清册格式等件（检复办法附表使用说明）。

【叙录编号】 0987
【档案题名】
农林部关于惩治盗匪、贪污、通缉逃犯、汉奸、释放政治犯、反奸人员、禁烟、禁止不正当娱乐、民事诉讼、提审军人军属犯、军法以外之罪审判，文武职员处罚案件发布等的训令
【发文单位】 农林部
【收文单位】 农林部天水水土保持实验区
【档案编号】 009-011-273（全案卷）
【成文时间】 1946-01—1946-12
【收藏单位】 天水市档案馆
【涉及地域】 农林部天水水土保持实验区
【关 键 词】 汉奸
【内容提要】

本卷档案主要为农林部下发的训令。内容包括奉令惩治盗匪案例施行期限再展限1年；潜逃邓朝英系邓朝松之误令；严惩贪污案；撤销王寿彭通缉案通缉汉奸；通缉汉奸杜哲庵（化名何敬之）；通缉汉奸聂运生案；通缉汉奸夏连生案；抄发汉奸陆冲鹏、赵公瑾调查表（陆冲鹏犯罪调查表、通缉汉奸人犯表2份）；协助通缉汉奸汪子东案；西北役畜改良繁殖场李家庄牧场应付匪警得力人员应于嘉奖；废止非常时期民事、刑事诉讼补充条例；关于军人军属犯军法以外之罪得暂照陆海空军审判法办理；鸦片罪之规定暂停使用；严禁不正当娱乐，提倡各种公娱活动；文武职公务员被处罚案件公布办法；释放反奸人员须由各部队或特工人员之最上级长官证明。

【叙录编号】 0988
【档案题名】
农林部人事室、农林部天水水土保持实验区关于机关组织及员工人数年报、农业人才调查等的呈、报表
【发文单位】 农林部
【收文单位】 农林部天水水土保持实验区
【档案编号】 009-011-274（全案卷）
【成文时间】 1946-04—1946-08
【收藏单位】 天水市档案馆
【涉及地域】 农林部天水水土保持实验区
【关 键 词】 人事调查表
【内容提要】

本卷档案包括：1.关于农林部天水水土保持实验区函送现有员额调查表的通知（附《水

土保持实验区员额调查表）；2.农林部农业人才调查表（5份）；3.呈赍机关组织及员工人数年报表（附表2张）。

【叙录编号】 0989
【档案题名】
　　农林部天水水土保持实验区等关于成立机构、职员委任委派、接铃视事、呈报重要职员姓名、填报需用农技人员调查表等的指令、呈
【发文单位】 农林部；西北羊毛改进处等
【收文单位】 农林部天水水土保持实验区等
【档案编号】 009-011-275（全案卷）
【成文时间】 1946-06—1946-11
【收藏单位】 天水市档案馆
【涉及地域】 农林部天水水土保持实验区
【关 键 词】 水土保持实验区；西北羊毛改进处；西北兽疫防治处
【内容提要】
　　本卷档案为农林部、农林部天水水土保持实验区、西北羊毛改进处、西北兽疫防治处的指令、通知，主要包括要求上交水土保持实验区设计考核会成立日期及重要职员姓名备查；呈报设计考核委员会成立日期及重要成员姓名；无力协办小陇山林区相关事宜，请甘肃省政府专责设局管理以免两误；兼办该区统计工作人员和克俭未经本部核准令另行指派人员办理；统计工作人员改派和克俭担任，检呈履历请鉴核（附履历表）；调任任承统等至该区工作的指令；呈报该区设立工程股日期并请派任承统兼任主任请准备查；农林部天水水土保持实验区请设立工程股并派任承统兼任主任的呈，及叶培忠相关便条、任承统履历；西北兽疫防治处电贺水土保持实验区（叶培忠为主任）；西北羊毛改进处许康祖恭贺叶培忠成为主任；农田水利工程处祝贺叶培忠成为主任；叶培忠感谢西北兽疫防治处；叶培忠感谢傅焕光；本区改需农业技术人员情形。

【叙录编号】 0990
【档案题名】
　　农林部、农林部天水水土保持实验区关于陈焕章、张绍钫、王蕴元、徐学训、徐仁存、袁义田、和克俭、张万燎、薛志忠、高继善职务委任的训令、呈
【发文单位】 农林部；中央林业实验站等
【收文单位】 农林部天水水土保持实验区等
【档案编号】 009-011-276（全案卷）
【成文时间】 1946-01—1946-12
【收藏单位】 天水市档案馆
【涉及地域】 农林部天水水土保持实验区
【关 键 词】 薪资；人事
【内容提要】
　　本卷档案为农林部及农林部天水水土保持实验区的训令、呈，主要包括中央林业实验站呈请调派该区技正陈焕章代理该所技正的训令；农林部令称陈焕章另有任用应予免职；农林部核示该区技正陈焕章薪额及起薪日期并请垫发薪津的指令（及水土保持实验区回复）；呈报本区技正陈焕章奉令调任中央林业实验区技正案停止办理；张绍钫荐任状；该区技正张绍钫另有任用应予免职；张绍钫奉令调农业推广委员会工作；请派王蕴光为该区技佐；叶培忠给黄希周的信；中央林业实验所呈请调派该区技士徐学训代理技士（及草稿）；农业部水土保持实验区服务证明；徐学训给培师的信；人事任免相关文件；委派袁义田为本区技正及月支薪俸等事宜；委派和克俭为该区事务员（及草稿）；叶培忠便条委派和克俭为本区事务员；移用本年度预算补充空缺薪俸；和克俭履历表；委任张万燎为本区技士（附张万燎履历表）；请派薛志忠为该区技佐；派薛志忠代理该区技佐；本区技佐高继善鉴核；委派薛志忠为本区技佐（附薛志忠履历表）；调升技佐高继善代理技士（3份）；函接印视事日期电复敬贺。

【叙录编号】 0991
【档案题名】
　　农林部、农林部天水水土保持实验区关于李守经、鄢列庆、徐仁存、董祥华试用期满成绩合格审查的训令、呈、公函
【发文单位】 农林部
【收文单位】 农林部天水水土保持实验区
【档案编号】 009-011-277（全案卷）
【成文时间】 1946-02—1947-03
【收藏单位】 天水市档案馆
【涉及地域】 农林部天水水土保持实验区
【关 键 词】 人事
【内容提要】
　　本卷档案为农林部、农林部天水水土保持实验区关于李守经、鄢列庆、徐仁存、董祥华试用期满成绩合格审查的训令、呈、公函，包括公务员任用资格考核表、见习人员考核表。

【叙录编号】 0992
【档案题名】
　　农林部、农林部天水水土保持实验区关于职员免职、薪津、请假、垫发差旅费等的训令、呈
【发文单位】 农林部
【收文单位】 农林部天水水土保持实验区
【档案编号】 009-011-278（全案卷）
【成文时间】 1946-04—1946-10
【收藏单位】 天水市档案馆
【涉及地域】 农林部天水水土保持实验区
【关 键 词】 人事
【内容提要】
　　本卷档案为农林部与农林部天水水土保持实验区关于职员免职、薪津、请假、垫发差旅费等的往来公文，涉及傅焕光、魏章根、张德常等人。

【叙录编号】 0993

【档案题名】
　　农林部、农林部天水水土保持实验区民国三十五年（1946）雇员考成清册
【发文单位】 农林部
【收文单位】 农林部天水水土保持实验区
【档案编号】 009-011-279（全案卷）
【成文时间】 1946-03
【收藏单位】 天水市档案馆
【涉及地域】 农林部天水水土保持实验区
【关 键 词】 人事
【内容提要】
　　本卷档案为农林部、农林部天水水土保持实验区关于民国三十五年（1946）职员考绩考成的指令、呈、报，报表。内容主要包括姓名、年龄、现职、职掌、籍贯、工作、操行、学识、主管长官复核、备注等多项信息，并附长官评语。

【叙录编号】 0994
【档案题名】
　　农林部、农林部天水水土保持实验区关于民国三十五年（1946）职员考绩考成表册的指令、呈
【发文单位】 农林部
【收文单位】 农林部天水水土保持实验区
【档案编号】 009-011-280（全案卷）
【成文时间】 1947-03—1947-09
【收藏单位】 天水市档案馆
【涉及地域】 农林部天水水土保持实验区
【关 键 词】 人事
【内容提要】
　　本卷档案为农林部和农林部天水水土保持实验区关于民国三十五年（1946）职员考核的往来公文，包括职员工作考核汇报册与职员个人考核表，并附奖惩措施。

【叙录编号】 0995

叁 自然资源开发与生态保护类档案 283

【档案题名】
美国水土保持工作人员训练材料和中国物资供应委员会关于实习人员管理规则、延长实习时间的公函
【发文单位】 中国物资供应委员会等
【收文单位】 农林部天水水土保持实验区等
【档案编号】 009-011-281（全案卷）
【成文时间】 1945-12—1946-03
【收藏单位】 天水市档案馆
【涉及地域】 农林部天水水土保持实验区
【关 键 词】 美国水土保持；治理黄河
【内容提要】
　　本卷档案包含4个文件：1.美国水土保持工作人员训练材料，包括美国水土保持工作之介绍、美国水土保持工作之推进方式；2.黄河流域相关工程数据（本部分散落于本卷档案中，由铅笔写成，修改痕迹明显，疑为草稿），包括黄河河道距离及落差、第1期造林总面积明细表、黄河治本之方针及各堤坝工作计划；3.中国物资供应委员会关于实习人员管理规则、延长实习时间的公函；4.任承统电报单。

【叙录编号】 0996
【档案题名】
　　中华农学会美国分会会员名单、美国康奈尔大学中国留学生情况介绍、农林部赴美实习人员姓名及其学科
【发文单位】 中国农学会美国分会；农林部
【收文单位】 农林部天水水土保持实验区
【档案编号】 009-011-282（全案卷）
【成文时间】 1946
【收藏单位】 天水市档案馆
【涉及地域】 农林部天水水土保持实验区
【关 键 词】 中华农学会美国分会；赴美实习
【内容提要】
　　本卷档案包括3个文件：1.中华农学会美国分会成员名单，共170人，并附筹备成立团体经过及说明；2.康大同学简况，介绍了在康奈尔大学的中国留学生学习、生活、集会演讲等情况；3.农林部实习员姓名及其所习科目，共列举14个分组：农业经济组（17人）、农业推广组（21人）、农业机械组（7人）、水利灌溉组（7人）、畜牧组（10人）、兽医组（12人）、森林组（14人）、水土保持组（5人）、土壤肥料组（14人）、渔业组（5人）、作物生产组（37人）、病虫害组（12人）、气象组（2人）、食物工业组（2人）。

【叙录编号】 0997
【档案题名】
　　农林部天水水土保持实验区平凉工作站民国三十五年（1946）6、8、9月份苜蓿、苗木、试种牧草生长情形记载表及苜蓿种子发芽实验表
【发文单位】 农林部天水水土保持实验区平凉工作站
【收文单位】 农林部天水水土保持实验区平凉工作站
【档案编号】 009-011-283（全案卷）
【成文时间】 1946-06—1946-09
【收藏单位】 天水市档案馆
【涉及地域】 农林部天水水土保持实验区
【关 键 词】 苜蓿；试种牧草；苗木
【内容提要】
　　本卷档案全为农林部天水水土保持实验区平凉工作站民国三十五年（1946）6、8、9月份苜蓿、苗木、试种牧草生长情形记载表、苜蓿种子发芽试验表及试验室内温度记载表。

【叙录编号】 0998
【档案题名】
　　周诒春编写的《三年来之天水水土保持实验区》
【发文单位】 周诒春

【收文单位】 周诒春
【档案编号】 009-011-284（全案卷）
【成文时间】 1946-01
【收藏单位】 天水市档案馆
【涉及地域】 农林部天水水土保持实验区
【关 键 词】 周诒春；文章；地图
【内容提要】
　　本卷档案为民国三十五年（1946）周诒春所编写的《三年来之天水水土保持实验区》一书，前有李顺卿与叶培忠所作之序言，全书分为概况、专载、附录3部分。概况部分为本区南山试验场地形图、3年来之农林部天水水土保持实验区。专载部分为该区诸多人员分别撰写的计划、文章等等，主要有罗德民《农林部渭河上游水土保持十年计划方案》、傅焕光《水土保持与水土保持事业》、蒋德麒《西北水土保持事业考察报告》、叶培忠《葛藤——大地的医生》、张德常与高继善《径流冲刷小区试验三年来之初步报告》、徐学训《土地沟状冲蚀之防制》、张绍钫与高继善《坡地耕作问题之研讨》、魏章根《梯田沟洫之设计与实施》、吕本顺《陇南柳篱挂淤之商榷及其展望》、叶培忠《改进西北牧草之途径》等文章。附录包括《主要保土植物学名对照表》与《本区职员名录》。

【叙录编号】 0999
【档案题名】
　　农林部关于机关更名、赔偿委员会组织条例、清查国有财产、保护寺僧财产、僧众自由、机关物资保险、迁都、公产处理、清除官僚资本、国外采购物资、对日贸易、尽量采用国货修建中山堂、建筑物出售补助、取缔滥用"红十字"会、处理逆产、做伪财产等的训令
【发文单位】 财政部国库署；农林部等
【收文单位】 黄河水源林区管理处泾水分区；农林部天水水土保持实验区等

【档案编号】 009-011-285（全案卷）
【成文时间】 1946-02—1946-12
【收藏单位】 天水市档案馆
【涉及地域】 农林部天水水土保持实验区
【关 键 词】 财产；迁都；公产
【内容提要】
　　本卷档案主要为各机关训令，包括财政部国库署致黄河水源林区管理处泾水分区关于清查国有财产的训令；农林部致农林部天水水土保持实验区关于修订战事营业预算决算编审办法等所列"战时"二字一律删除并将国家总预算编审办法予以废止的训令、关于市区财产保管委员会组织的训令；关于奉行政院令以国防最高委员会决议各地军事委员会委员长行营改称为国民政府主席行辕其组织及职权均照旧办理的训令；关于中国农民银行的相关训令；关于保护寺僧财产及僧众自由的训令；关于公产处理办法的训令；关于清除官僚资本主义的训令；关于搭乘东下船须照章购票的训令；关于台湾省出差旅游的训令；关于我国对日易换物资事以中央信托局接洽的训令；关于抄发处理逆产的训令；关于科学化工厂相关设备仪器的训令；关于建设所用水泥应优先采用国货的训令；关于修建中山堂办法及其建筑标准的训令；关于规定谷物杂粮计算单位定为市担的训令；关于取缔滥用红十字会标识的训令；关于各级政府机关需要敌伪房屋应报院核定的训令；关于饬令申报续用敌伪产业的训令；关于公务员密保隐匿敌伪财产物资应予奖赏的训令；关于被破坏民产应一定程度给予救济的训令；关于转发赔偿委员会组织条例的训令。

【叙录编号】 1000
【档案题名】
　　农林部天水水土保持实验区、西北兽疫防治处关于平凉站房屋场地租金、拨交的来往公函

【发文单位】 农林部天水水土保持实验区；西北兽疫防治处
【收文单位】 农林部天水水土保持实验区；西北兽疫防治处
【档案编号】 009-011-286（全案卷）
【成文时间】 1946-01—1946-11
【收藏单位】 天水市档案馆
【涉及地域】 农林部天水水土保持实验区
【关 键 词】 农林部天水水土保持实验区；西北兽疫防治处平凉站
【内容提要】

　　本卷档案为农林部天水水土保持实验区、西北兽疫防治处等机关的文件。主要包括关于平凉兽疫防治站业经裁撤可正式请求接收该站产地房屋的公函与上级部门的批复等相关文件。

【叙录编号】 1001
【档案题名】
　　农林部天水水土保持实验区叶培忠等关于实验区工作经费等的来往信件
【发文单位】 叶培忠等
【收文单位】 李守德等
【档案编号】 009-011-287（全案卷）
【成文时间】 1946-03—1946-08
【收藏单位】 天水市档案馆
【涉及地域】 农林部天水水土保持实验区
【关 键 词】 工作经费
【内容提要】

　　本卷档案为农林部天水水土保持实验区人员关于工作、经费等方面的信件。主要有叶培忠给李守德、陈志德的信件，以及陈志德、李守德、牛春山、周绍钫。黄希周、陈焕章、蒋德麒等人给叶培忠的复信。

【叙录编号】 1002
【档案题名】
　　农林部天水水土保持实验区叶培忠等关于实验区工作经费等的往来信件
【发文单位】 叶培忠等
【收文单位】 黄希周等
【档案编号】 009-011-288（全案卷）
【成文时间】 1946-09—1946-11
【收藏单位】 天水市档案馆
【涉及地域】 农林部天水水土保持实验区
【关 键 词】 工作经费
【内容提要】

　　本卷档案为农林部天水水土保持实验区人员关于工作经费等方面的信件，主要为叶培忠、黄希周、李守德、李顺卿、傅焕光、朱文才等人之间的往来信件。

【叙录编号】 1003
【档案题名】
　　农林部天水水土保持实验区叶培忠关于实验区工作、经费等的往来信件
【发文单位】 叶培忠等
【收文单位】 赖国书等
【档案编号】 009-011-289（全案卷）
【成文时间】 1946-09—1946-12
【收藏单位】 天水市档案馆
【涉及地域】 农林部天水水土保持实验区
【关 键 词】 水土保持
【内容提要】

　　本卷档案包括：叶培忠与赖国书的往来信件，主要为编印水土保持特刊之事；傅焕光给叶培忠关于人事任免方面的信；李顺卿给叶培忠关于农林部天水水土保持实验区的人事、平凉兽疫防治站土地问题方面的信；袁义田给叶培忠的信；蒋德麒给叶培忠的信；叶培忠给立武关于中英科学合作馆的信；叶培忠与黄西周关于王健任用问题的信；叶培忠给傅志章的信；张心一、周铸和叶培忠的往来信件；傅焕光给叶培忠的信；陈骥给叶培忠的信；傅焕光给叶培忠的信。

【叙录编号】 1004

【档案题名】
农林部天水水土保持实验区任承统等关于实验区工作经费等的往来信件

【发文单位】 钱天鹤；李茂等

【收文单位】 任承统

【档案编号】 009-011-290（全案卷）

【成文时间】 1946-01—1946-12

【收藏单位】 天水市档案馆

【涉及地域】 农林部天水水土保持实验区

【关 键 词】 工作经费

【内容提要】
　　本卷档案包括：钱天鹤给任承统的信；李茂给任承统的信；和克俭给任承统的信；梅籍芬给任承统的信；傅焕光给任承统的信；史万青给任承统的信；侯同文给任承统的信；冯道纯给任承统的信；任承统给其妻李顺卿的信；沈平光给任承统的信；外国人给任承统的信；冯道纯给任承统的信；任承统给李顺卿的信；和克俭给任承统的信；贺子仁各任承统的信；绍纺给任承统的信；李茂给任承统的信；和克俭给任承统的信；袁义田给任承统的信；牛春山给任承统的信。

【叙录编号】 1005

【档案题名】
甘肃省政府、农林部天水水土保持实验区关于报送农林部天水水土保持实验区民国三十六年（1947）6月份工作简报表的指令、代电、公函

【发文单位】 甘肃省政府；农林部等

【收文单位】 农林部天水水土保持实验区等

【档案编号】 009-011-291（全案卷）

【成文时间】 1947-01—1947-03

【收藏单位】 天水市档案馆

【涉及地域】 农林部天水水土保持实验区

【关 键 词】 工作简报表；气象月报表

【内容提要】
　　本卷档案包括：甘肃省政府关于准函送本年1月份工作简报表的公函；农林部关于呈送本年1月份工作报表的指令；农林部农田水利工程处为贵区本年1月份工作简报业已收存备查复请的公函；农林部农业推广委员会准函送本年1月份工作简报复请的公函；农林部天水水土保持实验区民国三十六年（1947）1月工作简报表，该报表包括1月来工作鸟瞰、法规之奉行与修订、会议之召集、与各方之联系、人事异动情形、经费收支概况等行政部分；工作项目、原定进度、工作实施情形及效果等业务部分。农林部水土保持实验管理处气象月报表。

【叙录编号】 1006

【档案题名】
甘肃省政府、农林部天水水土保持实验区关于民国三十六年（1947）2月份天水水土保持实验区工作简报的指令、代电、呈、公函

【发文单位】 甘肃省政府；农林部等

【收文单位】 农林部天水水土保持实验区等

【档案编号】 009-011-292（全案卷）

【成文时间】 1947-03—1947-04

【收藏单位】 天水市档案馆

【涉及地域】 农林部天水水土保持实验区

【关 键 词】 工作简报表；气象月报表

【内容提要】
　　本卷档案包括：甘肃省政府关于准函送本年2月份工作简报表的代电；农林部关于呈送本年2月份工作报表的指令；农林部农田水利工程处为贵区本年2月份工作简报业已收存备查复请的公函；农林部天水水土保持实验区民国三十六年（1947）2月工作简报表，该报表包括1月来工作鸟瞰、法规之奉行与修订、会议之召集、与各方之联系、人事异动情形、经费收支概况等行政部分；工作项目、原定进

度、工作实施情形及效果等业务部分。农林部水土保持实验管理处气象月报表。

【叙录编号】 1007
【档案题名】
甘肃省政府、农林部、农林部天水水土保持实验区等关于民国三十六年（1947）3月份天水水土保持实验区工作简报表的指令、代电、呈、公函
【发文单位】 甘肃省政府；西北羊毛改进处等
【收文单位】 农林部天水水土保持实验区等
【档案编号】 009-011-293（全案卷）
【成文时间】 1947-04—1947-05
【收藏单位】 天水市档案馆
【涉及地域】 农林部天水水土保持实验区
【关 键 词】 工作报表
【内容提要】
　　本卷档案主要涉及甘肃省政府、农林部、农田水利处、西北羊毛改进处、农林部天水水土保持实验区等关于呈报民国三十六年（1947）3月份工作简报表的往来公文及工作报表。其中，工作报表统计内容主要包括行政部分：含1月来工作鸟瞰、会议召集情况、法规奉行与修改情况、与各方之关联、人事异动、经费概况等；业务部分：主要对保土植物试验与繁殖、农林水利、植树造林、山田耕作方法、气象等方面进行介绍，并附实验数据表、气象统计表。

【叙录编号】 1008
【档案题名】
甘肃省政府、农林部、农田水利处、西北羊毛改进处、农林部天水水土保持实验区关于民国三十六年（1947）4月份农林部天水水土保持实验区工作简报表的代电、指令、呈、公函
【发文单位】 甘肃省政府；农林部等
【收文单位】 农林部天水水土保持实验区等
【档案编号】 009-011-294（全案卷）
【成文时间】 1947-05—1947-06
【收藏单位】 天水市档案馆
【涉及地域】 农林部天水水土保持实验区
【关 键 词】 工作报表
【内容提要】
　　本卷档案主要涉及甘肃省政府、农林部、农田水利处、西北羊毛改进处、农林部天水水土保持实验区等关于呈报民国三十六年（1947）4月份工作简报表的往来公文及工作报表。其中，工作报表统计内容主要包括行政部分：含1月来工作鸟瞰、会议召集情况、法规奉行与修改情况、与各方之关联、人事异动、经费概况等；业务部分：主要对保土植物试验与繁殖、农林水利、植树造林、山田耕作方法、气象等方面进行介绍，并附实验数据表、气象统计表。

【叙录编号】 1009
【档案题名】
甘肃省政府、农林部、农田水利处、西北羊毛改进处、农林部天水水土保持实验区关于民国三十六年（1947）5月份农林部天水水土保持实验区工作简报表的代电、指令、呈、公函
【发文单位】 甘肃省政府；农林部等
【收文单位】 农林部天水水土保持实验区等
【档案编号】 009-011-295（全案卷）
【成文时间】 1947-06—1947-07
【收藏单位】 天水市档案馆
【涉及地域】 农林部天水水土保持实验区
【关 键 词】 工作报表
【内容提要】
　　本卷档案主要涉及甘肃省政府、农林部、农田水利处、西北羊毛改进处、农林部天水水土保持实验区等关于呈报民国三十六年

(1947) 5月份工作简报表的往来公文及工作报表。其中，工作报表统计内容主要包括行政部分：含1月来工作鸟瞰、会议召集情况、法规奉行与修改情况、与各方之关联、人事异动、经费概况等；业务部分：主要对保土植物试验与繁殖、农林水利、植树造林、山田耕作方法、气象等方面进行介绍，并附实验数据表、气象统计表。

【叙录编号】　1010
【档案题名】
　　农林部、农田水利工程处、西北羊毛改进处、农业推广委员会、农林部天水水土保持实验区关于民国三十六年（1947）上半年农林部天水水土保持实验区工作进度检讨报告表的指令、呈、公函
【发文单位】　甘肃省政府；农林部等
【收文单位】　农林部天水水土保持实验区等
【档案编号】　009-011-296（全案卷）
【成文时间】　1947-07—1947-08
【收藏单位】　天水市档案馆
【涉及地域】　农林部天水水土保持实验区
【关 键 词】　工作报表
【内容提要】
　　本卷档案主要涉及甘肃省政府、农林部、农田水利处、西北羊毛改进处、农林部天水水土保持实验区等关于呈报民国三十六年（1947）上半年工作简报表的往来公文及工作报表。其中，工作报表统计内容主要包括行政部分：含1月来工作鸟瞰、会议召集情况、法规奉行与修改情况、与各方之关联、人事异动、经费概况等；业务部分：主要对保土植物试验与繁殖、农林水利、植树造林、山田耕作方法、气象等方面进行介绍，并附实验数据表、气象统计表。

【叙录编号】　1011
【档案题名】
　　甘肃省政府、农田水利工程处、水土保持实验区关于民国三十六年（1947）7月份水土保持实验区工作简报表的指令、呈、公函
【发文单位】　甘肃省政府等
【收文单位】　农林部天水水土保持实验区等
【档案编号】　009-011-297（全案卷）
【成文时间】　1947-08—1947-10
【收藏单位】　天水市档案馆
【涉及地域】　农林部天水水土保持实验区
【关 键 词】　工作报表
【内容提要】
　　本卷档案为甘肃省政府等上级部门要求水土保持实验区呈报民国三十六年（1947）7月份工作报表的训令及水土保持实验区所呈交的工作报表。工作报表主要包括行政部分：1月法规之奉行与修订、会议之召集、各方面之联系、人事异动情形、经费收支概况；业务部分：保土植物试验与繁殖、农田水利、水文、植树造林、气象等，后附天气观测表。

【叙录编号】　1012
【档案题名】
　　甘肃省政府、农田水利工程处、水土保持实验区关于民国三十六年（1947）9月份水土保持实验区工作简报表的指令、呈、公函
【发文单位】　甘肃省政府等
【收文单位】　农林部天水水土保持实验区等
【档案编号】　009-011-298（全案卷）
【成文时间】　1947-10
【收藏单位】　天水市档案馆
【涉及地域】　农林部天水水土保持实验区
【关 键 词】　工作报表
【内容提要】
　　本卷档案为省政府等上级部门要求水土保持实验区呈报民国三十六年（1947）9月份工作报表的训令及水土保持实验区所呈交的工作

报表。工作报表包括甲行政部分：1月以来工作鸟瞰、法律的奉行与修订、会议召集情形、与各方面联系之情形、人事异动情形、经费收支概况；乙业务部分：保土植物试验与繁殖、农田水利、山田耕作方法试验与良种繁殖、水文、气象。后附9月份收割草种表、7—9月份水土流失统计表、比较表、泾河上游水位观测报表。

【叙录编号】　1013
【档案题名】
　　甘肃省政府、农田水利工程处、水土保持实验区关于民国三十六年（1947）8月份水土保持实验区工作简报表的指令、呈、公函
【发文单位】　甘肃省政府等
【收文单位】　农林部天水水土保持实验区等
【档案编号】　009-011-299（全案卷）
【成文时间】　1947-09
【收藏单位】　天水市档案馆
【涉及地域】　农林部天水水土保持实验区
【关　键　词】　工作报表
【内容提要】
　　本卷档案为甘肃省政府等上级部门要求水土保持实验区呈报民国三十六年（1947）8月份工作报表的训令及水土保持实验区所呈交的工作报表。工作报表包括甲行政部分：1月以来工作鸟瞰、法律的奉行与修订、会议召集情形、与各方面联系之情形、人事异动情形、经费收支概况；乙业务部分为保土植物试验与繁殖、农田水利、山田耕作方法试验与良种繁殖、气象。后附8月份收割草种表、小区试验水土流失统计表、天气观测表。

【叙录编号】　1014
【档案题名】
　　甘肃省政府、农田水利工程处、水土保持实验区关于民国三十六年（1947）10月份水土保持实验区工作简报表的指令、呈、公函
【发文单位】　甘肃省政府等
【收文单位】　农林部天水水土保持实验区等
【档案编号】　009-011-300（全案卷）
【成文时间】　1947-11—1947-12
【收藏单位】　天水市档案馆
【涉及地域】　农林部天水水土保持实验区
【关　键　词】　工作报表
【内容提要】
　　本卷档案为省政府等上级部门要求水土保持实验区呈报民国三十六年（1947）8月份工作报表的训令及水土保持实验区所呈交的工作报表。工作报表包括甲行政部分：1月以来工作鸟瞰、法律的奉行与修订、会议召集情形、与各方面联系之情形、人事异动情形、经费收支概况；乙业务部分：保土植物试验与繁殖、农田水利、山田耕作方法试验与良种繁殖、水文、气象。后附农林部天水水土保持实验区平凉工作站水位月报表、天气观测表。

【叙录编号】　1015
【档案题名】
　　农林部天水水土保持实验区关于民国三十六年（1947）11月份天水水土保持实验区工作简报表的呈、公函
【发文单位】　甘肃省政府；农林部等
【收文单位】　农林部天水水土保持实验区等
【档案编号】　009-011-301（全案卷）
【成文时间】　1947-12
【收藏单位】　天水市档案馆
【涉及地域】　农林部天水水土保持实验区
【关　键　词】　工作报表
【内容提要】
　　本卷档案为甘肃省政府、农林部、农田水利处、西北羊毛改进处、农林部天水水土保持实验区等关于呈报民国三十六年（1947）11月份工作简报表的往来公文及工作报表。其

中，工作报表统计内容主要包括行政部分：含1月来工作鸟瞰、会议召集情况、法规奉行与修改情况、与各方之关联、人事异动、经费概况等；业务部分：主要对保土植物试验与繁殖、农林水利、植树造林、山田耕作方法、气象等方面进行介绍，并附水流月报表、气象统计表。

【叙录编号】 1016
【档案题名】
　　农林部天水水土保持实验区、兰州、平凉、泾水工作站、河北苗圃关于民国三十六年（1947）工作月报表及上半年工作简报的呈
【发文单位】 农林部天水水土保持实验区兰州工作站；农林部天水水土保持实验区平凉工作站等
【收文单位】 农林部天水水土保持实验区兰州工作站；农林部天水水土保持实验区平凉工作站等
【档案编号】 009-011-302（全案卷）
【成文时间】 1947-01—1947-10
【收藏单位】 天水市档案馆
【涉及地域】 农林部天水水土保持实验区
【关 键 词】 工作报表
【内容提要】
　　本卷档案包括：1.农林部天水水土保持实验区兰州工作站民国三十六年（1947）4、5、6、9、10月份工作简报表，主要涉及行政部分与业务部分（含梯田沟洫、牧草繁殖、苗木种植等情况）；2.农林部天水水土保持实验区平凉工作站民国三十六年（1947）1、2、6月份工作简报表，主要涉及工作项目（保土植物试验与栽培、植树造林、制造种子泥丸、扩充及测绘草场繁殖场地、测量气候等）、预定进度、工作实施情形及效果；3.农林部天水水土保持实验区泾水工作站民国三十六年（1947）4、5月份工作简报表，主要涉及工作项目（保土植物试验与栽培、种子发芽试验、测量气候等）、预定进度、工作实施情形及效果；4.河北苗圃民国三十六年（1947）5月份、上半年工作报表，主要涉及苗圃管理、果苗推广、果木繁殖等情况；5.河南苗圃民国三十六年（1947）6月份工作报表，主要涉及保土植物试验与繁殖、农田水利、植树造林等情况，并附植树造林调查表、育苗株数表。

【叙录编号】 1017
【档案题名】
　　农林部、天水县党部关于召开抗战胜利3周年纪念会的通知、记录及国定纪念日的日期表
【发文单位】 农林部；天水县党部
【收文单位】 农林部天水水土保持实验区
【档案编号】 009-011-303（全案卷）
【成文时间】 1947-08—1947-12
【收藏单位】 天水市档案馆
【涉及地域】 农林部天水水土保持实验区
【关 键 词】 抗战胜利3周年纪念会
【内容提要】
　　本卷档案为农林部、天水县党部给农林部天水水土保持实验区的关于召开抗战胜利3周年纪念会的通知、会议记录及国定纪念日日期表的公文。

【叙录编号】 1018
【档案题名】
　　农林部关于抄发农业推广繁殖站、棉产改进委、羊毛改进处、中央水产所、海南农林试验场、垦殖队、信用合作社组织规程、条例、办法的训令
【发文单位】 农林部
【收文单位】 农林部天水水土保持实验区
【档案编号】 009-011-304（全案卷）
【成文时间】 1947-06—1947-07

【收藏单位】 天水市档案馆
【涉及地域】 农林部天水水土保持实验区
【关 键 词】 组织章程
【内容提要】
　　本卷档案全为农林部抄发给水土保持实验区的关于农业推广繁殖站、棉产改进委、羊毛改进处、中央水产所、海南农林试验场、垦殖队、信用合作社、垦区管理机关组织规程、条例、办法的训令。

【叙录编号】 1019
【档案题名】
　　农林部关于革新政治、人事工作计划、公务员委任送审、进修考察选送、缓征兵役、日伪人员任用限制、边远省份、蒙古族、藏族边区人员聘派、指纹代替相片等的训令、公函
【发文单位】 农林部
【收文单位】 农林部天水水土保持实验区
【档案编号】 009-011-305（全案卷）
【成文时间】 1947-01—1947-12
【收藏单位】 天水市档案馆
【涉及地域】 农林部天水水土保持实验区
【关 键 词】 组织章程
【内容提要】
　　本卷档案全为农林部抄发给水土保持实验区的关于革新政治、人事工作计划、公务员委任送审、进修考察选送、缓征兵役、日伪人员任用限制、边远省份、蒙古族、藏族边区人员聘派、指纹代替相片等的训令、公函。

【叙录编号】 1020
【档案题名】
　　农林部关于公务员薪津、奖金、考绩报表、请假、医疗费等的训令
【发文单位】 农林部
【收文单位】 农林部天水水土保持实验区
【档案编号】 009-011-306（全案卷）
【成文时间】 1947-01—1947-12
【收藏单位】 天水市档案馆
【涉及地域】 农林部天水水土保持实验区
【关 键 词】 考绩表册
【内容提要】
　　本卷档案为农林部训令，包括民国三十五年（1946）考绩表册送达；本年上半年公务员平时成绩考核结果（及相关通知）；关于公务员考核仍按上年度办理的训令；关于各地公职人员在公立医院免费或减费医病一案（录国府训令）；颁发公务员请假规则（附公务员请假规则）；现任公教人员在请假出席国大期间薪金仍准照支具，代理人如有另支薪金之必要者，亦得由服务机关另行支付；薪津、聘用、人事等相关文件8份。

【叙录编号】 1021
【档案题名】
　　农林部天水水土保持实验区等关于改场名、启用关防、职员委任委派、视事、出国考察、实习、税务人员特种考试、考试及格人员尽先任用，复员军佐转任文职等的训令
【发文单位】 农林部
【收文单位】 农林部天水水土保持实验区；农林部直辖第二经济林场
【档案编号】 009-011-307（全案卷）
【成文时间】 1947-03—1947-10
【收藏单位】 天水市档案馆
【涉及地域】 农林部天水水土保持实验区
【关 键 词】 人事
【内容提要】
　　本卷档案主要为农林部训令，另有农林部天水水土保持试验区、农林部直辖第二经济林场相关内容。包括各省市政府派遣人员出国考察及实习申请表，附民国三十四年（1945）赴美国农业技术实习人员；特种考试税务人员考试规则（税务人员体格检查标准表）；各机构

对于考试及格分发人员应尽先任用，如法定员额无法容纳时应作为额外人员所需薪俸加成数及生活补助费；特种考试复员军官佐转业考试及格人员专任文职办法（附《特种考试复员军官佐转业考试及格人员转任文职办法》）；函知到处就职日期；就职视事并正式启用关防函；自民国三十六年（1947）起本场林木今名启用新关防。

【叙录编号】　1022
【档案题名】
　　农林部关于抄发各项工作、业务推广竞赛的训令
【发文单位】　农林部
【收文单位】　农林部天水水土保持实验区
【档案编号】　009-011-308（全案卷）
【成文时间】　1947-02—1947-05
【收藏单位】　天水市档案馆
【涉及地域】　农林部天水水土保持实验区
【关 键 词】　工作竞赛
【内容提要】
　　本卷档案包括：1.民国三十四年（1945）各项工作竞赛成绩的公函；2.准工作竞赛推行委员会检发业务推行等竞赛办法实施的训令；3.令抄发三中全会决议加强推行工作竞赛方案。

【叙录编号】　1023
【档案题名】
　　农林部关于填报各种报表、农业人才调查表、资历记录卡片等的训令、代电
【发文单位】　农林部
【收文单位】　农林部天水水土保持实验区
【档案编号】　009-011-309（全案卷）
【成文时间】　1947-01—1947-12
【收藏单位】　天水市档案馆
【涉及地域】　农林部天水水土保持实验区
【关 键 词】　农业人才
【内容提要】
　　本卷档案主要为农林部训令，包括农林部所属各机构编造工作报表切实按计划遵照办理；贵区编印工作简报的公函；令饬填报机关组织员工人数年报表的训令（附各机关员工人数年报表）；为废止农业人才调查表嗣后新到职人员应填送资历记录；抄发新到职员月报表格式饬遵照；抄发职员资历记录卡片式样1份（附农林部职员资历记录卡片）；公务员家庭状况调查表；催造民国三十五年（1946）年底机关组织及员工人数年报表；民国三十六年（1947）考绩考成案（附填表须知）；随令检发工作报告表式（附水土保持田间工作队×月工作报告）；奉令饬填每月工作表报；新到职人员统限于15天内报部；催送民国三十五年（1946）下期农业人才调查表（附填表说明）。

【叙录编号】　1024
【档案题名】
　　农林部人事室关于印发农林部第21、24、26次人事会报记录的通知、公函
【发文单位】　农林部
【收文单位】　农林部天水水土保持实验区
【档案编号】　009-011-310（全案卷）
【成文时间】　1947-06—1947-12
【收藏单位】　天水市档案馆
【涉及地域】　农林部天水水土保持实验区
【关 键 词】　人事会报
【内容提要】
　　本卷档案为农林部人事室相关文件，包括农林部第21次人事会报记录和公函；农林部第24次人事会报记录的通知；印发农林部第26人事会报记录的公函。

【叙录编号】　1025
【档案题名】

农林部人事室关于农业事业人员任用、考核、编造民国三十七年（1948）工作计划、统一人事机构工作报告表式、发行人事行政月刊等的公函

【发文单位】　农林部人事室
【收文单位】　农林部天水水土保持实验区
【档案编号】　009-011-311（全案卷）
【成文时间】　1947-06—1947-12
【收藏单位】　天水市档案馆
【涉及地域】　农林部天水水土保持实验区
【关 键 词】　人事
【内容提要】

本卷档案为农林部人事室相关文件，包括统一各机关人事管理机构工作报告表式的公函（附工作报告编拟应行注意事项）；印发浙江福建考铨处呈以各机构请假规则的公函；关于发行人事行政月刊的公函；关于编造民国三十七年（1948）工作计划的通知；关于人事机构月刊订单的通知（附人事行政月刊订单表格）；人事机构工作计划拟定项目及方法提要；农林从业人员任用条例。

【叙录编号】　1026
【档案题名】

农林部关于协发检举、通缉汉奸、联合国人员在华享受特权及豁免惩治盗匪、解用人犯、公务员被处刑罚、撤销处分等的训令

【发文单位】　农林部
【收文单位】　农林部天水水土保持实验区
【档案编号】　009-011-312（全案卷）
【成文时间】　1947-01—1947-11
【收藏单位】　天水市档案馆
【涉及地域】　农林部天水水土保持实验区
【关 键 词】　通缉表；检举汉；惩治盗匪
【内容提要】

本卷档案包括：农林部关于奉令抄发汉奸公焞等通缉表的训令；各省高等法院检察官通缉书；农林部关于奉令定期结束检举汉奸的训令；农林部关于奉令为外交部呈拟联合国各组织及人员在华享受特权及豁免办法的训令；农林部关于奉令以中训团党政高级班学员曹士弘准予自新撤销永不录用处分一案的训令；农林部关于准司法行政部函送王玉堂等3名被处刑罚的训令；农林部关于为抄发修正解送人犯办法第2条第2项的训令；农林部关于奉院令惩治盗匪条例施行期间自民国三十六年（1947）4月8日起再长限1年的训令。

【叙录编号】　1027
【档案题名】

农林部关于检举通缉汉奸的训令

【发文单位】　农林部
【收文单位】　农林部天水水土保持实验区
【档案编号】　009-011-313（全案卷）
【成文时间】　1947-02—1947-10
【收藏单位】　天水市档案馆
【涉及地域】　农林部天水水土保持实验区
【关 键 词】　通缉汉奸；通缉书表
【内容提要】

本卷档案包括：农林部关于厉行检举伪组织相同机关汉奸的训令；农林部关于奉令通缉汉奸钟健魂的训令；农林部关于奉令抄发通缉汉奸姬少庭等通缉书表的训令；农林部关于奉令抄发通缉汉奸孙智等通缉书表的训令。

【叙录编号】　1028
【档案题名】

农林部关于通缉汉奸吴文中、梁八、庞振东等人的训令

【发文单位】　农林部
【收文单位】　农林部天水水土保持实验区
【档案编号】　009-011-314（全案卷）
【成文时间】　1947-02—1947-05

【收藏单位】　天水市档案馆
【涉及地域】　农林部天水水土保持实验区
【关 键 词】　通缉汉奸；通缉书表
【内容提要】
　　本卷档案包括：农林部奉令通缉汉奸吴文中、顾林平、梁天佑等人的训令及通缉书。

【叙录编号】　1029
【档案题名】
　　农林部关于通缉汉奸马海洲等的训令
【发文单位】　农林部
【收文单位】　农林部天水水土保持实验区
【档案编号】　009-011-315（全案卷）
【成文时间】　1947-06—1947-07
【收藏单位】　天水市档案馆
【涉及地域】　农林部天水水土保持实验区
【关 键 词】　通缉汉奸、通缉书表
【内容提要】
　　本卷档案包括：农林部奉令通缉汉奸马海洲、沈文兴等人的训令及通缉书。

【叙录编号】　1030
【档案题名】
　　农林部关于通缉汉奸万熙等的训令
【发文单位】　农林部
【收文单位】　农林部天水水土保持实验区
【档案编号】　009-011-316（全案卷）
【成文时间】　1947-08
【收藏单位】　天水市档案馆
【涉及地域】　农林部天水水土保持实验区
【关 键 词】　通缉汉奸；通缉书表
【内容提要】
　　本卷档案包括：农林部奉令通缉汉奸万熙、陈克孝等人的训令及通缉书。

【叙录编号】　1031
【档案题名】
　　农林部关于通缉汉奸李建材等的训令
【发文单位】　农林部
【收文单位】　农林部天水水土保持实验区
【档案编号】　009-011-317（全案卷）
【成文时间】　1947-09
【收藏单位】　天水市档案馆
【涉及地域】　农林部天水水土保持实验区
【关 键 词】　通缉令
【内容提要】
　　本卷档案为农林部关于通缉汉奸的训令，主要包括农林部关于通缉汉奸陈建材、张教衡、陈志轩、何才等人的材料。

【叙录编号】　1032
【档案题名】
　　农林部关于通缉汉奸徐子帆、徐勉之等的训令
【发文单位】　农林部
【收文单位】　农林部天水水土保持实验区
【档案编号】　009-011-318（全案卷）
【成文时间】　1947-09—1947-11
【收藏单位】　天水市档案馆
【涉及地域】　农林部天水水土保持实验区
【关 键 词】　通缉令
【内容提要】
　　本卷档案为农林部关于通缉汉奸的训令，主要包括农林部关于通缉汉奸徐子帆、周廷、尹昇日、黎光永等人的材料。

【叙录编号】　1033
【档案题名】
　　农林部关于通缉汉奸李洪、周景春等的训令
【发文单位】　农林部
【收文单位】　农林部天水水土保持实验区
【档案编号】　009-011-319（全案卷）
【成文时间】　1947-11

【收藏单位】 天水市档案馆
【涉及地域】 农林部天水水土保持实验区
【关 键 词】 通缉令
【内容提要】
　　本卷档案为农林部关于通缉汉奸的训令，主要包括农林部关于通缉汉奸李洪、周景春、赖少华、舒满林等人的材料。

【叙录编号】 1034
【档案题名】
　　农林部、农林部天水水土保持实验区关于高继善、薛志忠、吕本顺、董祥华委任委派的指令、公函
【发文单位】 农林部
【收文单位】 天水水土保持实验区
【档案编号】 009-011-320（全案卷）
【成文时间】 1947-01—1947-12
【收藏单位】 天水市档案馆
【涉及地域】 农林部天水水土保持实验区
【关 键 词】 人事
【内容提要】
　　本卷档案为农林部致农林部天水水土保持实验区的训令，主要包括调升技士高继善为代理技正的训令；关于任用技佐薛志忠的训令；关于调升技士吕本顺为代理技正照准的训令；关于调升高继善、吕本顺、董祥华等人的训令。

【叙录编号】 1035
【档案题名】
　　农林部天水水土保持实验区关于张克荣、唐近和、闫文光、王致良、荣世昌、吴迪峰委任委派的指令、公函
【发文单位】 农林部
【收文单位】 农林部天水水土保持实验区
【档案编号】 009-011-321（全案卷）
【成文时间】 1947-05—1947-12
【收藏单位】 天水市档案馆
【涉及地域】 农林部天水水土保持实验区
【关 键 词】 人事
【内容提要】
　　本卷档案包括：农林部关于据呈请派张克荣代理该区技佐的指令及相关资料；农林部关于据呈请派唐近和为该区技佐的指令及相关资料；农林部关于呈请派唐近和代理该区技士的指令及相关资料；农林部关于呈请提升技佐闫文光代理该区技士的指令及相关资料；农林部关于呈请任王致良为该区技士的指令及相关资料；农林部关于声复雇佣荣世昌的指令及相关资料；农林部关于呈报雇荣世昌为雇员的指令；农林部关于呈请派吴迪峰为该区技佐的指令及相关资料。

【叙录编号】 1036
【档案题名】
　　农林部天水水土保持实验区关于周承澍、袁义田、张万燎、张丹书委任为技正、技士的指令、公函
【发文单位】 农林部
【收文单位】 农林部天水水土保持实验区
【档案编号】 009-011-322（全案卷）
【成文时间】 1947-01—1947-11
【收藏单位】 天水市档案馆
【涉及地域】 农林部天水水土保持实验区
【关 键 词】 人事
【内容提要】
　　本卷档案包括：农林部关于据呈请派周承澍为该区技正的指令及相关资料；农林部关于呈送周承澍学经历证件的指令；农林部关于呈请提升技佐袁义田代理该区技正的指令；农林部关于呈请提升技佐张万燎代理该区技士的指令及相关资料；农林部关于据呈缴技正袁义田、技士张万燎派令准注销的指令及相关资料；农林部关于据呈请派张丹书代理该区技正

的指令；农林部关于据呈请派张丹书为该区技士的指令及相关资料。

【叙录编号】　1037
【档案题名】
　　农林部天水水土保持实验区关于吴杰、冯道纯、和克俭、赵从新、续抡元委任委派为事务员、技士的指令、呈、公函
【发文单位】　农林部
【收文单位】　农林部天水水土保持实验区
【档案编号】　009-011-323（全案卷）
【成文时间】　1947-03—1947-05
【收藏单位】　天水市档案馆
【涉及地域】　农林部天水水土保持实验区
【关　键　词】　人事
【内容提要】
　　本卷档案包括：农林部关于呈请调升雇员吴杰代理该区事务员的指令及相关资料；农林部关于准咨派冯道纯代理该区人事管理员的训令、指令及相关资料；农林部以据该人事管理员冯道纯呈请到职业予以照准的指令及相关资料；农林部关于据呈请派和克俭代理该区事务员的指令及相关资料；农林部关于据呈请调升雇员赵从新代理该区事务员的指令及相关资料；农林部关于据呈请派续抡元代理该区技士的指令及相关资料。

【叙录编号】　1038
【档案题名】
　　农林部关于水土保持实验区、国立西北农学院关于武毓骎聘任为技佐的指令、公函
【发文单位】　农林部；国立西北农学院
【收文单位】　农林部天水水土保持实验区
【档案编号】　009-011-324（全案卷）
【成文时间】　1947-05—1947-08
【收藏单位】　天水市档案馆
【涉及地域】　农林部天水水土保持实验区
【关　键　词】　武毓骎；庄汉霆；国立西北农学院
【内容提要】
　　本卷档案包括：农林部关于呈请派武毓骎代理该区技佐的指令及相关资料；农林部关于据呈武毓骎等任审表的指令、拟任人员送审书；国立西北农学院关于为本院森林系本届毕业生庄汉霆等请惠予录用的公函及成绩单；国立西北农学院关于为本院森林系本届毕业生武毓骎前来贵区报道请惠予指派工作的公函。

【叙录编号】　1039
【档案题名】
　　农林部天水水土保持实验区关于徐仁存兼平凉工作站主任、李守经、王进金委任的指令、呈、公函
【发文单位】　农林部
【收文单位】　农林部天水水土保持实验区
【档案编号】　009-011-325（全案卷）
【成文时间】　1947-07—1947-10
【收藏单位】　天水市档案馆
【涉及地域】　农林部天水水土保持实验区
【关　键　词】　人事
【内容提要】
　　本卷档案包括：农林部关于呈报派技士徐仁存兼平凉工作站主任的指令及相关资料；农林部关于据呈送技士徐仁存任审表件的指令；农林部该区技士徐仁存任用案经铨叙部审查结果合格实授的训令、相关资料及拟任人员送审书、履历表；农林部关于该区技佐李守经任用案经铨叙部审查结果合格实授的训令；农林部据呈送技佐李守经证件的指令；农林部关于据呈请派王进金代理该区技佐的指令及相关资料；农林部关于据呈缴王进金证件请核的指令及相关资料；农林部关于据呈送技佐王进金证

件已特铨叙部审查的指令、相关资料及拟任人员送审书。

【叙录编号】 1040
【档案题名】
农林部天水水土保持实验区关于填报机关组织及员工人数年报表、农业人才调查表异动表等的代电
【发文单位】 农林部天水水土保持实验区
【收文单位】 农林部
【档案编号】 009-011-326（全案卷）
【成文时间】 1947-03—1948-01
【收藏单位】 天水市档案馆
【涉及地域】 农林部天水水土保持实验区
【关 键 词】 员工人数；农业人才
【内容提要】
　　本卷档案为农林部天水水土保持实验区上呈的报表，主要包括"行政院所属各级机关员工人数年报表""农林部农业人才异动表""农林部农业人才调查表""农林部天水水土保持实验区职员认定报表"等。

【叙录编号】 1041
【档案题名】
农林部天水水土保持实验区关于报送职员资历记录卡片的指令、公函
【发文单位】 农林部；农林部天水水土保持实验区
【收文单位】 农林部；农林部天水水土保持实验区
【档案编号】 009-011-327（全案卷）
【成文时间】 1947-06—1947-08
【收藏单位】 天水市档案馆
【涉及地域】 农林部天水水土保持实验区
【关 键 词】 资历卡
【内容提要】
　　本卷档案为农林部要求呈送职员资历记录卡片的指令，以及农林部天水水土保持实验区呈报相关记录卡片的文件。后附叶培忠、王昌、薛志忠、阎文光、高继善、董祥华、赵从新、吕本顺、荣世昌、吴杰、李必正、贺家骏、李贡珊等10数位职员的资历记录卡片与动态记录。

【叙录编号】 1042
【档案题名】
农林部天水水土保持实验区关于职员薪津、辞职、请长假的指令、公函
【发文单位】 农林部
【收文单位】 农林部天水水土保持实验区
【档案编号】 009-011-328（全案卷）
【成文时间】 1947-01—1947-12
【收藏单位】 天水市档案馆
【涉及地域】 农林部天水水土保持实验区
【关 键 词】 职员薪津
【内容提要】
　　本卷档案为农林部、农林部天水水土保持实验区关于职员薪津、辞职等方面的相关文件。主要包括农林部关于水土保持实验区主任叶培忠暂支一级的训令；关于聘任叶培忠为委员的训令；关于派荣世昌为水土保持实验区雇员的请求；关于调升技士吕本顺为技正、技士高继善为技正、雇员吴杰为事务员、雇员赵自新为事务员的请求；关于技正袁义田、技士张万燎两人支薪一案的文件；关于技佐王蕴光、黄希周、吴迪峰、王昌辞职的辞呈及相关文件；关于职员技佐鄢列庆请长假的文件。

【叙录编号】 1043
【档案题名】
农林部天水水土保持实验区关于民国三十六年（1947）1—12月职员膳食补助费的清册
【发文单位】 农林部天水水土保持实验区
【收文单位】 农林部天水水土保持实验区

【档案编号】 009-011-329（全案卷）
【成文时间】 1947-01—1947-12
【收藏单位】 天水市档案馆
【涉及地域】 农林部天水水土保持实验区
【关 键 词】 膳食补助清册
【内容提要】
　　本卷档案为农林部天水水土保持实验区关于民国三十六年（1947）年度职员膳食补助费清册，包括自1—12月水土保持实验区职员膳食补助清册12份。

【叙录编号】 1044
【档案题名】
　　农林部天水水土保持实验区关于职员福利金的会议记录、分配决议、职员医药、生育、房租、膳服、生活困难、丧葬补助费、献粮等的训令
【发文单位】 农林部天水水土保持实验区
【收文单位】 农林部天水水土保持实验区
【档案编号】 009-011-330（全案卷）
【成文时间】 1947-06—1947-11
【收藏单位】 天水市档案馆
【涉及地域】 农林部天水水土保持实验区
【关 键 词】 福利会议；献粮收据
【内容提要】
　　本卷档案为农林部天水水土保持实验区相关文件，主要包括民国三十六年（1947）10月20日上午水土保持实验区员工福利会议记录，主要内容有列席人、开会宗旨、及各项提议如员工消费、房屋津贴、服装膳食、医药、生育、子女教育、奖金等；民国三十六年（1947）颁发膳服补助费的统计表；亦渭学校儿童尊师献粮收据。

【叙录编号】 1045
【档案题名】
　　农林部天水水土保持实验区关于发放福利金、医药费、生育费等的领条、证明
【发文单位】 农林部天水水土保持实验区
【收文单位】 农林部天水水土保持实验区
【档案编号】 009-011-331（全案卷）
【成文时间】 1947-11
【收藏单位】 天水市档案馆
【涉及地域】 农林部天水水土保持实验区
【关 键 词】 福利金；生育证明；医药费；房租证明书
【内容提要】
　　本卷档案为农林部天水水土保持实验区关于福利金、医药费、生育证明、补助等方面的文件，主要包括吕本顺、鄢列庆、李守经等职员之妻的生育证明；荣世昌、吴杰、薛志忠等人福利金的领取证明；职员吴杰、李贡玥、张丹书、王致良、李守经等职员的房租证明书。

【叙录编号】 1046
【档案题名】
　　农林部天水水土保持实验区关于职员福利金、宿舍津贴、粮食、生育、医疗补助费等的分配、发放情况的统计表、证明、清册、领条及福利委员会俱乐部章则
【发文单位】 农林部天水水土保持实验区
【收文单位】 农林部天水水土保持实验区
【档案编号】 009-011-332（全案卷）
【成文时间】 1947-01—1947-11
【收藏单位】 天水市档案馆
【涉及地域】 农林部天水水土保持实验区
【关 键 词】 补助费；津贴；职员福利金
【内容提要】
　　本卷档案为农林部天水水土保持实验区关于职员福利金、宿舍津贴、粮食、生育、医疗补助费等的分配、发放情况的统计表、证明、清册、领条及福利委员会俱乐部章则的公文。

【叙录编号】 1047

【档案题名】

农林部天水水土保持实验区民国三十六年（1947）1—12月份职员子女教育补助费、职员眷属宿金租赁费津贴的清册

【发文单位】 农林部天水水土保持实验区
【收文单位】 农林部天水水土保持实验区
【档案编号】 009-011-333（全案卷）
【成文时间】 1947-01—1947-12
【收藏单位】 天水市档案馆
【涉及地域】 农林部天水水土保持实验区
【关 键 词】 子女教育补助费；志愿眷属宿金租赁费
【内容提要】

本卷档案为农林部天水水土保持实验区民国三十六年（1947）1—12月职员子女教育补助费、志愿眷属宿金租赁费津贴的清册。

【叙录编号】 1048
【档案题名】

农林部天水水土保持实验区关于民国三十六年（1947）员工子女教育补助费的公函、证明书、收据

【发文单位】 农林部天水水土保持实验区
【收文单位】 农林部天水水土保持实验区
【档案编号】 009-011-334（全案卷）
【成文时间】 1947-10—1947-11
【收藏单位】 天水市档案馆
【涉及地域】 农林部天水水土保持实验区
【关 键 词】 子女教育补助费；学籍证明
【内容提要】

本卷档案为农林部天水水土保持实验区主任叶培忠要求开展调查职员子女教育情况的公文，包括民国三十六年（1947）员工子女教育补助费的公函、子女学籍证明书、收据。

【叙录编号】 1049
【档案题名】

农林部天水水土保持实验区关于会计人员委任委派及办理接交、交代的指令、呈、清册

【发文单位】 农林部天水水土保持实验区
【收文单位】 农林部天水水土保持实验区
【档案编号】 009-011-335（全案卷）
【成文时间】 1947-04—1947-08
【收藏单位】 天水市档案馆
【涉及地域】 农林部天水水土保持实验区
【关 键 词】 人事
【内容提要】

农林部天水水土保持实验区原会计郎维杰辞职、贺子仁代理会计处处长，本卷档案即为涉及此事的会计人员委任委派及办理接交、交代的指令、呈、清册。

【叙录编号】 1050
【档案题名】

农林部关于水土保持实验区民国三十六年（1947）政绩比较表之一

【发文单位】 农林部天水水土保持实验区
【收文单位】 农林部天水水土保持实验区
【档案编号】 009-011-336（全案卷）
【成文时间】 1947
【收藏单位】 天水市档案馆
【涉及地域】 农林部天水水土保持实验区
【关 键 词】 政绩比较表
【内容提要】

本卷档案为农林部天水水土保持实验区民国三十六年（1947）政绩比较表之一，比较表包括甲行政部分：法律的奉行与修订、会议召集情形、与各方面联系之情形、人事异动及考绩情形、经费收支及报销情形；乙业务部分包括：保土植物试验与繁殖、农田水利。

【叙录编号】 1051
【档案题名】

农林部关于水土保持实验区民国三十六年

（1947）政绩比较表之二
【发文单位】　农林部天水水土保持实验区
【收文单位】　农林部天水水土保持实验区
【档案编号】　009-011-337（全案卷）
【成文时间】　1947
【收藏单位】　天水市档案馆
【涉及地域】　农林部天水水土保持实验区
【关 键 词】　政绩比较表
【内容提要】
　　本卷档案为农林部天水水土保持实验区民国三十六年（1947）政绩比较表之二，包括比较表的乙业务部分的"植树造林、山田农作试验与良种繁殖、气象"3个部分。中有"秋季径流冲刷统计表""民国三十六年（1947）秋季植树造林概况表"、民国三十六年（1947）12月中旬测定的"大柳树沟历年来刺槐的幼林生长概况表"等。

【叙录编号】　1052
【档案题名】
　　农林部关于水土保持实验区民国三十六年（1947）政绩比较表之三
【发文单位】　农林部天水水土保持实验区
【收文单位】　农林部天水水土保持实验区
【档案编号】　009-011-338（全案卷）
【成文时间】　1947
【收藏单位】　天水市档案馆
【涉及地域】　农林部天水水土保持实验区
【关 键 词】　政绩比较表
【内容提要】
　　本卷档案为农林部天水水土保持实验区民国三十六年（1947）政绩比较表之三，主要包括比较表的附表：小区试验水土流失统计表、草带对水土流失影响表、坡度与作物对水土流失之比较、改良农作制与农家农化制水土流失之比较表、小区径流试验水土流失统计表。民国三十六年（1947）4—6月份小区径流试验水土流失统计表、改良农作制与农家农作制水土流失比较表、草带对山土流失之比较表；民国三十六年（1947）7—9月份改良农作制与农家农作制水土流失比较表、小区试验水土流失统计表、坡度与作物对水土流失之比较；民国三十六年（1947）7—9月份坡度与作物对水土流失之比较、小区试验水土流失统计表、小区玉米黄豆产量表、小区小麦荞麦黑豆扁豆产量表、轮作试验之产量及其经济价格记载表、轮作试验各处理处经济比较表、轮作区田示范田产量结果一览表、气象年报表；农林部天水水土保持实验区民国三十六年（1947）12月份气象月报表、农林部天水水土保持实验区平凉工作站民国三十六年（1947）11月份气象月报表、农林部天水水土保持实验区平凉工作站11月水位月报表。

【叙录编号】　1053
【档案题名】
　　农林部关于水土保持实验区民国三十六年（1947）政绩比较表之四
【发文单位】　农林部天水水土保持实验区
【收文单位】　农林部天水水土保持实验区
【档案编号】　009-011-339（全案卷）
【成文时间】　1947-12—1948-02
【收藏单位】　天水市档案馆
【涉及地域】　农林部天水水土保持实验区
【关 键 词】　政绩比较表
【内容提要】
　　本卷档案为农林部天水水土保持实验区民国三十六年（1947）政绩比较表之四，主要包括省政府、农林部天水水土保持实验区关于函送民国三十六年（1947）比较表的代电、训令等文件，及该年度政绩比较表的草稿部分。

【叙录编号】　1054

【档案题名】

农林部关于水土保持实验区民国三十六年（1947）政绩比较表之五

【发文单位】 农林部天水水土保持实验区

【收文单位】 农林部天水水土保持实验区

【档案编号】 009-011-340（全案卷）

【成文时间】 1947-12—1948-12

【收藏单位】 天水市档案馆

【涉及地域】 农林部天水水土保持实验区

【关 键 词】 政绩比较表

【内容提要】

本卷档案为农林部天水水土保持实验区民国三十六年（1947）政绩比较表之五，主要是该年度政绩比较表的草稿。

【叙录编号】 1055

【档案题名】

农林部关于水土保持实验区民国三十六年（1947）政绩比较表之六

【发文单位】 农林部天水水土保持实验区

【收文单位】 农林部天水水土保持实验区

【档案编号】 009-011-341（全案卷）

【成文时间】 1947-12—1948-02

【收藏单位】 天水市档案馆

【涉及地域】 农林部天水水土保持实验区

【关 键 词】 政绩比较表

【内容提要】

本卷档案为农林部天水水土保持实验区民国三十六年（1947）政绩比较表之六，其中主要是该年度政绩比较表的草稿与附表的草稿。

【叙录编号】 1056

【档案题名】

农林部病虫药械专门委员会、农林部天水水土保持实验区关于联合试验牧草种子、麦病防治、药械禾范等的公函、呈

【发文单位】 天水水土保持实验区；病虫药械委员会、农业复员委员会

【收文单位】 农林部天水水土保持实验区

【档案编号】 009-011-342（全案卷）

【成文时间】 1947-08—1947-12

【收藏单位】 天水市档案馆

【涉及地域】 农林部天水水土保持实验区

【关 键 词】 繁殖牧草；麦病防治

【内容提要】

本卷档案主要为农林部天水水土保持实验区、病虫药械委员会、农业复员委员会的训令、公函，包括关于请将合作繁殖牧草办法延长1年便利工作的公函；请示范探究联合病虫药械的函件；合作举办麦病防治示范工作的公函；关于填报牧草种子试验情形的通知；农林部农业复员委员会民国三十六年（1947）麦病防治示范办法；合作示范并寄麦病办法纲要；合作办理麦病防治示范工作情况；拨款与报销注意事项；利用阳热消毒麦种；12月底以前将合作示范支出单寄到以便报销；病虫防治示范补助费；药械测验补助费。

【叙录编号】 1057

【档案题名】

张丹书译的《保土植物》

【发文单位】 张丹书

【收文单位】 张丹书

【档案编号】 009-011-343（全案卷）

【成文时间】 1947

【收藏单位】 天水市档案馆

【涉及地域】 农林部天水水土保持实验区

【关 键 词】 张丹书；《保土植物》

【内容提要】

本卷档案为张丹书所译之《保土植物》。目录：一、光雀麦，二、蔓生糠穗，三、草芦，四、富氏雀稗，五、绯红草，六、大看麦娘，七、鹅冠草类，八、矮草类，九、印度稻草，十、大砂草，十一、垂枝博爱草，十二、

大稷草，十三、保土的覆地作物，十四、三叶草类，十五、苜蓿类，十六、草木樨类，十七、行仪芝草。

【叙录编号】 1058
【档案题名】
　　农林部关于检发农林部直辖垦区垦殖经营等办法的训令
【发文单位】 农林部
【收文单位】 农林部天水水土保持实验区
【档案编号】 009-011-344（全案卷）
【成文时间】 1947-09
【收藏单位】 天水市档案馆
【涉及地域】 农林部天水水土保持实验区
【关 键 词】 农林部直辖垦区垦殖经营办法；农林部直辖垦区代办垦民物品办法；农林部直辖垦区选收垦民办法
【内容提要】
　　本卷档案包括：农林部为检发本部奉令修正公布之《农林部直辖垦区垦殖经营办法》等法规6种的训令；农林部直辖垦区垦殖经营办法；农林部直辖垦区代办垦民物品办法；农林部直辖垦区选收垦民办法。

【叙录编号】 1059
【档案题名】
　　行政院、甘肃省建设厅、农林部关于民国三十七年（1948）各机关工作计划编审办法、调整著作审查费的训令、记录
【发文单位】 行政院；甘肃省建设厅；农林部
【收文单位】 农林部天水水土保持实验区
【档案编号】 009-011-345（全案卷）
【成文时间】 1947-05—1947-09
【收藏单位】 天水市档案馆
【涉及地域】 农林部天水水土保持实验区
【关 键 词】 工作计划编审办法；工作计划格式；著作审查费
【内容提要】
　　本卷档案包括：行政院关于民国三十七年（1948）各机关工作计划编审办法的训令；各机关年度工作计划格式；建设厅拟编民国三十七年（1948）工作计划会议记录，该会议记录包括时间：民国三十六年（1947）9月18日下午3时，地点：在本厅会议室，出席人：李治寰、李斌等21人，主持人：李治寰，记录人：兰有禄；农林部关于准铨叙部函为自本年6月1日起著作审查费每种调整为1.5万元的训令。

【叙录编号】 1060
【档案题名】
　　农林部、农林部天水水土保持实验区关于废弃机场办理水土保持及设置农场试验、实验区等迁兰州，指定交粮地图等的训令、公函及宜君县邻地图
【发文单位】 农林部；李顺卿；叶培忠等
【收文单位】 农林部天水水土保持实验区等
【档案编号】 009-011-346（全案卷）
【成文时间】 1947-03—1947-06
【收藏单位】 天水市档案馆
【涉及地域】 农林部天水水土保持实验区
【关 键 词】 信件；地图
【内容提要】
　　本卷档案主要包括：农林部准空军总司令部电复本部请拨全国废弃机场办理水土保持及设置芋场实验一案；李顺卿给叶培忠的信（叶培忠希望将实验区总场移设兰州，李顺卿认为极具见地、亦属可行，但经费计划早经核定，本年度无法移往兰州）；李顺卿给顾志章的信（顾志章希望迁往兰州，李顺卿认为不无道理，但以经费原因无法办成，且天水人员生活补助费与兰州区不同，难邀行政院核准，目前只能加强兰州工作站工作）；叶培忠给干忱司长的信，希望进行迁移兰州计划；为函请指定交粮

地点手续一边提前交纳租麦的公函；宜君县邻地图。

【叙录编号】 1061
【档案题名】
西北兽疫防治处、农业部天水水土保持实验区平凉工作站关于平凉场地房地租问题的公函、出租表及合办小麦良种试验办法的信函
【发文单位】 农林部天水水土保持实验区；西北兽疫防治处；农业部天水水土保持实验区平凉工作站
【收文单位】 农林部天水水土保持实验区
【档案编号】 009-011-347（全案卷）
【成文时间】 1947-06—1947-12
【收藏单位】 天水市档案馆
【涉及地域】 农林部天水水土保持实验区
【关 键 词】 平凉站；西北兽疫防治处
【内容提要】
本卷档案包括：农林部天水水土保持实验区希望任承统来兰洽商解决西北防疫处停止合作租用平凉牧场（最速件）；西北兽疫防治处请任承统先生来兰洽商平凉场地事宜（西北兽疫防治处欲停止出租草场，可以在血清厂没有恢复之前原租场地）；函嘱免缴平凉农场地租一案（水土保持实验区称经费困难嘱免缴平凉农场地租粮，查此项租粮系列在本处岁入预算中，应请缴清）；函请送交民国三十五年（1946）租额（请将应缴租额送交敝站）；请将民国三十五年（1946）、三十六年（1947）租粮交纳敝站并函复继租与否（屡令着由敝站催收，且以前租约已届期满，以后续租与否，请先行接洽）；（水土保持区平凉站）租用场地遭受严重雹灾，保土植物生长欠佳，暴风雨雹灾，直径84毫米，风力8级，一次雨量485毫米，植株倒伏，种子散落，曾面请贵站汇通勘察属实（主任徐仁存）；平凉站地租及签订租约恳予电示，平凉站给农林部天水水土保持实验区叶主任的电，虽然当时水土保持实验区没有说是否续租，平凉站仍在其中工作，应缴纳租金，现在因与平凉站沟通不及时，向第三者（农林部天水水土保持实验区）催缴，最好还是由平凉站缴纳，如需续租，即请来本站恰办，否则自民国三十七年（1948）1月1日起即认为租约期满退租，不胜迫切（租用敝站场地）。

【叙录编号】 1062
【档案题名】
农林部、农林部天水水土保持实验区关于兰州水土保持示范场址及租用民房等的指令、合同、说明、草图、信函
【发文单位】 农林部；农林部天水水土保持实验区
【收文单位】 农林部；农林部天水水土保持实验区
【档案编号】 009-011-348（全案卷）
【成文时间】 1947-05—1947-10
【收藏单位】 天水市档案馆
【涉及地域】 农林部天水水土保持实验区
【关 键 词】 示范场址；民房
【内容提要】
如题。

【叙录编号】 1063
【档案题名】
傅焕光等关于实验区森林测勘工作，经费等的往来信件
【发文单位】 傅焕光；农林部天水水土保持实验区
【收文单位】 时杰；映东等
【档案编号】 009-011-349（全案卷）
【成文时间】 1947-02—1947-07
【收藏单位】 天水市档案馆
【涉及地域】 农林部天水水土保持实验区

【关 键 词】 测勘；经费

【内容提要】

本卷档案包括：傅焕光给时杰的信，傅焕光给映东的信，傅焕光给晋成的信，傅焕光给光豪、宗岱、晋成、培忠的信；关于农林部天水水土保持实验区经费、森林测勘经费、工作计划草案等工作与有关人员的通报。

【叙录编号】 1064

【档案题名】

叶培忠等关于试验区工作经费等的往来信件

【发文单位】 周承澍；任承统；叶培忠等

【收文单位】 任承统；叶培忠；黄希周等

【档案编号】 009-011-350（全案卷）

【成文时间】 1947-01—1947-03

【收藏单位】 天水市档案馆

【涉及地域】 农林部天水水土保持实验区

【关 键 词】 工作经费

【内容提要】

本卷档案为相关人员往来信件。包括周承澍因妻子生产请假给任承统的信；任承统和叶培忠的往复信；周承澍、叶培忠、任承统的往复信（叶忠培告任承统德麒的近况与安排）；叶培忠给黄希周（菊逸）安排工作的信；叶培忠给王蕴光解释工作计划及人事任免的信；徐存仁、叶培忠、任承统的往复信；马保之和叶培忠的往复信（有关近期工作情况，及调查全国农林行政及试验机构情形）；李守经和叶培忠的往复信（有关甘肃省建设厅厅长、甘农所长、兰山站经费等有关情况）；叶培忠给华产的信；黄希周和叶培忠的往复信（黄希周讲述台湾近况，并计划局势平稳后返回）；闫文光和叶培忠的往复信；叶培忠给化庵的信；肃某给叶培忠关于日常生活的信；袁义田和叶培忠的往复信；李守经和叶培忠的往复信（有关兰山站工作相关情况）；叶培忠给徐存仁、黄希周的事函。

【叙录编号】 1065

【档案题名】

农林部水土保持华北区田间工作队民国三十六年（1947）7—11月份工作报告

【发文单位】 农林部水土保持华北区田间工作队

【收文单位】 农林部水土保持华北区田间工作队

【档案编号】 009-011-351（全案卷）

【成文时间】 1947-08—1947-12

【收藏单位】 天水市档案馆

【涉及地域】 农林部天水水土保持实验区

【关 键 词】 工作报告

【内容提要】

本卷档案为农林部水土保持华北区田间工作队民国三十六年（1947）7—11月份工作报告。7月份行政部分主要为勘察中正山、北塔山、四墩坪、五泉山、红土崖、高澜山及五泉桦林山、中樑山、狗牙山等区域。与甘肃甘肃省农业改进所合作，筹建狗牙山水土保持实验区，采集当地重要保土植物种子。业务部分主要为土地调查分类，农田工程施工，保土植物采集及种植，农田设计与施工。8月份行政部分工作主要为协助奠定兰站基地，调查狗牙山耕作方法及野生植物等，测绘地形图及开挖水平沟种植草本楔；业务部分主要为测绘与摄制照片两部分。9月份行政部分主要为协助兰州站整理修葺房院掘挖水井建筑厨房等事宜；业务部分为土地调查分类、农田工程施工、保土植物采集与种植、农田设计及施工。10月份主要为调查红柳分布等事宜。11月份主要为狗牙山华林山一带积极展开造林工作、兰州工作因天寒冰结暂时结束（附土壤冲刷初步调查、护土植物观察等5项试验）。

叁　自然资源开发与生态保护类档案

【叙录编号】　1066
【档案题名】
　　农林部、中央林业实验所、华北田间工作队关于任承统兼任队长、华北工作队要点、计划、经费预算、支付等的训令、公函
【发文单位】　农林部；中央农业实验所等
【收文单位】　农林部天水水土保持实验区
【档案编号】　009-011-352（全案卷）
【成文时间】　1947-04—1947-10
【收藏单位】　天水市档案馆
【涉及地域】　农林部天水水土保持实验区
【关 键 词】　水土保持田间工作队华北队；任承统
【内容提要】
　　本卷档案为农林部、中央农业实验所、华北田间工作队关于任承统兼任华北区田间工作队队长的相关公文，并附水土保持田间工作队华北队工作要点（主要包括工作原则、经费使用规定、工作项目等）、工作计划（包括工作目的、工作组织、工作区域、工作项目、人员配备、工作设备）及经费预算表。

【叙录编号】　1067
【档案题名】
　　农林部中央林业实验所等关于田间工作队报送工作报告、经费等的代电、公函、信件
【发文单位】　傅焕光；叶培忠等
【收文单位】　任承统等
【档案编号】　009-011-353（全案卷）
【成文时间】　1947-07—1947-12
【收藏单位】　天水市档案馆
【涉及地域】　农林部天水水土保持实验区
【关 键 词】　水土保持田间工作队华北队
【内容提要】
　　本卷档案主体为傅焕光、任承统、叶培忠3人的来往信件，主要涉及傅焕光请任承统上交水土保持田间工作队华北队的工作报表之事与任承统请农林部给予华北队工作经费信件、公函与收据等。

【叙录编号】　1068
【档案题名】
　　傅焕光、叶培忠、任承统等关于田间工作人员调配、经费计划、工作情形等的公函、信件
【发文单位】　傅焕光；叶培忠等
【收文单位】　任承统等
【档案编号】　009-011-354（全案卷）
【成文时间】　1947-05—1947-07
【收藏单位】　天水市档案馆
【涉及地域】　农林部天水水土保持实验区
【关 键 词】　人员调配；经费
【内容提要】
　　本卷档案主体为傅焕光、任承统、叶培忠3人的来往信件，主要涉及傅焕光给农林部天水水土保持实验区经费、为西北兽疫防治处培育牧草、农林部天水水土保持实验区迁移兰州、狗牙山附近勘测、购买工作仪器等事宜。

【叙录编号】　1069
【档案题名】
　　甘肃省政府、小陇山林区管理处关于委派汉羿为主任、启用印章、工作实施计划等的指令、训令、呈、公函
【发文单位】　甘肃省政府等
【收文单位】　小陇山林区管理处
【档案编号】　009-011-355（全案卷）
【成文时间】　1947-05—1947-12
【收藏单位】　天水市档案馆
【涉及地域】　农林部天水水土保持实验区
【关 键 词】　小陇山林区管理处；汉羿
【内容提要】
　　本卷档案主要为甘肃省政府委派汉羿任小

陇山林区管理处处长并开展工作的事宜，主要包括甘肃省政府的委任令及下发的工作计划与预算表（包括工作目标、经费管理方法、人员及股室构成、预算数额）、小陇山林区管理处工作实施计划（设立境界标、编定省有林和保安林、审定伐木案、督导造林事业、限制森林副业之利用、限制林内开垦、严禁滥伐、处理办法、林役权登记、森林灾害登记、设立工作站及苗圃）、启用小陇山林区管理处印章、小陇山林区管理处请兰州车站为其员工先行购票以利工作等事宜的往来公文。

【叙录编号】　1070
【档案题名】
　　甘肃省建设厅关于发给小陇山林区管理处枪弹的训令、指令
【发文单位】　甘肃省建设厅
【收文单位】　小陇山林区管理处
【档案编号】　009-011-356（全案卷）
【成文时间】　1947-11—1948-02
【收藏单位】　天水市档案馆
【涉及地域】　农林部天水水土保持实验区
【关　键　词】　小陇山林区管理处；枪支
【内容提要】
　　本卷档案主要为甘肃省建设厅发给小陇山林区管理处"七九"式步枪12支、配给子弹1200粒的往来公文、军用证明书、领取清单等文件。

【叙录编号】　1071
【档案题名】
　　农林部天水水土保持实验区民国三十七年（1948）1、2月份工作简报表
【发文单位】　天水水土保持实验区
【收文单位】　天水水土保持实验区
【档案编号】　009-011-357（全案卷）
【成文时间】　1948-01—1948-02
【收藏单位】　天水市档案馆
【涉及地域】　农林部天水水土保持实验区
【关　键　词】　工作简报
【内容提要】
　　本卷档案为农林部天水水土保持实验区民国三十七年（1948）1、2月份工作简报表，工作简报表统计内容主要包括行政部分：含1月来工作之鸟瞰、法规之奉行与修订、会议之召集、与各方之联系、人事异动、经费收支概况等；业务部分：包含保土植物繁殖与试验、农田水利、植树造林、农田保土试验与山田良种繁殖等情况进行介绍，并附气象统计表等。

【叙录编号】　1072
【档案题名】
　　农林部天水水土保持实验区民国三十七年（1948）3、4月份工作简报表
【发文单位】　农林部天水水土保持实验区
【收文单位】　农林部天水水土保持实验区
【档案编号】　009-011-358（全案卷）
【成文时间】　1948-03—1948-09
【收藏单位】　天水市档案馆
【涉及地域】　农林部天水水土保持实验区
【关　键　词】　工作简报表；气象表
【内容提要】
　　本卷档案包括：农林部天水水土保持实验区三十七年（1948）3月份工作简报表，该报表包括1月来工作鸟瞰、法规之奉行与修订、会议召集、与各方之联系（书刊赠送及代填雨量统计、牧草及苗木配赠）、人事异动情形、经费收支概况等政务部分；工作项目（保土植物与试验繁殖、农田水利、植树造林山田农作试验及良种繁殖、气象）、原定进度、工作实施情形及效果等业务部分。农林部天水水土保持实验区民国三十七年（1948）3月份气象月报表；农林部天水水土保持实验区民国三十七年（1948）4月份工作简报表，该报表包括1

月来工作鸟瞰、法规之奉行与修订、会议召集、与各方之联系（接准交通部公路总局第七区公路工程管理局天水工路段、接准本部林业司湖南私立修业高级农职校、金陵大学杨良济等、接黄河水利工程总局、接准本部西北役畜改良繁殖场、接准新疆建设厂）、人事异动情形、经费收支概况等政务部分；工作项目（保土植物与试验繁殖、农田水利、植树造林、山田农作试验及良种繁殖、气象）、原定进度、工作实施情形及效果等业务部分。

【叙录编号】 1073
【档案题名】
　　农林部天水水土保持实验区民国三十七年（1948）5、7月份工作简报表
【发文单位】 农林部天水水土保持实验区
【收文单位】 农林部天水水土保持实验区
【档案编号】 009-011-359（全案卷）
【成文时间】 1948
【收藏单位】 天水市档案馆
【涉及地域】 农林部天水水土保持实验区
【关 键 词】 工作简报表；气象表
【内容提要】
　　本卷档案包括：农林部天水水土保持实验区民国三十七年（1948）5月份工作简报表，该报表包括1月来工作鸟瞰、法规之奉行与修订、会议召集、与各方之联系（函购幻灯映片、牧草种子互换及书刊互赠、参加西北五省家畜饲料改造、外宾参观）、人事异动情形、经费收支概况等政务部分；工作项目（保土植物与试验繁殖、农田水利、植树造林、山田农作试验及良种繁殖、气象）、原定进度、工作实施情形及效果等业务部分。农林部天水水土保持实验区民国三十七年（1948）5月份气象月报表；农林部天水水土保持实验区平凉工作站民国三十七年（1948）5月份气象月报表；农林部天水水土保持实验区平凉工作站6月份气象月报表；农林部天水水土保持实验区泾水工作站水位月报表；农林部天水水土保持实验区民国三十七年（1948）7月工作简报表，该报表包括1月来工作鸟瞰、法规之奉行与修订、会议召集、与各方之联系（案准农林部复员委员会病虫害药械专门委员会函送病虫害情报、书刊互赠）、人事异动情形、经费收支概况等政务部分；工作项目（保土植物与试验繁殖、农田水利、植树造林、山田农作试验及良种繁殖、示范推进及繁殖、气象）、原定进度、工作实施情形及效果等业务部分。农林部天水水土保持实验区泾水工作站水位月报表；农林部天水水土保持实验区平凉工作站民国三十七年（1948）6月、7月份气象月报表；农林部检发本部所属各机关工作简报表修正表式令仰遵照填报由。

【叙录编号】 1074
【档案题名】
　　农林部天水水土保持实验区民国三十七年（1948）上半年工作报告
【发文单位】 农林部天水水土保持实验区
【收文单位】 农林部天水水土保持实验区
【档案编号】 009-011-360（全案卷）
【成文时间】 1948
【收藏单位】 天水市档案馆
【涉及地域】 农林部天水水土保持实验区
【关 键 词】 工作检讨报告
【内容提要】
　　本卷档案包括：农林部天水水土保持实验区利用救济经费以工代赈方式兴办水土保持上半年工作检讨报告，该报告包括工作项目（法规之奉行与修订、人事异动及考绩情形、经费收支报销情形）、原定进度（编送报表、呈请调整工资）、工作实施情形及检讨等政务部分；保土植物繁殖、农田水利等业务部分。

【叙录编号】　1075

【档案题名】
　　农林部天水水土保持实验区民国三十七年（1948）8月份工作简报表

【发文单位】　农林部天水水土保持实验区

【收文单位】　农林部天水水土保持实验区

【档案编号】　009-011-361（全案卷）

【成文时间】　1948-08

【收藏单位】　天水市档案馆

【涉及地域】　农林部天水水土保持实验区

【关　键　词】　8月份工作简报表；气象月报表；泾水工作站水位月报表

【内容提要】

　　本卷档案包括：农林部天水水土保持实验区民国三十七年（1948）8月份工作简报表。该报表包括1月来工作鸟瞰、法规之奉行与修订、会议召集、与各方之联系（各界参观、案准农林部复员委员会病虫药械专门委员会函送各种麦病防治示范成绩、案准陇南农林实验场函达新任场长鲁鸿烈视事日期）、人事异动等政务部分。工作项目（保土植物与试验繁殖、农田水利、植树造林、山田耕作方法试验、示范推广及繁殖、气象）、原定进度、工作实施情形及效果等业务部分。农林部天水水土保持实验区民国三十七年（1948）7、8月份气象月报表；小区径流试验水土流失统计表；农林部天水水土保持实验区泾水工作站水位月报表。

【叙录编号】　1076

【档案题名】
　　农林部天水水土保持实验区民国三十七年（1948）9月份工作简报表

【发文单位】　农林部天水水土保持实验区

【收文单位】　农林部天水水土保持实验区

【档案编号】　009-011-362（全案卷）

【成文时间】　1948-09

【收藏单位】　天水市档案馆

【涉及地域】　农林部天水水土保持实验区

【关　键　词】　9月份工作简报表；气象月报表；泾水工作站水位月报表

【内容提要】

　　本卷档案包括：农林部天水水土保持实验区民国三十七年（1948）9月份工作简报表，该报表包括1月来工作鸟瞰、法规之奉行与修订、会议召集、与各方之联系（函赠报告、外界参观、24日女师附小员生百余人藉秋季旅行之便特赴本区之梁家坪等试验场地参观）、人事异动等政务部分。工作项目（保土植物与试验繁殖、农田水利、植树造林、山田耕作方法试验、示范推广及繁殖、气象）、原定进度、工作实施情形及效果等业务部分。变量分析表；农林部天水水土保持实验区泾水工作站水位月报表；农林部天水水土保持实验区民国三十七年（1948）8、9月份气象月报表。

【叙录编号】　1077

【档案题名】
　　农林部天水水土保持实验区民国三十七年度（1948）10、11月份工作简报表

【发文单位】　农林部天水水土保持实验区

【收文单位】　农林部天水水土保持实验区

【档案编号】　009-011-363（全案卷）

【成文时间】　1948-10—1948-11

【收藏单位】　天水市档案馆

【涉及地域】　农林部天水水土保持实验区

【关　键　词】　工作报表

【内容提要】

　　本卷档案为农林部天水水土保持实验区民国三十七年（1948）10月、11月份的工作简报表。10月份报表主要包括甲乙两部分，甲部分为行政部分，主要有1月份以来工作鸟瞰、法规的奉行与编订、会议召集、与各方面之联系、人事变动、经费收支报销；乙部分为

业务部分，主要有保土植物之试验与繁殖、农田水利方面、植树造林、山田耕作与试验、良田繁殖、气象记录等相关内容，后附农林部天水水土保持实验区民国三十七年（1948）10月份气象月报表、农林部天水水土保持实验区平凉工作站民国三十七年（1948）9月气象月报表、民国三十七年（1948）9月份农林部天水水土保持实验区泾水工作站水位月报表。11月份报表主要包括甲乙两部分，甲部分为行政部分，主要有1月份以来工作鸟瞰、法规的奉行与编订、会议召集、与各方面之联系、人事变动、经费收支报销；乙部分为业务部分，主要有保土植物之试验与繁殖、农田水利方面、植树造林、山田耕作与试验、良田繁殖、气象记录等相关内容，后附民国三十七年（1948）10月份农林部天水水土保持实验区泾水工作站水位月报表、农林部天水水土保持实验区平凉工作站民国三十七年（1948）10月份气象月报表、农林部天水水土保持实验区民国三十七年（1948）11月份气象月报表。

【叙录编号】　1078
【档案题名】
　　农林部关于抄发解释法令、危害国家治罪、惩治汉奸、盗匪、防共、禁烟、建立保卫小组、维持秩序、提高罚金、报送专业警察概况的训令等
【发文单位】　农林部
【收文单位】　农林部天水水土保持实验区
【档案编号】　009-011-364（全案卷）
【成文时间】　1948-01—1948-12
【收藏单位】　天水市档案馆
【涉及地域】　农林部天水水土保持实验区
【关 键 词】　惩治汉奸
【内容提要】
　　本卷档案为农林部相关训令，主要包括奉院令以据湖北省政府呈为未任伪职因其他汉奸嫌疑在追诉期间者是否受惩治汉奸条例第15条之限制请释示的训令；奉院令本院所属各机关送请司法院解释法令疑义事项应呈院核转的相关训令；关于抄发战乱时期危害国家紧急治罪条例的训令；关于抄发党政机关保卫小组建立原则草案的训令；关于修正解送人犯办法的训令；关于司法机关调查案件应尽速答复切实协助的相关训令；关于奉令抄发解送人犯办法修正第五条第一项第十六条的相关训令；关于行政院修正解送人犯办法第五条第一项及第十六条条文经呈奉府令准予备案的训令；关于奉院令惩治盗匪条例实施期间自民国三十七年（1948）4月8日起再展限1年的训令；关于奉院令收复地区肃清烟毒办法业经废止并另行制定剿匪地区肃清烟毒办法公布施行的训令；关于奉院令为转业人员请愿应依照维持社会秩序临时办法的训令；关于罚金提高标准修正暨规费提高标准条例草案的训令；关于奉院令代电补发戒严法令的训令；关于各种专业警察概况季报表及填表须知的训令；关于为肃清烟毒各级机关主管长官对所属人员有吸食烟毒者应严密监察检举的训令；关于对于潜伏后方匪谍份子应加紧侦查的训令；关于甘肃省第四区行政督察专员公署的公函，为党政机关保卫小组建立原则的相关训令。

【叙录编号】　1079
【档案题名】
　　农林部等单位关于总统副总统就职、国民政府公报更名、行文保密、实行夏时制、汽车牌照、刊物撰稿、举办展览等的训令、公函
【发文单位】　农林部
【收文单位】　农林部天水水土保持实验区
【档案编号】　009-011-365（全案卷）
【成文时间】　1948-04—1948-11
【收藏单位】　天水市档案馆
【涉及地域】　农林部天水水土保持实验区

【关　键　词】　总统；公报
【内容提要】
　　本卷档案为农林部等单位的相关训令，主要包括奉院令全国各地自民国三十七年（1948）5月1日起至9月30日止将钟点上时间拨早1小时的训令；关于奉院令电饬选举总统及总统就职不可铺张的训令；关于奉院令将《国民政府公报》改为《总统府公报》的训令；关于奉行政院令本月20日总统及副总统就职各机关悬旗志庆的训令；关于行政院关于汽车应使用牌照、牌照之发给应由当地主管机关分别负责的训令；关于函请为《病虫害情报刊物》撰稿的公函；关于举办首都科学展览会的公函。

【叙录编号】　1080
【档案题名】
　　农林部关于抄发儿童进入公营事业就业、铁（公）路区难民处理、国葬公葬等的训令
【发文单位】　农林部
【收文单位】　农林部天水水土保持实验区
【档案编号】　009-011-366（全案卷）
【成文时间】　1948-01—1948-12
【收藏单位】　天水市档案馆
【涉及地域】　农林部天水水土保持实验区
【关　键　词】　难民
【内容提要】
　　本卷档案为农业部训令，主要为检发社会部各救济育幼院所儿童进入各公营事业就业办法的训令；关于奉院令核定铁（公）路线区难民处理办法的训令；关于奉令抄发国葬法及公葬条例的训令。

【叙录编号】　1081
【档案题名】
　　农林部关于总统副总统行政院长部长就职视事荐任科员公务员农林事业人员委任送审委员任用限制、重大贪污嫌疑者暂缓调用、调查派出国外人员逗留情况、中专学生服役转业资格、军官安置等的训令
【发文单位】　农林部
【收文单位】　农林部天水水土保持实验区
【档案编号】　009-011-367（全案卷）
【成文时间】　1948-01—1948-12
【收藏单位】　天水市档案馆
【涉及地域】　农林部天水水土保持实验区
【关　键　词】　农林事业人员；国外人员
【内容提要】
　　本卷档案为农林部训令。主要包括奉院令各党政党务工作人员拟任公务员送审时计资办法的训令；关于外交部调查各机关派赴外国人员逗留的训令；关于抄发战时服役学生就业资格审定及训练办法的训令；关于各机关设置荐任科员之必要服务及相关问题的训令；关于准铨叙部有关边远省份公务员任用资格暂行条例实施时间延长的训令；关于县长任用的相关训令；关于总统令订农林从业人员任用条例的训令；关于委员候选及任用限制办法的训令；关于中央在地方机关委任公务员之相关办法的训令；关于奉院令修正公务员交代条例的训令；关于奉院令为复员军官安置任用的相关训令；关于凡官吏凡经检举贪污嫌疑者在侦查期暂缓调用的训令；关于总统与副总统任职视事的训令；关于奉院令行政院院长到院视事的训令；关于任命农林部部长的训令；关于防止奸党分子混入政府机关的密令；关于转业人员被遣散各机关应报国防部备查的训令；关于讲习班牟致远等3人在5年内不得录用的训令；关于任命农林部部长命令的训令。

【叙录编号】　1082
【档案题名】
　　农林部关于官章铸发、机关主管不得擅离任所、公务员、职员委任送审、考核、请假、聘任外籍人员、呈报人事报表等的训令

【发文单位】　农林部
【收文单位】　农林部天水水土保持实验区
【档案编号】　009-011-368（全案卷）
【成文时间】　1948-03—1948-12
【收藏单位】　天水市档案馆
【涉及地域】　农林部天水水土保持实验区
【关 键 词】　公务员；外籍人员
【内容提要】

本卷档案为农林部训令。主要包括奉院令各机关主管非因公务及长官核准不得擅离任所的训令；关于奉院令颁发公务员请假规则解释的训令；关于奉行政院令以奉总统令着停荐任机关官章的训令；关于准铨叙部为各机关荐任各级人事机构官章经呈奉令准仍照向例由该部自行铸发的训令；关于币制改革后公教人员给与有关法令事例应随同变更的训令；关于抄发聘任外籍人员办法的训令；关于公务员新任用法令公布在即凡应送审而未送审之现职人员务于本年11月底以前送铨的训令；关于准铨叙部函以各机关雇用人员登记考成及动态等项表册自本年终起毋庸汇送铨叙机关的训令；关于准铨叙部代电以公务员新任用法令即将公布，所有应铨而未送人员应于本年11月底以前速送的训令；关于令饬填报机关组织及员工人数年报表的训令，后附相关表格。

【叙录编号】　1083
【档案题名】

农林部、人事室等关于人事机构不准任意裁撤归并、第21次人事会议记录、公务员送审、考试，1年内不请病事假者有奖励、呈报各种人事报表等的训令、公函
【发文单位】　农林部
【收文单位】　农林部天水水土保持实验区
【档案编号】　009-011-369（全案卷）
【成文时间】　1948-01—1949-01
【收藏单位】　天水市档案馆
【涉及地域】　农林部天水水土保持实验区
【关 键 词】　复员
【内容提要】

政府机关复员调查表；公务员1年内未请事病假者应给奖励；限期报送备假人事管理人员考绩考成情况；调整著作审查费的通知；第21次人事会报记录的通知；考试人员分发法定员额无法缴纳应作为额外人员；各机关人事机构不可任意裁减或归并；关于从速送审应送审公务员的公函；关于将应送审人员的审查表从速报来的公函。

【叙录编号】　1084
【档案题名】

甘肃省建设厅关于人事管理、裁减人员、任意辞职的一般行政人员不再录用、公务员职员薪津、任用考试及格人员情况调查等的训令
【发文单位】　农林部等
【收文单位】　农林部天水水土保持实验区
【档案编号】　009-011-370（全案卷）
【成文时间】　1948-02—1948-12
【收藏单位】　天水市档案馆
【涉及地域】　农林部天水水土保持实验区
【关 键 词】　人事
【内容提要】

本卷档案为农林部训令。主要包括关于支薪标准及裁减人员办法；人事行政统一处理办法暂行停止使用；调整著作审查费；请发人事行政统一处理办法；饬将实有员工人数填表上报；转发各机关任用考试及格人员调查表；调查民国三十七年（1948）普通考试及格人员；一般行政人员凡任意辞职者一概不再录用。

【叙录编号】　1085
【档案题名】

农林部关于公务员职员嘉奖、晋授勋章、奖金、离职交代、退休抚恤、直系亲属死亡奔

丧给假、防疫人员染疫死亡特给补助、被惩戒免职、停止任用人员时间计标等的训令

【发文单位】 农林部
【收文单位】 农林部天水水土保持实验区
【档案编号】 009-011-371（全案卷）
【成文时间】 1948-03—1948-12
【收藏单位】 天水市档案馆
【涉及地域】 农林部天水水土保持实验区
【关 键 词】 农业推广
【内容提要】

本卷档案为农林部训令。主要包括农业推广委员会技术专员兼农业复员督导专员程增杰办理农业工作成绩卓著，应予嘉奖；棉产改进处南郑区主任朱缵高工作努力应于嘉奖；棉产改进处技正胡瑞文与许昌迭遭失陷时功绩卓著应予嘉奖；晋授及加授勋章标准；授勋奖金支给标准表更办法及财政部同意复函；各机关任用人员应呈缴前任职务交代证明书；公务员直系亲属属地确为沦陷区域或交通不便时因不能奔丧准予保留公假；委托邮政机关发给中央文职公务员退休抚恤金（附中央文职公务员退休抚恤金办法、相关表格文件、清单）；司法院解释关于惩戒免职及停止任用的计算时间；公务员恤金条例核定吊证办法；农业推广委员会驻闽代表王兆泰对闽省肥料发放事宜成绩应予嘉奖。

【叙录编号】 1086
【档案题名】

农林部关于检发农林事业人员资位评分标准等的训令
【发文单位】 农林部
【收文单位】 农林部天水水土保持实验区
【档案编号】 009-011-372（全案卷）
【成文时间】 1948-12
【收藏单位】 天水市档案馆
【涉及地域】 农林部天水水土保持实验区
【关 键 词】 农林事业人员

【内容提要】

本卷档案为农林部发农林事业人员资位评分标准等件，主要包括《农林事业人员资历位置评分标准草案》、农林事业人员资历表、中央机关农林事业人员职称资历位置等级薪给部分对照表、农林事业人员资历位置评分表、农林事业人员体格检查表、资历位置证书、《农林事业人员资历表填用说明》。

【叙录编号】 1087
【档案题名】

农林部关于撤销李景春等汉奸通缉令、办理窃犯刘丑谷情形的代电、公函
【发文单位】 农林部
【收文单位】 农林部天水水土保持实验区
【档案编号】 009-011-373（全案卷）
【成文时间】 1948-06—1948-09
【收藏单位】 天水市档案馆
【涉及地域】 农林部天水水土保持实验区
【关 键 词】 汉奸
【内容提要】

本卷档案为农林部训令，主要包括撤销汉奸李景春通缉；撤销汉奸丁兆兰通缉；汉奸佘敬垣已缉获撤销通缉；撤销胡锦通缉；撤销汉奸孙季鲁通缉；撤销汉奸周启东通缉；撤销汉奸罗吉通缉；办理窃犯刘丑谷的呈报公函。

【叙录编号】 1088
【档案题名】

农林部、农林部天水水土保持实验区关于高继善、赵从新、吴杰、吕本顺、董祥华、王致良、续抡元、和克俭委任委派、考核的指令、训令、呈、公函
【发文单位】 农林部
【收文单位】 农林部天水水土保持实验区
【档案编号】 009-011-374（全案卷）

【成文时间】　1947-12—1948-12
【收藏单位】　天水市档案馆
【涉及地域】　农林部天水水土保持实验区
【关 键 词】　人事任免
【内容提要】

　　本卷档案为相关人事任免文件，包括呈缴技正高继善等证件准转送审查；公务员赵从新等证件是否到部的指令；呈送吴杰审查表及证件（附拟任人员送审书、公务员履历表）；试用期满成绩考核送核的呈（附考核送核书2份）；技士续抢元、和克俭任用审查结果；呈缴技士续抢元事务员、和克俭证件相片等送审（附签呈2份、送审书2份、履历表2份）；技佐董祥华审查结果合格、技正吕本顺准予试用、技士王致良进行审查的训令。

【叙录编号】　1089
【档案题名】

　　农林部天水水土保持实验区、西北农学院关于职员委任、到职接印视事、毕业生录用等的训令、公函

【发文单位】　农林部；西北农学院等
【收文单位】　农林部天水水土保持实验区等
【档案编号】　009-011-375（全案卷）
【成文时间】　1948-02—1948-11
【收藏单位】　天水市档案馆
【涉及地域】　农林部天水水土保持实验区
【关 键 词】　国立西北农学院
【内容提要】

　　本卷档案包括：农林部天水水土保持实验区为奉令将接印视事日期的训令；农林部据呈报技士兼平凉工作站主任徐仁存辞职所遗兼职派技士续抢元替补一案的指令；徐仁存关于辞职的签呈及训令；农林部天水水土保持实验区据签请主任一职实难兼理恳请另行选派的指令；据呈请调升技士张丹书为技正一案的指令及相关文件；农林部据呈请补送曹尔昌证件一案的指令及相关文件；据呈请委曹尔昌为技士一案的指令；王致良关于证明文件恐有遗失的公函；农林部天水水土保持实验区关于为函准贵院介绍森林系学生苏仁波等拟在本区服务的公函；国立西北农学院关于为函介本院森林系三七级学生苏仁波等毕业后拟任贵区服务附送工作志愿表请惠予录用并希将职务待遇旅费等示复的公函；国立西北农学院关于为函介本院水利学系应届毕业生王桢成等15名请惠予尽量录用示复的公函；农林部关于准西北农学院函介森林系及畜牧兽医加班毕业生嘱予录用一案的训令；国立西北农业专科学校关于为介绍本届毕业生的公函。

【叙录编号】　1090
【档案题名】

　　农林部天水水土保持实验区关于职员委任审查、薪津、请假呈报动态报表等的训令、呈、公函

【发文单位】　农林部
【收文单位】　农林部天水水土保持实验区
【档案编号】　009-011-376（全案卷）
【成文时间】　1948-02—1948-09
【收藏单位】　天水市档案馆
【涉及地域】　农林部天水水土保持实验区
【关 键 词】　技佐；公务员动态月报表
【内容提要】

　　本卷档案包括：农林部关于天水水土保持实验区技佐王进金、武毓骎、唐近和任用案经铨叙部审查结果合格的训令；农林部天水水土保持实验区关于为呈赍本区本年6月份公务员动态月报表请鉴核；农林部关于据呈复技佐张克荣级俸情形的指令及农林部天水水土保持实验区；农林部关于据呈报技佐唐近和自7月底止薪一案准予备查的指令及农林部天水水土保持实验区及请假；农林部关于准铨叙部通知该区阎文光一员动态登记一案的训令；民国三十

七年（1948）1月份公务员动态列表；农林部天水水土保持实验区关于为呈缴技士王致良审查表证件相片等件；王致良关于填具公务员审查表、履历表等；拟任人员王致良的送审书。

【叙录编号】 1091
【档案题名】
　　农林部关于军官佐专业转任文职考试、依法尽先任用考试及格人员、呈送考绩表等的训令
【发文单位】 农林部
【收文单位】 农林部天水水土保持实验区
【档案编号】 009-011-377（全案卷）
【成文时间】 1948-04—1948-11
【收藏单位】 天水市档案馆
【涉及地域】 农林部天水水土保持实验区
【关 键 词】 修正考绩表册；军官佐转业考试及格人员；特种考试进行程序一览表
【内容提要】
　　本卷档案包括：农林部关于抄发修正考绩表册送达期间表的训令；农林部关于抄发特考军官佐转业考试及格人员转任文职叙级标准的训令；天水水土保持实验区关于准铨叙部考功司的通知；农林部关于准铨叙部函送特种考试复员军官佐转业考试及格人员转任文职叙级标准一案的训令；农林部关于奉令各级机关但对于考试及格人员应依法尽先任用的训令；农林部关于为抄发各机关任用考试士人调查表式1份令仰填报的训令；农林部关于准考选部函送办理特种考试进行程序一览表的训令；农林部关于奉令各机关应严格遵照法令任用及保障考试及格人员的训令。

【叙录编号】 1092
【档案题名】
　　农林部天水水土保持实验区、天水县政府关于国民身份证呈送各种人事报表的训令、呈

【发文单位】 天水县政府；农林部天水水土保持实验区
【收文单位】 农林部天水水土保持实验区
【档案编号】 009-011-378（全案卷）
【成文时间】 1948-04—1949-01
【收藏单位】 天水市档案馆
【涉及地域】 农林部天水水土保持实验区
【关 键 词】 国民身份证；机关调查表；农业技术试验研究人员调查表；机关组织及员工人数年报表
【内容提要】
　　本卷档案包括：天水县政府为函送国民身份证的公函；农林部天水水土保持实验区为函谢身份证收到转发清查照由的公函；天水县政府函请填送机关调查表的公函；农林部天水水土保持实验区关于函送各机关调查表1份的公函；农林部天水水土保持实验区从事农业技术试验研究人员调查表；农林部天水水土保持实验区关于为遵令填报本区民国三十七年（1948）机关组织及员工人数年报表各3份。

【叙录编号】 1093
【档案题名】
　　农林部关于垦殖事业登记、农场手册、物资管理、荒地调查等的训令、代电
【发文单位】 农林部
【收文单位】 农林部天水水土保持实验区
【档案编号】 009-011-379（全案卷）
【成文时间】 1948-02—1948-09
【收藏单位】 天水市档案馆
【涉及地域】 农林部天水水土保持实验区
【关 键 词】 民营垦殖事业登记办法；农林部屯垦业务合作办法；农林部关于检发合作农场手册
【内容提要】
　　本卷档案包括：农林部关于奉院令修正民

营垦殖事业登记办法第五条暨申请书格式一案的训令；农林部关于为订定国防部农林部屯垦业务合作办法的训令；农林部关于检发合作农场手册的代电；农林部关于为抄发农林部粮食增产物资管理运用办法的训令；农林部关于为修订垦殖事业计划编制注意事项及荒地调查注意事项各一种的训令。

【叙录编号】 1094
【档案题名】
　　农林部关于蒙古族急务处理建筑工程料价、著作审查费、银行调整资本、外币处理、敌伪逆产、金币铸造、侨资输入、租佃纠纷、禁止巨额小费顶入房屋等的训令
【发文单位】 农林部
【收文单位】 农林部天水水土保持实验区
【档案编号】 009-011-380（全案卷）
【成文时间】 1948-02—1948-11
【收藏单位】 天水市档案馆
【涉及地域】 农林部天水水土保持实验区
【关 键 词】 建筑工程料价调整；印发著作审查费调价；金圆补币铸造
【内容提要】
　　本卷档案包括：农林部为行政院令各机关建筑工程料价调整办法已奉准备案一案的训令；农林部关于准铨叙部咨为调整著作审查费一案的训令；农林部人事室关于印发著作审查费调价的通知；农林部人事室关于各机关新任人员送审新缴外文著作依照公务员任用法施行的通知；甘肃省建设厅关于令行铨叙部调整著作审查费一案的训令；农林部关于据广东顺德县桂洲衷村乡农会理事周锦标呈为业佃双方发生租佃纠纷一案已奉行政院指示应予纠正令饬知照的训令；农林部关于为奉行政院令严禁以巨额小费顶入房屋一案的训令；农林部关于抄发商营银行调整资本办法的训令；农林部关于奉令抄发公布金圆券发行准备移交保管办法一案的训令；农林部关于奉院令内蒙古代表团长请求解决当前蒙古族急务等的训令；农林部关于为准行政院秘书处代电解释出售敌伪逆产房屋对于现住户一词疑文一案的训令；农林部关于为奉行政院电发各机关部队住用敌伪房屋清册格式一案的训令；农林部奉院令公布金圆补币铸造及行使办法通饬施行一案的训令；农林部奉令制定侨资投资国内生产事业申请输入办法的训令。

【叙录编号】 1095
【档案题名】
　　农林部、平凉水土保持工作站等单位关于租用农场土地、救济费月报、合作社股票、汇票挂号邮寄等的指令、公函
【发文单位】 西北兽疫防治处；农林部天水水土保持实验区；平凉水保站等
【收文单位】 农林部天水水土保持实验区等
【档案编号】 009-011-381（全案卷）
【成文时间】 1948-01—1948-10
【收藏单位】 天水市档案馆
【涉及地域】 农林部天水水土保持实验区
【关 键 词】 平凉水保站；西北兽疫防治处；救济费
【内容提要】
　　本卷档案为农林部西北兽疫防治处、农林部天水水土保持实验区、平凉水保站等关于平凉水保站租用西北兽疫防治处土地未付租金一案的往来公文，另有农林部给天水水土保持实验区关于上交救济费月报的指令及平凉水保站更换站长的往来公文，另有任承统合作社股票、汇票挂号邮寄等文件。

【叙录编号】 1096
【档案题名】
　　农林部天水水土保持实验区等关于需要

DDT、交纳会费、优待电费等的代电、公函
【发文单位】 西北役畜改良繁殖场；农林部天水水土保持实验区
【收文单位】 农林部天水水土保持实验区；农林部；天水电厂
【档案编号】 009-011-382（全案卷）
【成文时间】 1948-03—1948-11
【收藏单位】 天水市档案馆
【涉及地域】 农林部天水水土保持实验区
【关 键 词】 西北役畜改良繁殖场；天水电厂
【内容提要】

本卷档案为农林部西北役畜改良繁殖场请赠予土地以备不时之需与水土保持实验区的来往公文、农林部天水水土保持实验区向农林部提请使用DDT杀虫剂的往来公文、农林部天水水土保持实验区向天水电厂提请优惠电费、天水水土保持实验区交纳西北畜牧及饲料改进协会会费的公函。

【叙录编号】 1097
【档案题名】
小陇山林区管理处各种会议记录
【发文单位】 小陇山林区管理处
【收文单位】 小陇山林区管理处
【档案编号】 009-011-383（全案卷）
【成文时间】 1948-02—1948-11
【收藏单位】 天水市档案馆
【涉及地域】 农林部天水水土保持实验区
【关 键 词】 小陇山林区管理处；会议记录
【内容提要】

本卷档案为小陇山林区管理处民国三十七年（1948）的各种会议记录卷宗。除包括人员考核、薪津等人事事宜外，还有国有林、保安林保护办法讨论、研读森林法、购地建设、植树造林等事宜的讨论与决议。

【叙录编号】 1098
【档案题名】

农林部天水水土保持实验区、小陇山林区管理处等单位关于成立机构、领导任职、接印视事、启用印章等的公函、贺信
【发文单位】 农林部天水水土保持实验区；小陇山林区管理处；中国国民党天水县执行委员会等
【收文单位】 农林部天水水土保持实验区；小陇山林区管理处；中国国民党天水县执行委员会等
【档案编号】 009-011-384（全案卷）
【成文时间】 1948-01—1948-11
【收藏单位】 天水市档案馆
【涉及地域】 农林部天水水土保持实验区
【关 键 词】 人事；贺信
【内容提要】

本卷档案全为农林部天水水土保持实验区、小陇山林区管理处、中国国民党天水县执行委员会、天水警备司令部、西北防沙林景泰林场等关于人事任免、到职视事、启用印章、恭贺履新的往来公文。

【叙录编号】 1099
【档案题名】

甘肃省政府、小陇山林区管理处关于职员委任委派、薪津、呈送履历、名册、聘任护林员、裁撤人员等的指令、呈
【发文单位】 甘肃省政府；小陇山林区管理处等
【收文单位】 甘肃省政府；小陇山林区管理处等
【档案编号】 009-011-385（全案卷）
【成文时间】 1948-01—1948-11
【收藏单位】 天水市档案馆
【涉及地域】 农林部天水水土保持实验区
【关 键 词】 人事；小陇山林区管理处
【内容提要】

本卷档案为小陇山林区管理处与甘肃省政府、甘肃建设厅、天水县政府等关于职员委任

委派、薪津、呈送履历、名册、聘任护林员、裁撤人员、辞职等的来往公文，均为人事事项。

【叙录编号】 1100
【档案题名】
　　甘肃省保安司令部、小陇山林区管理处关于民国三十七年（1948）枪弹出纳月报表的指令、呈
【发文单位】 甘肃省保安司令部；小陇山林区管理处
【收文单位】 甘肃省保安司令部；小陇山林区管理处
【档案编号】 009-011-386（全案卷）
【成文时间】 1948-03—1949-01
【收藏单位】 天水市档案馆
【涉及地域】 农林部天水水土保持实验区
【关 键 词】 枪械
【内容提要】
　　本卷档案为保安司令部、小陇山林区管理处相关公函，包括请呈报该处1、2月份枪弹出纳月报表；呈报本处1、2月份枪弹出纳月报表的公函；请呈报3、4月份枪弹月报表；呈报本处3、4月枪弹出纳月报表的公函；补报本处本年5月枪弹尚无消耗请核查的公函；本处本年6月枪弹尚无消耗请核查的公函；5—7月枪弹尚无消耗请核备查的公函；补报本处6、7月枪弹尚无消耗的公函；本处本年9月、10月、11月、12月枪弹尚无消耗请核查的公函；核查械弹月报表。

【叙录编号】 1101
【档案题名】
　　农林部天水水土保持实验区民国三十八年1—4月份工作简报表
【发文单位】 农林部天水水土保持实验区
【收文单位】 农林部天水水土保持实验区
【档案编号】 009-011-387（全案卷）
【成文时间】 1949-01—1949-04
【收藏单位】 天水市档案馆
【涉及地域】 农林部天水水土保持实验区
【关 键 词】 工作简报
【内容提要】
　　本卷档案为农林部天水水土保持实验区民国三十八年（1949）1—4月份工作简报表（均附气象月报表）。其中1月份行政主要工作为编送年报、填送报表、人事任免（闫文光、董祥华）、预算决算；业务分为天水本区与平凉工作站两部分，主要为与美国公司合作、搬运肥料、种子收集等工作。2月份行政部分为工作开展、蒋德麒与罗德民合作；业务部分为牧草收割、移植果木、修剪果树、挖掘葛藤等。3月份行政工作主要为呈报考绩表册、呈请拨发薪酬、增加推广苗木成活效率；业务工作主要为定植葛藤。移植杨树、白杨杂交育种等。4月份行政部分为收取仪器、发给恤金；业务部分为牧草繁殖、果苗整理等。

【叙录编号】 1102
【档案题名】
　　经济部天水水土保持实验区民国三十八年度（1949）5月份工作简报表
【发文单位】 农林部天水水土保持实验区
【收文单位】 农林部天水水土保持实验区
【档案编号】 009-011-388（全案卷）
【成文时间】 1947-05
【收藏单位】 天水市档案馆
【涉及地域】 农林部天水水土保持实验区
【关 键 词】 工作简报
【内容提要】
　　该卷为经济部天水水土保持实验区民国三十八年（1949）5月份工作简报表（2份），行政部分主要因金圆券贬值致生活困难，机构合并事宜；业务部分为防除虫害、定植葛藤、苗

木繁殖等内容（附小区径流试验统计表、气象月报表）。

【叙录编号】 1103
【档案题名】
经济部天水水土保持实验区民国三十八年度（1949）上半年工作进度检讨报告表
【发文单位】 天水水土保持实验区
【收文单位】 天水水土保持实验区
【档案编号】 009-011-389（全案卷）
【成文时间】 1949
【收藏单位】 天水市档案馆
【涉及地域】 农林部天水水土保持实验区
【关 键 词】 检讨报告表
【内容提要】
该卷为经济部天水水土保持实验区民国三十八年（1949）上半年工作进度检讨报告表，行政部分为日常事项的进行；业务部分主要为牧草播种、草木繁殖、白杨树育种、防除病害、苗圃管理、种子采收、田间观察等内容。

【叙录编号】 1104
【档案题名】
农林部、农林部天水水土保持实验区等单位关于农林部并入经济部、领导任职、任用人员、请长假抚恤、考绩等的训令、呈
【发文单位】 农林部；经济部等
【收文单位】 农林部天水水土保持实验区等
【档案编号】 009-011-390（全案卷）
【成文时间】 1949-01—1949-07
【收藏单位】 天水市档案馆
【涉及地域】 农林部天水水土保持实验区
【关 键 词】 部门合并；人事任免
【内容提要】
该卷为农林部、经济部等机构训令，主要包括农林部裁并，并入经济部事宜；交通部陇海铁路管理局暂设天水站的公函；发还赵从新使用考核表、贺家骏使用不合格、和克俭因病从优抚恤等人事公函。

【叙录编号】 1105
【档案题名】
农林部关于不守纪律惩办、退休金、奖励、废止考试法、撤销汉奸通缉、林场登记的训令
【发文单位】 农林部
【收文单位】 农林部天水水土保持实验区
【档案编号】 009-011-391（全案卷）
【成文时间】 1949-01—1949-07
【收藏单位】 天水市档案馆
【涉及地域】 农林部天水水土保持实验区
【关 键 词】 退休金
【内容提要】
本卷档案为农林部训令。主要包括奉院令转业人员如不守纪律应由主管任用机关依法惩办的训令；关于币制改革后公务员退休抚恤金发放的训令；关于奉令废止边疆从政人员奖励条例并公布边远地区服务人员奖励条例的训令；关于奉行政院令废止专门职业及技术人员考试法及其实行细则的训令；关于处分意志不坚人员的训令；关于奉令撤销汉奸张学凯通缉的训令；关于抄发修正国有私有林场伐木登记规划第4条第2、3款各款条文的训令。

【叙录编号】 1106
【档案题名】
经济部天水水土保持实验区关于呈送移交印信、文卷、账簿、员工的清册
【发文单位】 农林部天水水土保持实验区
【收文单位】 农林部天水水土保持实验区
【档案编号】 009-011-392（全案卷）
【成文时间】 1949-08

【收藏单位】 天水市档案馆
【涉及地域】 农林部天水水土保持实验区
【关 键 词】 天水水土保持实验区文件移交清册
【内容提要】

本卷档案包括天水水土保持实验区关于呈送本区相关清册的函件，相关清册有：经济部水土保持实验区（前农林部天水水土保持实验区）印信移交清册、经济部水土保持实验区（前农林部天水水土保持实验区）天水本区职员名册、经济部水土保持实验区（前农林部天水水土保持实验区）文卷移交清册、经济部水土保持实验区（前农林部天水水土保持实验区）会计室文卷移交清册、经济部水土保持实验区（前农林部天水水土保持实验区）会计室账簿移交清册。

【叙录编号】 1107
【档案题名】

小陇山林业管理处、经济部天水水土保持实验区关于召开第一次处务会、商讨工人生活座谈会、龙王沟房产及天水业已解放后工作环境的记录
【发文单位】 小陇山林区管理处；天水水土保持实验区
【收文单位】 小陇山林区管理处；天水水土保持实验区
【档案编号】 009-011-393（全案卷）
【成文时间】 1949-02—1949-08
【收藏单位】 天水市档案馆
【涉及地域】 经济部天水水土保持实验区
【关 键 词】 小陇山林管处；工人生活座谈会；房产
【内容提要】

本卷档案包括甘肃省小陇山林业区管理处第一次处务会议记录；关于研讨工人生活问题座谈会的通知与记录；关于天水解放工作环境的相关文件；关于龙王沟有关房屋财产的条单。

【叙录编号】 1108
【档案题名】

经济部天水水土保持实验区员工福利委员会关于图书、民国三十七年（1948）推广麦种、天水区各单位种植情况及地亩、报残损余财产的移交清册
【发文单位】 经济部天水水土保持实验区
【收文单位】 经济部天水水土保持实验区
【档案编号】 009-011-394（全案卷）
【成文时间】 1949-08
【收藏单位】 天水市档案馆
【涉及地域】 经济部天水水土保持实验区
【关 键 词】 水土保持实验区图书移交清册；麦种移交清册；地亩移交清册
【内容提要】

本卷档案包括经济部水土保持实验区（前农林部天水水土保持实验区）员工福利委员会图书移交清册；经济部水土保持实验区（前农林部天水水土保持实验区）民国三十七年（1948）推广麦种移交清册；经济部水土保持实验区（前农林部天水水土保持实验区）天水本区各工作单位种植情况及地亩移交清册；经济部水土保持实验区（前农林部天水水土保持实验区）天水本区已报损残余财产移交清册。

【叙录编号】 1109
【档案题名】

经济部天水水土保持实验区关于经费收支、结存农产品纯收益、工饷结余款、图表、书籍移交清册
【发文单位】 经济部天水水土保持实验区
【收文单位】 经济部天水水土保持实验区
【档案编号】 009-011-395（全案卷）

【成文时间】 1949-08
【收藏单位】 天水市档案馆
【涉及地域】 经济部天水水土保持实验区
【关 键 词】 经费收支移交清册；工饷结余移交清册；图表；书籍清册
【内容提要】

本卷档案包括经济部水土保持实验区（前农林部天水水土保持实验区）今将本区经费支数目移交清册、经济部水土保持实验区（前农林部天水水土保持实验区）天水本区各工作单位结存农产品纯收益及工饷结余款移交清册；经济部水土保持实验区（前农林部天水水土保持实验区）图表移交清册；经济部水土保持实验区（前农林部天水水土保持实验区）书籍移交清册。

【叙录编号】 1110
【档案题名】

天水市军管会、经济部天水水土保持实验区、天水县农业推广所关于印信、文卷、财产账务人员移交的清册
【发文单位】 天水市军管会；经济部天水水土保持实验区；天水县农业推广所
【收文单位】 天水市军管会；天水水土保持实验区；天水县农业推广所
【档案编号】 009-011-396（全案卷）
【成文时间】 1949-10
【收藏单位】 天水市档案馆
【涉及地域】 经济部天水水土保持实验区
【关 键 词】 清册
【内容提要】

本卷档案包括：1.天水农业机关未合并前移交各项清册估金核查；2.经济部水土保持实验区各项移交清册合订本，含印信移交清册、天水本区职员名册、天水本区现有工友移交册、文卷移交清册等；3.天水市军管会接管伪经济部水土保持实验区代管财产清册；4.天水县农业推广所民国三十八年（1949）所有财产移交清册（包括印信、文卷、房屋、地亩、仪器、标本、办公用具宿舍用具、灶具、农具、其他用具、图书、图表、推广材料。

【叙录编号】 1111
【档案题名】

经济部天水水土保持实验区陇南人民农林实验区关于实有财产、现有工友移交的目录清册和财产增减表
【发文单位】 经济部天水水土保持实验区
【收文单位】 经济部天水水土保持实验区
【档案编号】 009-011-397（全案卷）
【成文时间】 1949-12
【收藏单位】 天水市档案馆
【涉及地域】 经济部天水水土保持实验区
【关 键 词】 财产
【内容提要】

本卷档案包括：1.经济部水土保持实验区天水本区实有财产移交清册；2.经济部水土保持实验区天水本区现有工友移交清册；经济部水土保持实验区财产增表、财产目录、财产减损表。

【叙录编号】 1112
【档案题名】

天水测候所、小陇山林区管理处关于仪器、公物、图书、文卷移交的清册
【发文单位】 天水测候所；小陇山林区管理处
【收文单位】 天水测候所；小陇山林区管理处
【档案编号】 009-011-398（全案卷）
【成文时间】 1949-09—1949-10
【收藏单位】 天水市档案馆
【涉及地域】 经济部天水水土保持实验区
【关 键 词】 测候所；移交清册；小陇山移交清册
【内容提要】

本卷档案包括：天水测候所仪器、记录簿、公物、图书、卷宗移交清册；小陇山林区管理处文卷移交清册的正文及草稿；代军管区接管陇南小陇山器物的清单。

【叙录编号】 1113
【档案题名】
　　甘肃省天水分区仓库物资清理小组、陇南人民农林实验区关于调拨物资免税、解放后接受财产的清册、领据
【发文单位】 甘肃省天水分区仓库物资清理小组；陇南人民农林实验区
【收文单位】 甘肃省天水分区仓库物资清理小组；陇南人民农林实验区
【档案编号】 009-011-399（全案卷）
【成文时间】 1950-01—1950-11
【收藏单位】 天水市档案馆
【涉及地域】 经济部天水水土保持实验区
【关 键 词】 物资清理；财产清册
【内容提要】
　　本卷档案包括：甘肃省天水分区仓库物资清理小组通知，关于转知各单位关于通知调拨物资准予免税的文件；陇南人民农林实验区关于呈送上年新中国成立后接受财产清册领据的文件；陇南人民农林实验区接收财产清册；关于领到政府拨用本区令接收敌伪全部财产计值总额的文件。

【叙录编号】 1114
【档案题名】
　　任承统等关于私事的往来信件
【发文单位】 崔希新；谷文芳等
【收文单位】 任承统；赵咪咪等
【档案编号】 009-011-400（全案卷）
【成文时间】 1950-02—1950-11
【收藏单位】 天水市档案馆
【涉及地域】 经济部天水水土保持实验区
【关 键 词】 信件
【内容提要】
　　本卷档案包括：崔希新给任承统的信（解放区工作照常进行，相关任免工作请指示）；蹄蹄草（谷文芳）给赵咪咪的信5封。

【叙录编号】 1115
【档案题名】
　　西北军政委员会、农林部秦岭林场、天水市军管会等关于接收、代管伪林业公司、秦岭林场房屋、土地事宜的通知、公函、清册
【发文单位】 西北军政委员会；农林部秦岭林场等
【收文单位】 西北军政委员会；农林部秦岭林场等
【档案编号】 009-011-401（全案卷）
【成文时间】 1949-09—1951-05
【收藏单位】 天水市档案馆
【涉及地域】 经济部天水水土保持实验区
【关 键 词】 清册；财产移交
【内容提要】
　　本卷档案包括：本公司天水房屋地亩及用具等拟请惠予代管并点收（附代管办法）；西北林业公司天水房产地亩及用具借陇海路局天兰路工程处用的公函；呈报地委干部学校借往本段房屋两间等情的呈；关于催要房屋的函；呈报陇南农林实验场代管伪西北林业公私财产的函；相关机构财产移交清册及交还与移交的函。

【叙录编号】 1116
【档案题名】
　　天水县政府关于复丈土地、颁发契约、让渡地基合同、土地移转登记、民事查处、地政科职员名册、请领天水市区图、吕二沟水保区域测量、天兰线地亩丈测等的训令、公函、

呈文

【发文单位】 农林部天水水土保持实验区
【收文单位】 天水县政府
【档案编号】 民国天水县政府502-310
【成文时间】 1945-04—1947-07
【收藏单位】 麦积区档案馆
【涉及地域】 天水县

【关 键 词】 吕二沟水土保持实验区域；叶培忠
【内容提要】

  本卷档案主体与生态环境无涉，唯卷内第5-6页为农林部天水水土保持实验区叶培忠致天水县政府的公函，函中事由为：因秋禾茂盛，待收割后邀请天水县政府派员一同勘测吕二沟水土保持实验区域。

肆　资源环境纠纷与诉讼类档案

一、土地纠纷与诉讼类档案

【叙录编号】 1117
【档案题名】
　　甘肃省政府等关于静宁县县民孙建曾控诉孙念曾垄断荒地一事的各类文件
【发文单位】 孙建曾；甘肃省政府
【收文单位】 甘肃省政府；孙建曾
【档案编号】 004-004-0071-（0001-0003）
【成文时间】 1938-05-20—1938-05-23
【收藏单位】 甘肃省档案馆
【涉及地域】 静宁县
【关 键 词】 垄断荒地
【内容提要】
　　静宁县第四区孙家沟人孙建曾控诉同村人孙念曾霸占原本应分给全村人的荒地，又以分地为名杀害孙建曾兄长，该区保长等人也并不为孙建曾作主，故孙建曾将此事呈报省政府。省政府回文令孙建曾先行补正手续。

【叙录编号】 1118
【档案题名】
　　甘肃省静宁县县长李尊青关于报送民国二十八年（1939）8月份巡视报告表致甘肃省政府的呈
【发文单位】 静宁县县长李尊青
【收文单位】 甘肃省政府
【档案编号】 004-008-0487-0003
【成文时间】 1939-09-16
【收藏单位】 甘肃省档案馆
【涉及地域】 静宁县
【关 键 词】 争垦；植树；巩固水渠
【内容提要】
　　视察第四区黄家堡，处理民人争垦荒地案，并查勘荒地。视察二家河，该村河流小溪堤坝旁均植树木，处理民人争垦荒地案。视察第一区下峡口，该村地近东峡口，对水渠常加巩固，民人沾其水利。

【叙录编号】 1119
【档案题名】
　　甘肃省静宁县县长李尊青关于报送民国二十九年（1940）9—11月份巡视报告表致甘肃省政府的呈
【发文单位】 静宁县县长李尊青
【收文单位】 甘肃省政府
【档案编号】 004-008-0487-0010
【成文时间】 1940-02-20
【收藏单位】 甘肃省档案馆
【涉及地域】 静宁县
【关 键 词】 争垦；植树筑堤
【内容提要】
　　视察第四区任家小湾，处理争领荒地案，详细勘察荒地情况，饬均平垦殖。视察第三区良垫店，该地对植树筑堤竞相苦干。

【叙录编号】 1120
【档案题名】
　　甘肃省静宁县县长李尊青关于报送民国二十九年（1940）3月份巡视县属西南各乡共12

日报告书致甘肃省政府的呈
【发文单位】 静宁县县长李尊青
【收文单位】 甘肃省政府
【档案编号】 004-008-0488-0001
【成文时间】 1940-04-03
【收藏单位】 甘肃省档案馆
【涉及地域】 静宁县
【关 键 词】 争垦案；植树
【内容提要】

本卷档案为3月9日，至马家岔，该庄前因领荒事致诉讼，兹查明贫富，公平划界，有序垦荒。10日，至屯家堡，处理垦荒案。11日，于从政河镇处理争垦案。14日，于途中饬民众于道旁种植树木，培养森林。16日，万家沟门至朱家店一段，森林茂密，水利甲于全区，令甲长砍伐树秧以备植树节植树，并令花户广植树木。

【叙录编号】 1121
【档案题名】

甘肃省政府、静宁县关于彻查王永昌、王懋、王满荣等5人强开荒地砍伐树木一事的文件

【发文单位】 王尊；静宁县
【收文单位】 甘肃省政府
【档案编号】 027-004-0144-（0001-0011）
【成文时间】 1940-08-24—1941-06-30
【收藏单位】 甘肃省档案馆
【涉及地域】 静宁县
【关 键 词】 树木；荒地
【内容提要】

本卷档案中的5份文件相同。静宁县县民王尊请彻查王永昌、王懋、王满荣等5人恃众欺压民地强开荒地砍伐树木，省政府训令静宁县查明依章处理。

【叙录编号】 1122

【档案题名】

渭源县司法处关于王占岐与马三根、马收成就偷丈土地、窃砍树株一案的司法案卷

【发文单位】 王占岐等
【收文单位】 渭源县司法处等
【档案编号】 157-3-198-（0005-0008）
【成文时间】 1948
【收藏单位】 定西市档案馆
【涉及地域】 渭源县
【关 键 词】 树株
【内容提要】

本卷档案包括：渭源县王占岐与马三根、马收成就偷丈土地、窃砍树株一案而兴讼。王占岐称，马三根趁其未归，偷丈其土地于自己名下，且将其庄树株任意砍伐、并挖窑破坏。经公议后，马三根仍持斧砍民树，并企图伤民，实属无视公法，故上诉。因原档案有所缺，审判结果暂未知。

【叙录编号】 1123
【档案题名】

陇西县翠屏乡公所呈查获吉家湾公荒早有纠纷请核办由

【发文单位】 陇西县翠屏乡公所
【收文单位】 陇西县田赋粮食管理处
【档案编号】 170-5-69-68
【成文时间】 1946-09-30
【收藏单位】 定西市档案馆
【涉及地域】 陇西县
【关 键 词】 地权纠纷
【内容提要】

本卷档案关于陇西县翠屏乡吉家湾公荒纠纷一案，由吉乙娃起诉，但陇西地方法院至今仍未结案，谨将查获情形呈报（本案卷中未见），以备查核，田赋粮食处批示结案再办。

【叙录编号】 1124

【档案题名】
　　郭发海为呈请垦植荒地是否有当请鉴核由
【发文单位】　郭发海
【收文单位】　陇西县政府
【档案编号】　170-9-97-15
【成文时间】　1943-05
【收藏单位】　定西市档案馆
【涉及地域】　陇西县
【关 键 词】　垦殖荒地
【内容提要】
　　阳坡乡第三保保民郭发海称，上年呈阳坡乡中心学校第三保有荒地15亩，愿垦殖耕种，中心学校呈转县政府核示准予。今按照指示将价如数交清，现有第三保保民许家山、许喜来等人阻挠不让开垦，此等情形应如何处理呈陇西县丁县长。

【叙录编号】　1125
【档案题名】
　　为呈请证明土地由
【发文单位】　陇西县民众
【收文单位】　陇西县政府
【档案编号】　174-1-17-14
【成文时间】　1943-01
【收藏单位】　定西市档案馆
【涉及地域】　陇西县
【关 键 词】　荒地；土地证明
【内容提要】
　　张大银、谢景堂、陈汉文等人于民国五年（1916）将山顶荒地开垦，居民商议将一部分土地作为牲畜草山，免于开垦，并有丁粮票为证。民国三十一年（1942）土地改编，政府仍将此处草山划归当地34家民众所有，并有证明单。忽有乡长意欲图谋此处土地，将其作为官地，因此呈报县长请求退回土地。

【叙录编号】　1126

【档案题名】
　　函催迅将前请追缴陈绪盛冒领证明单拨作学田处理情形见复由
【发文单位】　陇西县田赋管理处
【收文单位】　陈绪盛等
【档案编号】　174-1-17-15
【成文时间】　1943-03-03
【收藏单位】　定西市档案馆
【涉及地域】　陇西县
【关 键 词】　土地证明
【内容提要】
　　本卷档案为乡长周荣卿等抢占农民荒地充做学校官产，并强令追去陈报证明。因此陇西县田赋管理处命令追回陈绪盛等冒领的土地证明。

【叙录编号】　1127
【档案题名】
　　甘肃高等法院第一分院为毁坏水磨霸占田地原审压案不理请求令行法辩事
【发文单位】　史占彪等
【收文单位】　甘肃高等法院第一分院；庄浪县司法处等
【档案编号】　旧3-001-0126-004
【成文时间】　1942-11-07
【收藏单位】　平凉市档案馆
【涉及地域】　庄浪县
【关 键 词】　水磨；田地
【内容提要】
　　史占彪原将自己祖遗山坪坟地5塍，以洋640元典当给靳彦贵耕种，后转当给史华砚，但史占彪准备钱要将地赎回，被拒绝。史占彪向庄浪司法处依法上诉，一度庭讯之后，令双方10日内私自调解，但史华砚抗不调解，还和其子殴打史占彪的父亲与妻子，并损坏水磨。史占彪复诉，却迟迟没得到受理，遂写状恳请甘肃省高等法院第一分院审判。后高等法院平凉第一分院令庄浪司法处迅速审判。

【叙录编号】 1128
【档案题名】
　　甘肃高等法院第一分院等关于张期达与万甡土地纠纷一案的司法案卷
【发文单位】 甘肃高等法院第一分院等
【收文单位】 静宁地方法院等
【档案编号】 013-001-016（全案卷）
【成文时间】 1941-04-23
【收藏单位】 平凉市档案馆
【涉及地域】 静宁县
【关 键 词】 土地
【内容提要】
　　本卷档案包含45个案件，均与土地纠纷一案有关。甘肃静宁人张期达等3人与万甡、万积海二人因土地纠纷而兴讼。张期达等人所住的坡来庄西北山梁有官荒地一处，共计82塥，原为全村庄民众共有的土地，村内民众在此经营数百年之久，且又为村民出入之咽喉。民国十五年（1926），万家沟门万甡与坡来庄万积海相勾结，秘密向静宁县政府备价承领此处荒地，全村民众都起来反对，故二人的阴谋没有得逞。14年后，万积海又借其侄充任保长的机会开垦荒地。于是张期达等人向县政府起诉，希求能将此地判为坡来庄的牧场。万积海此时又私自将这片荒地登记在自己名下，张期达等人迫于无奈，于是向静宁地方法院起诉万积海。静宁地方法院经过初审，将张期达等人的诉求驳回，且诉讼费用由原告承担。张期达等人不服，遂提起上诉。甘肃高等法院第一分院经过调查与审理，将张期达等人的上诉驳回。此案卷包含甘肃高等法院第一分院发给静宁地方法院的训令、后者发给前者的各类呈文、上诉人的诉状、初审判决、审单、传票、审查笔录、辩状、辩论笔录、审判笔录、二审判决等文件。

【叙录编号】 1129
【档案题名】
　　静宁地方法院等关于程献清与王鼎臣土地纠纷一案的司法案卷
【发文单位】 甘肃高等法院第一分院等
【收文单位】 静宁地方法院等
【档案编号】 013-001-143（全案卷）
【成文时间】 1945-01-25
【收藏单位】 平凉市档案馆
【涉及地域】 庄浪县
【关 键 词】 土地
【内容提要】
　　本卷档案包含50个案件，均与土地纠纷一案有关。甘肃庄浪人程献清与同乡人王鼎臣因土地纠纷而兴讼。上诉人之父程文海在民国四年（1915）向庄浪县政府领得黄鼠滩荒地40塥，此举经庄浪县政府批准，有证书为凭。其中又划荒地6塥为公共牧场，其余为上诉人自己的私产。民国二十六年（1937），王鼎臣欲偷领此处荒地并开垦，经上诉人等阻止，没有得逞。民国三十四年（1945），王鼎臣又再次强行开垦荒地，双方对簿于静宁地方法院，法院将其中一部分荒地判给王鼎臣，程献清等人不得阻碍王鼎臣开垦。程献清不服，提起上诉。经甘肃高等法院第一分院调查与审理，将程献清的上诉驳回，二审诉讼费用由上诉人承担。此案卷包含上诉人诉状、初审判决、审单、辩状、静宁地方法院送给甘肃高等法院第一分院的呈文、后者送给前者的训令、传票、辩论笔录、二审判决等文件。

【叙录编号】 1130
【档案题名】
　　甘肃静宁地方法院等关于孙见曾等状告孙永清土地纠纷一案的司法案卷
【发文单位】 甘肃高等法院第一分院等
【收文单位】 静宁地方法院等

【档案编号】 013-001-840（全案卷）
【成文时间】 1943-09-15—1944-12-17
【收藏单位】 平凉市档案馆
【涉及地域】 静宁县
【关 键 词】 土地；纠纷
【内容提要】

本卷档案共27个案件，全部与土地纠纷相关。民国二十八年（1939）5月10日，孙见曾等向静宁县政府承领烂塌山地方官荒地204亩4分8厘，所发承垦证书载有详细位置，民国三十一年（1942）8月15日，孙永清向静宁县政府承领20亩地方官荒地，亦有证书为凭，孙见曾等认为孙永清所垦荒地在其承领地内，向一审法院静宁地方法院要求制止孙永清在其主张地块内的垦种活动。在一审中，法院将有争议的20亩土地判给孙永清所有，孙见曾等不服此判决，重新上诉至甘肃高等法院第一分院，经调查、答辩，该院判决上诉驳回，维持一审法院原判。此卷宗包含民事第二审核定裁判费简表，静宁地方法院民事判决，民事上诉状，诉状、裁定、传票、判决送达清单，民事答辩状，甘肃高等法院第一分院民事裁定，缴纳审判费材料，甘肃高等法第一分院民事案件审理单，点单，调查、辩论、审判笔录，甘肃高等法院第一分院民事判决等材料。

【叙录编号】 1131
【档案题名】
　　甘肃静宁地方法院等关于马效愚等状告潘生周等荒滩纠纷一案的司法案卷
【发文单位】 甘肃高等法院第一分院等
【收文单位】 静宁地方法院等
【档案编号】 013-001-1520（全案卷）
【成文时间】 1942-12-19—1945-12-29
【收藏单位】 平凉市档案馆
【涉及地域】 静宁县
【关 键 词】 荒滩；纠纷

【内容提要】

本卷档案共33个案件，全部与荒滩纠纷相关。因马永安等人所领龙泉寺荒地坐落于潘家河滩，所有权证仅写龙泉寺荒地字样，以致双方争执，按照静宁县政府来函说明，其所有权证内将潘家河滩四字漏写。在一审判决中，静宁地方法院判令马永安等人不得将潘家河庄东南荒河滩登记为其所有，马永安等人不服此判决，遂上诉至甘肃高等法院第一分院，经该院调查、审理，认定马永安等人已按照领荒手续合法取得荒地之所有权，而潘生周等人并无相应证据证明该地所有权不得为马永安等人所有，因此，该院判决静宁地方法院之一审判决废弃，驳回被上诉人的一审上诉。此卷宗包含民事第二审核定裁判费简表，静宁地方法院民事判决节本，民事上诉状，静宁地方法院缮状处贴用印纸清单，诉状、裁定、传票、判决送达清单，民事答辩状，甘肃高等法院第一分院民事裁定，民事委任状，点单，审理、调查、公开辩论笔录，民事辩诉状，甘肃高等法院第一分院民事判决，代理律师向法院提交的查阅案件申请等材料。

【叙录编号】 1132
【档案题名】
　　辛国元等人告刘廷瀛等人请求制止抢耕坡地并排除侵害案材料
【发文单位】 辛国元等
【收文单位】 刘廷瀛等
【档案编号】 001-002-0519（全案卷）
【成文时间】 1943-08—1943-11
【收藏单位】 天水市档案馆
【涉及地域】 天水县
【关 键 词】 耕地；所有权
【内容提要】

民国三十二年（1943），辛国元、辛六十、辛得牛3人与刘廷瀛、刘廷魁、刘聚沧、刘福海4人发生就三处坡地的土地所属、土地所有权发生争执，地方法院据地名及其归属、纳税情况作出三审判决，认为原判决关于荒地及诉讼费用部分废弃发回，其他上诉驳回。

【叙录编号】 1133
【档案题名】
　　高自忠告高五十二水道案一等材料
【发文单位】 高自忠等
【收文单位】 高五十二等
【档案编号】 001-002-0561（全案卷）
【成文时间】 1944-11-20—1944-12-22
【收藏单位】 天水市档案馆
【涉及地域】 天水县
【关 键 词】 挖掘水道；山路；流冲土质
【内容提要】
　　原告高自忠有廖家湾北山正面土地6墒，而被告高五十二家有土地位于该山背面，与原告土地为邻。廖家湾顶原有山路，遇有大雨，水顺山路分流被告地内，民国二十二年（1933）年8月因雨水过大，被告掘水道1条，致山路之水流入原告地内，流冲土质，损害原告利益。但经审理发现此案证人高百锁娃与本案有利害关系，证言不能证明原告所言属实，故驳回原告关于被告填平水渠的请求。

【叙录编号】 1134
【档案题名】
　　闫连三告吴生元返还土地案材料
【发文单位】 闫连三等
【收文单位】 吴生元等
【档案编号】 001-002-0816（全案卷）
【成文时间】 1947-07
【收藏单位】 天水市档案馆
【涉及地域】 天水县
【关 键 词】 土地；水渠
【内容提要】
　　民国三十六年（1947），原告买到案外人张纪勋立轮水磨1座，油房1处，所有水磨油房内器物各色俱全，水磨渠外土地两边宽各6尺，入水1亩2分，退水地6分。点明物资的时候发现油房器物短少，另有磨院旁大柳树2株被砍伐，入水地被占。后判处原告所受损失应由被告赔偿，损毁护渠梗并水堰（入水退水处）所占去原告土地由被告返还，并赔偿516.2万元。

【叙录编号】 1135
【档案题名】
　　孙受福告孙得川有关地价强制执行案材料
【发文单位】 孙受福等
【收文单位】 孙得川等
【档案编号】 001-002-0961（全案卷）
【成文时间】 1948-10-20—1948-11-26
【收藏单位】 天水市档案馆
【涉及地域】 天水县
【关 键 词】 地价
【内容提要】
　　民国三十七年（1948），天水县人孙受福与同乡孙得川因地价发生纠纷，在天水地方法院调解下两人当庭和解，孙得川同意支付孙受福金圆券400元。后孙得川延期未偿清欠款，故此孙受福状告孙得川，要求强制执行此前判决。后经天水地方法院判决，强制孙得川偿还地价400元。

【叙录编号】 1136
【档案题名】
　　西北羊毛改进处野人沟工程处关于野人沟工程征地、建饬林地纠纷、保安队士津贴等的报告
【发文单位】 西北羊毛改进处等
【收文单位】 天水县相关乡保等
【档案编号】 011-001-0023（全案卷）

【成文时间】 1941-06—1941-07
【收藏单位】 天水市档案馆
【涉及地域】 天水县
【关 键 词】 砍伐树木
【内容提要】

本卷档案为民国三十年（1941）西北羊毛改进处野人沟工程建设期间的工程报告，涉及征地与林地纠纷的原委如下：西北羊毛改进处已与都路沟林主董姓上下两庄及两保保长签订契约，但庄民宋定一领人偷伐树木，西北羊毛改进处在都路沟众职员建议追回新伐木料，提请上级裁定。

二、水利纠纷与诉讼类档案

【叙录编号】 1137
【档案题名】
　　甘肃省政府有关庄浪县县民王积仓诉程宗伊强修水磨的司法案卷
【发文单位】 王积仓；甘肃省政府；静宁县政府等
【收文单位】 甘肃省政府；王积仓；静宁县政府等
【档案编号】 004-002-0040（全案卷）
【成文时间】 1939-08—1942-07
【收藏单位】 甘肃省档案馆
【涉及地域】 庄浪县；静宁县
【关 键 词】 水磨
【内容提要】

庄浪县县民王积仓、郑相礁等人上呈省政府，该县富豪恶霸程宗伊串通贾姓游民强买公家麦厂一处，又强修水磨，兼之县长马文江等人与程宗伊狼狈为奸，程宗伊等人将郑家水磨私自拆毁，又将水磨提高数尺，很可能会将王积仓等人的庭院一并淹没。王积仓等人状告于县廷，马文江又将其关入监狱。故王积仓等人恳请省政府调查此事。省政府回文，此事已收到，应补具铺保并粘贴印花呈省政府核办。省政府令静宁县政府查办此事。静宁县政府派石蕴玉前往调查。经查，此事与王积仓等人所述有偏差。省政府依此令静宁县、庄浪县限期办结此案。两县后将处理结果上报省政府：原告同意将去年提高的水磨修理坚固，程宗伊接引郑姓磨渠之水一事，考虑到双方曾定有合同，应继续履行；程宗伊家中所存郑姓磨内花户的粮食口袋已交由司法处如数追出，归还郑姓。省政府回文准予备查。程宗伊后又呈文省政府，原告等人在履行处理意见时并不公允，损害了程宗伊的利益，请省政府彻查，省政府回批，此事应遵照本府之前的批示办理。程宗伊又请省政府转知本县政府依法执行其起诉王积仓妨害水利一案，省政府令程宗伊遵照本府诉字第68号批示各节办理。两年后，郑相礁等人又呈报省政府，起诉程宗伊拒不履行合约，又纠结司法处无端陷害郑等人，请省政府依法查办。省政府致函省高等法院，请该院转知静宁县司法处限期办结，高等法院遂令静宁地方法院办理此事。

【叙录编号】 1138
【档案题名】

甘肃省武山县政府关于报送本县民国二十六年（1937）夏秋两季政务工作表及地方情况季报表致甘肃省政府的呈
【发文单位】　武山县政府
【收文单位】　甘肃省政府
【档案编号】　004-008-0383-（0009、0011）
【成文时间】　1937-07-04—1937-10-09
【收藏单位】　甘肃省档案馆
【涉及地域】　武山县
【关　键　词】　霸占水利
【内容提要】
　　"司法"记秋季第二区民诉王敬民等霸占水利案。

【叙录编号】　1139
【档案题名】
　　民国三十六年（1947）甘肃省政府、甘谷县政府及中国国民党宁夏执行委员会关于是否修复天兰铁路路基截断水道一事的往来公文
【发文单位】　甘谷县政府；甘肃省政府；中国国民党宁夏执行委员会
【收文单位】　甘肃省政府；甘谷县政府；天兰铁路局
【档案编号】　038-001-0065-（0045-0049）
【成文时间】　1947-09-19—1947-12-26
【收藏单位】　甘肃省档案馆
【涉及地域】　甘谷县
【关　键　词】　天兰铁路路基；农田灌溉；水道；水磨
【内容提要】
　　该部分含5份文件，与修复天兰铁路所截断的水磨农田水道有关。训令记甘谷县政府按规定修补天兰路路基截断水道，呈记张云溪多次请求甘肃省政府查勘杨继祖等十余户就开修渠道互起争执一事，查勘结果为张地亩居于杨之下，张农田的灌溉无影响，仅为个人利益修复水磨营业面粉业，而牺牲上面十余户农田灌溉的利益。指令与公函皆记省政府令县政府迅速恢复被天兰铁路所截断的水磨、农田水道等。

【叙录编号】　1140
【档案题名】
　　查办杜辅堂向甘肃省政府呈诉韩克甲壅塞渠道
【发文单位】　漳县杜辅堂；甘肃省政府；漳县政府等
【收文单位】　甘肃省政府；漳县政府等
【档案编号】　038-001-0084-（0007-0012）
【成文时间】　1947-09-10—1948-02-17
【收藏单位】　甘肃省档案馆
【涉及地域】　漳县
【关　键　词】　壅塞渠道
【内容提要】
　　漳县乡民杜辅堂向甘肃省政府呈诉韩克甲壅塞渠道，省政府、漳县政府之间关于查办杜诉韩壅塞渠道案件的公文来往，包含了案甘结2份。

【叙录编号】　1141
【档案题名】
　　甘肃省政府、陇西县政府、天水铁路工程局等关于陇铁路天兰路所测量、土地征用、器材存储及赵占元盗水案处理的训令、公函等
【发文单位】　甘肃省政府；天水铁路工程局
【收文单位】　陇西县政府
【档案编号】　170-5-72-（0052-0053）
【成文时间】　1946
【收藏单位】　定西市档案馆
【涉及地域】　陇西县
【关　键　词】　盗水
【内容提要】
　　本卷档案主要是与天水铁路工程局修筑天兰铁路的相关内容，具体内容包括令陇西

县各地积极配合铁路工程局，存放木料等物资，此外还有关于征用民地地价，补修房屋填墓迁移等事项。对于赵占元盗水案，他所盗用的水窖本是铁路局建造，目的是路基开工时民工饮用的，但赵占元私自扒封用作人畜饮用。陇西县政府罚赵占元后两日将水窖复原封好，田治邦等人为赵占元作担保，称修理好水窖，若日后有私人饮用水者，担保人负全部责任。

【叙录编号】 1142
【档案题名】
　　甘肃高等法院第一分院关于送达静宁县李翰臣与王占江水利事件上诉送证、批示给静宁地方法院的训令；甘肃高等法院第一分院关于函送静宁县王占江水利事件上诉意见书、裁定、抗告状、一二审卷宗等致最高法院的公函；甘肃静宁地方法院关于呈送李翰臣与王占江水利事件上诉案批回证致甘肃高等法院第一分院的呈，附李翰臣批示回证1件
【发文单位】 甘肃高等法院第一分院等
【收文单位】 静宁地方法院等
【档案编号】
　　013-001-0706-（0004、0007-0008）
【成文时间】 1940-12-02—1940-12-20
【收藏单位】 平凉市档案馆
【涉及地域】 静宁县
【关 键 词】 磨渠；纠纷
【内容提要】
　　王占江与李翰臣等因磨渠上诉案件，因王占江不服，声请抗议。

【叙录编号】 1143
【档案题名】
　　静宁地方法院等关于赵元杰等人与杨旭东水利磨渠案的司法案卷
【发文单位】 赵元杰等
【收文单位】 杨旭东等
【档案编号】 013-001-2392（全案卷）
【成文时间】 1943-11-15
【收藏单位】 平凉市档案馆
【涉及地域】 静宁县
【关 键 词】 水磨
【内容提要】
　　本卷档案包含46个案卷，均与水利磨渠一案有关。甘肃静宁人赵元杰等与杨旭东因水利磨渠的使用产生纠纷而兴讼。初审在静宁地方法院进行，判定赵元杰等人在杨旭东所有的门井底下强行开凿的水渠要予以平复，并且不得妨碍杨旭东磨的转动。赵元杰不满判决，提起上诉。赵元杰认为，他本人开渠的行为都是在自己所有的沙地内进行，合理合法，且有证人为证。经甘肃高等法院第一分院审理，将赵元杰的上诉驳回。此案卷包含甘肃高等法院第一分院受理此案件的民事案件审理单、案件开庭点单、传票送达书、原被告双方的民事言辞辩论笔录、民事判决、判决书送达书等内容。

【叙录编号】 1144
【档案题名】
　　静宁地方法院等关于王占江与李翰臣等人磨渠案的司法案卷
【发文单位】 王占江等
【收文单位】 李翰臣等
【档案编号】 013-001-2468（全案卷）
【成文时间】 1940-06-17
【收藏单位】 平凉市档案馆
【涉及地域】 静宁县
【关 键 词】 磨渠
【内容提要】
　　本卷档案包含25个案件，均与磨渠一案有关。甘肃静宁水洛城人王占江等因磨渠纠纷与李翰臣、吴鹤鸣、吴大娃娃兴讼。初审在静

宁地方法院进行，王占江等人不满初审判决，遂提起上诉。李翰臣等3人作为本地富豪，在王占江等人所拥有的水田下河高地新修水磨1座，引用河水转轮。民国二十八年（1939）秋，阴雨连绵，河水暴涨，将水田及李翰臣等人的水磨、水渠破坏。李翰臣等人没有修补被破坏的水渠，反而强行在王占江等人的水田内开渠引水。王占江等人向静宁地方法院提起诉讼，该院却偏袒李翰臣等人。王占江等人遂上诉。经甘肃高等法院第一分院审理，将王占江等人的上诉驳回，二审费用由其承担。此案卷包含甘肃高等法院第一分院受理此案件的民事案件审理单、案件开庭点单、传票送达书、原被告双方民事言辞辩论笔录、民事判决、判决书送达书等内容。

【叙录编号】 1145
【档案题名】
　　隆德县司法处等关于王秉章与李逢源水磨更审案的司法案卷
【发文单位】 隆德县司法处等
【收文单位】 甘肃高等法院平凉分院等
【档案编号】 013-001-2471（全案卷）
【成文时间】 1948-07-08
【收藏单位】 平凉市档案馆
【涉及地域】 平凉庄浪
【关 键 词】 水磨
【内容提要】
　　本卷档案包含31个案件，均与水磨更审案有关。甘肃庄浪水洛城人王秉章与水洛城人李逢源因改修水磨一事兴讼，王秉章对甘肃高等法院第一分院的二审判决不服，提起上诉。最高法院经过三审，将二审判决结果废弃，发回甘肃高等法院平凉分院。此案卷包含各级法院受理此案件的民事案件审理单、案件开庭点单、传票送达书、原被告双方民事言辞辩论笔录、民事判决、判决书送达书等内容。

【叙录编号】 1146
【档案题名】
　　静宁地方法院等关于杨旭东与赵元杰磨渠案的司法案卷
【发文单位】 甘肃高等法院第一分院等
【收文单位】 静宁地方法院等
【档案编号】 013-001-2473（全案卷）
【成文时间】 1943-12-28
【收藏单位】 平凉市档案馆
【涉及地域】 静宁县
【关 键 词】 磨渠
【内容提要】
　　本卷档案包含10个案件，均与磨渠一案有关。甘肃静宁人杨旭东与静宁人赵元杰因磨渠一事兴讼，初审在静宁地方法院进行，裁定债务人（赵元杰）不得在本案确定前妨碍债权人（杨旭东）磨的转动，债务人堵住的水源应予以平复。赵元杰不满判决，提起上诉。经甘肃高等法院第一分院审理，将原裁定废除。此案卷包含静宁地方法院初审判决、甘肃高等法院第一分院二审判决。

【叙录编号】 1147
【档案题名】
　　静宁地方法院等关于文焕章与王五福等回赎水磨案的司法案卷
【发文单位】 文焕章等
【收文单位】 王五福等
【档案编号】 013-001-2474（全案卷）
【成文时间】 1940-08-08
【收藏单位】 平凉市档案馆
【涉及地域】 静宁县
【关 键 词】 水磨
【内容提要】
　　本卷档案包含30个案件，均与回赎水磨有关。甘肃静宁人文焕章（现居平凉城内商场吴家店）与王殿卿等人因买卖水磨一事引起纠纷，文焕章不满一审判决结果，对王殿卿、王五福提起上诉。王殿卿之父王步蝉曾将自家水磨租给文焕章，后王步蝉病重，欲将水磨卖给文。文同意，遂签订卖约，但王步蝉并没有在卖约上签名，两个儿子王殿元、王殿荣为出卖人。然王步蝉另一子王殿卿又夺回水磨，将文焕章、王殿元、王殿荣告上法庭。原审仅判决王殿卿等人以330元的价格从文焕章手中回赎水磨，然文焕章当初以800元的价格购得。故文焕章不满判决，提起上诉。经甘肃高等法院第一分院调查审理，认为文焕章当初与王步蝉签订的出卖水磨契约无效，故将文的上诉驳回。此案卷包含甘肃高等法院第一分院受理此案件的民事案件审理单、案件开庭点单、传票送达书、原被告双方民事言词辩论笔录、民事判决、判决书送达书等内容。

【叙录编号】　1148
【档案题名】
　　庄浪县郑相樵等与程宗伊因水磨纠纷的抗告案
【发文单位】　郑相樵等
【收文单位】　程宗伊等
【档案编号】　013-001-2475（全案卷）
【成文时间】　1938-10-13—1939-04-06
【收藏单位】　平凉市档案馆
【涉及地域】　庄浪县
【关　键　词】　水磨；纠纷
【内容提要】
　　本卷档案共13个文件，均与水磨纠纷有关。文书材料包括诉状、抗告驳回裁定书、裁定回证等。此案抗告人为郑相樵等，被抗告人程宗伊等。郑相樵与程宗伊因水利纠葛（据郑诉状共陈述3条理由：第一，程宗伊将未放水之渠口高于郑相樵渠之水面概约2尺，一旦引水，便会致其磨淹；第二，程宗伊率童仆任性堵截放水，致使郑相樵磨不能运；第三，春时消水氾滥，稠泥填渠致使郑相樵磨停顿）。判决结果：驳回（附驳回理由）。结案时间：民国二十七年（1938）12月30日。

【叙录编号】　1149
【档案题名】
　　静宁县文焕章与王殿卿、王五福因契约无效及回赎水磨纠纷的民事案
【发文单位】　王殿卿等
【收文单位】　王五福等
【档案编号】　013-001-2476（全案卷）
【成文时间】　1940-11-19—1941-09-15
【收藏单位】　平凉市档案馆
【涉及地域】　静宁县
【关　键　词】　水磨；纠纷
【内容提要】
　　本卷档案共6个文件，均与水磨纠纷有关。文书材料包括上诉状、副状、汇票、汇票回单、汇款收据、判决回证等。此案上诉人为王焕章，被上诉人王殿卿、王五福。文焕章与王殿卿等因水磨上诉事件经过甘肃高等法院第一分院判决后，文焕章因不服声请上诉。判决结果：驳回，诉讼费用由上诉人负担。驳回理由：此案被上诉人请求放赎之水磨系被上诉人父王步蟾（已去世）所有，并由其父出典于上诉人，但契约是由被上诉人兄弟所立，未经其父签名，此项契约依法属无效。但上诉人认为此契约为其父本意，后经再一次调查裁决，维持原判。确认该转移物权契约无效并令上诉人应许被上诉人回赎水磨。结案时间：1950年9月。

【叙录编号】　1150
【档案题名】
　　庄浪县魏杰三、程宗镐因水磨纠纷的民事案
【发文单位】　魏杰三等

【收文单位】 程宗镐等
【档案编号】 013-001-2477（全案卷）
【成文时间】 1943-07-27—1944-02-23
【收藏单位】 平凉市档案馆
【涉及地域】 庄浪县
【关 键 词】 水磨；纠纷
【内容提要】

本卷档案共19个文件，均与水磨纠纷有关。文书材料包括：诉状、撰缮费清单、案件简表、裁定回证等。上诉人为魏杰三，被上诉人是程宗镐。两人因水磨纠纷经过庄浪县司法处判决后，魏杰三因不服请上诉（理由陈述：上诉人有水磨1座、油坊1处，家具皆全，每月营业20天以200元出典于被上诉人，期间被上诉人提出延长时间、续长营业天数等要求。更甚为上诉人根据契约时间，提出赎回请求，被上诉人拒之不赎。判决不令回赎，难以令人信服）。判决结果：上诉人撤诉（因被上诉人提起损害赔偿诉，并经亲友调说，将具状撤回）。结案时间：民国三十二年（1943）12月27日。

【叙录编号】 1151
【档案题名】
　　庄浪县吴元平与吴建堂磨产纠纷民事案
【发文单位】 吴元平等
【收文单位】 吴建堂等
【档案编号】 013-001-2478（全案卷）
【成文时间】 1944—1945
【收藏单位】 平凉市档案馆
【涉及地域】 庄浪县
【关 键 词】 水磨；纠纷
【内容提要】

本卷档案共32个文件，均与水磨纠纷有关。文书材料包括诉状、撰缮费清单、上诉裁判费清单、上诉审理传票、上诉案到庭候审名单、调查笔录、辩论笔录、判决回证等。上诉人为吴元平，被上诉人为吴建堂。上诉人代理为吴吉钧，被上诉人代理为吴汝钧。上诉人与被上诉人各买水磨半面，合为一轮水磨，坍塌后弃置。后被被上诉人独资修建后独占行使权益，后再次被水冲坍，后被上诉人又要修缮，上诉人念此磨为双方共有，意为双方共同修缮，被上诉人不同意，向法院状诉。经审理裁定，法院判决，双方均不得修缮。被上诉人不服重新提起诉讼，经再次判决，要求上诉人付给被上诉人新磨轮半价1500元及磨扶两根。上诉人对此不服，认为自水磨坍塌后，共有物品，皆被被上诉人搬去，自己无此义务交付金钱与物件，特此上诉。判决结果：驳回（附驳回理由）。结案时间：民国三十三年（1944）11月30日。

【叙录编号】 1152
【档案题名】
　　静宁县柳子宏与柳国平、柳马子等水磨树株纠纷民事案
【发文单位】 柳国平等
【收文单位】 柳马子等
【档案编号】 013-001-2479（全案卷）
【成文时间】 1942-11-09—1946-05-20
【收藏单位】 平凉市档案馆
【涉及地域】 静宁县
【关 键 词】 水磨；树株纠纷
【内容提要】

本卷档案共28个文件，均与水磨、树株纠纷有关。文书材料包括诉状、初审判决、传票、到庭候审名单、到庭辩审名单、辩论笔录、宣判笔录、回证、判决书、和解笔录等。此案上诉人为柳子宏，被上诉人为柳国平、柳马子等。上诉代理人为柳惠凤，被上诉代理人为柳马子。上诉人因与柳马子等因分拆磨产及树株涉讼一案不服静宁地方法院判决，提起上诉。上诉人先祖辈有四弟兄，三祖出继外房，

其他三弟兄分家，二祖另度外，上诉人祖父与大祖同家过度。大祖有五子，因上诉人祖父乏嗣之故，以大祖之次子柳贯甲过继为嗣，即为上诉人生父。其五堂叔生有六兄弟（被上诉人），占家产、赶离上诉人父子，后提起上诉。经法院审理后判决，要求被上诉人分给田地29塥，宅院三分之一和解在案。后于前案分产之外，另有平轮水磨半座及河滩沙地三段约三塥，地可栽杨柳树229株。因前期无力承担诉讼费，暂未上诉，现向静宁地方法院提出诉讼后，地方法院判决此诉争以与前案解决，现对于驳回上诉，不能接受，再次上诉。判决结果：驳回（附驳回理由）。结案时间：民国三十二年（1943）4月26日。

【叙录编号】 1153
【档案题名】
　　甘肃省静宁县王戴氏与王芳杰、王溥、王善继水磨油坊纠纷案
【发文单位】 王戴氏
【收文单位】 王芳杰
【档案编号】 013-001-2480（全案卷）
【成文时间】 1945
【收藏单位】 平凉市档案馆
【涉及地域】 静宁县
【关 键 词】 水磨；纠纷
【内容提要】
　　本卷档案共8个文件。文书材料包括诉状、撰缮费清单、裁判费清单、辩状等。此案上诉人为王戴氏，被上诉人：王芳杰、王溥、王善继。上诉人因不服静宁地方法院关于与被上诉人因买卖水磨油坊案件，特此提起上诉，请求废弃原判。据其陈述，上诉人生有二子，其丈夫在世时，知其长子浪荡，特将田产平均分割。只留水磨油坊作为上诉人养老之用。但其长子任意挥霍其资产后，在未经上诉人容许的情况下，将其养老所用的水磨油坊部分订约偷卖。后据被上诉人陈述，上诉人所讲并非属实，其订约之事实则经过上诉人同意，且此约所立时间已数年之久，上诉人因受其二子怂恿，才提出此上诉。结果：上诉人撤回上诉。结案时间：民国三十四年（1945）7月14日。

【叙录编号】 1154
【档案题名】
　　庄浪县马述宗与马希虎水磨纠纷民事案
【发文单位】 马述宗等
【收文单位】 马希虎等
【档案编号】 013-001-2481（全案卷）
【成文时间】 1945-11-11—1946-06-22
【收藏单位】 平凉市档案馆
【涉及地域】 庄浪县
【关 键 词】 水磨；纠纷
【内容提要】
　　本卷档案共27个文件，均与水磨纠纷有关。文书材料包括诉状、撰缮费清单、裁判费联单、到庭候审名单、通知回证等。此案上诉人为马述宗，被上诉人为马希虎。上诉人因不服判决，再次提起上诉。据上诉人声称，李俊藩与其兄李维藩二人各有李家川水磨半分，原告以高粱15旦典得李俊藩所有水磨半分，为期4年，当时李俊藩以水磨失修不能转动，待修理完竣后使其行使典权，但随其后，李俊藩兄弟二人将水磨以4.5万元卖于被告马希虎，遂上诉。被告马希虎声明请求驳回原告，称在买磨时已经问清楚两兄弟，且水磨当时破坏不堪，由自己修理完整。结果：驳回上诉。结案时间：民国三十五年（1946）6月21日。

【叙录编号】 1155
【档案题名】
　　静宁地方法院等关于党和田与吴逢吉限制建修水磨的司法案卷
【发文单位】 党和田等

【收文单位】 吴逢吉等
【档案编号】 013-001-2482（全案卷）
【成文时间】 1941-12-31
【收藏单位】 平凉市档案馆
【涉及地域】 静宁县
【关 键 词】 水磨
【内容提要】

本卷档案包含24个案件，均与限制建修水磨一案有关。甘肃静宁威戎镇人党和天与威戎镇人吴逢吉因修建水磨一事而兴讼。初始时，党和天买得水地2垧，吴逢吉在其水地地头强行私挖磨窝，建修水磨，使党和天的水地变为旱田。双方为此在静宁地方法院多次对簿，最后一次，吴逢吉唆使其子更名后上告党和天，使静宁地方法院做出党和天不得妨碍吴逢吉在其地内修建水磨的判决，党和天不服，遂提起上诉。经甘肃高等法院第一分院审理，将党和天的上诉驳回，二审费用由其承担。此案卷包含甘肃高等法院第一分院受理此案件的民事案件审理单、案件开庭点单、传票送达书、原被告双方民事言辞辩论笔录、民事判决、判决书送达书等内容。

【叙录编号】 1156
【档案题名】

静宁县吴逢吉、党国权建筑水磨纠纷民事案

【发文单位】 吴逢吉等
【收文单位】 党国权等
【档案编号】 013-001-2483（全案卷）
【成文时间】 1943-12—1948-04
【收藏单位】 平凉市档案馆
【涉及地域】 静宁县
【关 键 词】 水磨；纠纷
【内容提要】

本卷档案共6个文件，均与水磨纠纷有关。文书材料包括上诉原卷、公函、裁定回证等。上诉人为吴逢吉，被上诉人为党国权。结果：上诉驳回（附驳回理由），第三审诉费用由上诉人员负担。结案时间：民国三十七年（1948）4月13日。

【叙录编号】 1157
【档案题名】

甘肃省高等法院第一分院、甘肃静宁地方法院、甘肃庄浪县司法处等关于李史氏与李具娃继承水磨油坊树枝纠纷的二审案卷

【发文单位】 甘肃省高等法院第一分院等
【收文单位】 庄浪县司法处等
【档案编号】 013-001-2484（全案卷）
【成文时间】 1942-09-14—1944-09-15
【收藏单位】 平凉市档案馆
【涉及地域】 庄浪县
【关 键 词】 水磨；油坊；树枝
【内容提要】

本卷档案共42个文件，李史氏因继承水磨田地树株一事控告李具娃，上诉理由为：李史氏父兄弟三人，伯父无子嗣，由李史氏胞兄继承伯父的水磨田地树枝，但三叔的孩子李具娃兄弟四人强占硬霸，李史氏兴讼控告，在当地乡绅多人的调解下，得到和解。但李具娃后又违背，李史氏状诉庄浪县司法处，诉讼费由原告李史氏负担，事实、理由从略，李史氏不服，请求二审。经过甘肃省高等法院第一分院的调查、取证，驳回李史氏的上诉，其理由为：李史氏丈夫李殿花在世，水磨油坊树株为夫家遗产，李史氏无争权义务。其案卷包含初审判决书、各方陈词等内容。

【叙录编号】 1158
【档案题名】

静宁地方法院关于吴逢吉、吴秉兴与党和天、吴锦分水磨、经界、土地买卖等纠纷的一审案卷

【发文单位】 吴逢吉等
【收文单位】 党和天等
【档案编号】 013-001-2485（全案卷）
【成文时间】 1941
【收藏单位】 平凉市档案馆
【涉及地域】 静宁县
【关 键 词】 水磨
【内容提要】

本卷档案共28个文件。吴锦芬与党和天买卖土地，吴逢吉称侵犯到了他的水利磨渠水磨之权利，请求静宁地方法院派员调查。后其子吴秉兴充当诉讼代理人补充理由请求调查，党和天以吴秉兴捏造证件等进行答辩。后在甘肃静宁地方法院的调查取证下，并根据第一审的判决党和天在2垧地内修建水磨，但此时党和天在这范围外修筑水磨，侵害了吴逢吉的权益。最后判决诉讼费由被告党和天承担。

【叙录编号】 1159
【档案题名】

甘肃高等法院第一分院、甘肃静宁地方法院等关于静宁县党国权、党和天与吴逢吉建筑水磨纠纷的案卷
【发文单位】 党和天等
【收文单位】 吴逢吉等
【档案编号】 013-001-2487（全案卷）
【成文时间】 1943-12-15—1947-03-12
【收藏单位】 平凉市档案馆
【涉及地域】 静宁县
【关 键 词】 水磨
【内容提要】

本卷档案共56个文件。请求限制建筑水磨案件，党和天对于第二审判决提起诉讼，高等法院根据调查判决废弃原判决，并发回高等法院第一分院。后双方又各自陈词，陈述自己的情况，甘肃高等法院第一分院又根据情况，做出判决：被上诉人吴逢吉在第一审中的上诉被驳回，认为上诉人党和天在吴家上磨庄崖湾2垧水地内建筑水磨，不能妨碍吴逢吉地内已修成水磨不合理。第一审、第二审及更审前诉讼费用都由被上诉人吴逢吉承担。

【叙录编号】 1160
【档案题名】

甘肃静宁地方法院关于杨贵祥与杨六十子水道事件、排除侵害的案卷
【发文单位】 杨贵祥等
【收文单位】 杨六十子等
【档案编号】 013-001-2554（全案卷）
【成文时间】 1947
【收藏单位】 平凉市档案馆
【涉及地域】 静宁县
【关 键 词】 水道
【内容提要】

此案卷共14个文件。原告杨贵祥园子两边有地10垧，卖于被告杨六十子，后杨六十子在此地修庄园，杨贵祥称杨六十子改变了水道，他的院墙将会被冲毁，遂向静宁地方法院提起诉讼，请求法院令杨六十子将水道归于原处，排除侵害。经法院调查取证，双方辩词，后判决原告上诉驳回。其理由为：经调查，原告院墙不会造成损害。诉讼费用由原告承担。

【叙录编号】 1161
【档案题名】

甘肃高等法院第一分院等关于文焕章与王殿卿等人关于请求确认转移物权契约无效并放赎水磨一案的司法案卷
【发文单位】 甘肃高等法院第一分院等
【收文单位】 静宁地方法院等
【档案编号】 013-001-2677（全案卷）
【成文时间】 1941-07-18
【收藏单位】 平凉市档案馆

【涉及地域】 静宁县
【关 键 词】 水磨
【内容提要】
　　此案卷包含14个案件，均与水磨一案有关。甘肃静宁人文焕章因水磨所有权一事与王殿卿等人产生纠纷，对初审、二审结果不满，提起三审请求，要求放赎水磨。最高法院经过审理，认为文焕章当初与被告人等签订的买卖水磨契约，即转移物权契约无效，维持二审判决，三审诉讼费用由上诉人负担。此案卷包含原告二审的诉状、二审裁判费裁定书、静宁地方法院送给甘肃高等法院第一分院的各类呈文、后者发给前者的训令、最高法院的三审判决等文件。

【叙录编号】 1162
【档案题名】
　　静宁地方法院等关于柳勤川与柳向荣排除侵害一案的司法案卷
【发文单位】 柳勤川等
【收文单位】 柳向荣
【档案编号】 013-001-3161（全案卷）
【成文时间】 1945-04-14
【收藏单位】 平凉市档案馆
【涉及地域】 庄浪县
【关 键 词】 水磨
【内容提要】
　　本卷档案包含21个案件，均与排除侵害一案有关。甘肃庄浪水洛镇人柳勤川与同乡柳向荣兴讼。民国三十二年（1943），上诉人的叔父柳振青为建修水磨，曾将其所有的川地一堆粪与被上诉人磨渠畔一堆粪兑换，作为建修水磨之需，并在兑约上注明被上诉人可以在柳振青的水磨上每月收益两天，但后来双方又因为水磨的收益权产生纠纷。柳勤川将柳向荣告上法庭，请求排除柳对其的侵害，经静宁地方法院初审，将原告诉求驳回。柳勤川不服，又提起上诉。甘肃高等法院第一分院经过调查审理，将柳勤川的上诉驳回，诉讼费用由上诉人负担。此案卷包含初审判决、上诉人诉状、审单、被上诉人辩状、调查笔录、原告请求委托代理的委托书、辩论笔录、二审判决书等文件。

【叙录编号】 1163
【档案题名】
　　杨仲元告陈鸟鸟子地亩涉讼案材料
【发文单位】 杨仲元等
【收文单位】 陈鸟鸟子等
【档案编号】 001-002-0011（全案卷）
【成文时间】 1923-07—1924-01
【收藏单位】 天水市档案馆
【涉及地域】 天水县
【关 键 词】 借贷；水磨
【内容提要】
　　礼县人陈友子将水磨一座并园地当于杨仲元，后陈友子违反俗规，拖欠纳租，更将此地卖给陈鸟鸟子，后陈鸟鸟子反告杨仲元，杨仲元被判罚钱，提请再审，原判撤销，令陈鸟鸟子与陈友子偿还。

【叙录编号】 1164
【档案题名】
　　张仰俊等上诉张瑞林等请求恢复原状赔偿损害案有关材料
【发文单位】 张仰俊等
【收文单位】 张瑞林等
【档案编号】 001-002-0484（全案卷）
【成文时间】 1943-03-24—1943-04-20
【收藏单位】 天水市档案馆
【涉及地域】 天水县
【关 键 词】 磨渠；田地
【内容提要】
　　民国三十二年（1943），天水县北乡张家小庄民众张瑞林状告同村张仰俊私开渠磨，损害其良田，法院判决张仰俊等人需将所开磨渠填平恢复原状，并应连带负责赔偿原告等损失费国币6000元。张仰俊等人不服原判提起诉讼，申明开磨渠行为系遵照天水县政府民国三十一年（1942）建字号第122号批示，在张家小庄就旧有小渠略加劈掘，并依地方习惯宴请沿渠地主同意。上诉人张瑞林举证反驳。经查，上诉人张瑞林所开水磨有侵占被上诉人张仰俊田地之行为，且未经被上诉人同意。后甘肃高等法院第二分院判决上诉人张瑞林将其所开磨渠部分恢复原状，并赔偿被上诉人2000元。

【叙录编号】 1165
【档案题名】
　　张瑞林上诉张仰俊赔偿损失案的有关材料
【发文单位】 张瑞林等
【收文单位】 张仰俊等
【档案编号】 001-002-0509（全案卷）
【成文时间】 1943-07
【收藏单位】 天水市档案馆
【涉及地域】 天水县
【关　键　词】 磨渠；田地
【内容提要】
　　此案系民国三十二年（1943）张瑞林与张仰俊等人因开掘水磨一事而进行的民事纠纷，民国三十三年（1944），天水北乡张家小庄张瑞林等人就甘肃高等法院第二分院对"恢复原状、赔偿损害"案件的判决提起上诉，甘肃最高法院判决驳回诉讼。

【叙录编号】 1166
【档案题名】
　　刘振家告常仲祥水磨所有权案材料
【发文单位】 刘振家等
【收文单位】 常仲祥等

【档案编号】 001-002-0639（全案卷）
【成文时间】 1946-03
【收藏单位】 天水市档案馆
【涉及地域】 天水县
【关　键　词】 水磨；所有权
【内容提要】
　　民国三十五年（1946），刘振家因水磨被查封一事告常仲祥、刘绍宗。原告认为常仲祥租水磨程序不当，在未付给小麦、移交水磨之时，未经同意在水磨旁空地建房，意图占领水磨。且现因常仲祥债务问题，水磨受到牵连被查封，希望至少不查封原告的部分（50%）。

【叙录编号】 1167
【档案题名】
　　刘绍宗告常仲祥水磨案材料
【发文单位】 刘绍宗等
【收文单位】 常仲祥等
【档案编号】 001-002-0643（全案卷）
【成文时间】 1946-03—1946-04
【收藏单位】 天水市档案馆
【涉及地域】 天水县
【关　键　词】 水磨；所有权
【内容提要】
　　民国三十五年（1946），刘绍宗因水磨所有权纠纷告常仲祥，要求废弃原判，驳回再审。判决支持废弃原判1、3两项，驳回原诉判决并令其承担诉讼费。后常仲祥称此案已结，并强制执行，依法不得狡辩，又上告刘绍宗。4月24日，刘绍宗撤回再审事务，双方就水磨再审一案经坚凤彩说和了解，撤案。

【叙录编号】 1168
【档案题名】
　　杨耀德告谢守业给付租益案材料
【发文单位】 杨耀德等
【收文单位】 谢守业等

【档案编号】 001-002-1180（全案卷）
【成文时间】 1949-04-22—1949-06-20
【收藏单位】 天水市档案馆
【涉及地域】 天水县
【关 键 词】 水磨租益
【内容提要】

民国三十七年（1948），原告杨耀德将其韩家河庄水磨一处租给被告谢守业经营，并约定每年租子老斗苞谷一石五斗、小麦老斗一石。但被告谢守业拒不给付，遂起诉。至开庭日，当事人双方俱未到庭。

三、林草纠纷与诉讼类档案

【叙录编号】 1169
【档案题名】
　　甘肃水利林牧公司关于依法处理价购天水包家沟林地纠纷情况给甘肃省政府的公函
【发文单位】 甘肃水利林牧公司
【收文单位】 甘肃省政府
【档案编号】 027-002-0001-0001
【成文时间】 1943-07-24
【收藏单位】 甘肃省档案馆
【涉及地域】 天水县包家沟
【关 键 词】 林场；纠纷；契约
【内容提要】
　　渭河林场报天水包家沟林地经济纠纷事宜，渭河林场终止购买天水包家沟西沟林场荒地以免纠纷，与西北林木厂配合收购林区供应木厂，并希望天水县政府查照产权，管制林区机构依照甘肃省林业规则提前设置，附有彭□兴出卖山林契约2纸；垦区管理局公告1纸。

【叙录编号】 1170
【档案题名】
　　甘肃省政府、甘肃水利林木公司关于渭河林场收购事宜的各类文件
【发文单位】 甘肃水利林牧公司
【收文单位】 甘肃省政府；甘肃省建设厅
【档案编号】 027-002-0004-（0001-0007）
【成文时间】 1943-10-01—1943-11-29
【收藏单位】 甘肃省档案馆
【涉及地域】 第四区行政督察专员公署
【关 键 词】 林场；纠纷；地权
【内容提要】
　　甘肃水利林牧致函甘肃省建设厅请秉公处理以维护林务，此事在地权问题，垦务局请速清理地权，转第四区行政督察专员公署查明回复。附有垦务总局来函1份。甘肃省政府关于已责令四区专署查办渭河林场收购林地事宜，查明详情并处理。甘肃省第四区行政督察专员兼保安司令公署呈文省政府渭河林场与彭德兴为非法买卖应终止，并报送调查渭河林场收购小陇山包家沟林地与垦务大队纠纷经过。省政府致函甘肃水利林牧渭河林场依法向当地县府核办林地纠纷。甘肃水利林牧公司报送渭河林场工作实施办法纲要，甘肃省政府转呈文农林部筹设渭河林场的电文给甘肃水利林牧公司。

肆　资源环境纠纷与诉讼类档案　343

【叙录编号】　1171
【档案题名】
　　甘肃水利林牧公司关于送划定渭河林场在小陇山经营区域办法及理由给甘肃省建设厅的公函并附小陇山地界图
【发文单位】　甘肃水利林牧公司
【收文单位】　甘肃省政府；甘肃省建设厅
【档案编号】　027-002-0004-0008
【成文时间】　1943-12-31
【收藏单位】　甘肃省档案馆
【涉及地域】　小陇山林场
【关 键 词】　小陇山林场
【内容提要】
　　甘肃水利林牧公司汇报渭河林场在小陇山划定范围，保护管理办法以及相应的理由，附带小陇山地形略图1份。省政府批示治理小陇山办法此案合并受理再行核复。

【叙录编号】　1172
【档案题名】
　　甘肃省政府关于小陇山林地清理后再划定给甘肃水利林牧公司的代电
【发文单位】　甘肃省政府
【收文单位】　甘肃水利林牧公司
【档案编号】　027-002-0004-0009
【成文时间】　1944-01-04
【收藏单位】　甘肃省档案馆
【涉及地域】　小陇山林场
【关 键 词】　小陇山林场
【内容提要】
　　省政府回令转交农林部还未回复，小陇山林地本府正着手清理，请划定渭河林场清理之后再行核办。

【叙录编号】　1173
【档案题名】
　　甘肃杨子俊关于控告祁进前等强夺树权的各类文件
【发文单位】　甘肃省政府；第一区行政督察专员公署
【收文单位】　甘肃省政府；第一区行政督察专员公署
【档案编号】　027-007-0300-（0008-0009）
【成文时间】　1947-05-16—1947-05-22
【收藏单位】　甘肃省档案馆
【涉及地域】　渭源县
【关 键 词】　购买树株；纠纷
【内容提要】
　　渭源县农民杨子俊呈文自己购买树株被祁进前、何正云强占，借公欺诈，请省政府裁决。省政府回文令第九区行政督察专员公署查明实情，核实具报。

【叙录编号】　1174
【档案题名】
　　甘肃省政府、清水县政府关于制止陕西省保安队越境破坏树木的文件
【发文单位】　甘肃省政府；陕西省保安司令部；清水县政府
【收文单位】　甘肃省政府；清水县政府；陕西省政府
【档案编号】
　　027-007-0302-（0006-0007、0012-0013）
【成文时间】　1947-02-28—1947-04-21
【收藏单位】　甘肃省档案馆
【涉及地域】　清水县
【关 键 词】　砍伐林木
【内容提要】
　　清水县政府代电甘肃省政府呈陕西省驻马鹿镇保安队越境砍伐树木，请予以制止。甘肃省政府代电陕西省政府制止，并知照清水县政府。

【叙录编号】　1175

【档案题名】

岷县垦区管理局、渭河林场就购买包家沟林地一事致甘肃水利林牧公司的函

【发文单位】 农林部甘肃岷县垦区管理局；渭河林场等

【收文单位】 甘肃水利林牧公司；渭河林场；甘肃省建设厅等

【档案编号】 039-001-0321-（0001-0010、0014-0015）

【成文时间】 1943-05-06—1943-12-16

【收藏单位】 甘肃省档案馆

【涉及地域】 岷县；天水县

【关 键 词】 购地；纠纷；契约

【内容提要】

本卷档案共3份文件。岷县垦区管理局中止渭河林场购买包家沟林地；甘肃水利林牧为请小陇山境内林地致岷县垦区管理局；渭河林场函知甘肃水利林牧公司收购包家沟林地纠纷过程；彭德兴与甘肃水利林牧公司就首购包家沟林地一事所订的购地契约；岷县垦区管理局就荒地收购发布的公告；渭河林场收购小陇山林地与天水军垦区发生纠纷一案由当地政府裁决；甘肃省政府、第四区行政督察专员公署介入调查林地收购纠纷。

【叙录编号】 1176

【档案题名】

渭源县县民王玉有、宋林福呈请办法销案查办、讯究、了结、撤销原案、惩办等的诉书、讯问笔录、具报领书以及县政府的批示

【发文单位】 夏福德

【收文单位】 渭源县政府

【档案编号】 157-2-124-16

【成文时间】 1944-04-30

【收藏单位】 定西市档案馆

【涉及地域】 渭源县

【关 键 词】 砍伐树木

【内容提要】

本卷档案主体为各种类型的诉状，其中有夏福德诉张改娃、张相臣偷卖砍伐其树木的诉状，夏福德所种植树有防洪水冲地30余年之用。

【叙录编号】 1177

【档案题名】

张成德诉张五十二砍伐树株一案诉状

【发文单位】 张成德

【收文单位】 渭源县县长

【档案编号】 157-2-275（全案卷）

【成文时间】 1945-05-20

【收藏单位】 定西市档案馆

【涉及地域】 渭源县

【关 键 词】 诉状；砍伐树木

【内容提要】

本卷档案为政府公文集合，其中有张成德因张五十二砍伐其祖坟上榆树1棵而给渭源县县长的诉状。

【叙录编号】 1178

【档案题名】

魏北镇呈为偷砍树木恳祈查办由

【发文单位】 渭源县魏北镇

【收文单位】 渭源县政府

【档案编号】 157-3-321-（0011-0013）

【成文时间】 1949-03-26

【收藏单位】 定西市档案馆

【涉及地域】 魏北镇

【关 键 词】 树株

【内容提要】

驻防魏北镇自卫第二中队部特务长王明，其身为军人欺压良民，曾将民树6株砍去据为己有，呈请撤职查办。魏北镇王德一仗势欺人，于民国三十六年（1947）始便开始在民地内开渠向其林放水，致使庄稼被水淹没且侵占

民地，于民国三十八年（1949）年3月20日率其子王希舜、孙王明、王毅等将民树私砍并据为己有，故以侵占田地、偷砍树木恳祈查办由。

【叙录编号】 1179
【档案题名】
　　为呈报私通无赖偷砍学校校林恳祈法办以儆效尤
【发文单位】 陇西县首阳镇中心国民学校
【收文单位】 陇西县政府
【档案编号】 170-5-474-21
【成文时间】 1948-06-27
【收藏单位】 定西市档案馆
【涉及地域】 陇西县
【关 键 词】 砍伐树木
【内容提要】
　　本卷档案为烟民牛占魁与烟馆何义每日半夜偷砍首阳镇中心国民学校下沙沟造林场树木，该校校长李蓉为此呈县长以求法办此事的呈文。

【叙录编号】 1180
【档案题名】
　　所请核发修理费一案俟预算到后再核办仰知照由；呈报云田乡李增广等人修庙损坏中心学校树林一案已和解由；呈为地痞李馥煽惑民众捣乱学校恳乞电情查办由；呈为率众损坏民田恳请依法赔偿由；呈请拍卖荒产建筑教室由（附证明）；云田乡中心学校呈请拍卖曹家岔大湾梁荒地一案令仰乡长遵办由。
【发文单位】 陇西县云田乡等
【收文单位】 陇西县政府等
【档案编号】
　　170-9-74-（0007-0010、0016-0017）
【成文时间】 1942
【收藏单位】 定西市档案馆
【涉及地域】 陇西县

【关 键 词】 砍伐树木；拍卖荒产
【内容提要】
　　第一则为民国三十一年（1942），云田乡李馥煽惑民众捣乱学校，砍伐学校树木100余棵，校长等人呈请依法查办，此卷即为科长张伦等人就此事所上报的呈签，称此案经过调解，双方已经和解，李馥等人补栽所砍树木。第二则为云田乡乡长向县长所呈公文，称云田乡三十里铺李增广因修建庙宇砍伐学校树林一案，经张学督等人调解，业已和解。第三则为云田乡中心学校校长王瑞熊就地痞李馥等人砍伐学校树木向县长所呈文件，申请政府依法查办。第四则为云田乡中心学校校长王瑞熊就第三保居民李增胜损坏农民李宗渊农田3垧一事，向县政府呈交的文件。第五则为陇西县县长就云田乡中心学校拍卖荒产以资建修学校所发的批示，以及云田乡第六保二甲居民申请拍卖荒地的呈请。第六则为陇西县县长就云田乡中心学校拍卖荒产以资建修学校所发的训令，另附陇西县云田乡学田官荒图1张。

【叙录编号】 1181
【档案题名】
　　陇西县司法处受理刘锁定关于田喜林违法拔树的诉讼
【发文单位】 刘锁定
【收文单位】 陇西县司法处
【档案编号】 176-1-275-113
【成文时间】 1943-05
【收藏单位】 定西市档案馆
【涉及地域】 陇西县
【关 键 词】 植树
【内容提要】
　　刘锁定呈称，其为响应政府植树号召，于家附近地面栽树5棵，现已发芽，被同庄田喜林违法拔出，特此呈诉。

【叙录编号】 1182
【档案题名】
关于杨廷栋与席廷璧就偷买树木、殴打伤人一案的呈文
【发文单位】 陇西县马河镇镇公所
【收文单位】 陇西县政府
【档案编号】 176-1-407-（0010-0011）
【成文时间】 1948-11-18
【收藏单位】 定西市档案馆
【涉及地域】 马河镇
【关 键 词】 树木
【内容提要】
马河镇镇公所呈杨廷栋与席廷璧就偷买树木、殴打伤人一案于陇西县政府，请鉴核准。席氏为买伐杨氏卖给之树，与杨氏之母起冲突，后杨母因年老力衰病逝，经镇公所调解，令席氏赠助杨氏殓葬，并使双方调解并和解。

【叙录编号】 1183
【档案题名】
为籍公欺民率众砍伐森林任意强夺损害呈请派员调查提讯法办由；关于呈报为籍公欺民砍伐森林请法办的批示；令申处砍伐张子明树枝情形以凭核办由；陇西县政府传唤原告张子明被告李荣的传票；为申覆张子明呈称校长率领教员及学生砍伐树枝由；关于呈为籍公欺民砍伐森林请法办的批示
【发文单位】 陇西县首阳镇居民等
【收文单位】 陇西县政府等
【档案编号】 176-1-412-（0034-0039）
【成文时间】 1948-03—1948-05
【收藏单位】 定西市档案馆
【涉及地域】 陇西县首阳镇
【关 键 词】 砍伐树木
【内容提要】
本卷档案共6份文件。第1份为陇西县首阳镇居民状告首阳镇中心学校校长李荣率领教员及学生数10人将原属民众张子明祖遗的数10棵白杨树及柳树砍伐，并称树木为官有，因而张子明将其状告法庭；第2份为县长关于该案件审批的批示，命令依法办理；第3份为县长致首阳镇中心学校校长李荣的训令，令其依法核办；第4份为陇西县县政府的传票；第5份为校长李荣称张子明等申请当地绅士从中调解砍伐树木一案，希望政府能免于追究；第6份为县长对此次砍伐树木一案的批示。

【叙录编号】 1184
【档案题名】
秦安县孙建芳与庄浪县王祺儿因土地及树株纠纷案
【发文单位】 孙建芳等
【收文单位】 王祺儿等
【档案编号】 013-001-0664（全案卷）
【成文时间】 1945-08-16—1946-04-30
【收藏单位】 平凉市档案馆
【涉及地域】 庄浪县
【关 键 词】 树株；纠纷
【内容提要】
本卷档案共9个文件，均与树株纠纷有关。此案具状人为孙建芳，被上诉人为王祺儿等。文书材料包括原状、代送通知书、上诉驳回裁定书等。孙建芳提出上诉，经依法办理，该案以由不合法驳回，现检送裁定正本1份以备查考另附通知书1份，后因孙建芳不服，特此上诉，并将上诉理由进行相应陈述。后将此案移交地方法院。结案时间：民国三十七年（1948）3月。

【叙录编号】 1185
【档案题名】
静宁地方法院等关于李顺敬状告杨秀林等

树价纠纷一案的司法案卷
【发文单位】 甘肃高等法院第一分院等
【收文单位】 静宁地方法院等
【档案编号】 013-001-1615（全案卷）
【成文时间】 1942-01-16—1945-03-02
【收藏单位】 平凉市档案馆
【涉及地域】 静宁县
【关 键 词】 树价；纠纷
【内容提要】

本卷档案共22个案件，全部与树价纠纷相关。民国三十年（1941）农历六月，甘肃省静宁县仁当川农民杨里生请王守庄向李顺敬说卖椿树1棵，交清树价18元。该年八月，将此树砍伐，然秦安县县民杨秀林主张树归其所有，并捏称砍树3棵，向静宁县地方法院提起诉讼，要求赔偿树价300元，静宁地方法院认可该诉，判决被告杨里生给付杨秀林当年秋夏两半租粮共新市斗5石9升1合及山地8垧，被告李敬顺赔偿杨秀林树价法币300元。李敬顺等不服此判决，上诉至甘肃高等法院第一分院。此卷宗包含民事上诉状，甘肃静宁地方法院缮状处贴用印纸清单，诉状、传票送达清单，甘肃静宁地方法院民事判决，甘肃高等法院第一分院民事裁定，甘肃高等法院第一分院贴用印纸清单，甘肃高等法院第一分院民事案件审理单、点单，调查笔录，证人结，民事辩诉状，民事委任状，民事声请状等材料。

【叙录编号】 1186
【档案题名】
静宁地方法院等关于刘俊才状告高海林等返还树株及布匹纠纷一案的司法案卷
【发文单位】 甘肃高等法院第一分院等
【收文单位】 静宁地方法院等
【档案编号】 013-001-1994（全案卷）
【成文时间】 1947-01-19—1948-04-22
【收藏单位】 平凉市档案馆
【涉及地域】 静宁县
【关 键 词】 树株；布匹
【内容提要】

本卷档案共48个案件，全部与返还树株相关。民国三十三年（1944）腊月，高海林以1200元将柳树1株出卖给刘金元，民国三十五年（1946）正月，刘氏将该树砍伐并借刘赵氏白布3匹，并未偿还，而被告高海林声称并未借原告的布匹，亦无买树之事。一审法院经审理、调查，判决驳回原告之诉讼。原告刘金元不服，向甘肃高等法院第一分院提起上诉，后又撤回起诉，该院裁定驳回上诉。此卷宗包含批示、裁定、诉状、判决送达证书，甘肃静宁地方法院民事判决，民事起诉状，证人证词，缴费代用司法印纸联单，民事撤回状，甘肃静宁地方法院民事裁定，甘肃高等法院第一分院民事裁定，民事催诉状等材料。

【叙录编号】 1187
【档案题名】
庄浪地方法院等关于梁宗廷与梁中科树价赔偿一案的司法案卷
【发文单位】 庄浪地方法院等
【收文单位】 甘肃高等法院第一分院等
【档案编号】 013-001-2627（全案卷）
【成文时间】 1947-10-14
【收藏单位】 平凉市档案馆
【涉及地域】 庄浪县
【关 键 词】 树价
【内容提要】

本卷档案包含19个案件，均与赔偿树价有关。甘肃庄浪水洛镇梁吴家庄人梁中科因请求赔偿树价一事将同乡梁宗廷告上法庭，庄浪地方法院判决被告赔偿原告树价30万元，原告其余的诉求被驳回。梁宗廷不服初审结果，提起上诉。后梁宗廷又请求撤回上诉，甘肃高等法院第一分院准予撤诉。此案卷包含庄浪地方法院的初审判决、梁宗廷上诉状、裁判费裁定书、上诉副状送达书、上诉补费裁定送达证书、案件审理单、传票、撤诉状及批示、勘察笔录等文件。

【叙录编号】 1188
【档案题名】
　　静宁县高凤柱与高来润树株纠纷案
【发文单位】 高凤柱等
【收文单位】 高来润等
【档案编号】 013-001-3148（全案卷）
【成文时间】 1942-07-08—1943-02-01
【收藏单位】 平凉市档案馆
【涉及地域】 静宁县
【关 键 词】 树木；纠纷
【内容提要】
　　本卷档案11个文件，均与树木纠纷有关。文书材料包括诉状、初审判决、裁定回证、上诉撰缮费清单等。此案上诉人为高凤柱，被上诉人为高来润。上诉人不服正宁县司法处的判决结果（原告之诉驳回、诉讼费用由原告负担），据上诉人称其于民国十八年（1929），先后买了被上诉人等4人私树5株，共计13.5元，立有卖约4张。今已10余年之久，树木成才，因自需洋不顾已用，遂于今春以900元代价出卖与人。但是被上诉人勾申全族人，称树为全族所有。上诉之后，法庭判决难以令人折服，特此上诉。结果：上诉驳回，第二审诉讼费用由上诉人承担（附理由）。结案时间：民国三十二年（1943）1月13日。

【叙录编号】 1189
【档案题名】
　　静宁县梁云峰与梁国权等树株纠纷案
【发文单位】 梁云峰等
【收文单位】 梁国权等
【档案编号】 013-001-3149（全案卷）
【成文时间】 1942-08-31—1943-05-19
【收藏单位】 平凉市档案馆
【涉及地域】 静宁县
【关 键 词】 树木；纠纷
【内容提要】
　　本案卷共19个文件，均与树木纠纷有关。文书材料包括诉状、初审判决、撰缮费清单、上诉撰缮费清单等。此案上诉人为梁云峰，被上诉人为梁国权等。上诉人不服静宁地方法院的判决结果（原告梁云峰上诉驳回，诉讼费用由原告负担），据上诉人称，在其场地内有楸树1株，自其祖遗传至今约有40年，特加陪护，得长有5把大。去年11月18日，被上诉人将此树砍伐，并让其子挖走树根，被上诉人阻止。被上诉人称此树以为梁富仓出卖之树，由梁鸿钧代书。梁富仓称此树是在六步场地以内为梁业余所有，与其出卖、六步场地系分与梁业余之弟梁满业所有。后上诉人询问梁业余，其称为分的树，且梁鸿钧称并未带字立书，只有梁国权串通梁满业强赖与上诉人出卖场地、楸树在六步场地以内等说辞。上诉人称两者边界但就其场畔数确过八步，并未在其出卖场地之内。上诉后，判决结果难以令人折服，特此上诉。结果：经亲友调说，将诉争之树伐倒之树干归梁国权等所有，未挖掘之树根为梁云峰所有，双方均认可，完成手续后，本案和平了结。结案时间：民国三十二年（1943）5月29日。

【叙录编号】 1190
【档案题名】
　　甘肃省高等法院第一分院、静宁地方法院等关于静宁县胡旦旦子与朱世杰制止取土植树纠纷的二审案件
【发文单位】 胡旦旦子等
【收文单位】 朱世杰等

【档案编号】 013-001-3152（全案卷）
【成文时间】 1941-11-11—1944-06-15
【收藏单位】 平凉市档案馆
【涉及地域】 静宁县
【关 键 词】 取土植树
【内容提要】

本卷档案共28个文件。朱世杰与胡旦旦子等人在制止取土植树栽树一案中，胡旦旦子不服一审的判决，即胡旦旦子不能在朱世杰宅院以北一段巷道内系原有及新栽树36株外，再不能取土植树。胡旦旦子根据上几代人在这道路上的作为，展现自己取土植树的合理性，并上诉甘肃高等法院第一分院，请求二审，以保共有权利。法院根据调查取证，且根据以往胡金平等人状告朱世杰在此道开渠植树的判决，判决驳回胡旦旦子等人的上诉，维持一审判决，第二审诉讼费用由上诉人胡旦旦子等人平均负担。

【叙录编号】 1191
【档案题名】
静宁地方法院等关于刘瑾珊、刘狗狗与刘光藜树株纠纷一案的司法案卷
【发文单位】 静宁地方法院等
【收文单位】 甘肃高等法院第一分院等
【档案编号】 013-001-3164（全案卷）
【成文时间】 1945-02-23
【收藏单位】 平凉市档案馆
【涉及地域】 静宁县
【关 键 词】 树株
【内容提要】

此案卷包含14个案件，均与树株纠纷一案有关。甘肃静宁岷屯刘家南岔人刘瑾珊、刘狗狗与同乡刘光藜因树林的所有权问题而兴讼，不满初审判决，刘瑾珊二人提起上诉。因案卷缺少上诉人诉状，案件具体情况不明。后因为二审之日原被告双方均未到庭，被视为休止诉讼，4个月后甘肃高等法院第一分院依此视为撤回上诉。此案卷包含静宁地方法院送给甘肃高等法院第一分院的呈文、后者发给前者的训令、传票、休止笔录、上诉撤诉通知、候审名单、审理笔录。

【叙录编号】 1192
【档案题名】
甘肃高等法院第一分院、静宁地方法院关于静宁县王文焕与王思聪交付土地树株事件的二审案卷
【发文单位】 甘肃高等法院第一分院等
【收文单位】 静宁地方法院等
【档案编号】 013-001-3276（全案卷）
【成文时间】 1946
【收藏单位】 平凉市档案馆
【涉及地域】 静宁县
【关 键 词】 树株
【内容提要】

此案卷共41个文件。王文焕买得王思聪书房门前地1堵，以及房门前川地5分（计1亩），柳树5株。但王思聪迟迟不交付土地树株，遂王文焕起诉王思聪，请求法院判决。但一审判决王文焕要付给王思聪地价国币30万元，且要按现价清偿争地上存在的担保债权等后王思聪再把土地树株交付。王文焕对于一审判决表示不服，遂向高等法院第一分院提起诉讼，请求二审，经过法院调查取证，二审判决：原判决作废，被告人王思聪尽快将所卖出的土地树株交付，并驳回在一审中的反诉，且一审、二审的诉讼费用由王思聪负担。

【叙录编号】 1193
【档案题名】
甘肃高等法院第一分院关于送达李凤怀等分货事件杉树裁定、送证给静宁地方法院训令

【发文单位】 甘肃高等法院第一分院
【收文单位】 静宁地方法院
【档案编号】 013-001-3396-0012
【成文时间】 1943-09-13
【收藏单位】 平凉市档案馆
【涉及地域】 静宁县
【关 键 词】 分货；杉树；裁定
【内容提要】
　　周树尧状告李凤怀，要求分货。法院判决李凤怀将所存水碇、400斤、粉面子300斤、蓬灰300斤、松木椽33根、松木方1付、寸板子30片、木箱子1对、炕棹子1付、驴2头、大莞豆新斗1石9斗，按原物或市价将3/10给付原告周树尧。

【叙录编号】 1194
【档案题名】
　　邓文海告邓平治子等窃盗树木案材料
【发文单位】 邓文海等
【收文单位】 邓平治子等
【档案编号】 001-002-0730（全案卷）
【成文时间】 1946-11-30—1946-12-04
【收藏单位】 天水市档案馆
【涉及地域】 天水县
【关 键 词】 偷伐榆树；地界不明
【内容提要】
　　民国三十五年（1946），邓文浩告诉被告邓文治子等偷伐两家地盖棱上之榆树8株。邓文浩协同本管甲长邓元景于被告家询问，但其拒不承认，遂告诉之。因两家地界不明，故判两家向民庭起诉。

【叙录编号】 1195
【档案题名】
　　王廷伦上诉陈转回等因强暴胁迫教唆损坏案有关材料
【发文单位】 王廷伦等

【收文单位】 陈转回等
【档案编号】 001-002-0739（全案卷）
【成文时间】 1946-12
【收藏单位】 天水市档案馆
【涉及地域】 天水县
【关 键 词】 砍柿子树；调节撤回
【内容提要】
　　民国三十五年（1946），伊庄人保长陈转回派其庄人偷将王廷伦家柿子树枝干砍去9枝代作木柴。后王廷伦寻找该庄保长陈转回与其兄陈德成交涉，但他们将王廷伦驱赶。后经亲友从中调节，王廷伦撤回告诉。

【叙录编号】 1196
【档案题名】
　　张占元告张思悌柿树所有权案材料
【发文单位】 张占元等
【收文单位】 张思悌等
【档案编号】 001-002-0759（全案卷）
【成文时间】 1947-02-10—1947-03-04
【收藏单位】 天水市档案馆
【涉及地域】 天水县
【关 键 词】 柿树
【内容提要】
　　民国三十六年（1947），天水县东乡人张占元、师世杰等二人上诉同乡人张思悌，争夺9株柿树的所有权，后经甘肃省高等法院第二分院判决，上诉人张占元情愿按期支付法币8万元，而张思悌则出让9株柿树之所有权，双方达成和解。

【叙录编号】 1197
【档案题名】
　　米有有告王专敬儿等抢夺树木案材料
【发文单位】 米有有等
【收文单位】 王专敬儿等
【档案编号】 001-002-0804（全案卷）

【成文时间】 1947-06-03—1947-06-14
【收藏单位】 天水市档案馆
【涉及地域】 天水县
【关 键 词】 树木；诈欺抢夺
【内容提要】
　　民国三十六年（1947），米有有告王专敬儿、石黑娃、周十三、何国选、何秉礼、安恒娃讹夺米有有之兄院内槐树，其兄参军十余载，房地田均由米有有代管，王专敬儿等人仗势欺人，强买强卖并砍伐槐树。后王专敬儿（王藏珍）被保释。

【叙录编号】 1198
【档案题名】
　　裴积金告裴王氏等诬告及伪证案材料
【发文单位】 裴积金等
【收文单位】 裴王氏等
【档案编号】 001-002-1189（全案卷）
【成文时间】 1949-06-24
【收藏单位】 天水市档案馆
【涉及地域】 天水县
【关 键 词】 桃树
【内容提要】
　　民国三十八年（1949），天水县石佛镇裴家滩人裴积金上诉裴王氏，声称裴王氏曾状告自身偷挖桃树10余棵，认为有损自身名誉，后经天水地方法院查证，其挖掘桃树事实属实，应该不予起诉。

【叙录编号】 1199
【档案题名】
　　甘肃省政府、专署、县政府、第13临时教养院关于处理小陇山地区林地权属、办法、布告、训令、函、清册、地图
【发文单位】 甘肃省政府等
【收文单位】 天水县政府等
【档案编号】 民国天水县政府502-10

【成文时间】 1943-04—1946-04
【收藏单位】 麦积区档案馆
【涉及地域】 天水县
【关 键 词】 清理小陇山林地；军政部荣誉军人第十三临时教养院
【内容提要】
　　本卷档案全为小陇山林地管理事宜相关公文，计有21件，共139页。本卷档案涉及小陇山成立时的人事状况、地界图、经费预算及清理小陇山林地事宜（包括关于此事的会议记录、呈报须知、公告及地权争讼事件相关公文）。值得一提的是，本卷档案中关于处理小陇山荒地地权一事涉及甘肃省政府、农林部、岷县垦区管理局、天水县政府、军政部荣誉军人第十三临时教养院等多个机构间的争讼。

【叙录编号】 1200
【档案题名】
　　天水县第一区行政督察专员公署、一区农会关于筹备员、成立日期、具领、启用图记、农会会员名册、呈请经费、反映农贷、苗圃问题、苗圃布账、护树的呈
【发文单位】 天水县农会干事长张冀尧
【收文单位】 天水县农会指导员办公处
【档案编号】 民国天水农会504-3
【成文时间】 1938-05—1938-06
【收藏单位】 麦积区档案馆
【涉及地域】 天水县
【关 键 词】 苗圃；坟树
【内容提要】
　　本卷档案中有2件涉及生态环境：1.天水县农会干事杨守箴祖坟上栽种之树被榆家湾甲长刘永堃率人拔去，天水县农会干事长张冀尧将此事提交给天水农会指导员办公处并转天水县政府请求惩处一事；2.天水县农会干事长张冀尧提请天水农会指导员办公处并转天水县政府要求公布城南苗圃经费收支、划分苗圃主权

一事。

【叙录编号】 1201
【档案题名】
　　牡丹镇关于私占官路阻碍行道、妨害农业、弟兄纠纷、驴被盗、拐卖、砍树破坏树苗的报告
【发文单位】 辛国斌
【收文单位】 天水县牡丹镇
【档案编号】 民国天水县牡丹镇514-5
【成文时间】 1948-04
【收藏单位】 麦积区档案馆
【涉及地域】 天水县
【关 键 词】 砍伐树木；破坏树苗
【内容提要】
　　本卷档案为牡丹镇第六保辛国斌关于破坏树苗、偷伐树木等事状告甲长辛茂有等6人给镇长的呈文。